河防一览

〔明〕潘季驯　原著
中国水利史典编委会办公室　编

普及类古籍整理图书专项资助项目

中国水利水电出版社
www.waterpub.com.cn
·北京·

内 容 提 要

《河防一览》是明代治河名臣潘季驯的专著，以图文并茂的形式阐述了黄河、淮河及大运河的水文特征、治理策略与河工概况，提出了“筑堤束水”“束水攻沙”“蓄清刷黄”“淤滩固堤”的经典治黄思想与“四防二守”的河务管理制度，并收录有历任皇帝授予潘季驯治河官职的敕谕、潘季驯与同僚们的治河奏疏，以及关于黄河脉络和决口历史的文字资料，反映了明代的水利科技水平与治水史实，兼具学术价值与史料价值。本书以万历本为底本，将《河防一览》简体横排，进行整理、点校、名词解释等工作，并在每卷前设“卷前导读”点明主旨精髓，辅助阅读理解。本书力求让古籍更加贴近大众，发挥其历史价值和现实作用，为人们全面了解古代山川风貌、深入研究古今治河方略、有效指导当代河工实践提供方便，使我国古代治河古籍精品再放光彩。

图书在版编目（CIP）数据

河防一览 / 中国水利史典编委会办公室编. -- 北京：
中国水利水电出版社，2017.12（2019.10重印）
ISBN 978-7-5170-6059-8

Ⅰ. ①河… Ⅱ. ①中… Ⅲ. ①水利史—史料—中国
Ⅳ. ①TV-092

中国版本图书馆CIP数据核字(2017)第286838号

策　　划　马爱梅　宋建娜　赵　耀
主　　编　陈东明
副 主 编　马爱梅
编写人员　（以所编写篇章的先后为序）
　　　　　赵　耀　杨春霞　王　艺
　　　　　张小思　宋建娜

书　名	河防一览 HEFANG YILAN
作　者	［明］潘季驯　原著 中国水利史典编委会办公室　编
出版发行	中国水利水电出版社 （北京市海淀区玉渊潭南路1号D座　100038） 网址：www.waterpub.com.cn E-mail：sales@waterpub.com.cn 电话：(010) 68367658（营销中心）
经　售	北京科水图书销售中心（零售） 电话：(010) 88383994、63202643、68545874 全国各地新华书店和相关出版物销售网点
排　版	中国水利水电出版社微机排版中心
印　刷	北京印匠彩色印刷有限公司
规　格	184mm×258mm　16开本　21.25印张　504千字
版　次	2017年12月第1版　2019年10月第2次印刷
印　数	301—800册
定　价	**98.00**元

凡购买我社图书，如有缺页、倒页、脱页的，本社营销中心负责调换

出版前言

《河防一览》是明代总理河道大臣潘季驯根据毕生治河经验写成的一部水利专著，阐述了他治理黄河、淮河及大运河的思想、规划和实施过程中的一系列问题。潘季驯，字时良，号印川，湖州府乌程人（今浙江省湖州市），嘉靖二十九年（1550年）进士，官至工部尚书兼右都御史加太子太保。

漕运向来是历朝的经济命脉。明成祖朱棣迁都后，北京成为漕运的中心。永乐九年（1411年）疏浚京杭大运河山东段会通河之后，每年都要依靠大运河这条水道为京城运送粮食、军备等各种物资。大运河与黄河、淮河在清口（今江苏省淮安市境内）交汇。然而，黄河迁徙改道，紊乱不定，河患频繁，严重威胁到漕运的顺利进行。因此，朝廷把保证大运河的通畅作为治理黄河的原则之一。从嘉靖四十四年（1565年）开始，潘季驯先后四次奉命治理河道水患，苦心经营二十七年，最终使黄河趋于稳定。期间，潘季驯走遍大小河道开展实地考察，向当地百姓询问水情，查阅大量古籍文献，在掌握丰富的信息和汲取前人研究成果的基础上形成自己的治河主张，并在施行过程中不断检验，弥补不足，修正错误，进而不断完善自己的理论。这为《河防一览》的成书积累了充足而可靠的资料。

潘季驯在写作《河防一览》时，针对不同的篇章主题分别选用了最适合的表现形式：授命敕谕原文摘录，河工概况画图贴说，河议辨惑有问有答，河流考证述古说今。在奏疏部分，潘季驯认为自己第三、四次主持治河时的思想已趋于成熟，故而从这一阶段的奏疏中精选出最能体现他治河理念和方法的予以收录。不但如此，他还收录了其他同僚的奏疏，这其中有相同意见，也有不同声音。《河防一览》于万历十九年（1591年）首次刊刻，全书十四卷，内容包括敕谕五道、图说三幅、河议辨惑、河防险要、修守事宜、河源河决考、古今稽证、潘季驯奏疏四十四篇，以及其他臣工奏疏、工部或户部覆前疏。

《河防一览》是潘季驯治河思想理论、施工方案和河务管理的集中体现：它透过黄河水患的现象看到黄河沙患的本质，由此入手，将治沙作为治理黄河水的核心内容；它将黄河、淮河、运河建立联系，视为一体，进而统筹规划，综合治理；它创造性地提出了“筑堤束水”“束水攻沙”“蓄清刷黄”“淤滩固堤”的治河策略，并付诸实践，巩固河槽，修筑缕堤、遥堤、月堤、格堤、滚水坝（减水坝）、顺水坝等设施，构成了一套较为完备的河防工程体系；它务实地归纳总结了昼防、夜防、风防、雨防和官守、民守的“四防二守”堤防修守制度和险情应急机制；它从支放、分督、责成、激劝、优恤、蠲免、改折几个方面构建起河工财务制度、分工责任制度、绩效奖惩制度和税收减免办法。

了解河流、治理河流、利用河流，是当代社会的人们学习如何与自然和谐相处，达到古人天人合一境界的必修课题之一。《河防一览》是“束水攻沙”思想的集大成者，是我国古代最重要的治黄专著之一，代表了16世纪中国水利技术的最高水平，后世治水活动均以此书作为参考标准，具有极高的科学价值，有利于中国水利史研究，从而挖掘治河历史经验、指导当代治河实践。书中收录的敕谕、河图、奏疏数量丰富、内容全面，是了解明代山川风貌和治河史实的第一手资料，具有史料价值。此外，《河防一览》中体现的朴素的唯物辩证思想，可以更好地引导人们尊重自然、求真务实、以人为本；而潘季驯一生在工作岗位上踏实肯干、刻苦钻研而无怨无悔的精神，同样值得后人尊敬和学习，也与当代社会主义核心价值观中的“爱国敬业”不谋而合，这些都使本书颇具思想价值。

《河防一览》主要有万历十九年初刻本、乾隆十三年（1748年）河署刊本、乾隆四十五年（1780年）《四库全书》本、1936年《中国水利珍本丛书》本、2015年《中国水利史典》本。

本次整理以万历十九年初刻本为底本，结合《四库全书》本参校，主要出版特色有：

一、简体、横排的录排方式。本书参照国家语言委员会《通用汉字规范表》《现代汉语词典》（第6版），将《河防一览》底本的繁体字转换为简体字、竖排版式变换成横排版式，避免了以往繁体、竖排在阅读中可能造成的不便，使古籍排版更贴近当代中国人的阅读习惯。

二、点校、注释的整理方式。本书遵循GB/T 15834—2011《标点符号用法》，根据《河防一览》文义，用现代汉语标点符号对底本原文进行点校，用简洁通俗的语言对古代汉语词汇进行必要的注释。此外，本书对单字的古代地名或其简称进行了区分，在辅文中首次出现的历史朝代纪年后标注公元纪年、重要的古代地名后标注当代地名，对一些文学典故也进行了介绍。

三、卷前导读的解读方式。本书每卷前各增设一篇卷前导读，介绍历史背景、剖析主旨内容、点明写作特色，使读者能够在整个阅读过程中更精准地抓住重点，更有效地获取信息，更深入地理解潘季驯的治河思想，大大提升了文言文的阅读效果。

四、《全河图说》经折装的展现方式。《河防一览》图文并茂，但以往的排版方式限制了分量最重的《全河图说》的展现，导致此图被分割成若干片段，分布在不同页面或是同页面的上下位置，尺寸过小、文字模糊，读者不能通览全貌，折页夹缝中的内容更是难于阅览，大大削弱了古籍插图本身作为一种特殊语言传递信息的作用。本书将《全河图说》无缝拼接，以经折装单独成册，清晰连贯地展现在读者眼前，插图不再是文字的陪衬，传达了“图文并重”的理念。这也是古籍整理出版中一种全新的形式。

作为国家新闻出版广电总局、全国古籍整理出版规划领导小组办公室2016年度普及类古籍整理图书专项资助项目，本次《河防一览》的整理旨在进一步传承古圣先贤的优秀智慧成果，更长远地延续中国人民的高尚精神品质，力求将古籍赋予新意、改造形式、增补充实、拓展完善，激活中华优秀传统文化生命力。

编者

2017年10月

目录

《河防一览》叙

河防一览者何？宫保[①]印川潘公志防河之绩也。潘公自嘉靖乙丑迄于今日，奉三朝简命[②]以从事于河漕之间，前后二十七祀[③]矣。其功艰而巨，其画详而深，其耳目之所狎，精神之所寄，若与水相忘者，国家万万年大计在焉，志之以示后也。兼漕而专言河者何？防河所以治漕也。河者，漕之藉也。然则古之防河也避其害，今之防河也资其利乎？曰：唯唯否否。漕之藉河，《禹贡》以来有之，匪自今也。禹画九州，冀为都会，河流碣石以入于海，兖浮济漯，青浮汶济，徐浮淮泗，扬浮江汉，豫浮于洛，梁浮潜沔以入于渭，雍浮积石至于龙门，未有不通于河者也。汉唐皆都关中，汉漕山东粟百万，更砥柱之险，以达于渭；唐漕江淮之粟，由汴入河，由河入洛，以达于渭，亦未尝不藉于河也。独今日哉？然则公之防河也奚若[④]？曰：二十七年之中，有大役于河者三，其功皆成于因始：而飞云之决，则开南阳以往新渠二百里以避河之险，因而避之也；已而[⑤]清口之役，则合河淮之流以趣[⑥]于海，因而合之也；其后铜瓦之决，则堤大名上流以防其溃，因而堤之也。凡公之成功，皆因也，而淮河之绩为最，即万世不能易焉。嗟夫！古之圣人见转蓬[⑦]而为车，睹落叶而造舟，察列星而分四时，视月行而推晦朔[⑧]，未有无所因者也。况夫四渎[⑨]之流，呼吸吐纳，天地之性关焉者乎。禹能通九道，陂[⑩]九泽，播[⑪]九河，疏九川，东注之海，而不能使水西流，因其势也。故曰：三代所宝莫如因，因则无敌。此之谓行所无事也。盖自河淮议兴，而谋夫盈庭，或以为当瀹[⑫]海口，不思海口之壅[⑬]；河淮分也，则以为当开故河，不知河淮之分，堤防溃也。是故高堰之堤成，而淮不东；崔镇之堤成，而河不北。以河予淮，以淮予河，而以河淮予海也。又安用瀹海口而又安用复故河为，此所谓因也。因者，水之道也。漕渠之要在河淮之交，而公之绩亦以此为最。故特著焉。

---

①宫保：明代对太子太保的尊称。 ②简命：选派任命。 ③祀：年。 ④奚若：何如。 ⑤已而：后来。 ⑥趣：通“趋”。 ⑦转蓬：随风飘转的蓬草。 ⑧晦朔：晦，农历每月的最后一天。朔，月相，农历每月初一，月球运行到太阳和地球之间，与太阳同时出没，在地球上看不到月光。 ⑨四渎：指江、河、淮、济，即长江、黄河、淮河、济水，在我国古代均是独流入海的大河。 ⑩陂：筑堤防。 ⑪播：疏导。 ⑫瀹：疏通。 ⑬壅：堵塞。

后之防河者，第因公之成劳而时修备之，则智亦大矣。故曰“志之以示后也”。

万历辛卯季春下浣①之吉，赐进士出身资政大夫、礼部尚书兼翰林院学士、前经筵日讲②、会典副总裁知起居注官济北于慎行顿首拜书。

①下浣：农历每月二十一至三十日。②经筵日讲：此处指经筵日讲官，为陪侍皇帝讲读经史之官。

刻《河防一览》引

季驯生而颛蒙[①]，居东海之滨，不知所谓黄与淮者。长而计偕[②]北上，寻[③]奉使[④]南游，亦贸贸然[⑤]惟舟子之所之耳。河中沙渚[⑥]累累，操舟者[⑦]寻隙而进，窃谓河道固然也。嘉靖乙丑[⑧]，谬承总河[⑨]之命。时黄决沛县之飞云桥，而谷亭、沙河、留城、境山一带河渠尽塞。驯视之惶惧无措，道谋滋起[⑩]，莫知适从，曰："吾其问诸水滨乎？"乃溯流而西，延袤荒度故道新冲，炯然在目。所至则进田间老叟与长年三老而问之，乃知河性喜故。决而冲者，过颡在山[⑪]之水也，非其性也。喟然叹曰："河在是矣。"业[⑫]有成议[⑬]，力请仅得复留城以下故河六十里。隆庆庚午[⑭]，河决邳、睢，渠成平陆。奉命再治，而故道尽复。万历戊寅[⑮]，三奉玺书[⑯]，以右都御史总督河漕。时黄决崔镇而北，淮决高堰而东，清、桃塞，海口湮，而淮扬高、宝、兴、盐诸郡邑则汇为巨浸，怀山襄陵[⑰]矣。为驯虑者曰："尔居[⑱]常欲复故道，今故道安在哉？"驯曰："是固难，第无他策，乃以身先之。"茇舍[⑲]为居，腐心[⑳]蒿目[㉑]于畚锸[㉒]间者八阅月[㉓]。塞崔镇，堤归仁，而黄水悉归故道。筑高堰、黄浦、八浅而淮水复出清口，会黄东入于海，而海口遂辟。复筑遥堤十万余丈，以为外护，如此者十年。而人皆忘其为堤之功，尽弃之为车马蹂躏之场。风雨又从而剥蚀之，而河复四溃矣。岁戊子[㉔]，驯从草莱[㉕]中再拜明命而出，治之如故，而河亦如故云。夫议者欲舍其旧而新是图何哉？盖见旧河之易淤而冀[㉖]新河之不淤也。

---

①颛蒙：愚昧无知。此处是自谦的说法。②计偕：举人进京会试。③寻：不久。④奉使：奉命出使。⑤贸贸然：不加考虑地。⑥沙渚：小沙洲。⑦操舟者：船夫。⑧嘉靖乙丑：即嘉靖四十四年。⑨总河：总理河道。⑩道谋滋起：众说纷纭。⑪过颡在山：《孟子·告子上》载："今夫水，搏而跃之，可使过颡；激而行之，可使在山。是岂水之性哉？其势则然也。"过颡，高过额头。在山，引上高山。⑫业：已经。⑬成议：议定的计划、决策。⑭隆庆庚午：即隆庆四年（1570年）。⑮万历戊寅：即万历六年（1578年）。⑯玺书：皇帝的敕令诏书。⑰怀山襄陵：洪水泛滥，汹涌奔腾漫上山陵。怀，包围。襄，冲上。⑱居：平时。⑲茇舍：草屋。⑳腐心：苦心。㉑蒿目：忧虑难安。㉒畚锸：挖运泥土的器具，指河防事务。㉓八阅月：历经八个月。阅，经历。㉔岁戊子：指万历十六年（1588年）㉕草莱：未出仕为官者。㉖冀：希望。

驯则以为无论旧河之深且广，凿之未必如旧。即使捐内帑[①]之财，竭四海之力而成之，数年之后，新者不旧乎？假令新复如旧，将复新之何所乎？水行则沙行，旧亦新也；水溃则沙塞，新亦旧也。河无择于新旧也，借水攻沙，以水治水，但当防水之溃，毋虑沙之塞也。昔汉武塞瓠子之决，而禹道遂复。宋欲力遏北来故道，使之东注，卒无宁日而国大疲，此非万古明鉴哉！或谓徐、邳非黄河之故道也，然独非泗、沂之故道乎？《禹贡》所谓“导淮自桐柏，东会于泗、沂”即此河也。宋神宗十年[②]，河大决于澶州，合南清河而入于淮。南清河者，即泗、沂也。行之五百余年矣，是亦黄河之故道也。且我朝岁漕[③]四百万石，非藉黄不能浮舟。是天所以默相我国家而预辟此河以助之也。敢弗守乎？驯殚心力者二十七年，今且归而死矣，不敢不以一得之愚质诸后之君子。万历庚辰[④]河工告成，司道诸君曾以不佞[⑤]奏议及诸明公赠言编刻成书，名曰《宸断大工录》。然其事止于江北，而诸省直无所发明。事体未备，检阅[⑥]未详，故兹畚锸之暇，复加增削，类辑成编，名曰《河防一览》：首载玺书，重王命也；继以图说，明地利也；河议辩[⑦]惑，阐水道也；河防险要，慎厥守也；修守事宜，定章程也；河源河决考，昭往鉴也；古今稽证[⑧]，备考核也；而诸臣章奏，次第纂入，便检括也。为卷一十有四，要之皆所以求顺治[⑨]也。试尘丙夜[⑩]之观，用备刍荛[⑪]之择，可因则因之。如其不可，则亟反之。毋以仆[⑫]误后人，后人而复误后人也。敬为之引。

时

万历庚寅[⑬]嘉平月[⑭]吉，霅上[⑮]七十老人潘季驯谨识[⑯]。

新安后学罗文瑞书

---

①帑：国库里的钱财。②宋神宗十年：指宋神宗熙宁十年（1077年），余同。③岁漕：每年由水路运输粮食到京师或其他指定地点。④万历庚辰：即万历八年（1580年）。⑤不佞：不才，自谦之词。⑥检阅：翻检查阅。⑦辩：通“辨”，辨明。⑧稽证：查考证明。⑨顺治：顺应自然规律治理。⑩丙夜：三更时分；半夜的时候。⑪刍荛：在向别人提供意见时自谦地把自己比作草野鄙陋的人。⑫仆：谦称，我。⑬万历庚寅：即万历十八年（1590年）。⑭嘉平月：农历十二月。⑮霅上：即浙江乌程，潘季驯的故乡。⑯谨识：郑重记载。

卷前导读

本卷收录有敕书五道：第一道、第二道为敕，以“敕……”开头，“故敕”结尾，分别用“广运之宝”“敕命之宝”；第三至第五道为敕谕，以“皇帝敕谕……”开头，“故谕”结尾，均用“敕命之宝”。

嘉靖四十四年，黄河在沛县（今江苏省徐州市沛县）决口，漕河淤塞，粮运不通，朝廷命令时任都察院右佥都御史的潘季驯总理河道。第一道敕书要求潘季驯率领官员实地调研、多方筹划，根据事态缓急合理分工，做好挑浚、分流、筑堤等工作；对于用工用料及其费用，也给出了参照标准；为确保河工顺利开展，根据有关人员的表现，也有相应的奖励和惩治措施；还要求每年年底，将具体施工情况以文字或贴有文字说明纸签的图画的形式向朝廷汇报。第一道敕书从宏观角度在河患治理的工作方案、资源利用、绩效奖惩和年度检查等方面进行了部署安排，指令清晰，语言简洁，内容全面，为接下来几道敕或敕谕的拟定提供了范本。

嘉靖四十五年（1566年），潘母闵氏去世，按照明朝丁忧制度，潘季驯暂时离任，回籍守制。隆庆三年（1569年），黄河再次在沛县决口，次年又决邳州（今江苏省邳州市）、睢宁（今江苏省徐州市睢宁县），朝廷第二次任命潘季驯总理河道。第二道敕书前半部分与第一道相同，后半部分表明了总理河道开始兼任提督军务的新变化，目的是在盗贼生发的情况下可以迅速组织官兵进行缉剿，更有力地防护运道，在军事上为河防工作提供保障。

隆庆五年（1571年），围绕是否开通泇河的问题，潘季驯与朝廷主流观点产生了分歧。朝廷为了保证漕运，主张开通泇河，从而让运河在徐州至宿迁段绕开黄河躲避水患；潘季驯则坚持只有先治理好黄河才可以根治漕运问题，故坚决反对开通泇河。最终，潘季驯被都给事中雒遵以漕运途中货物多被风浪卷走甚至整船沉没的原因弹劾，遭到罢官。

万历四年（1576年），黄河在徐州（今江苏省徐州市）决口，次年又决崔镇（今江苏省宿迁市境内），河防工作全无起色。当时，明神宗朱翊钧尚未亲政，军政大事全部委托内阁首辅张居正主持裁决。张居正深知潘季驯对河道治理见解深刻、经验丰富，于是在万历六年重新起用他督理河漕事务，任命他为河道都御史。这第三道敕谕直接流露出朝廷对“无实心任事之臣”的无奈和沮丧，只好把消除河道阻塞、让百姓免受水患之苦的希望又一次寄托在潘季驯身上，并赋予了他一定的权限，规定如果有不服指挥违抗命令、推卸责任耽误治河的，文官五品以下、武官四品以下，潘季驯均可直接传讯审问。此外，这道敕谕针对草湾口既开复淤，淮河水南徙不复，徐、邳河床过高，黄浦、崔镇久塞无功的问题，要求潘季驯组织实地调查，分析致害原因，寻找长久治理的策略；针对是否开复老黄河故道，挑浚清、桃正河，修筑高家堰、宝应堤，加挑小浮桥、新冲口，以及徐、邳地区河流治理的问题，要求潘季驯查阅历年奏疏，逐一组织讨论，给出详细、妥当的处置办法上奏朝廷。这道敕谕细致入微、重点突出，表明了既要持之以恒、脚踏实地解决好旧问题，又要知难而上想方设法解决好新问题的态度。

万历八年，朝廷为了表彰潘季驯的治河贡献，颁布敕谕，授予他“太子少保”的荣誉官衔，并升任为工部尚书兼都察院左副都御史。敕谕中肯定了潘季驯加修堤防、“束水攻沙”“蓄清刷黄”的治河策略和功绩，称赞他思虑周全、知人善任，堪为众臣的表率，令皇帝特别满意。在实际奖励方面，还特许他的一个儿子进入国子监读书，赏赐白银五十两和一些丝织品。敕谕既在彰显圣恩浩荡，又督促着潘季驯继续效命于朝廷。

万历十年（1582 年），张居正病逝。万历十二年（1584 年），明神宗下令查抄张居正在北京和湖北江陵（今湖北省荆州市）的家宅，潘季驯上疏求情，后以党庇张居正的罪名被削职为民。万历十三年（1585 年），河患频发，朝廷第四次敕谕潘季驯总理河道，驻扎济宁州（今山东省济宁市境内），要求他将淤浅冲决、堤岸单薄的地段加强修筑治理，避免阻塞，并将之前工部回复的事项一一落实。自此，潘季驯在自己的岗位上竭尽心力，直至告老还乡。

本卷还收录了三篇图说。

前两篇为《祖陵图说》《皇陵图说》。明祖陵是明太祖朱元璋高祖父母、曾祖父母的衣冠冢和祖父母的安葬地，明皇陵是其父母、兄嫂的安葬地。保护祖陵、皇陵，是明代治河的最高原则之一。潘季驯以上北下南左西右东的方位分布，运用形象画法将祖陵、皇陵及其周边地理环境勾勒出来，并分别标明了山丘、河湖、县城、陵寝、闸堤等地理信息。图说中，潘季驯阐述了祖陵、皇陵的地理位置，认为是王气盘踞的灵秀之地。他还分析祖陵、皇陵均临近黄淮交汇处，符合风水学上墓穴周围有河水自分而合才能使阴阳交济相融形成吉地这一说法。他强调，黄河、淮河的治理关系到祖陵、皇陵的安危，至关重要，不容有误，切不可轻举妄动。

第三篇是《全河图说》。潘季驯将黄河自星宿海直至苏北盐城（今江苏省盐城市）入海口，以及运河从神京（即北京）至杭州钱塘仓所流经的山峦、河湖、城镇、堤防、闸坝、河务处所位置依次绘出标明，并将各处地势、水势、水患、河工等情况，以及如何防守、有何注意事项等提示以简短文字予以说明，全面细致，堪称潘季驯近三十年总理河道工作的竣工图。

卷之一

敕谕五道

敕都察院右佥都御史潘季驯：近年沛县迤北漕河屡被黄河冲决，已经差官整理，但恐河势变迁无常，漕河不时淤塞，有妨粮运。今特命尔前去总理河道，督率管河、管洪、管泉、管闸郎中、员外郎、主事及各该三司军卫、有司、掌印官、守巡，并管河副使，临清、沂州、大名、曹、濮等处兵备等官，时常往来亲历，多方经画，遇有淤塞去处，务要挑浚深广，其黄河北岸长堤并各堤岸，应修筑者亦要着实用工修筑高厚，以为先事预防之计。凡所属地方遇有水患，即便[①]访究水源，可以开通分杀并可筑塞堤防处所，严督各该官员量度事势缓急，定限工程久近，分投修理。一应合用工价、人夫、桩草等项，查照该部题准事理，行令所在军卫、有司，斟酌调用。敕内该载未尽事理，俱听尔便宜处置。若事关漕运者，与各该抚按官计议而行；事体重大者，奏请定夺。承委官员果能勤劳干理，着有成绩，尔即荐举擢用；其不遵约束、乖方误事及权豪势要之家，侵占阻截，违例盗决[②]河防，应拿问者径自拿问，应参奏者参奏治罪。每年终照例将挑浚修筑过河堤并用过夫料数目造册、画图贴说具奏。尔为宪臣[③]，受兹专委，尤须竭忠尽力，悉心区处[④]，毋或因循怠玩，虚费财力，责有所归，尔其慎之。故敕。

广　运
嘉靖四十四年十一月十一日
之　宝

敕都察院右副都御史潘季驯：近年沛县迤北漕河屡被黄河冲决，已经差官整理，但恐河势变迁无常，漕河不时淤塞，有妨粮运。今特命尔前去总理河道，督率管河、管洪、管泉、管闸郎中、员外郎、主事及各该三司军卫、

---

①即便：立刻。②盗决：私自开通水道，非法决裂堤岸。③宪臣：御史。④区处：分别处置。

有司、掌印官、守巡，并管河副使，临清、沂州、大名、曹、濮等处兵备等官，时常往来亲历，多方经画，遇有淤塞去处，务要挑浚深广，其黄河北岸长堤并各堤岸，应修筑者亦要着实用工修筑高厚，以为先事预防之计。凡所属地方遇有水患，即便访究水源，可以开通分杀并可筑塞堤防处所，严督各该官员量度事势缓急，定限工程久近，分投修理。一应合用工价、人夫、桩草等项，查照该部题准事理，行令所在军卫、有司，斟酌调用。敕内该载未尽事理，俱听尔便宜处置。若事关漕运者，与各该抚按官计议而行；事体重大者，奏请定夺。承委官员果能勤劳干理，着有成绩，尔即荐举擢用；其不遵约束、乖方误事及权豪势要之家，侵占阻截，违例盗决河防，应拿问者径自拿问，应参奏者参奏治罪。每年终照例将挑浚修筑过河堤并用过夫科数目造册、画图贴说具奏。近该科臣建议，要将总理河道兼提督军务，山东济宁各临近地方，南直隶淮扬、颍州、徐州，山东曹、濮、临清、沂州，河南睢、陈，北直隶大名、天津各该地方听其督理。各兵备道悉听节制，务要防护运道以保无虞。如遇盗贼生发，即便严督该道率领官兵上紧[1]缉剿，毋致延蔓。如各官若有纵寇贻患者，指名参奏处治。尔为宪臣，受兹专委，尤须竭忠尽力，悉心区处。如或因循怠玩，虚费财力，责有所归，尔其慎之。故敕。

敕　命

隆庆四年　月　日

之　宝

皇帝敕谕都察院右都御史兼工部左侍郎潘季驯：近年河淮泛滥为害，运道梗塞，民不安居，朕甚忧之，已屡有旨责之地方官经理，奈无实心任事之臣，动以工费艰巨为解。又当事诸臣，意见不同，事多掣肘，以致日久无功。今特命尔前去督理河漕事务，将河道都御史暂行裁革，以其事专属于尔。其南北直隶、山东、河南地方有与河道相干者，就令各该巡抚官照地分管，俱听尔提督。尔宜亲历河流所经，会同各巡抚官，督同各部属司道等官，悉心协虑，讲求致害之因，博采平治之策备查。草湾口何为既开复淤，及今作何开通？全淮水何为南徙不复，及今作何疏导？徐、邳河身高并州城，何以疏之使平？黄浦、崔镇等口，久塞无功，何以筑之使固？及查诸臣历年建议有行奏疏，逐一勘议。要见老黄河故道应否开复？清、桃正河应否挑浚？高家堰、宝应堤应否修筑？小浮桥、新冲口可否济运，应否加挑？又徐、邳以上地形南昂北下，恐堤防一溃势必奔流北徙，将为闸河之梗，亦要审其孰为正

---

[1] 上紧：赶紧。

河，孰为支河，孰为合河，或正而当厚其防，或支而当杀其势，或合而当分其流，一并勘议，详妥奏闻区处。合用钱粮及选任司道等官，俱许以便宜奏请，给发委用。功成之日，通将效劳官员一体分别升赏。如有抗违不服及推诿误事者，文官五品以下，武官四品以下，径自提问，应奏请者奏请定夺。其提督军务事宜，查照河道衙门原管行事。尔候事宁之日，奏请回京。朝廷以尔谙习河道、素有才望，特兹重任，尔尚殚忠筹虑，尽力区画，俾①河漕无梗塞之虞，人民免昏垫②之苦，必有懋③赏，以酬尔功。毋或畏难惮劳，隐忠不效及苟且塞责，有负委任，尔其勉之慎之。故谕。

敕　命

万历六年三月初十日

之　宝

皇帝敕谕总理河漕兼提督军务、都察院右都御史兼工部左侍郎、今加太子少保升工部尚书兼都察院左副都御史潘季驯：迩者④河淮泛滥，浚治罔功，运道有梗塞之虞，民生沦垫溺之患。畴咨⑤俾乂⑥，佥⑦曰汝谐。尔乃殚任事之忠诚，而持之以果断，运亨屯⑧之干略⑨，而出之以恭勤，躬亲胼胝⑩之劳，力主堤防之策，束散漫之流而循故道，借奔冲之势以涤新淤，使全河复合于淮，而二渎并趋于海。以水治水，计虑出于万全；知人任人，率作先乎众职。庶几洒泽浚川之智，允惟利民益国之勋。有臣若时，厥惟良显。兹科臣核实闻奏，式获朕心。特加尔太子少保升工部尚书兼都察院左副都御史，暂留河道经理，荫一子入监读书，赏银五十两，纻丝四表里，仍赐敕奖励，以示眷酬。於戏！懋功懋赏，朕弗忘优渥之恩；善作善成，尔尚图永终⑪之绩。服予嘉命，勿替初忱，钦哉。故谕。

敕　命

万历八年四月二十八日

之　宝

皇帝敕谕都察院右都御史潘季驯：该科臣建议：先年河道原设有总理大臣，近年裁革，分属各该巡抚官兼管，事权不一。目今河患不常，工程重大，要将原官复设，简择熟知河务任事大臣管理。该部议覆相应，兹特命尔前去总理河道，驻扎济宁州，督率原设管河、管洪、管泉、管闸郎中、员外、主事及各该

---

①俾：使。②昏垫：遭受水灾。③懋：勉励。④迩者：近来。⑤畴咨：访求。⑥俾乂：治理，安定；贤才。⑦佥：众人，大家；全，都。《书·舜典》载，舜在征询意见后，任命臣工时多有“佥曰汝谐”之语。⑧亨屯：解救困厄。⑨干略：治事的才干和谋略。⑩胼胝：手脚因长期劳动摩擦而长出的厚茧。⑪永终：长久。

三司军卫、有司、掌印、管河、兵备、守巡等官，将各该地方新旧漕河，并淮扬、苏、松、常镇、浙江等处河道及河南、山东等处上源，着实用心往来经理。遇有淤浅冲决、堤岸单薄，应该帮筑挑浅去处。务要先事预图，免致梗塞。并查先年工部题覆事宜，一一着实举行。合用人夫照常于河道项下附近有司军卫衙门调取应用；其各省直岁修河工钱粮，悉听通融计处动支。所属大小官员果能尽心河务，功绩昭著者，奖荐擢用；敢有不服调度、怠玩误事及权豪势要之家，侵占阻截，并违例盗决河防，应拿问者径自拿问，应参奏者指名参奏。其余开载未尽及河道紧要事宜，悉听尔便宜处置。其有干漕运抚按衙门事体，公同计处，重大者，奏请定夺。每年终将修理过河道、人夫钱粮照例备细造册、画图贴说奏缴。其南直隶淮扬、颍州、徐州，山东曹、濮、临清、沂州，河南睢、陈，北直隶大名、天津各该地方军务，亦听尔兼理。其各兵备道悉听节制[①]，务要防护运道，永保无虞。如遇盗贼生发，即便会同各该巡抚严督该道官兵上紧缉剿，毋致延蔓。若兵备各官纵寇贻患者，参奏处治。尔为重臣，受兹委托，须殚心竭虑，输忠效劳，务俾河道安流，粮运无误。斯称委任，如或处置乖方，以致误事，责有所归，尔其钦承之毋忽。故谕。

敕　命

万历十六年五月十一日

之　宝

祖陵图说

---

①节制：指挥管辖。

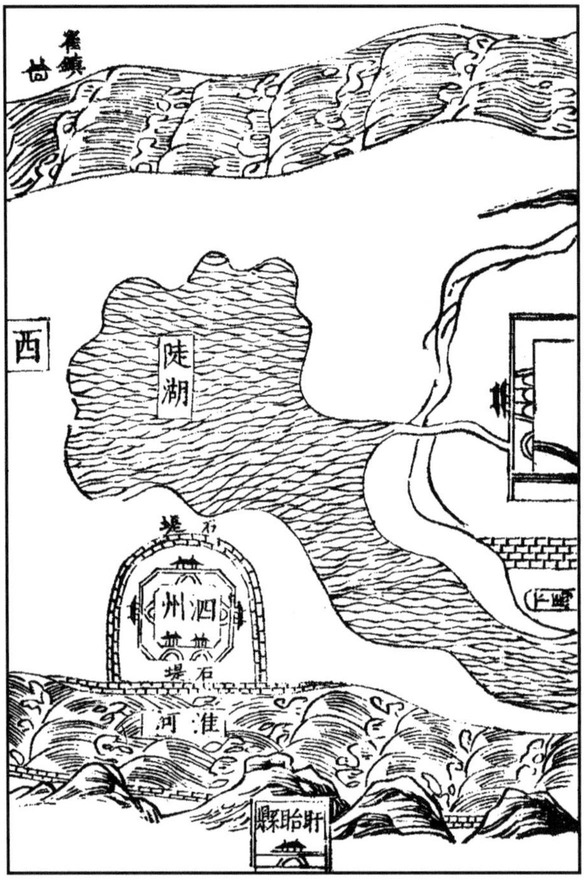

谨按：形家[①]之言，未足深信。然天生一代圣君，使之绍统立极[②]，以开亿万年太平之业，必有钟灵毓秀之地以为之基者。成周定鼎郏鄏，卜世卜年[③]，慎重故也。恭阅我三祖之陵，居泗州东北一十余里，平原中突起高阜，较泗州城址高二丈三尺一寸，沙、陡二湖潴[④]蓄于前，面淮背黄。两河发源之处相距万余里，蟺蜿而来，合于清河县之东，并流入海，更无涓滴中泄，而龟山半出河中，约拦去流于后，风气完固，岂偶然哉？好事者乃欲以私意凿见，分泄两河，万一有误，得无[⑤]令人寒心乎！

臣季驯顿首顿首谨识

---

①形家：根据地形相度风水，替人选宅基、墓地的人。 ②绍统立极：继承大统，登上帝位主持国政。 ③卜世卜年：占卜王朝最终统治的世数和年数，泛指预测国运。 ④潴：水积聚。 ⑤得无：能不。

皇陵图说

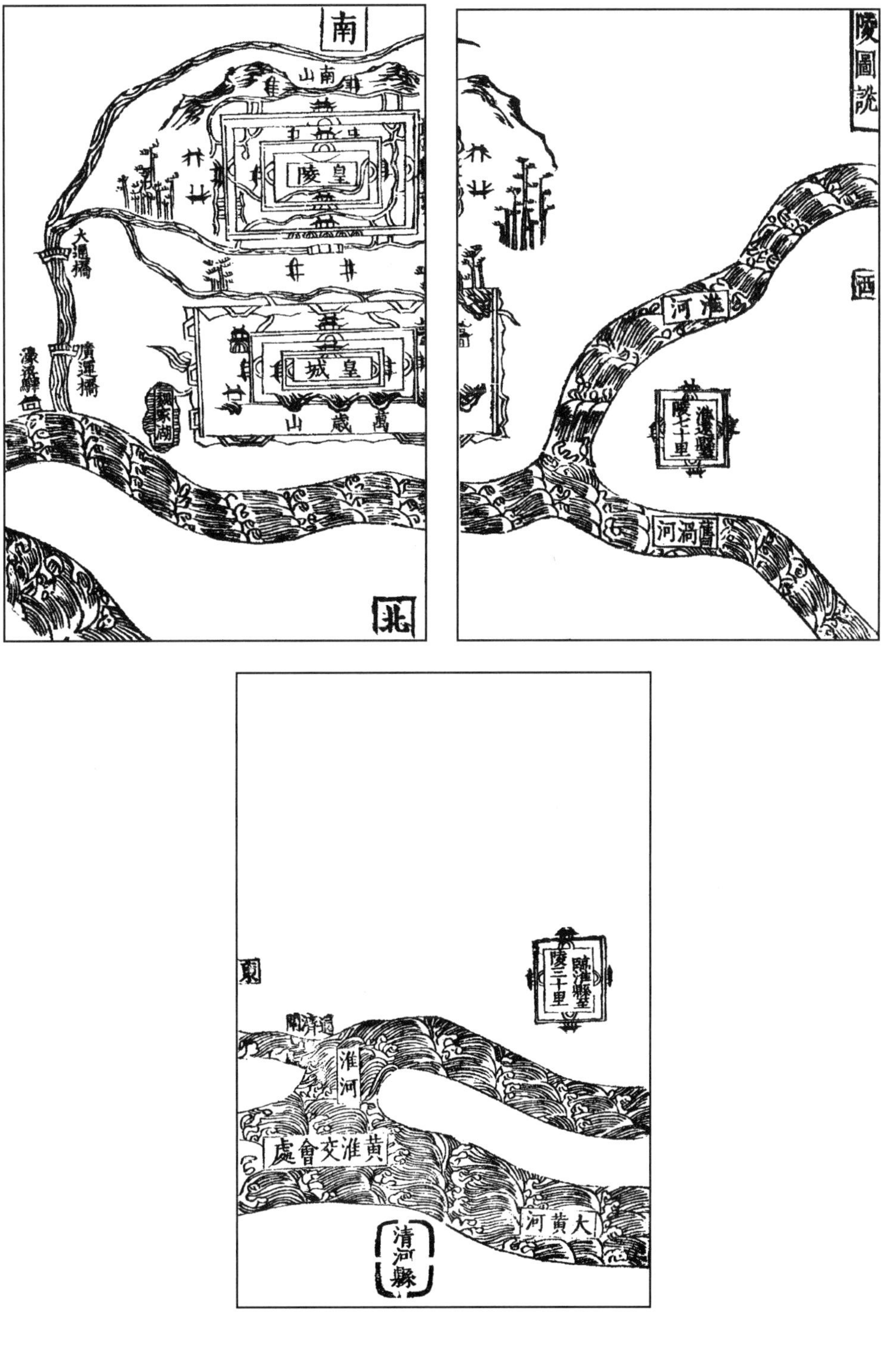

谨按：凤阳皇陵，居祖陵之西南一百八十余里，奠南北向而亦面淮，形胜稍异，而有取于淮、黄合襟①则同，知祖陵则知皇陵矣。两河关系二陵，吃紧②如此，私意凿见者，慎勿易易也。

臣季驯顿首顿首谨识

全河图说

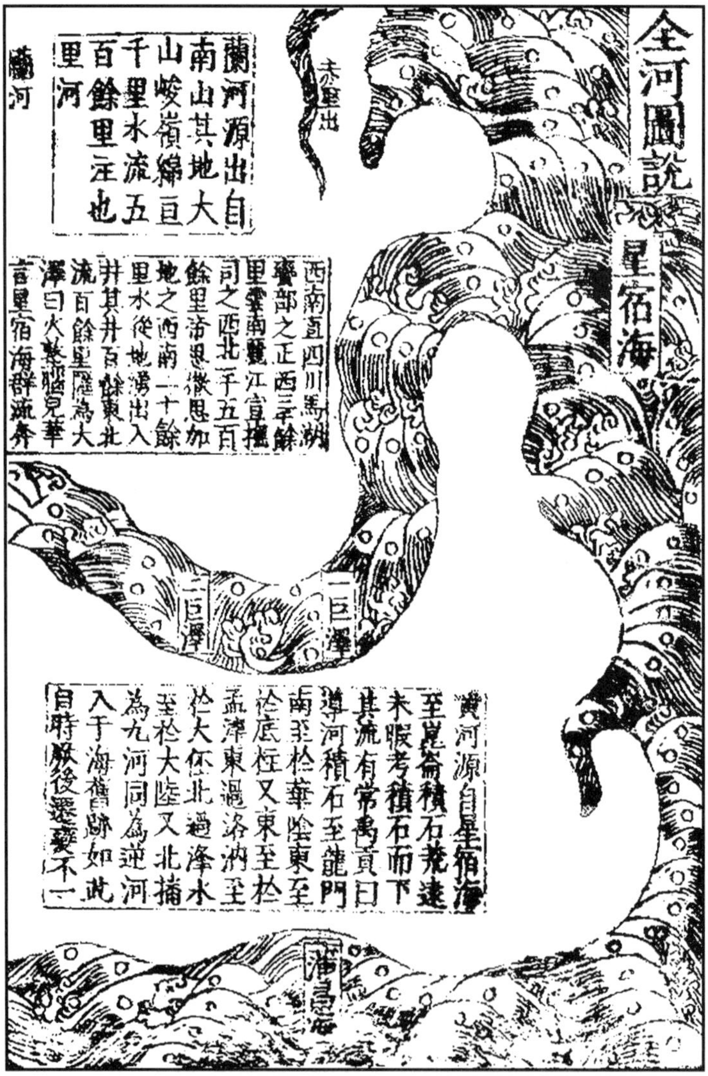

①合襟：《人子须知》载："合襟水者，穴前界脉上分下合之水，如胸前衣襟之交合，故名合襟水也。" ②吃紧：重要。

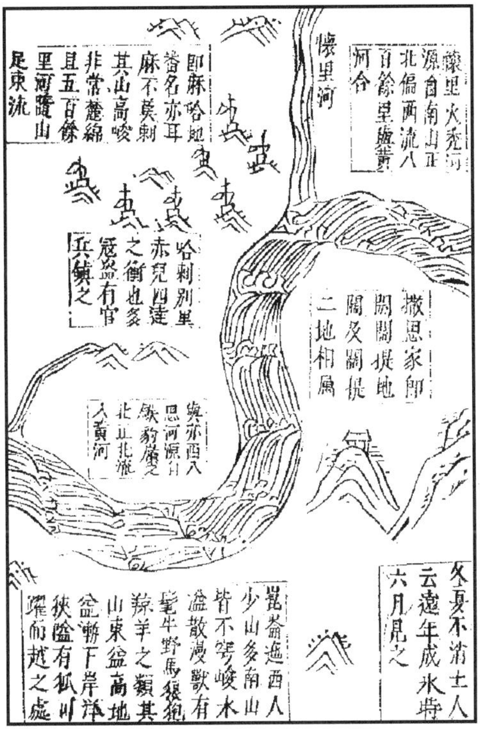
蒙里火禿河源自南山正北偏西流八百餘里與黄河合
懷里河
即麻哈地番名亦耳麻不莫剌其山高峻非常麓綿且五百餘里河遶山足東流
哈剌別里赤兒四達之衝也多寇盜有官兵鎮之
撒思家即闊闊提地闊及闊提二地相屬
冬夏不消土人云遠年成冰時六月見之
崑崙迤西人少山多南山皆不穹峻水溢散漫獸有髦牛野馬狼狍羱羊之類其山東盆高地盆漸下岸狹隘有狐可躍而越之處

也里河
赫迭五七里匯二巨澤名阿剌腦兒
也里出河源亦出自南山西北流五百餘里與黄河合岐為八九股名也孫斡倫譯言九渡通廣五七里可渡馬
水渾濁土人抱革囊騎過之聚落糾木幹象舟傅毛革以濟僅容兩人自是兩山狹束可廣一里二里或半里其深叵測
朵甘思東北有大雪山名亦耳麻不剌其山最高譯言騰乞里塔即崑崙也山腹至頂皆雪

洮河源出羊撒嶺
積石州
積石州即積石禹貢積石
來羌縣
二百里過踏白城銀川站與黄水浩亹河合治盆河源出山丹州
正東流五百餘里過三邑站與黄河合
西寧州
邈水源自唐宿軍谷
又北流過上橋站積石州來羌城廓

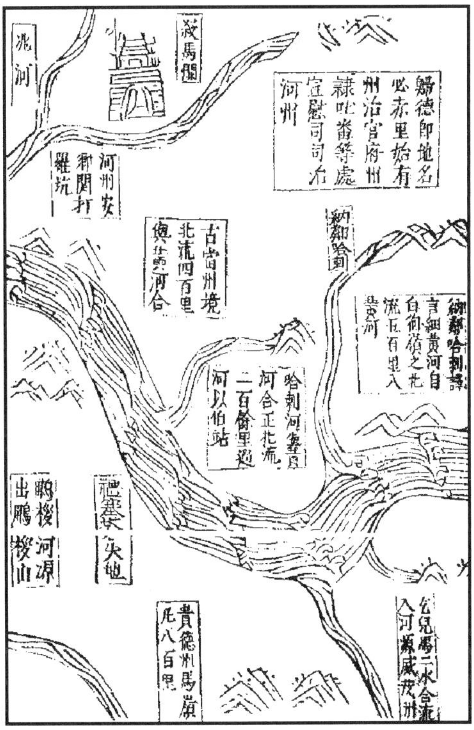
洮河
殺馬關
歸德即地名必赤里始有州治官府州隸吐蕃等處宣慰司司治河州
河州安鄉關打羅坑
古當州境北流四百里與黄河合
納鄰哈剌
納鄰哈剌譯言細黄河自自衙嶺之北流五百里入黄河
哈剌河譯言黑河合正北流二百餘里過河以伯站
鴨梭河源出鴨梭山
貴德州馬嶺凡八百里
乞兒馬出二水合流入河源威茂州

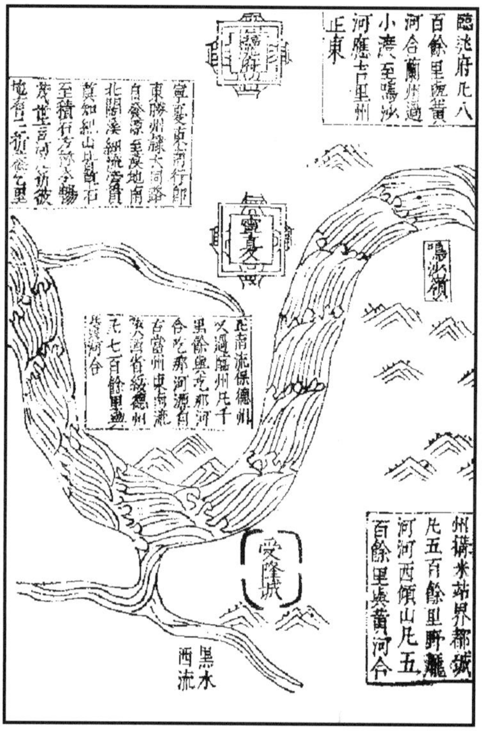
臨洮府凡八百餘里過黄河合蘭州過小濱至鳴沙河應七百里州正東
鳴沙嶺
受降城
黑水西流
州横米站界都城凡五百餘里野離河河西傾山凡五百餘里與黄河合

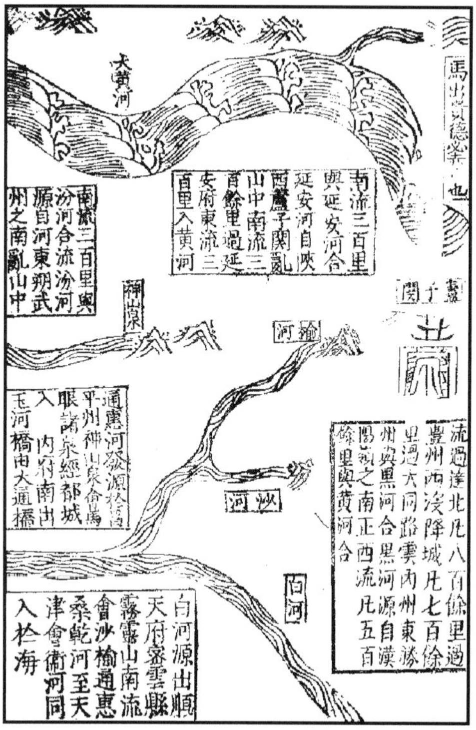
大黄河
南流三百里與延安河合延安河自陝西蘆子關亂山中南流三百餘里過延安府東流三百里入黄河
南流三百里與汾河合流汾河源自河東朔武州之南亂山中
神山泉
榆河
沙河
白河
流過漥北凡八百餘里過豐州西受降城凡七百餘里過大同路雲內州東勝州與黑河合黑河源自漢陽嶺之南正西流凡五百餘里與黄河合
通惠河發源於昌平州神山泉合馬眼諸泉繞都城入內府南出玉河橋由大通橋
白河源出順天府密雲縣霧靈山南流會沙榆通惠桑乾河至天津會衛河同入扵海

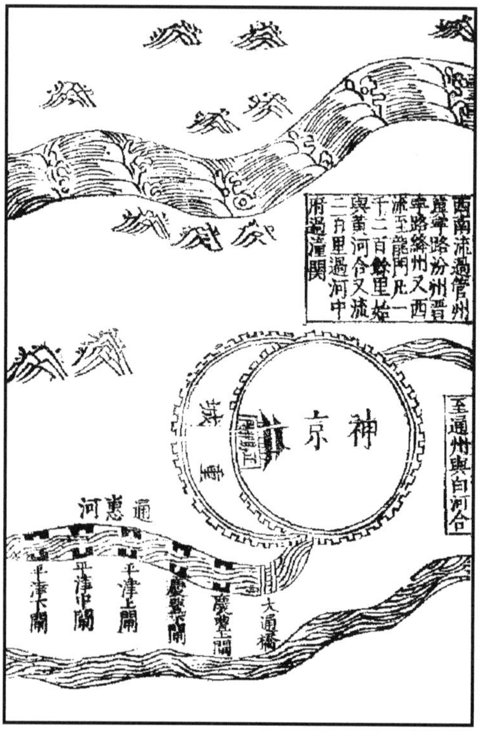
西南流過管州嵐谷路汾州晉寧路絳州又西流至龍門凡一千二百餘里始與黄河合又流二百里過河中府過潼關
神京
至通州與白河合
通惠河
平津下閘
平津中閘
平津上閘
慶豐下閘
慶豐上閘
大通橋

陝州
太行山
濟源縣
濟河源
濟瀆廟
沁河源出山西沁源縣
乾桑河
名澤河
新城
上閘城
張家灣
通州
皇木廠
永通橋

偃師縣
北邙山
河內縣
高村
青縣
滹沱河源大鉄山自代郡幽城縣東流經獻縣城南十一里單家橋至青縣南岔河
天津衛
北海

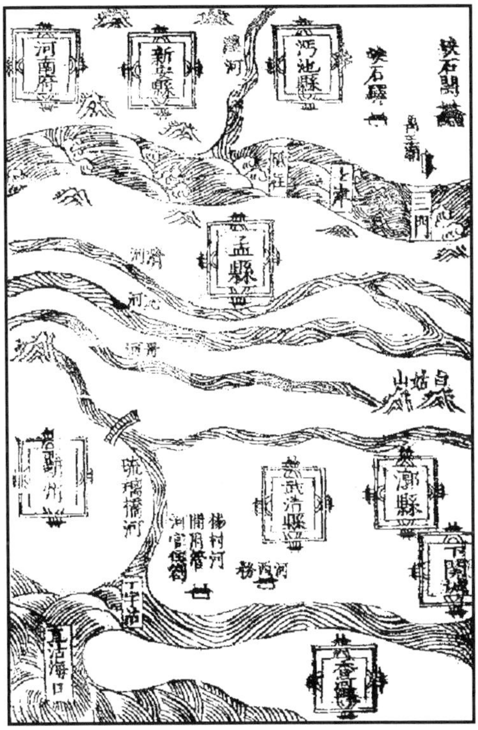
河南府
新安縣
澠池縣
三門
孟縣
武清縣
漷縣
直沽海口

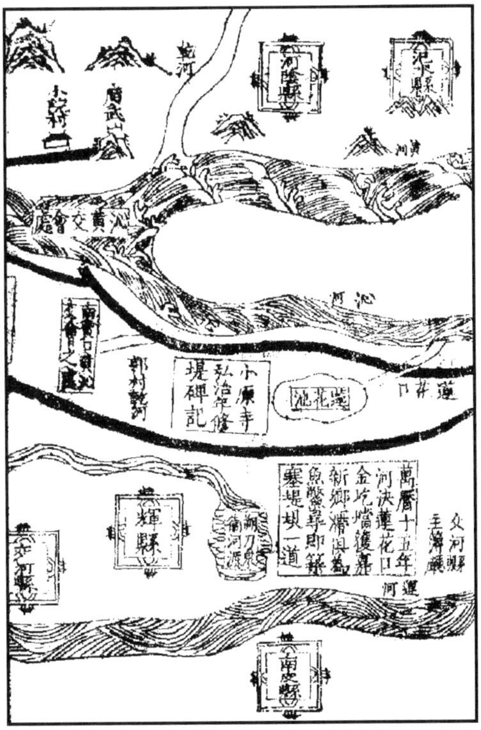
河陰縣
黃沁交會處
沁河
小康寺弘治年修堤碑記
輝縣
南皮縣

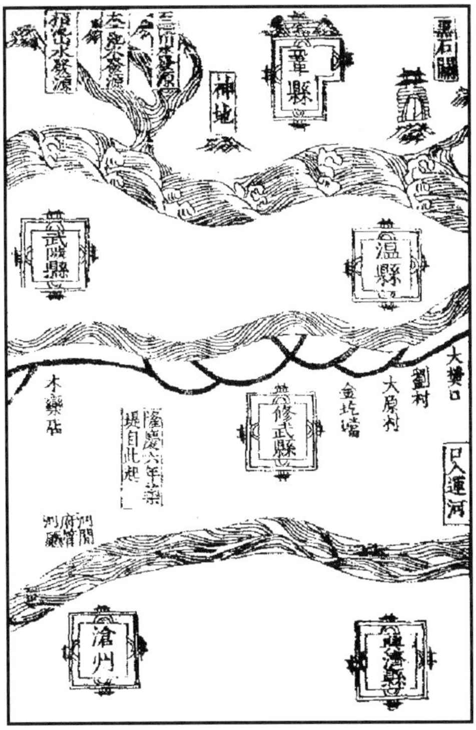
溫縣
武陟縣
修武縣
大樊口
劉村
金圪壋
木欒店
隆慶六年築堤自此起
入運河
滄州

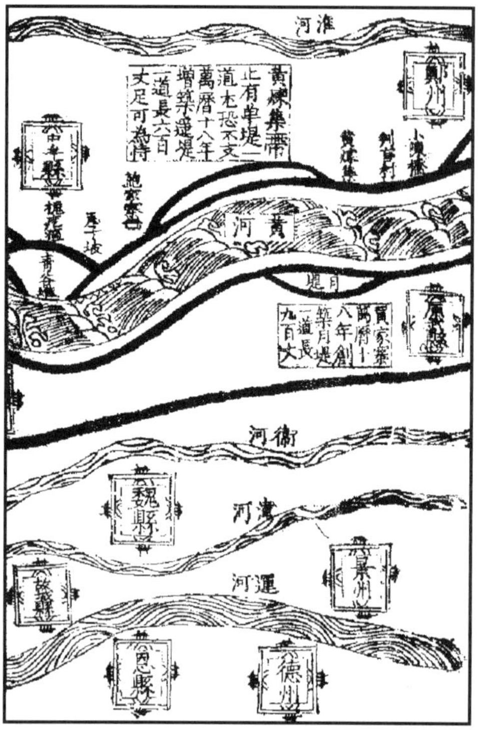
淮河
黄河
衛河
漳河
運河
德州
恩縣
景州

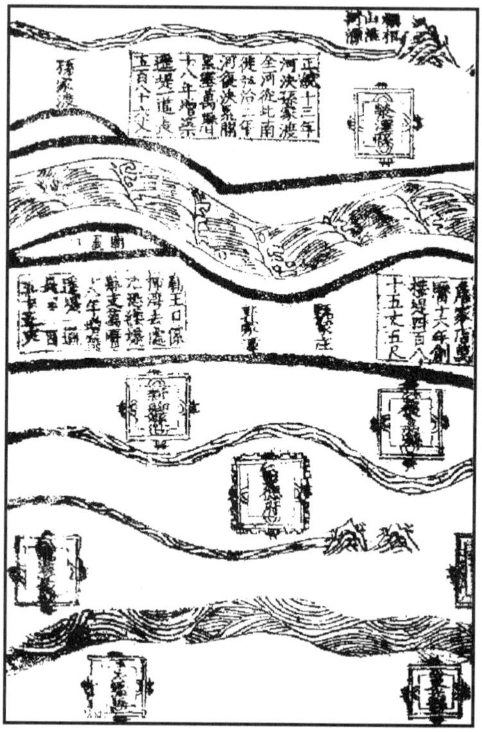

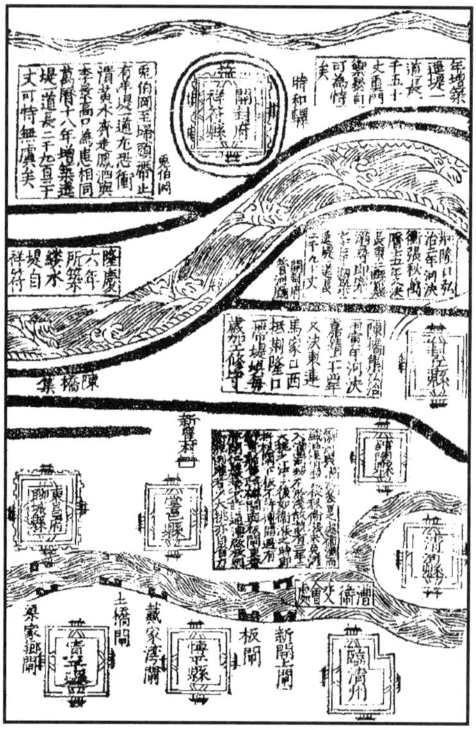
開封府
祥符縣
陳橋集
臨清州

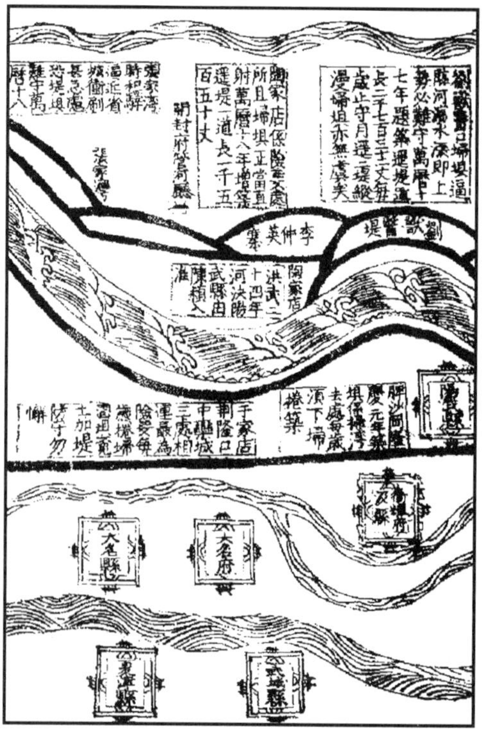
劉獸醫堤
李仲英集
大名府
大名縣

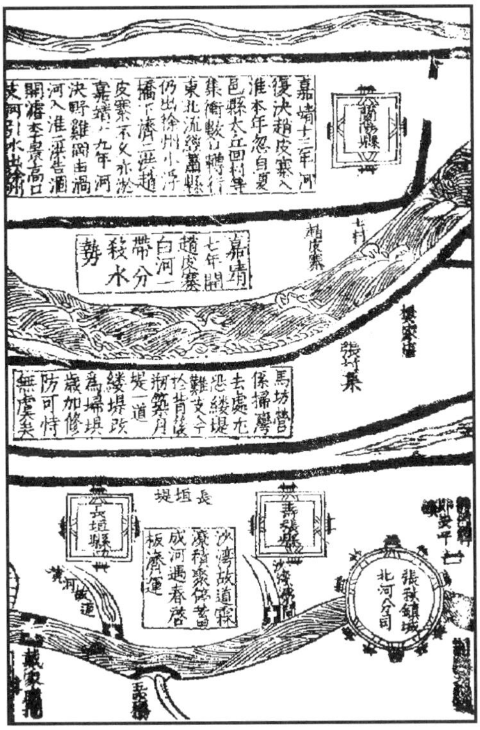
嘉靖七年開趙皮寨白河一帶分殺水勢
長垣縣
長垣堤
張秋鎮城
北河分司

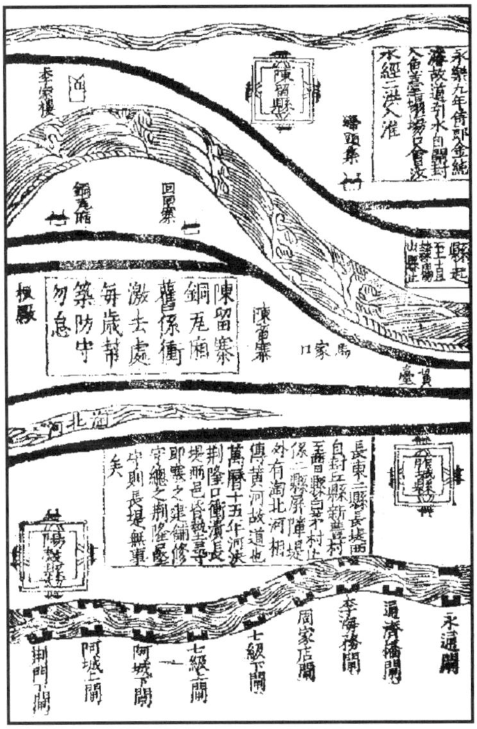
陳留縣
陳留寨銅瓦廂舊係衝激去處每歲幫築防守勿怠
永通閘
周家店閘
七級下閘
七級上閘
阿城下閘
阿城上閘

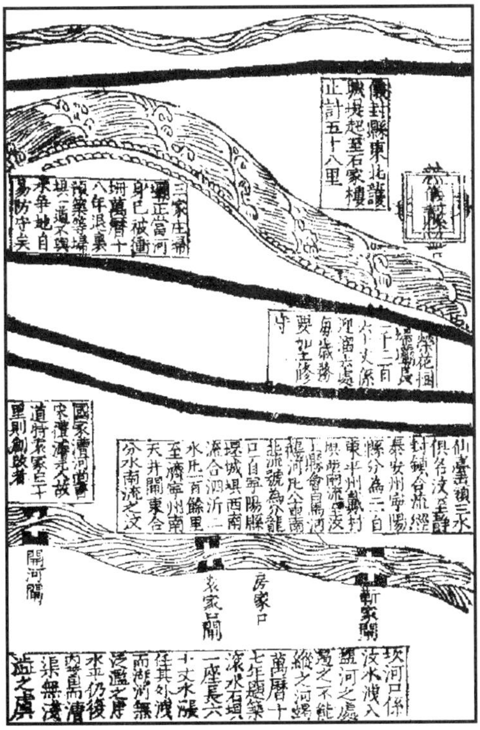
儀封縣
開河閘
袁家閘
房家口
靳家閘

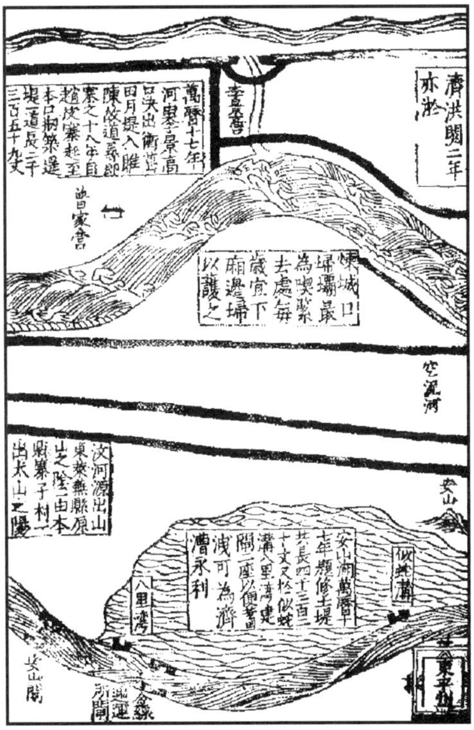
汶河源出山東萊蕪縣原山之陰一由本縣寨子村一出太山之陽
八里灣
安山

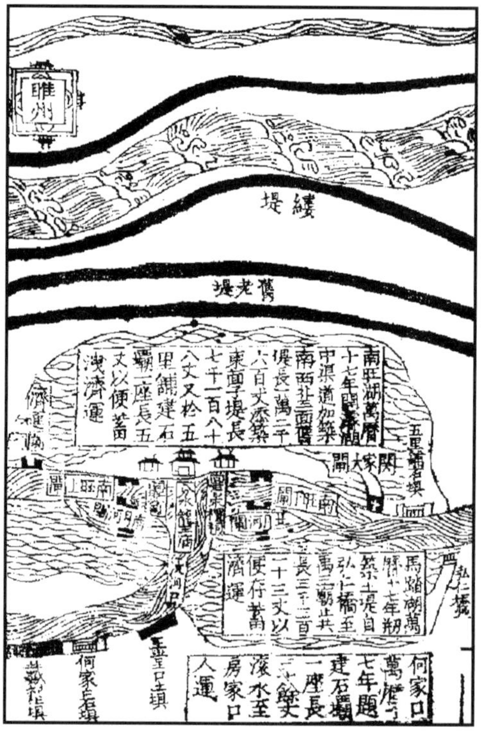
睢州
縷堤
舊老堤

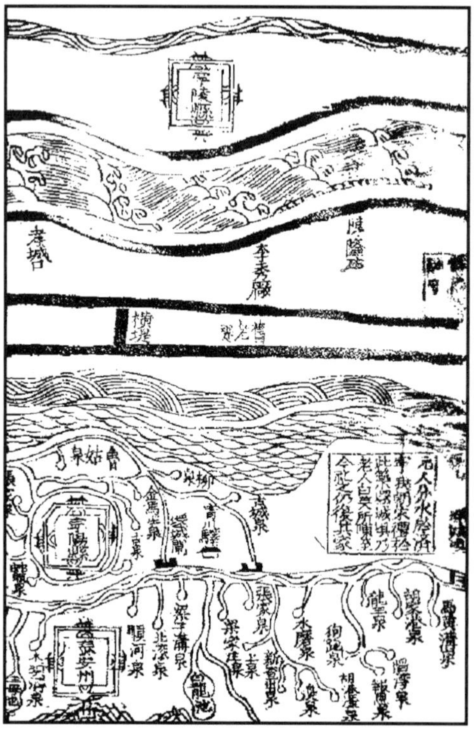

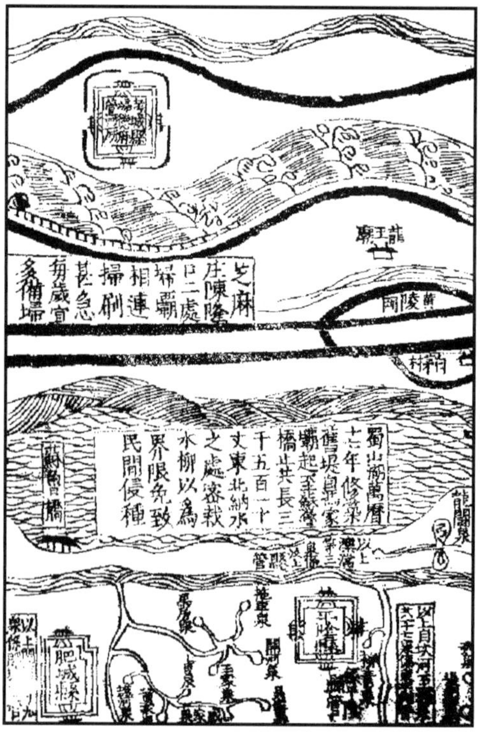
龍王廟

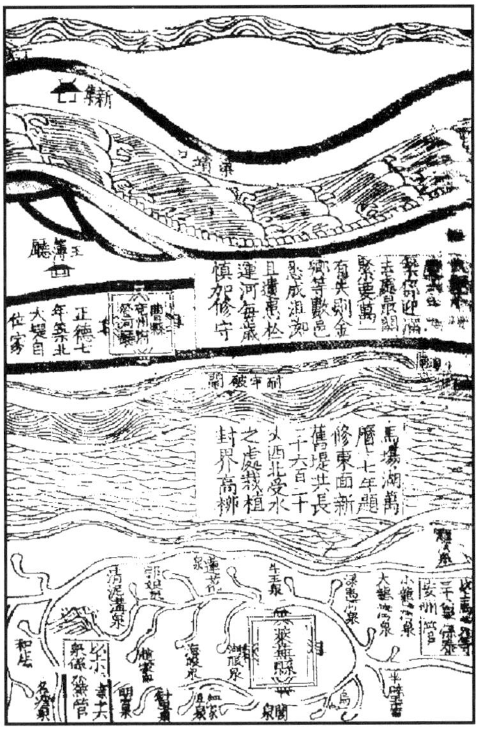
馬場湖萬曆七年題
修東面新
舊堤共長
二千六百二十
丈西北受水
之處栽植
封界高柳

歸德府
商丘縣

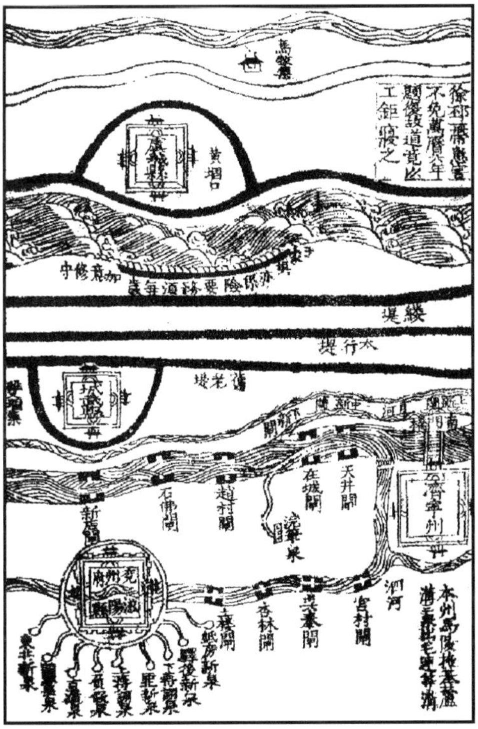
太行堤
天井閘
在城閘
趙村閘
石佛閘

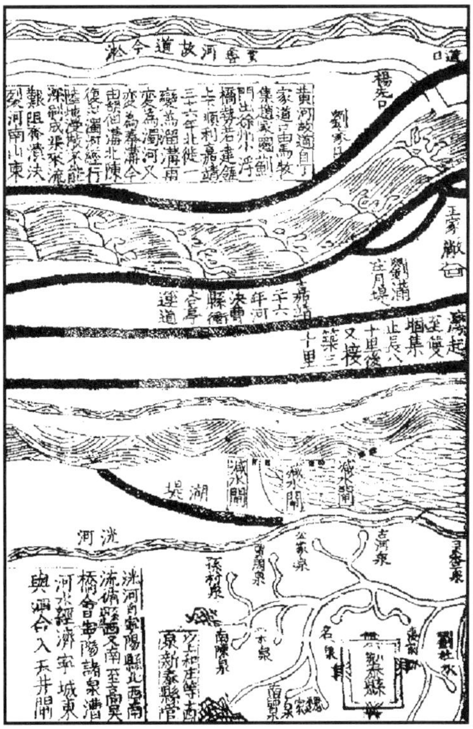
黃河故道
湖堤
洸河

夏邑縣
單縣
鄒縣
泗河

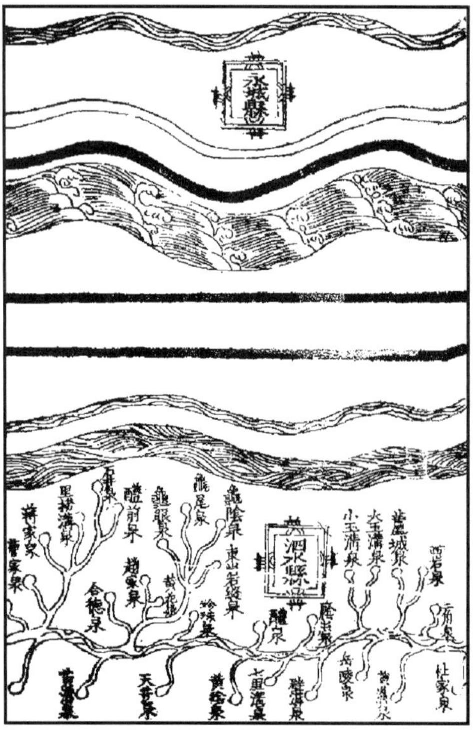
永城縣
泗水縣

曲阜縣

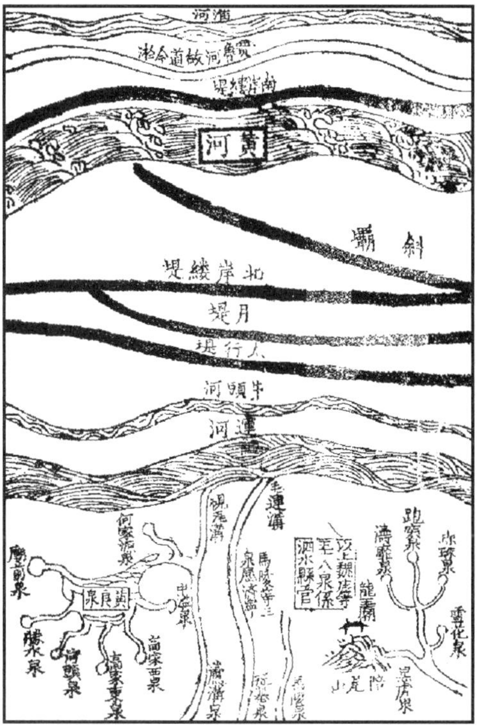
黃河
斜堤
北岸縷堤
月堤
太行堤
運河

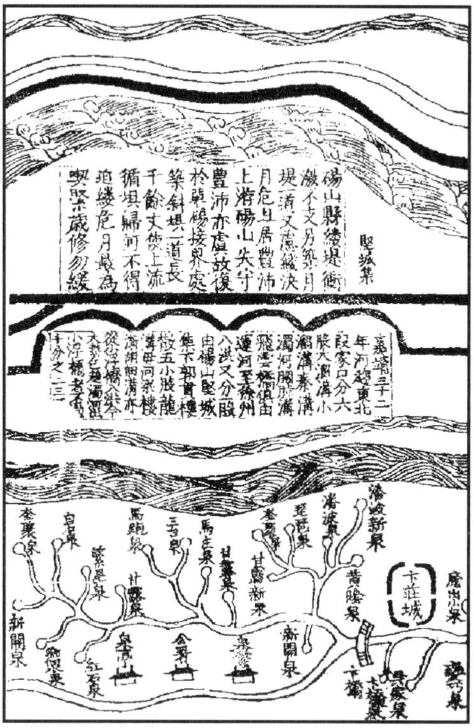
碭山縣縷堤衝激不支另築月堤消又慮縱決上潜碭山失守月包其居豐沛豐沛亦虞故復於其碭接界處築斜堤二道長千餘丈使上流循堤歸河不得迫縷危月最為要緊歲修勿緩
卞莊城

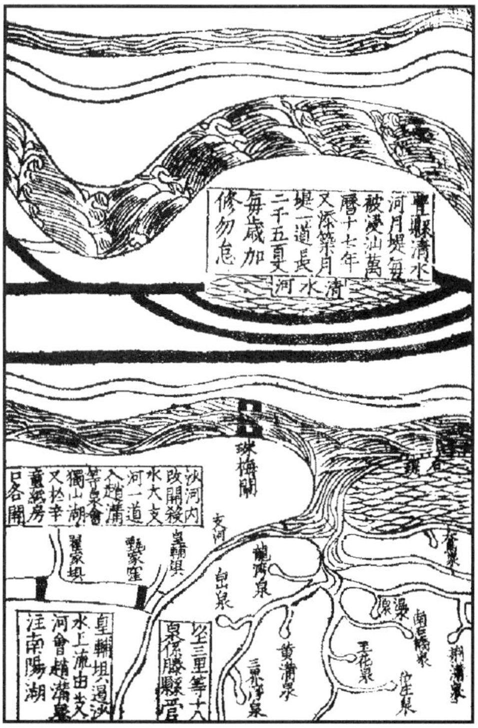
豐縣清水河月堤每被漫溢萬曆十七年又添築月堤一道長二千五百丈每歲加修勿怠
清水河

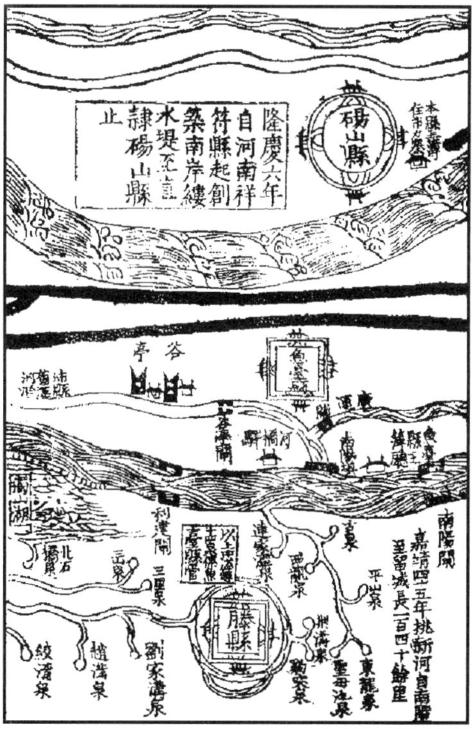
碭山縣
隆慶六年自河南祥符縣起創築南岸縷水堤至此碭山縣止
谷亭
南陽閘
滕縣

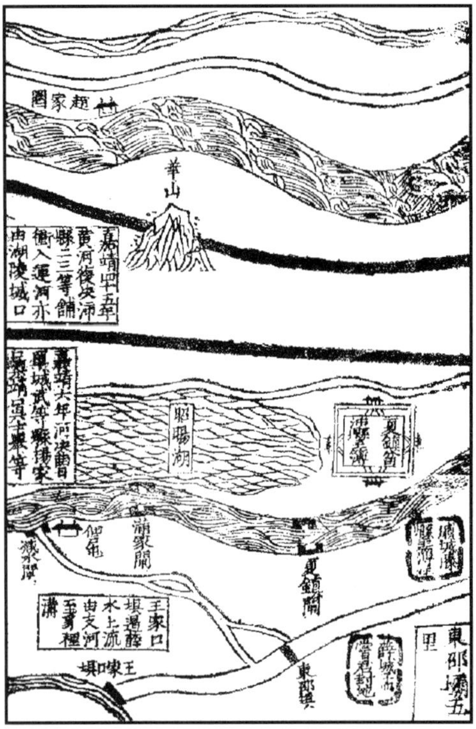
華山
昭陽湖

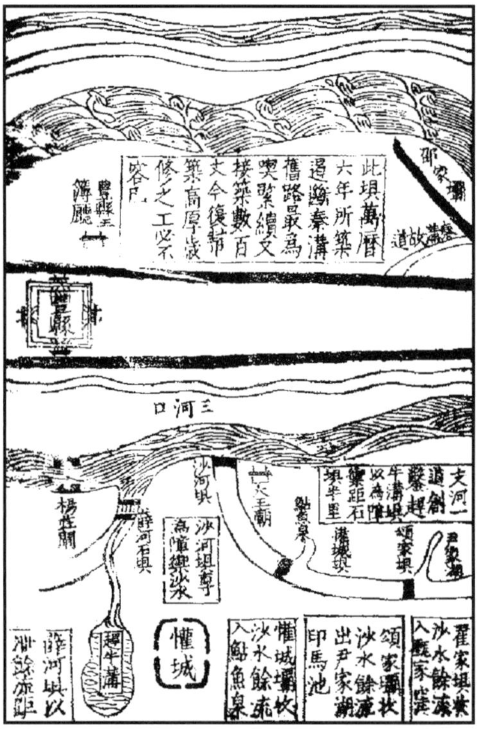
此壩萬曆
六年所築
遏斷秦溝
舊路最為
要緊續又
接築數百
丈今復幫
築高厚歲
修之工必不
容已
三河口

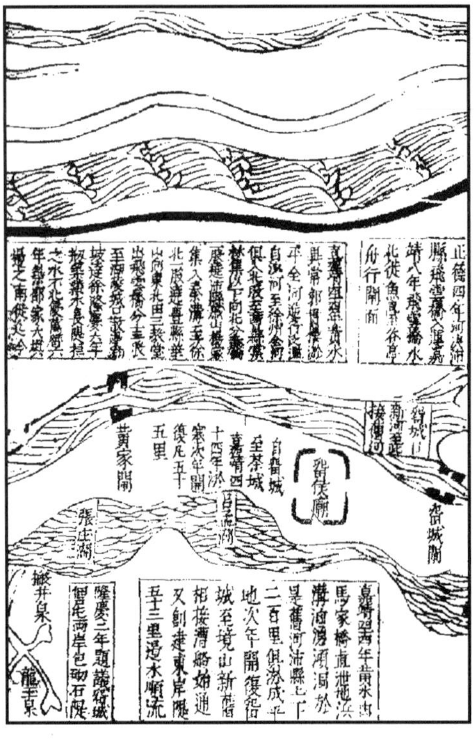
黃家閘

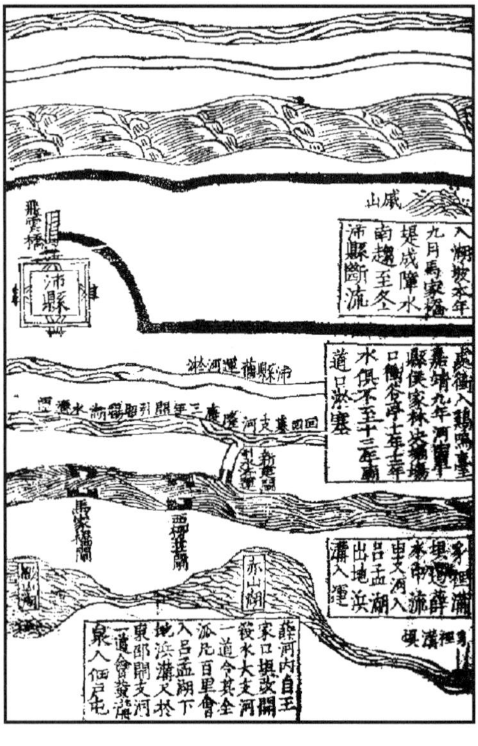
沛縣
赤山湖

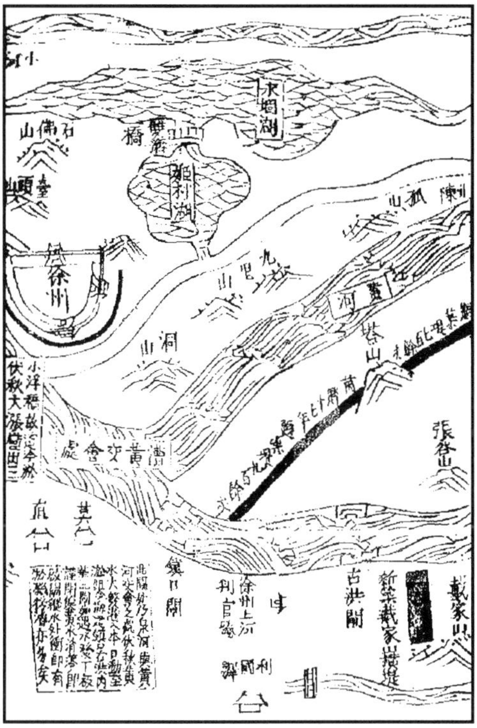
徐州
洞山
張谷山
古洪閘
新築戴家堤

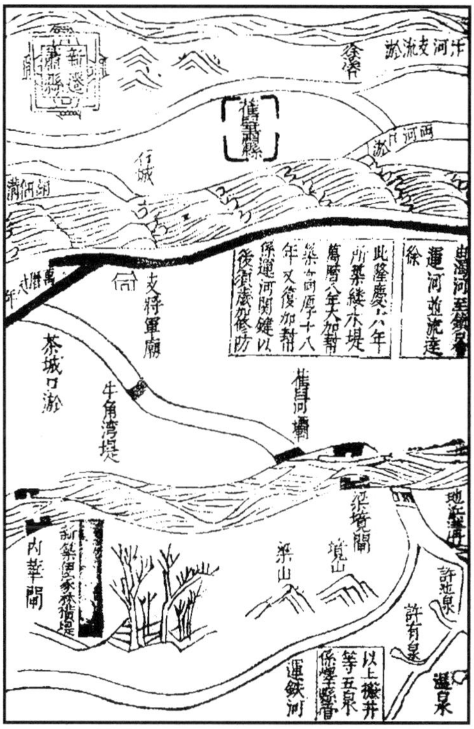
茶城口
牛角灣堤
内華閘
梁山
境山

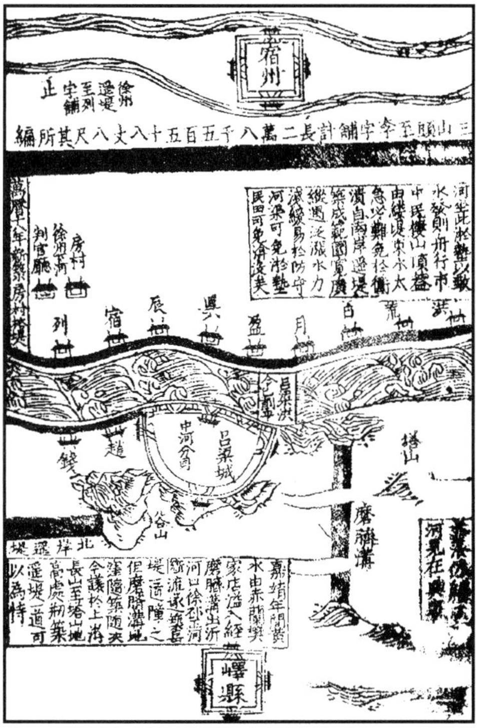
宿州
呂梁城
磨臍溝
嶧縣

三山
徐州起
長山
廟山

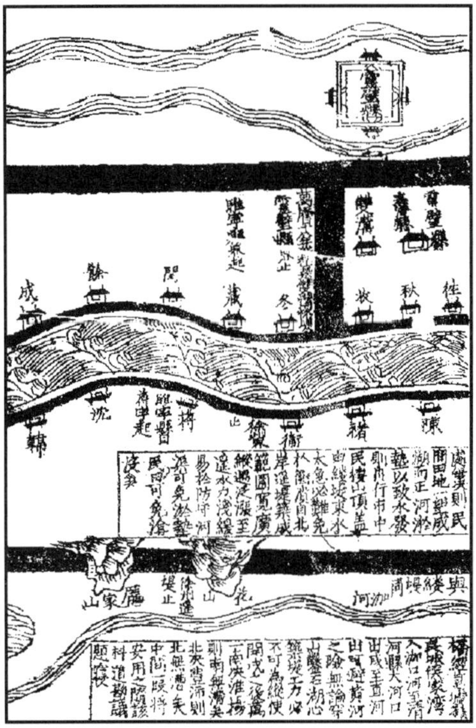

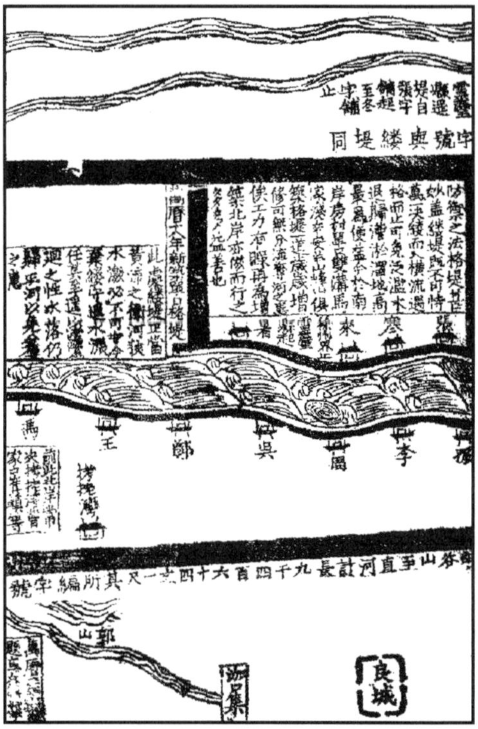

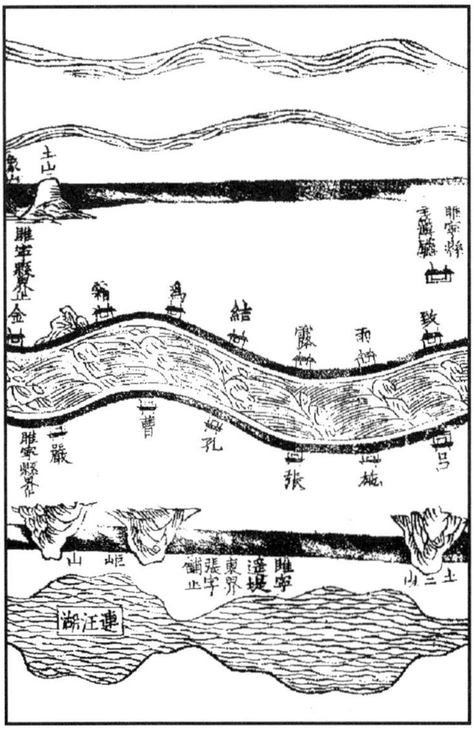

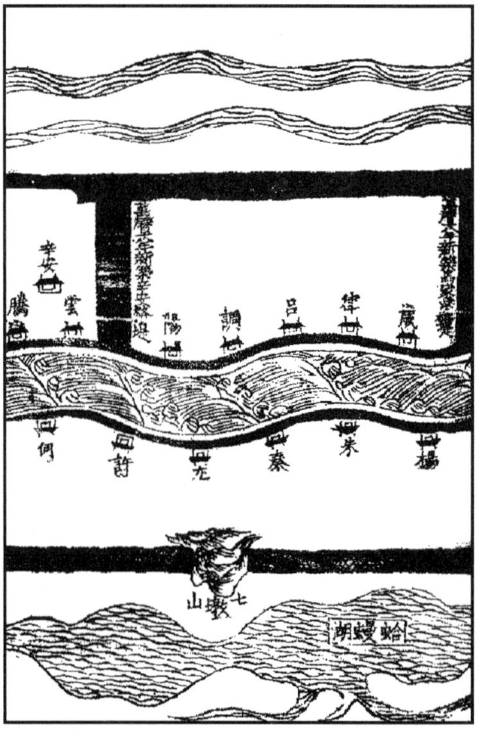

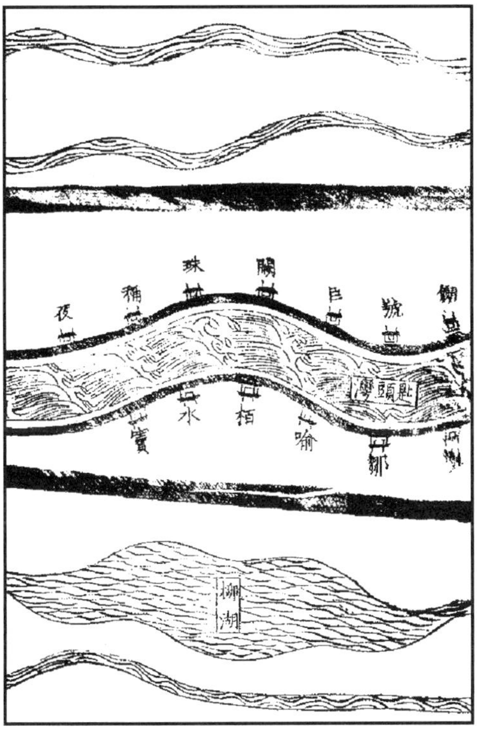
柳湖

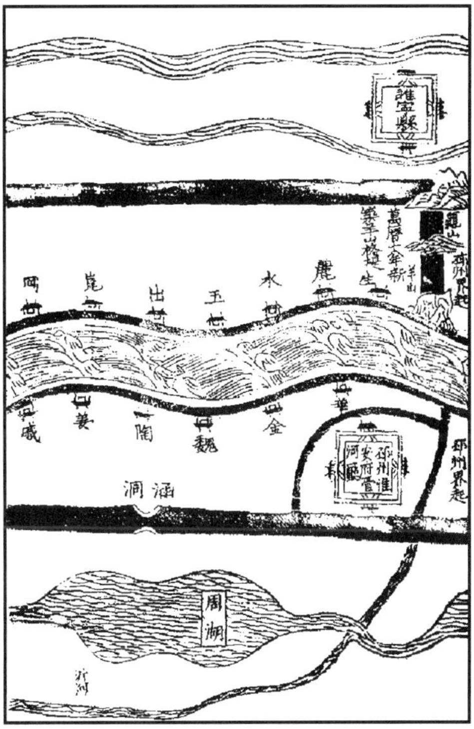
睢寧縣
涵洞
周湖
邳州界起

皇陵
鳳陽府
鳳陽縣
萬歲山
宿遷縣
陳家溝
落馬湖
沂泗河合諸湖之水俱出又黃河
馬陵山

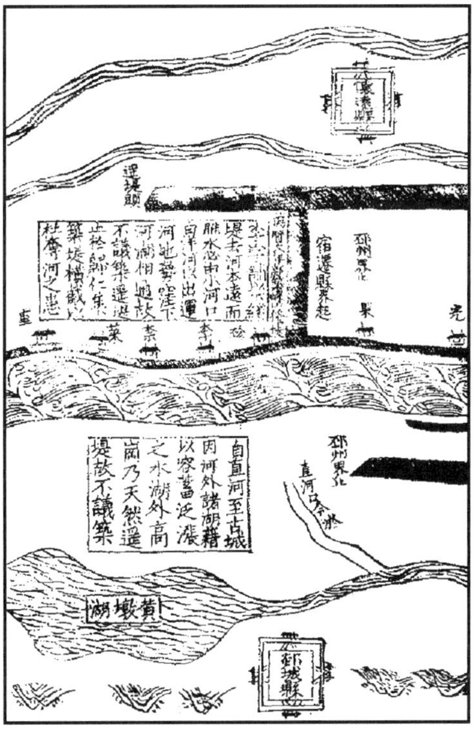
宿遷縣界起
自直河至古城因河外諸湖藉以容蓄泛漲之水湖外高崗乃天然遥堤故不議築
黃墩湖

古城

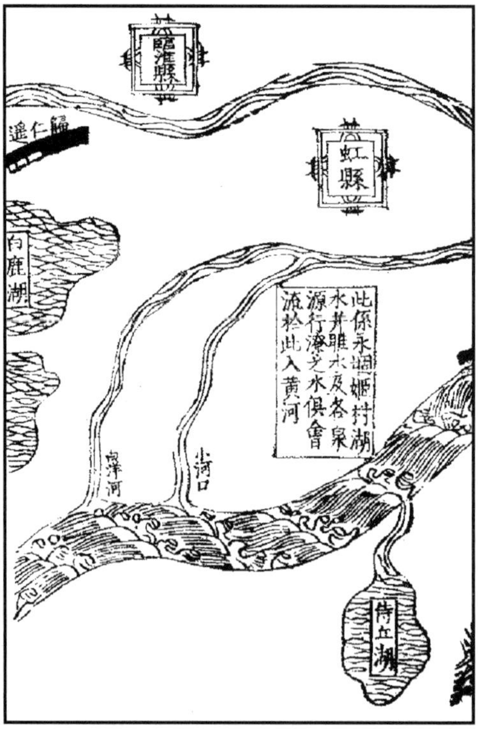
臨淮縣
虹縣
白鹿湖
此係永堌姬村湖水并睢水及各泉源行滲之水俱會流於此入黃河
小河口
侍丘湖

周家橋
洪澤湖
阜陵湖
沙湖
大黃河
清河縣

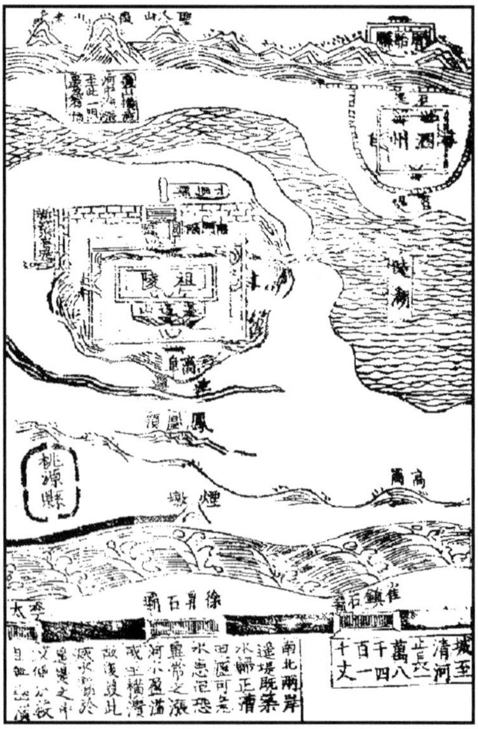
泗州
祖陵
桃源縣

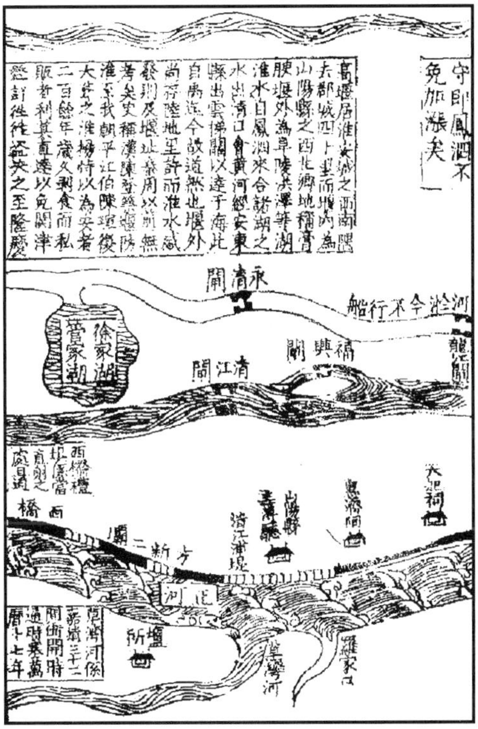
永清閘
清江閘
福興閘
管家湖

越城
高堰之南有越城周家橋一帶地勢稍亢淮水大漲從此溢入白馬湖水消仍為陸地蓋藉此以殺淮漲即黃河之減水壩也若一槩築隄非惟高堰難
淮安府

白馬湖
安東縣
顏家河

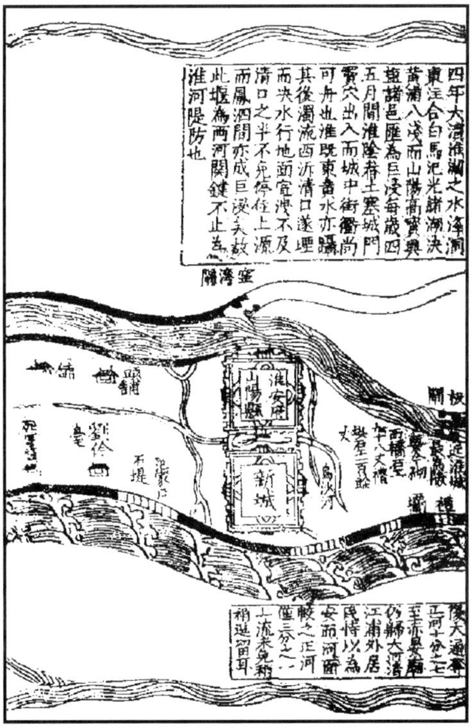
淮安府
山陽縣
新城

石梁
白水塘
雲山塘
汜光湖
寶應新開弘濟河
界首驛

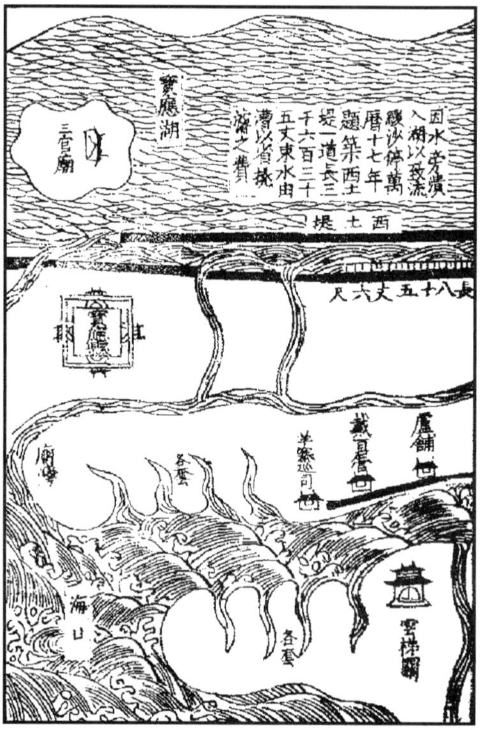
寶應湖
三官廟
因水旁潰入湖以致流殿沙停萬曆十七年題築西土堤一道長三千六百三十五丈東水由漕以省挑濬之費
西土堤
長八千五丈六尺
寶應縣
海口

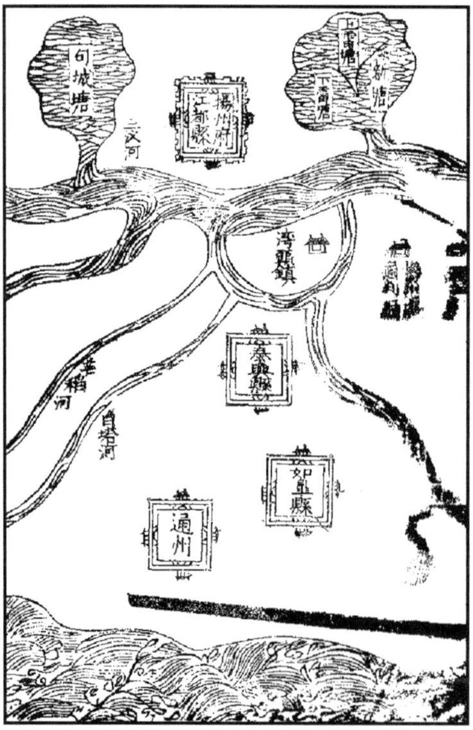
句城塘
三汊河
揚州府江都縣
灣頭鎮
泰興縣
白塔河
如皋縣
通州

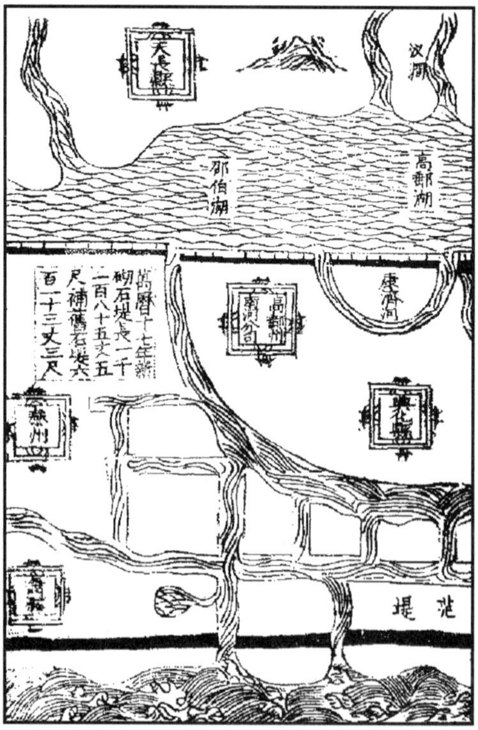
天長縣
汊澗
邵伯湖
高郵湖
萬曆十七年新砌石堤長一千一百八十五丈五尺補舊石堤六百一十三丈三尺
高郵州
康濟河
泰州
興化縣
范堤

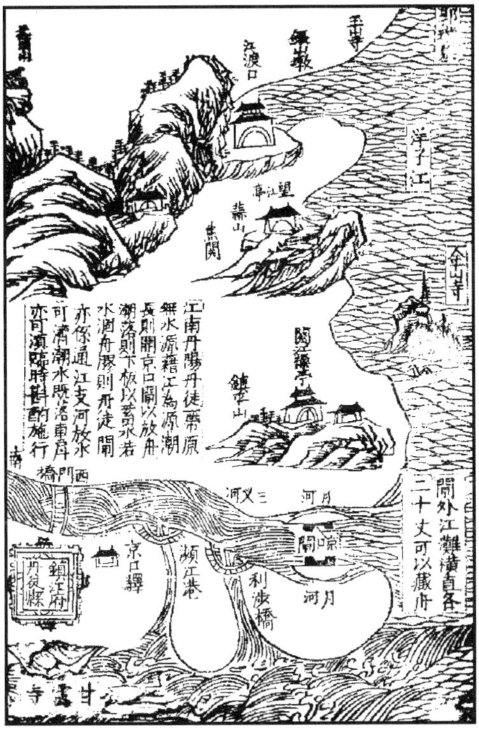
洋子江
金山寺
閘外江灘積直各
二十丈可以藏舟
鎮江府

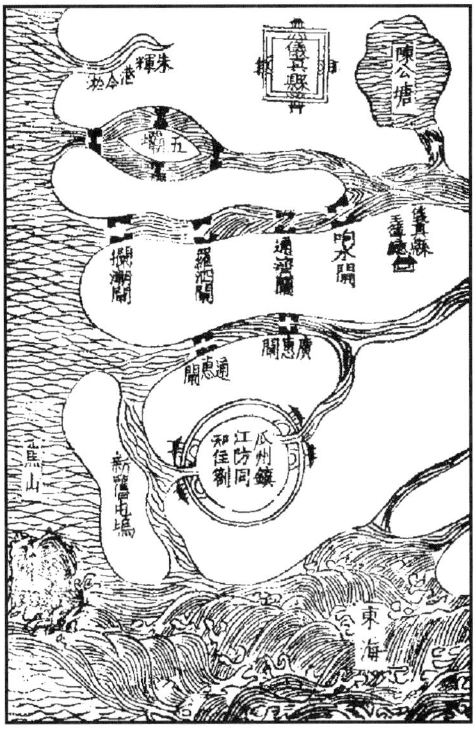
儀真縣
陳公塘
五壩
響水閘
通濟閘
羅泗閘
攔潮閘
廣惠閘
通惠閘
瓜州鎮
江防同知住劄
東海

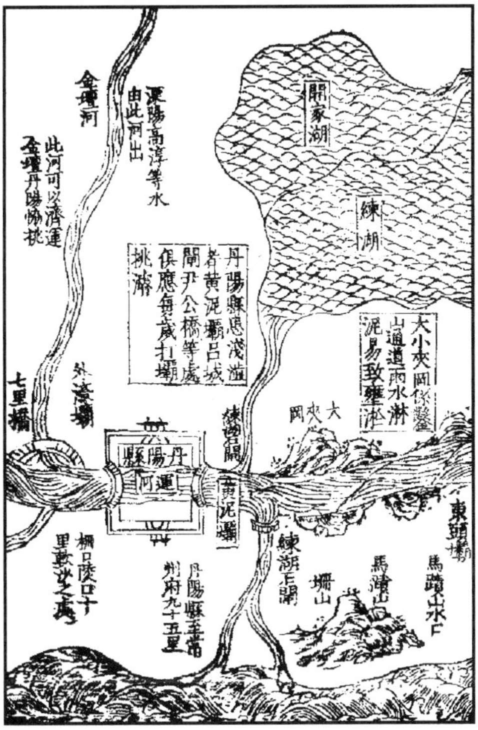
開家湖
練湖
金壇河
丹陽縣
運河
七里壩
東頭壩
黃泥壩

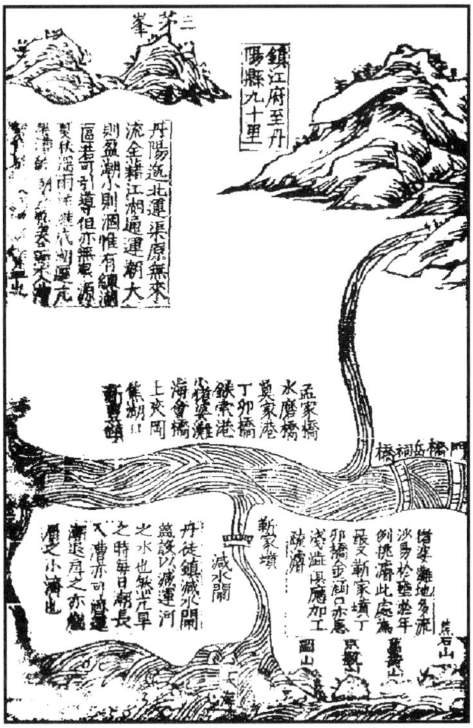
鎮江府至丹陽縣九十里
減水閘
孟家橋
水磨橋
丁卯橋

宜興九里河之水出舂運道宜溧綫艘內此出
常州府至無錫縣九十里
武進縣者惟迤子口至東倉橋一帶相應毎歲撈濬
宜興河
常州府
武進縣

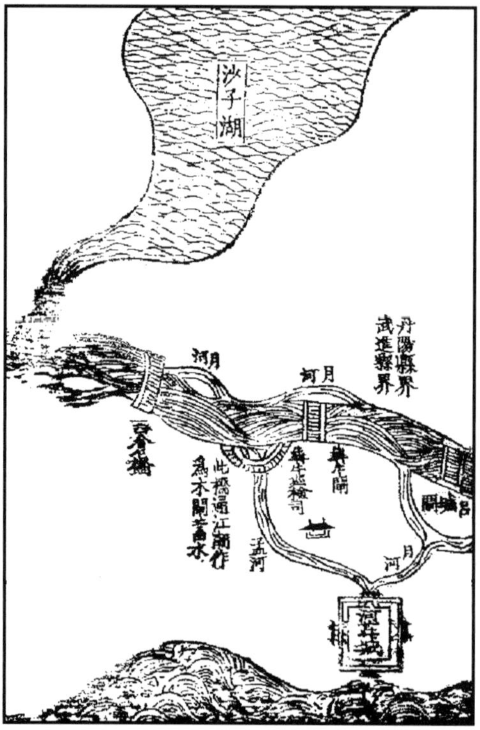
沙子湖
丹陽縣界
武進縣界
月河
孟河

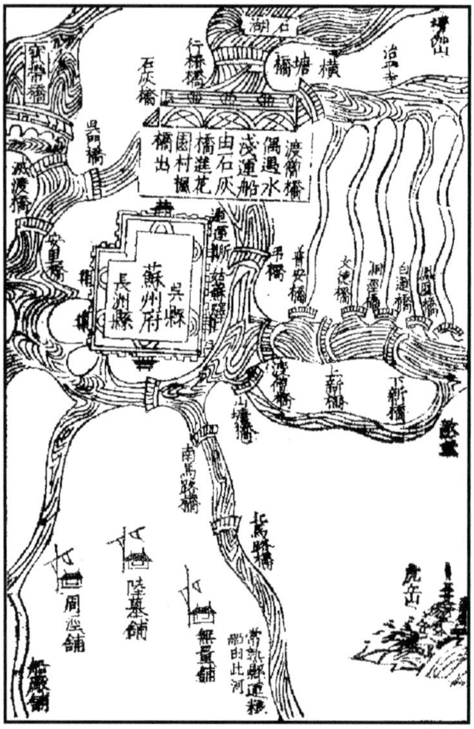
渡僧橋偶遇水淺運船由石灰橋進花園村楓橋出
蘇州府
吳縣
長洲縣

無錫縣至蘇州府九十里
錫山
無錫縣
黃埠墩

蘇州府至吳江縣二十八里
夾浦橋
黃天蕩
金雞湖
運河
沙湖

洞庭山
太湖
吳江縣
垂虹亭
運河
先朝海運由此出太倉州劉家河

平望驛
湖州府運道
方塔寺
松江府并浙
吳淞江

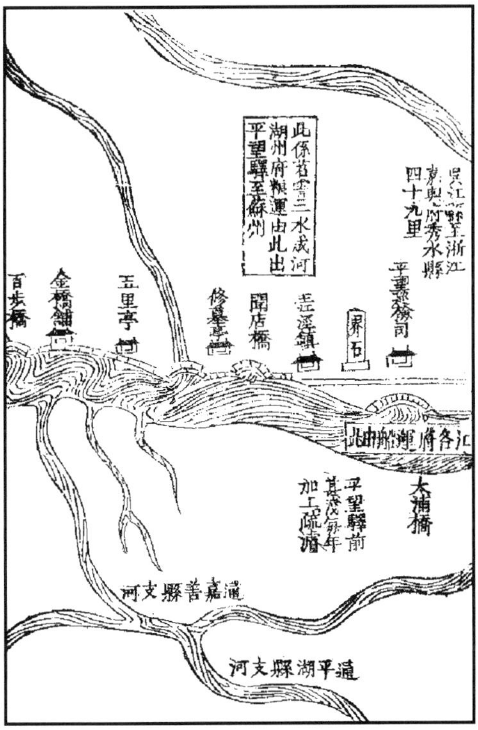
此係苕霅二水淺河湖州府糧運由此出平望驛至蘇州
吳江縣至浙江嘉興府秀水縣四十九里
百步橋
五里亭
江各府運船由此
太浦橋
通嘉善縣支河
通平湖縣支河

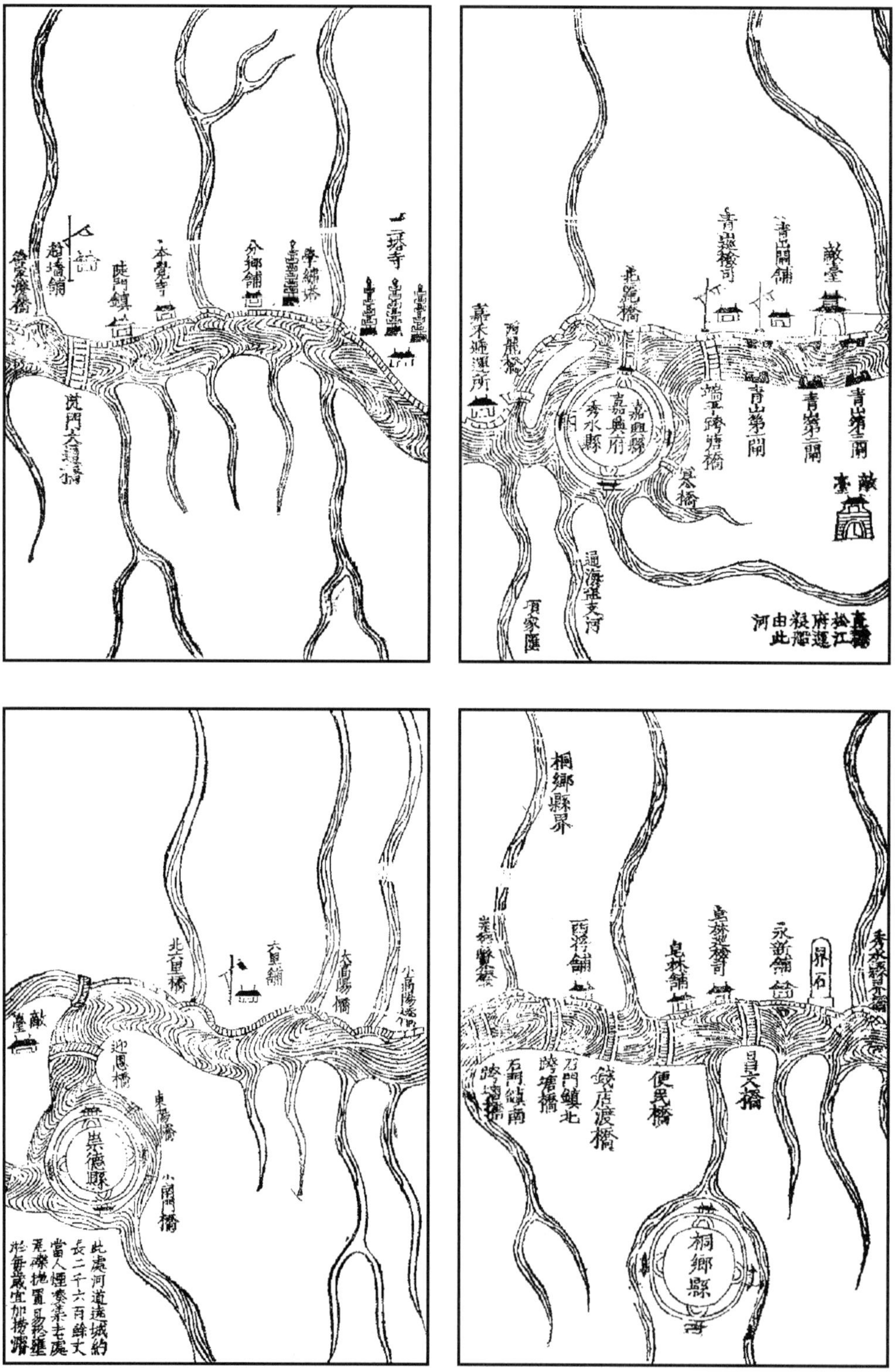
三塔寺
本覺寺
分鄉鋪
陡門鎮
敵臺
青山第二閘
青山第三閘
嘉興府
嘉興縣
秀水縣
通海鹽支河
項家匯
嘉禾遞運所
迎恩橋
崇德縣
大高陽橋
小高陽橋
桐鄉縣界
界石
永新鋪
皂林鋪
便民橋
錢店渡橋
石門鎮北
石門鎮南
桐鄉縣

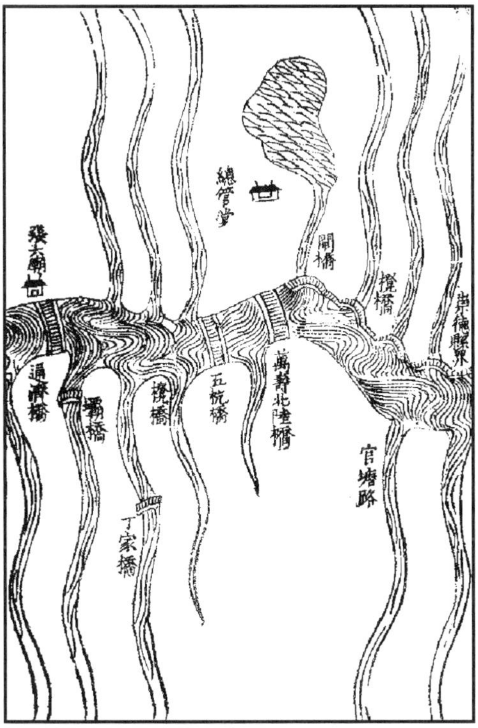
張大廟
總管堂
閘橋
通濟橋
五杭橋
官塘路
丁家橋

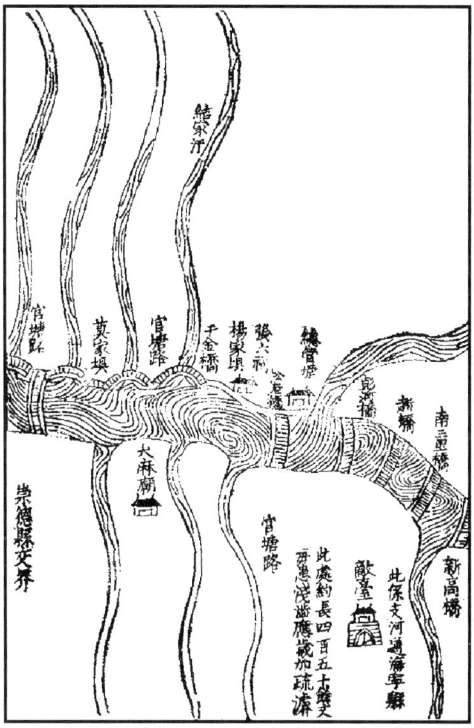
官塘路
大麻廟
崇德縣交界
新橋
新高橋
敵臺
此係支河通海寧縣
此處約長四百五十餘丈
官塘路

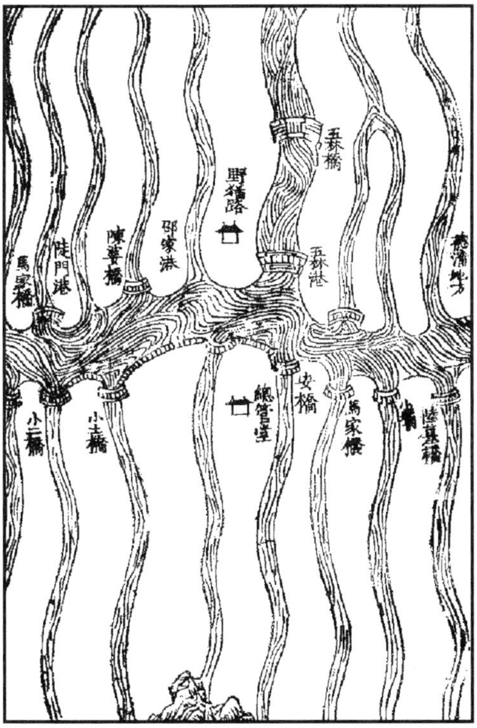
馬家橋
陡門港
邵家港
五林港
安橋
總管堂

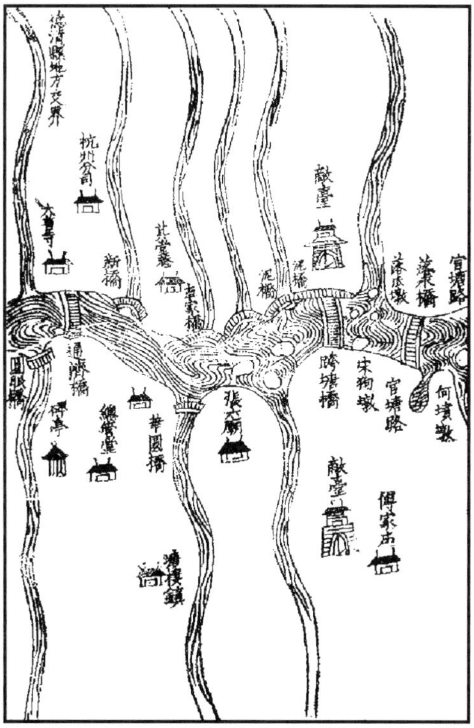
杭州分司
敵臺
新橋
泥橋
官塘路
通濟橋
張大廟
官塘路
敵臺
塘棲鎮

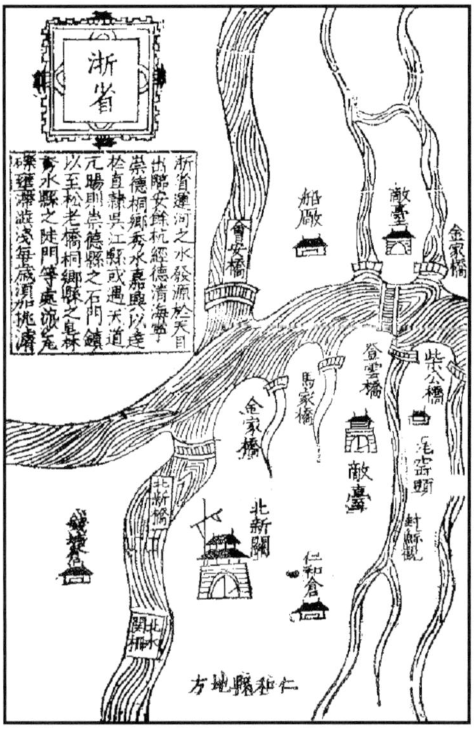

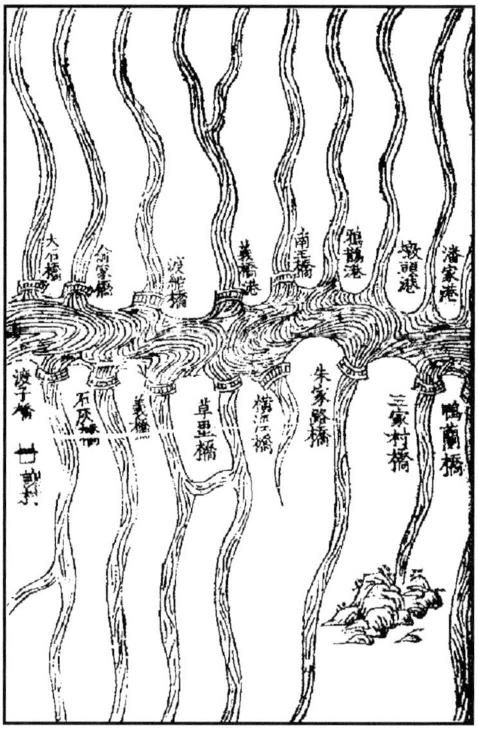

黄河发源于星宿海，绕昆仑，历积石，越西域，逾关陕、山西、河南，经丰砀，出徐州，始为运道。会泗、沂之水，蟺蜿而至清河县之清口，又名南河口。会淮而东，经安东县以入于海，此黄河之大较也。以运河言之，由浙江至张家湾，凡三千七百余里。自浙至苏，则资①苕、霅诸溪之水。常州则资宜、溧诸山之水。至丹阳而山水绝，则资京口所入江潮之水。水之盈涸，视潮之大小，故里河每患浅涩②云。自瓜、仪至淮安，则南资天长诸山所潴高、宝诸湖之水，西资清口所入淮、黄二河之水，俱由瓜、仪出江，故里河之深浅亦视两河之盈缩焉。由清口至镇口闸，则资黄河与山东汶、泗之水。由镇口闸以至临清，则资汶、泗之水，即泰安、莱芜、徂徕诸泉也。然汶河由南旺南北分流并济，故天旱泉微，每苦不足。由临清至天津，则资汶河与漳、卫之水，由直沽入海。而自天津至张家湾则资潞河、白河、桑干诸水矣。此运河之大略③也。若江西湖广运艘，俱由长江入仪真闸，止④有风波之险，而无浅涩之虞，此又在运道之外矣。

臣季驯顿首顿首谨识

①资：供给。②浅涩：河流水浅而不通畅。③大略：概要。④止：仅，只。

卷前导读

本卷为《河议辨惑》。辨惑，即辨疑解惑。潘季驯以对话问答的形式，对河流治理中使人疑惑之处予以梳理、分析和解答，从而阐述了水的特性，点明了治河思想。

潘季驯开篇便强调，所谓掌管河水的神灵其实就是水的天然特性。作为治河者，既要顺应大自然的客观规律，又要充分发挥人类改造世界的能动性。切勿把治河看成是上天或是神灵才能左右的事情，一切听之任之，这样会耽误大事。

本卷中最重要的一笔，就是提出了“束水攻沙”“蓄清刷黄”的经典治河思想。潘季驯认识到黄河沙多水少的特点，不能用与治理清水河流一样的方法：如果人工挑浚，那么不知需要耗费多少人力和时间，而挑出的淤沙也无处安放；即便是用疏沙船疏浚，黄河水流湍急，船只也难以维系。这两种方法陷于被动，反反复复，挑不胜挑。于是，潘季驯决定以水治水，他计划堵塞决口，修筑堤坝，用堤坝约束水流、提高流速，从而增大水流的挟沙能力。如果河水从决口旁出分散，干流的流速就会缓慢，很容易淤积泥沙，所以要把大大小小的决口堵住，并在河道两岸修建坚固的缕堤、遥堤，让河水回到主干道上。缕堤就是在靠近河滨的低矮小堤，主要防御一般洪水，但在遇到大洪水时经常崩溃漫溢，所以又要在距离河岸较远的位置增设遥堤。这样，河水不再泛滥而归于河床之后向下冲刷，淤沙就可以被冲刷干净，河水就可以顺利流向大海了。不过，潘季驯也指出筑堤要具体问题具体分析，根据地势情况区别对待，例如直河至古城一带，因为有落马、侍丘等被高岗环绕的湖泊，形成了天然的遥堤，可以储蓄泛滥的黄河水，就不需要筑堤。此外，潘季驯还善于建立事物间的联系，他注意到黄河、淮河一浊一清，若将淮河的清水注入黄河的浑水中加以稀释，便更能提高黄河水流的挟沙能力，海口也不会淤塞了。为此，他将高家堰大堤加厚增高，拦蓄淮水于洪泽湖，使湖水水位增高，清流得以畅通无阻地流入黄河。

潘季驯在做精彩答疑的过程中，多次引用孟子的至理名言，反映出他对孟子思想的推崇。例如，在评价欧阳修故道难复理论的时候，他借《孟子·尽心下》中“尽信书，则不如无书”一句，告诫后人不要过分拘泥于书本，被书本禁锢住思想，要开动脑筋，从实际客观情况出发，靠实践求得真知。此外，除了引用《禹贡》等典籍中的记载辅助论述之外，潘季驯自己也经常运用生动的比喻使他的语言更加通俗易懂，如将河道狭窄的草湾比作狭小的咽喉，以便说明该处河水吞吐迟滞的问题。这些都充分体现了他深厚的文学积累和丰富的治河理论储备。

正如潘季驯所言，治河没有一劳永逸的办法，只有救偏补弊的策略。尽管潘季驯的治河理论还存在着不足或者缺陷，但他在阐述过程中侧面传递出的运用朴素的唯物辩证思想和方法论解决问题的哲学智慧，依然给在治河之路上航行的后辈们挂起了一盏指路的明灯。

卷之二　河议辨惑

或有问于驯曰："河有神乎？"驯应之曰："有。"问者曰："化不可测之谓神。河决而东，神舍西矣；河决而南，神舍北矣。神之所舍，孰能治之？"驯曰："神非他，即水之性也。水性无分于东西而有分于上下。西上而东下，则神不欲决而西；北上而南下，则神不欲决而北。间有决者，必其流缓而沙垫，是过颡在山之类也。挽上而归下，挽其所不欲而归于其所欲，乃所以奉神，非治神也。孟子曰：'禹之治水，水之道也①。'道，即神也。聪明正直之谓神，岂有神而不道者乎？故语决为神者，愚夫俗子之言，慵臣慢吏推委之词也。"问者曰："彼言天者，非与②？"驯曰："治乱③之机，天实司之，而天人未尝不相须④也。尧之时，泛滥于中国⑤，天未厌乱⑥，故人力未至而水逆行也。使禹治之，然后人得平土⑦而居之，人力至而天心顺之也。如必以决委之天数，既治则曰玄符⑧效灵⑨，一切任天之便，而人力无所施焉，是尧可以无忧，禹可以不治也。归天归神，误事最大，故驯不敢不首白⑩之也。"

或有问于驯曰："宋欧阳修有云：'黄河已弃之故道，自古难复。'而驯之见，舍复故道之外无有也，无乃不可乎？"驯应之曰："修之言，未试之言也，且但云难复，非不可复也。驯尝考之史曰，汉元光中，河决瓠子，注巨野，后二十余年，武帝自临决河，沉璧投马，群臣负薪塞之，复禹旧迹，而梁楚之地无水灾云。夫禹旧迹非故道乎？堙淤二十余载，而一塞决即复通之，何云故道不可复乎？且即以神禹治水言之，九河曰疏，济漯曰瀹，汝汉曰决，淮泗曰排。传者曰：疏，通也；瀹，亦疏通之意；排、决，皆去其壅塞也。固未尝有开凿之说。故孟子谓之行所无事，而他日告公都子者有曰：'禹掘地而注之海。'传者恐人以'掘'为疑，即解之曰：掘地，掘去壅塞也。盖天地开辟之初，即有百川，四渎原自朝宗于海⑪，高卑上下，脉络贯通，原不假⑫于人力，岁久湮淤。至尧时泛滥之极，禹不过审其高卑上下之势，去其壅塞

①禹之治水，水之道也：语出《孟子·告子下》。②与：同"欤"，表疑问。③治乱：安定与动乱。④相须：相互配合。⑤中国：中原地区。⑥厌乱：厌恶战乱。⑦平土：平原之地。⑧玄符：天的符命，天降祥瑞。⑨效灵：显灵。⑩白：陈述说明。⑪朝宗于海：川水流归大海。⑫假：借助。

湮淤之处，以复天地之故道耳，固未常创掘一河也。吾人知识不逮[①]神禹远甚，乃欲舍故道而另凿一河可乎？禹无论[②]矣，即如贾鲁治河，亦以复故为主，传记可考也。且自我朝以来，徐、邳之间，屡塞屡通，如以故道为不可复，则徐、邳久为陆矣。藉令欲弃故道而凿新河，无论其无所也，即使得便宜之地而凿之，人力能使阔百丈以至三百丈、深三四丈以至五六丈如故河乎？即使能之，将置黄河于何地乎？如不可置，黄河何择于新故，故则淤，新则不淤，驯不得而知也。尽信书不如无书，修言不足信也。”

或有问于驯曰：“沙垫底高之说，何如？”驯应之曰：“河底甚深，沙垫则高，理所有也。然以之论于旁决之时则可，非所论于河水归漕之后也。盖旁决则水去沙停，其底自高，归漕则沙随水刷，自难垫底。但沙最易停亦易刷，即一河之中溜，头趋处则深，平缓处则浅，此浅彼深，总不出我范围，此挽水归漕之策必不可缓，而欲挽水者非塞决筑堤不可也。宋臣苏轼《吕梁诗》[③]云：‘坐观入市卷闾井[④]，吏民走尽余王尊……岁寒霜重水归壑，但见屋瓦留沙痕。’则比时黄河之水，固尝入市，而河流之沙高于屋矣。自宋迄今，垫而疏、疏而垫者，不知其几，岂可以此而遂欲弃故河哉？故沙垫底高者，乃故道难复之根，而故道难复者，乃别寻他道之根，此说最为膏肓之疾，治河者宜审之。”

或有问于驯曰：“河以海为壑，自海啸之后，沙塞其口，以致上流迟滞，必须疏浚或别寻一路，另凿海口之为得也？”驯应之曰：“海啸之说，未之前闻，但纵有沙塞，使两河之水顺轨东下，水行沙刷，海能逆之不通乎？盖上决而后下壅，非下壅而后上决也。驯尝亲往海口阅视，宽者十四五里，最窄者五六百丈。茫茫万顷，此身若浮，蚤[⑤]暮两潮，疏浚者何处驻足？若欲另凿一口，不知何等人力，遂能使之深广如旧？假令[⑥]凿之易矣，又安保其海之不复啸，啸之不复塞乎？旧则塞，新凿者则不塞，非驯之所解也。”

或有问于驯曰：“河由草湾入海，何如？”驯应之曰：“河由淮城北西桥地方入海，此故道也。嘉靖三十年间，河忽冲开草湾，而西桥正河遂塞，连都御史塞之不得，未几自塞，河复归故道。今于万历十六年，河水仍归草湾，而故河复淤，淮城之民恃以安枕矣。查得草湾六十里至赤晏庙复归正河，似亦无碍，但正河之面三百余丈，草湾阔仅三分之一，譬之[⑦]咽喉狭小，吞咽不及，则徐、邳之水消泄未免迟滞，此则可虑耳。今欲挽归正河，人力亦可施

①不逮：不及。②无论：不用说。③原题为《答吕梁仲屯田》。④闾井：房屋、水井等，泛指百姓聚居的地方。⑤蚤：同“早”。⑥假令：假设，如果。⑦譬之：好比，比如。

者，而清江浦一带居民方恃正河之塞为安，人情难于重拂①，而以水势度之，二三年间，恐当复归正河，姑俟之可也。”

或有问于驯曰：“贾让有云：‘土之有川，犹人之有口也，治土而防其川，犹止儿啼而塞其口。’② 故禹之治水以导，而今治水以障，何也？无乃止儿啼而塞其口乎？”驯应之曰：“昔白圭逆水之性，以邻为壑，是谓之障。若顺水之性，堤以防溢，则谓之防，防之者乃所以导之也。河水盛涨之时，无堤则必旁溢，旁溢则必泛滥而不循轨，岂能以海为壑耶？故堤之者欲其不溢，而循轨以入于海也。譬之婴儿之口旁溃一痈，久之成漏，汤液旁出不能下咽，声气旁泄不能成音，久之不治，身且槁矣，何有于口？故河以海为口，障旁决而使之归于海者，正所以宣其口也。再考之《禹贡》云：‘九泽既陂，四海会同。’《传》曰：‘九州之泽已有陂障，而无决溃，四海之水无不会同，而各有所归。’则禹之导水，何尝不以堤哉？弗之考耳！”问者曰：“堤以防水似矣，水高堤高不将隆堤于天乎？”驯曰：“若谓堤之外即水耶？堤外为岸，岸下为河。平时水不及岸，堤若赘疣③，伏秋异常之水始出岸而及堤，然或三日或五日，或七日或旬日④，即复落归于漕。驯堤成之后逾十年矣，未尝有分寸之加，何须隆之于天也？”

或有问于驯曰：“贾让有云：‘今行上策，徙冀州之民当水冲者……治堤岁费且万万，出数年治河之费以业所徙之民……且以大汉方制万里，岂其与水争尺寸之地哉？’⑤ 此策可施于今否？”驯应之曰：“民可徙也，岁运国储四百万石将安适乎？”问者曰：“决可行也？”驯曰：“崔镇故事可考也。此决最大，越三四年，而深丈余者仅去口一二十丈间，稍入坡内，止深一二尺矣。盖住址陆地，非若沙淤可刷，散漫无归之水，原无漕渠可容，且树桩基磉⑥，在在⑦有之，运艘侥幸由此者，往往触败，岂可恃为运道？且运艘经行之处，虽里河亦欲筑堤以便牵挽，乃可令之由决乎？”“然则贾让中策所谓据坚地作石堤，开水门，旱则开东方下门溉冀州，水则开西方高门分河流，何如？”驯

---

①重拂：过分违背。②语出《汉书卷二十九·沟洫志第九》。③赘疣：比喻多余无用的东西。④旬日：十天。⑤语出《汉书卷二十九·沟洫志第九》，原文为：“今行上策，徙冀州之民当水冲者，决黎阳遮害亭，放河使北入海。河西薄大山，东薄金堤，势不能远泛滥，期月自定，难者将曰：‘若如此，败坏城郭、田庐、冢墓以万数，百姓怨恨。’昔大禹治水，山陵当路者毁之，故凿龙门，辟伊阙，析底柱，破碣石，堕断天地之性。此乃人功所造，何足言也！今濒河十郡治堤岁费且万万，及其大决，所残无数。如出数年治河之费，以业所徙之民，遵古圣之法，定山川之位，使神人各处其所，而不相奸。且以大汉方制万里，岂其与水争咫尺之地哉？此功一立，河定民安，千载无患，故谓之上策。”⑥磉：柱子底下的石墩。⑦在在：处处，到处。

曰："河流不常，与水门每不相值，或并水门而淤漫之。且所溉之地，亦一再岁而高矣，后将何如哉？矧旱则河水已浅，难于分溉，潦固可泄，而西方地高，水安可往？丘文庄谓古今无出此策，夫乃身未经历耶！刘中丞《问水集》中言之甚详，盖名言也。惟宋任伯雨曰：'河流混浊，淤沙相半，流行既久，迤逦淤淀，久而决者，势也。为今之策，止宜宽立堤防，约栏水势，使不大段涌流耳。'① 此即驯近筑遥堤之意也。故治河者必无一劳永逸之功，惟有救偏补弊之策；不可有喜新炫奇之智，惟当收安常处顺之休；毋持求全之心，苛责于最难之事；毋以束湿之见，强制乎叵测之流；毋厌已试之规，遂惑于道听之说。循两河之故道，守先哲之成矩，便是行所无事。舍此他图，即孟子所谓恶其凿矣！"

或有问于驯曰："黄、淮原为二渎，今合而为一矣，而自昆仑千溪万派②，如泾、渭、沁、汴诸河，与山东诸泉复合之，又何怪其溢也。为今之计，莫若多穿支河，以杀其势，何如？"驯应之曰："黄流最浊，以斗计之，沙居其六。若至伏秋，则水居其二矣。以二升之水载八升之沙，非极汛溜，必致停滞。若水分则势缓，势缓则沙停，沙停则河塞。河不两行，自古记之。支河一开，正河必夺，故草湾开而西桥故道遂淤，崔镇决而桃、清以下遂塞，崔家口决而秦沟遂为平陆，近事固可鉴也。"问者曰："禹疏九河，何如？"驯曰："九河非禹所凿，特疏之耳。盖九河乃黄河必经之地，势不能避，故仍疏之。而禹仍合之，同为逆河入于海，其意盖可想也。""然则如贾让所云，多穿漕渠，使民得以溉田，分杀水怒可乎？"驯曰："此法行于上源河清之处或可，若兰州以下水少沙多，一灌田中，禾为沙压，尚可食乎？""然则淮、清其可分矣？"驯曰："引淮而西，其势必与黄会；引淮而东，则与决高堰而病③淮扬无异也。盖河水经行之处，未有不病民者。向有欲自盱眙凿通天长、六合出瓜埠入江者，无论中亘山麓，必不可开，而天长、六合之民非我赤子哉？且所借以敌黄而刷清口者全淮也，淮若中溃，清口必塞，运艘将从何处经行，弗之思耳！更有一节尤为可虑，清口北与黄会，乃祖陵之水口也，若从东再添一口，使淮水反跳而去，大为堪舆④家所忌，臣子何忍为之！"

或有问于驯曰："治河之法凡三，疏、筑、浚是也。浚者，挑去其沙之谓

①语出《宋史卷九十三·志第四十六·河渠三》，原文为："盖河流混浊，泥沙相半，流行既久，迤逦淤淀，则久而必决者，势不能变也。或北而东，或东而北，亦安可以人力制哉！为今之策，正宜因其所向，宽立堤防，约栏水势，使不至大段漫流。若恐北流淤淀塘泊，亦只宜因塘泊之岸，增设堤防，乃为长策。" ②派：江河的支流。③病：祸害，损害。④堪舆：风水。

也。疏之不可，奚①不以浚而惟以筑乎？”驯应之曰：“河底深者六七丈，浅者三四丈，阔者一二里，隘者②一百七八十丈，沙饱其中，不知其几千万斛。即以十里计之，不知用夫若干③万名，为工若干月日，所挑之沙不知安顿何处。纵使其能挑而尽也，堤之不筑，水复旁溢，则沙复停塞，可胜挑乎？以水刷沙，如汤沃雪④刷之云难，挑之云易，何其愚，何其拗也！”问者曰：“昔人方舟之法不可行乎？”驯曰：“湍溜之中，舟难维系，而如饴之流，寓坎复盈，何穷已耶？此但可施于闸河，而非所论于黄河也。”

或有问于驯曰：“淮不敌黄，故决高堰避而东也。今驯复合之，无乃非策乎？”驯应之曰：“《禹贡》云：‘导淮自桐柏，东会于泗、沂，东入于海。’按：泗、沂即山东汶河诸水也，历徐、邳至清口，而与淮会。自宋神宗十年七月，黄河大决于澶州，北流断绝，河遂南徙，合泗、沂而与淮会矣。自神宗迄今六百余年，淮、黄合流无恙，乃今遂有避黄之说耶？夫淮避黄而东矣，而黄亦寻决崔镇，亦岂避淮而北乎？盖高堰决而后淮水东，崔镇决而后黄水北，堤决而水分，非水合而堤决也。”问者曰：“兹固然矣，数年以来，两河分流，小潦即溢，今复合之溢将奈何？”驯曰：“水分则势缓，势缓则沙停，沙停则河饱，尺寸之水皆由沙面，止见其高；水合则势猛，势猛则沙刷，沙刷则河深，寻丈⑤之水皆由河底，止见其卑。筑堤束水，以水攻沙，水不奔溢于两旁，则必直刷乎河底，一定之理，必然之势，此合之所以愈于分也。”

或有问于驯曰：“河既堤矣，可保不复决乎？复决可无患乎？”驯应之曰：“纵决亦何害哉？盖河之夺也，非以一决即能夺之。决而不治，正河之流日缓，则沙日高，沙日高则决日多，河始夺耳。今之治者，偶见一决，凿者便欲弃故觅新，懦者辄自委之天数，议论纷起，年复一年，几何而不至夺河哉？今有遥堤以障其狂，有减水坝以杀其怒，必不至如往时多决。纵使偶有一决，水退复塞，还漕循轨，可以日计，何患哉？往事无论矣，即如万历十五年，河南刘兽医等堤共决十余处，淮安河决范家口、天妃坝二处，上廑宵旰⑥，特遣科臣督筑，筑后即成安流，此其明征矣。故治河者惟以定议论辟纷更⑦为主，河决未足深虑也。”

或有问于驯曰：“堤以遥言，何也？”驯应之曰：“缕堤即近河滨，束水太急，怒涛湍溜，必至伤堤。遥堤离河颇远，或一里余，或二三里。伏秋暴涨之时，难保水不至堤。然出岸之水必浅，既远且浅，其势必缓，缓则堤自易

---

①奚：为什么。②隘者：狭窄的地方。③若干：多少。④如汤沃雪：像热水浇在雪上，雪很快就融化，形容事情极容易解决。⑤寻丈：八尺到一丈之间。⑥宵旰：宵衣旰食，天不亮就穿衣起床，天黑了才吃饭，形容勤于政务。⑦纷更：纷乱更易。

保也。”或曰：“然则缕可弃乎？”驯曰：“缕诚不能为有无也。宿迁而下，原无缕堤，未尝为遥病也。假令尽削缕堤，伏秋黄水出岸，淤留岸高，积之数年，水虽涨不能出岸矣。第[①]已成之业，不忍言弃。而如双沟、辛安等处，缕堤之内，颇有民居，安土重迁[②]。姑行司道官谕民五月移住遥堤，九月仍归故址。从否固难强之，然至危急之时，彼亦不得不以遥堤为家也。”问者曰：“缕不去，则两堤相夹，中间积潦[③]之水，或缕堤决入黄流，何处宣泄？”驯曰：“决可入水，亦可出水，水落之后，放水归漕无难也。纵有积涝，秋冬之间，特开一缺放之，旋即填补亦易易耳。若无格堤处所积水顺堤直下，仍归大河，犹不足虑矣。”

或有问于驯曰：“遥堤之筑是矣，而直河至古城一带，何以不筑？”驯应之曰：“此地俱隶宿迁，内有落马、侍丘等湖，湖外高冈环绕，乃天然遥堤也。黄水暴涨则灌入诸湖，黄水消落则诸湖之水随之而出，已经题覆如后，不敢赘也。”问者曰：“桃、清二县之北亦有诸湖联络，何以筑之？”驯曰：“湖与宿同，而湖外皆系洼地，水从五港灌口出海，故崔镇一决而桃、清遂涸，此则与宿异耳。”问者曰：“止筑北岸，而南岸自马厂坡而下何以不筑？”驯曰：“此处岸外即系淮河，势能敌黄，黄水泛滥，未免灌入，黄落仍归故渠，不能夺河，故不筑也。”

或有问于驯曰：“两堤并峙，重门御暴，又何需于减水坝也？与其多费以筑减水之坝，宁若留决之为愈乎，且与支河何异也？”驯应之曰：“防之不可不周，虑之不可不深。异常暴涨之水，则任其宣泄，少杀河伯之怒，则堤可保也。决口虚沙，水冲则深，故掣全河之水以夺河，坝面有石，水不能汕，故止减盈溢之水，水落则河身如故也。俱建于北岸者，欲其从灌口入海也。”问者曰：“今四坝何以不泄水也，无怪乎议者之欲毁也？”驯曰：“初创之时，伏秋水泄，喧声若雷，日久河深，深则可容异常之水，何尝不泄，特不常也。且所谓减水坝者，减其盈溢之水也，不溢则已，何必减？为留之以待异常之水可也。”

今将都给事中常勘覆原题附载集中。

一、停拆三坝，以保成功。查得万历七年，该总督潘经略两河塞决固堤，虑缕堤束水太急，恐有奔溃也，远创遥堤以广容纳。又虑遥堤涓滴不泄，恐有啮刷也，创建滚水坝以便宣泄。崔镇、徐升、季太等坝，皆因地势卑下，使水易趋，原以防异常之涨，非以减平漕之水也。数年以来，束水归漕，河

---

①第：但。②安土重迁：留恋故土，不肯轻易迁移。③积潦：成灾的积水，意同“积涝”。

身渐深，水不盈坝，堤不被冲，此正河道之利矣。议者欲将三坝拆落，用心良苦。职量得崔镇坝石顶去[①]地仅二尺八寸，视遥堤低七尺；徐升坝石顶去地仅二尺五寸，视遥堤低七尺三寸；季太坝石顶去地仅二尺，视遥堤低八尺。三坝临水河岸离水面各八九尺一丈不等，较之三坝各高三四尺不等。是河岸甚高，石坝原低，每遇伏秋，水高于岸，即从各坝滚出，其不得出坝者，乃不得出岸者也。欲分水势，坝可拆矣，一带河岸可尽削耶？据乡民毕九皋、冯吉、赵伦等诉称，坝外水乡，渐成膏腴，逃徙之民，近方归业。若欲将坝改拆二层，是为无坝。先年河从此决，又可虞矣。酌之事势，仍旧为便。已经工部覆奉钦依讫。

或有问于驯曰："高家堰之筑，淮扬甚以为便，而泗州人苦其停蓄淮水，何也?"驯应之曰："此非知水者之言也。夫高堰居淮安之西南隅，去郡城四十里而近，堰东为山阳县之西北乡，地称膏腴，堰西为阜陵、泥墩、范家诸湖，西南为洪泽湖，淮水自凤、泗来，合诸湖之水出清口，会黄河经安东县出云梯关以达于海，此自禹迄今故道然也。堰距湖尚存陆地里许，而淮水盛发，辄及堰。秦周以前无考矣，史称汉陈登筑堰御淮，至我朝平江伯陈瑄复大葺之，淮扬恃以为安者，二百余年。岁久剥蚀，而私贩者利其直达以免关津盘讦，往往盗决之。至隆庆四年大溃，淮湖之水洚洞[②]东注，合白马、汜光诸湖，决黄浦、八浅，而山阳、高、宝、兴、盐诸邑汇为巨浸。每岁四五月间，淮阴畚土[③]塞城门，穴窦[④]出入，而城中街衢[⑤]尚可舟也。淮既东，黄水亦蹑[⑥]其后，浊流西泝，清口遂堙，而决水行地面，宣泄不及清口之半，不免停注上源，而凤阳寿、泗间亦成巨浸矣。故此堰为两河关键，不止为淮河堤防也。驯戊寅之夏，询之泗人曰：'凤、泗之水畜于高堰未决之前乎，抑既决之后也?'佥曰：'高堰决而后畜也。''清口塞于高堰未决之前乎，抑[⑦]既决之后也?'佥曰：'高堰决而后塞也。'驯曰：'堰决而塞，筑则必通；堰决而畜，筑则必达。堰成而清口自利，清口利而凤、泗水下。驯何疑乎？遂锐意董诸臣筑之。二月决工告竣，而清口遂辟。七月堤工告成，而清口深阔如故。八月河水大退，高堰外水及堤址者，仅一百五十丈，余皆干地。再询泗州之水，尽已归漕，膏腴可耕，而泗州人士始谓高堰之当筑矣。"问者曰："然则每岁伏秋泗水何复涨也?"驯曰："淮水发源于河南之桐柏山，挟汝决穷颍肥濠等处七十二溪之水，至泗州下流，龟山横截河中，即《祖陵赋》中所云'下口龟山不等闲，湾如牛角，势样非凡'者是也。故至泗则涌，譬之咽喉之间，

---

①去：距离。②洚洞：应为"洚洞"，大水无边无际的样子。③畚土：搬运泥土。
④窦：洞。⑤街衢：四通八达的道路。⑥蹑：跟随。⑦抑：或是，还是。

汤饮骤下，吞吐不及，一时扼塞，其势然也。且淮涨于泗，即黄涨于河南徐、邳也。每岁伏秋皆然，自古及今无异。泗州水困，黄遏淮矣，河南徐、邳水困，又谁遏之乎？盖两水发有先后，各有消长，泗人见牛未见羊耳。再查万历六年以前，黄决崔镇而北，淮决高堰而东，两河风马牛不相及矣，而泗州之告水灾者无岁无之，石护祖陵东麓及泗州护城堤，皆其时也，亦岂有黄遏之乎？"

今将考订志传卷牍中语开列于后。

计开[①]：

一、《禹贡》云："导淮自桐柏，东会于泗、沂，东入于海。"

职按：泗、沂即山东汶河诸水也，历徐、邳至清口，而与淮会。宋神宗后黄决而南，遂并泗、沂而与淮会矣。故昔之东会于泗、沂，即今之东会于黄也。

一、《中都志》云："淮河自五河东来，经州城南，东至清河口，会泗水东入海。"

职按：泗即泗、沂之泗，清河口即清口也。此与《禹贡》所云无异。要之淮由清口入海，自禹迄今故道。今云清口板沙若门限然，欲舍故道而出高堰，似不可也。

一、《地理心学》云："祖陵龙脉，发自中条[②]，王气攸萃[③]。前潴水成湖，作内明堂；淮河、黄河合襟，作外明堂。淮上九峰插天为远案。黄河西绕，元末东开会通河绕之，而圣祖生矣。"

职按：黄淮二河合襟，谓之水会天心，实祖陵钟灵毓秀之吃紧处也。今欲纵淮出高堰，是分两河为二道，且过宫反跳，为堪舆家大忌，臣子何敢轻议？

一、《中都志》与《欧阳文集》载宋臣欧阳修《先春亭记》，其略有云，景祐三年，泗守张侯问民之所素病，而治其尤暴者，曰："暴莫大于淮。"明年春，作城之外堤，因其旧而广之，高三十三尺，土实石坚，捍暴备灾，可久而不坏。又曰："泗，天下之水会也。"先时岁大水，州几溺，张侯夏守是州，筑堤以御之，今所谓因其旧者是也。

职按：修曰尤暴者莫大于淮，则知淮之为暴于泗旧矣；曰堤高三十三尺，则知水之高矣；大水几溺州，而先后州守惟以筑堤为事，则知御淮之策舍堤之外无策矣。今查泗州护城堤高不及宋三之一，是今之水较宋为甚小矣。再查黄河自宋神宗十年七月大决于澶州，北流断绝，河遂南徙，合南清河而入

---

①计开：逐项开列。②中条：居中的位置。③攸萃：汇聚。

于淮。而先臣丘濬《大学衍义补》曰："此黄河入淮之始，则仁宗景祐三年黄河尚未会淮，业已为泗州暴矣。今乃归罪于黄，或未可也。"

一、查得泗州旧志载元知州韩居仁所撰《淮水泛涨记》内称，大德丁未夏五月，淮水泛涨，漂没乡村庐舍，南门水深七尺，止有二尺二寸未抵圈砖顶，城中居民惊惧。因考宋辛丑之水大此二尺，丙寅小此二尺，今取高低尺寸刊之于石，以后水涨，官民视此勿惊惧云。

职按：韩居仁记此以慰泗州官民，令其勿惊勿惧，良工之心可谓独苦，且以州守载州事，必无不真者。夫云漂没乡村庐舍，未抵城门圈砖顶者止二尺二寸，宋辛丑之水大此二尺，则已抵城门圈顶无疑矣。宋元泗州水患景象如此，此与欧阳文忠公所云"暴莫大于淮""州几溺者"可为互相参考。比时已有高堰，官民何不请毁？如其无堰，则水涨与堰无预[①]矣。今乃归罪于堰，不亦过乎！

一、嘉靖十四年，先任总理河道都御史刘天和题勘议都御史朱裳所请"祖陵东西南三面，量筑土堤，以障泛溢"，内开行据直隶兵备佥事李宗枢呈称：据泗州知州李天伦、留守司佥书指挥佥事张佑、凤阳府知府刘佐、泗州卫掌印指挥同知张镗并奉祀朱光道等伏瞻，祖陵在泗州城东北，相距一十三里，坐北向南，地俱土冈。其冈西北自徐州诸山发脉，经灵璧、虹县逶迤起伏数百里而来，会秀含灵，至兹聚止。陵北有土冈联络[②]倚负，南有小冈横亘依凭。小冈之北，间有溪水涨流，先年置桥利涉，凡谒陵官员俱至此下马。是西北二面土冈联属，永奠无虞。其南面小冈之外即俯临沙湖，西有陡湖之水，亦汇于此。沙湖之南为淮河，自西而来，环绕东流，上有塔影、芦湖、龟山、韩家、柯家等湖。但遇夏秋淮水泛涨，则西由黄冈口，东由直河口，弥漫浸溢，与前项湖河诸水通连会合，间或[③]淹及冈足及下马桥边。惟正德十二年大水异常，涨至陵门，遂侵墀陛[④]，此则旷百年而一见也。今欲遵奉原题，东西南三面量筑土堤一节，职等浅见：欲自下马桥边及林木左右筑堤，则板筑震惊，锸斧掘伐，关系匪细，固非职等所敢轻议；欲自陵前平地筑堤，则积水长盈，群工难措，抑且远无所御，近有所妨，亦非职等所敢轻议；又欲东自直河口，西自黄冈口，上下五十余里间远筑围绕，但恐此堤一成，淮河一时泛涨之水虽稍能障蔽傍溢，而陵前湖河诸水又将阻遏北侵，名虽防河，实则蓄水，远流未及为患，而近水先有可忧者矣，尤非职等所敢轻议也；又据匠役王良等量得自淮河见流水面至岸地北水高七尺，又自岸至下马桥边地高八尺四寸，桥边至陵门地高六尺，陵门地至陵地高一尺七寸，共高二丈三

①无预：没有关联。②联络：连接。③间或：有时。④墀陛：台阶。

尺一寸，况基运山[①]虽俱土冈，百余年来每岁水溢，未闻冲决，实我三祖陵寝万年根本之地，百祥肇始[②]之区，委的[③]事体重大，未敢遽拟等因到职。随该职公同各官恭诣祖陵，伏瞻环仰，博访备询，亦与各官会议相同。窃惟祖陵数百年来，奠安已久，今一旦添筑土堤，虽水患固当预防，而工役岂宜轻动，委的事体重大，非职等所敢轻议等因。

职按：前疏系嘉靖十四年所题，地势水势，颇为明悉。据称，陵地迥高二丈三尺一寸，则虽极大之水亦无高出玄宫者。且陵前湖河诸水，向来伏秋涨溢如此，要知非筑高堰后始然矣。

一、查据泗州申称万历三年该奉祀朱宗唐具题蒙南京工部委主事郭子章前来，会同颍州兵备道，勘得水势汹涌，风浪冲击，崖岸逐渐坍塌，逼侵柏林[④]，包砌石工，计长二百二十六丈，至万历五年工完等因。及查巡按邵亦于此时行州，将护城堤用石包砌，至今赖之，称为邵公堤。

按：前开工程，皆职未任时事，比时淮水竟从高堰决冲淮扬郡邑，黄水从崔镇决出五港入海，两河已不会于清口矣。无堰可阻，无黄可遏，而其势如此。则今之水涨，亦未可归咎黄与堰也。且比时更无别策，惟有护堤一事，毁堰之说委难轻议。

或有问于驯曰："高堰之筑是矣，而南有越城并周家桥，淮水暴涨从此溢入白马湖，宝应县湖水遂溢，此与高堰之决何异?"驯应之曰："驯与司道勘议已确，筹之熟矣，其不同者有三，而其必不可筑者一：夫高堰地形甚卑，至越城稍亢，越城迤南则又亢，故高堰决则全淮之水内灌，冬春不止，若越城周家桥则大涨乃溢，水消仍为陆地，每岁涨不过两次，每溢不满再旬，其不同一也；高堰逼近淮城，淮水东注，不免盈溢，漕渠围绕城廓，若周家桥之水即入白马诸湖，容受有地而淮城晏然[⑤]，其不同二也；淮水从高堰出，则黄河浊流必溯流而上，而清口遂淤，今周家桥止通漫溢之水，而淮流之出清口者如故，其不同三也；当淮河暴涨之时，正欲藉此以杀其势，即黄河之减水坝也，若并筑之则非惟高堰之水增溢难守，即凤、泗亦不免加涨矣。""然则即于周家桥疏凿成河，以杀淮河之势，何如?"驯曰："漫溢之水不多，为时不久，故诸湖尚可容受。若疏凿成河，则必能夺淮河之大势，而淤塞清口，泛溢淮扬之患，又不免矣。况私盐[⑥]商舶由此直达，宁不坏鹾政[⑦]而亏清江板闸之税耶?"

---

①基运山：明祖陵所在地，此山名系明世宗嘉靖皇帝所封。②肇始：发端。③委的：确实。④柏林：柏树林。⑤晏然：安宁、平静。⑥私盐：违法买卖的盐，与"官盐"相对。中国旧时依盐法生产、运销并且纳税的食盐为官盐。⑦鹾政：盐政，管理盐务的政策。

或有问于驯曰：“向来河堤之决，人皆归罪于河之猖獗，堤不能障，有之乎？”驯应之曰：“河势自无不猖獗者，譬之狂酋[①]悍虏，环城而攻，惟在守城者加之意耳。往事无论矣，即如近岁范家口之堤，汕刷者十八，管河官置之若弃，人以告者，辄重笞之，能无决乎？决后官夫避罪，辄委之于河，而上官亦恐以此得罪，议论纷起，而河之罪不可解矣。譬之盂中之水至静也，执事者不戒于盂，偶损一隙，则水必从隙迸出，主人不以治盂，而以罪水，冤哉水乎！良可叹也。”

或有问于驯曰：“老黄河之说，何如？”驯应之曰：“老黄河之说吾未之前闻也。考之郡志，止有大清河、小清河，注云即泗水之末流，源出泰安州，至县西北三汊口分为二河，大清河由治东北入淮，小清河由治西南入淮。是黄未会淮之时，泗、沂之水或经于此，并无所谓老黄河者。今据淮人云，自桃源县三义镇经毛家沟、渔沟等处出大河口，谓之老黄河故道。殊不知大河口去见行清口仅五里许，至此复与黄会，何能遽杀清浦、泗州水势？若如近议，欲改从叶家冲、周伏三庄、瓦子滩入颜家河，则自渔沟而北，又非老黄河故道矣。深阔须照见行之河，方能改旧。无论开掘之难，工费之巨，而开通之后，自三义镇迤东一带河道必至淤塞，运艘岂能飞渡？矧泗州之水，自古及今皆然，志传开载甚明。所谓老黄河者，去泗二百余里，去清口亦四十余里，岂能远泄泗州之水？此言甚易惑人，既非志乘[②]有据之言，又非合众通方之论，执己见以淆国是，如之何其可哉？累经勘议，并未有考订详确阐发明悉者。若知泗州伏秋淮水之涨即如徐、邳、河南每岁黄河之涨，必不可免，止宜堤防，则其议自息矣，其说详具淮、黄交会白。”

或有问于驯曰：“昔年徐、吕二洪，怪石嶙峋，上浮水面，湍激之声，如雷如霆，舟触之必败。今皆无声，行者若履坦途，得非沙掩其上而然乎？”驯应之曰：“二洪本体甚高，沙能掩之，是无徐州矣。徐洪于嘉靖二十年为主事陈穆所凿，吕梁洪于嘉靖二十三年为主事陈洪范所凿，巉岩[③]突屹之石，一切削而平之，铲而卑之。今河中之回澜亭即洪基也，又安望其有声耶？皆有碑志可考，不必辩也。”载在《古今稽证》卷中。

或有问于驯曰：“徐州城当伏秋水发之时，河高于地，以至城中雨水难泄，人甚苦之，奈何？”驯应之曰：“此不特徐州为然也。滨河州县皆有之，如凤阳之泗州，河南之虞城等县皆然。至如河南省城，则河面高于地面丈余矣，一城之命悬于护城一堤，谨谨修守而已。城中积水，惟有车戽[④]之法，而

①酋：侵略者的首领。　②志乘：志书。　③巉岩：高而险的山岩。　④车戽：汲水的工具。

土人[①]颇不惯此，垫土增高，亦是良策，而填筑工费不赀，官衙衙舍尚可努力为之，小民未必能办。若欲为长久之计，则惟有比照宿迁县迁城事例，而士民安土重迁，未必乐从。查得徐南地势颇洼，开浚一渠，纵之由符离集出小河口，亦一策也。”或曰：“黄河旧由新集经萧县蓟门出小浮桥，河水尚未至此，今由石城出浊河，皆系民间陆地，原非河身，来源既高，故下流河底亦高耳。”驯曰：“否否。自宋熙宁十年，黄河南徙会淮，水即高于地矣，故苏轼守徐时，有‘入市巷[②]闾井’‘屋瓦留沙痕’之说。且河南来源未之有改，而河流之高于省地也，又何故哉？此其河势地形高卑，原自如此，亦难强图。讶徐州者，若知河南省城形势，或自息喙[③]矣。”今从开渠之议，积水尽泄，详见后疏。

或有问于驯曰：“清江浦一线之堤，广者不过三四十丈，窄者仅二十余丈，两河扫汕，能无虑乎？”驯应之曰：“陈平江开凿清江浦一带，通河济运，所留堤址，原只如此。”问者曰：“何以征之？”驯曰：“不观车盘伍坝乎？伍坝去河仅二十余丈，进船水沟，每为浊流所淤，常事捞浚。如更广也，何以能车盘也？今河由草湾、清江浦，淤沙稍远，船遂不能进矣，此正陈平江之妙用也。又不观之惠济祠前之石堤乎？乃宣德年间之所筑也，其广亦不满二十丈。此古迹也，岂亦剥削而然哉？且各处遥、缕堤面广不过二丈余，尚欲恃以为固，矧于二十丈者乃云不能守乎？若每岁埽护之工，及矶嘴坝之筑，则不可少耳。”

或有问于驯曰：“开复新集旧河之议，何如？”驯应之曰：“此全河之利也。查得黄河故道，自虞城以下，萧县以上，夏邑以北，砀山以南，由新集历丁家道口、马牧集、韩家道口、司家道口、牛黄堌、赵家圈至萧县蓟门，出小浮桥，此贾鲁所复故道，诚永赖之业也。后因河南水患颇急，另开一道，出小河口，意欲分杀水势，而不知河不两行，本河渐涩。至嘉靖三十七年，河遂北徙，忽东忽西，靡有定向，行水之处即系民间住址陆地，水不能刷，冲不成漕，虽一望茫然，而深不及丈，梁楼沟、北陈等处，不及二尺。今大势尽趋浊河，小浮桥不过十之一二矣。夫黄河并合万余里间千溪万派之水，澎湃浑激势若奔马，陡然遇浅，形如槛限，其性必怒，奔溃决裂之祸，驯恐不在徐、邳而在河南、山东耳。水从上源决出，则运道必至浅阻。嘉靖二十年间，河决亳州，而二洪干涸，往事固可鉴也。且浊河漫溢，坡水皆由地面，徐州以下之渠，不能着底冲刷以致河水易盈，堤防甚为难苦，尤可虑也。驯于万历六年具疏请复，而河南、山东当事之臣，颇畏劳费，会疏请止。夫欲

---

①土人：当地人。②巷：应为“卷”。③息喙：停止议论。

复此河，非百万金不可，委非细故。”然与其葺篱于亡羊之后，似不若彻土于未雨之前也。姑志之以为后日左券，原题小疏，具载集中。

或有问于驯曰：“泇河、胶河与海运之议，何如？”驯应之曰：“二河之不可成，备载勘议诸臣之疏，一览自悉，然驯之意则谓不当辩其可成与否也。假令胶、泇告成，海运无阻，将置黄淮于不治乎，亦将并治之也？夫治河之策，莫难于我朝，而亦莫善于我朝。盖自元宋以前，惟欲避河之害而已，故贾让不与河争之说为上策。自永乐以后，由淮及徐，藉河资运，欲不与之争得乎？此之谓难。然以治河之工，而收治漕之利，漕不可以一岁不通，则河不可以一岁不治，一举两得，乃所以为善也。故元宋以前黄河或北或南曾无宁岁，我朝河不北徙者二百余年，此兼漕之利也。今欲别寻一道，遂置两河于不治，则尧舜之时，泛滥于中国者，此河也。纵使漕艘无阻，民可得而食乎？况胶河去河尚远，若泇河必从直河、沂河等处出口，复与黄合，而中段相隔之地，近者仅三四里，每岁水涨，势必漫入，可不治乎？如欲并治，则张官置吏，设夫备料，岁费不赀，一之不支，其可再乎？至于海运之说，尤为支漫，往岁已有明鉴，不必渎陈。卷查万历五年十二月内节奉圣旨：‘近来河淮为患，民不安居，朕何尝一日不以为念，先年以运道梗塞，不惜重费，欲别求一道，以利转漕，乃议者谓治河即所以通漕，遂降旨专责当事诸臣，着一意治河，钦此。’大哉王言，可为万世蓍鉴，驯又何容复赘！”问者曰：“夏镇新河，非别寻一道乎？”驯曰：“此河仅于闸河中直截一段，至留城仍归原河，出茶城仍与黄会，此与三沽旧河无异，特欲避卑就高，非弃黄河于不治也，治河者审之。”

或有问于驯曰：“故道当循是矣，然禹时河由大伾、巨鹿入北海，今入南海矣，岂故道乎？”驯应之曰：“河自宋神宗十年大决于澶州，合南清河而入于淮。南清河者，即泗、沂之故道，黄河经行五百余年矣，谓之非禹故道则可，谓之非黄河之故道则不可。如必欲复禹故道，则岁漕四百万石将安适乎？胶柱而鼓瑟①矣！”

或有问于驯曰：“浚睢河以为通运，旁行一道，且可杀河流也，其说何如？”驯应之曰：“考之《括地志》云，睢水首受浚仪县浪荡渠水，东经取虑县入泗过沛。浚仪、取虑二县皆隶河南，《漕河图志》云，宿迁县小河在本县东南十里，源自开封府，黄河来流经归德州、虹县、宿州，至睢宁县东南流六十余里，至小河口以入漕河。盖《括地志》所载乃黄河入北海之时，故止云睢水而不及黄河；《漕河图志》所载乃黄河南徙之后，故直指黄河来流也。

①胶柱而鼓瑟：粘住瑟上调弦的短木而弹奏琴瑟。比喻固执拘泥，不懂变通。

《淮安志》云，小河在宿迁东南十里，以其浅狭故名。查得弘治六年，侍郎白昂曾导水自归德小坝地方经睢宁至宿迁小河口入漕河，比因河决河南之金龙口，冲张秋，势甚危急，故浚此河以杀水势耳。然不久遂淤，盖河不两行，徐、邳之河与小河必无并行者。今自徐溪口迤北，直至永城县一带，俱成平陆，复之亦颇不难，但恐此河一开，则徐、邳必塞。若徐、邳不塞，则此河必复为平陆，且均一浊流也。在徐、邳大河则淤，在新复之小河则不淤，恐无是理也。况小河口而南至清河县，尚有二百三十余里，假如近岁河决崔镇，桃、清为塞，不知南来运艘将从何路达睢河也。”问者曰：“止浚双沟、永涸湖一带，使艘从九里沟出小浮桥，倘徐、邳正河淤塞，此不通而彼通，可无阻也。”驯曰：“此河原甚浅狭，且湖水常盈，浚工难施。若正河淤塞，黄水尽从此河，则泛滥无归，非特牵挽无路，而经行于树桩基磉之间，必至触败，与由决何异也？若正河不塞，而此河仅分支流，则径由正河可也，何必去夷就险为哉？”

或有问于驯曰：“改沁入卫，以杀黄河之势，何如？”驯应之曰：“黄可杀也，卫不可益也，移此与彼，不可也。卫、漳暴涨，元、魏二县田地每被淹浸，民已不堪，况可益以沁乎？且卫水固浊，而沁水尤甚，以浊益浊，临德一带必至湮塞，不可也。又《问水集》有引沁至长垣界，经张秋出永通闸入运济旱语，亦未知沁之浊也。一沟之渠，宁能当此浊流乎？沁可引，黄亦可引矣。”

或有问于驯曰：“茶城之浅，何如？”驯应之曰：“茶城为清黄交接处所，黄强清弱，故黄发必倒灌茶城，与漕水相抵，沙停而淤，势所必至。然黄水一落，则漕水随之而出，沙随水刷，仍复故渠，亦势所必至者，但勿令漕水中溃耳。若因船只少阻，辄议改浚，徒费财力，无益也。此在清河口、直河、小河口，凡系清黄相接处皆然，不独茶城也。万历九年，该中河郎中陈瑛移河口于茶城东八里许，创建古洪、内华二闸，黄涨则闭闸以避淤，黄退则启闸以冲刷，极为便利。近于万历十六年，工科都给事中常居敬请增建镇口闸一座，去河愈近，冲刷愈易，而本口无遗策矣。已经题奉明旨，永宜遵守可也。”

或有问于驯曰：“漕水之出镇口闸者甚低，故难敌黄，被其倒灌而淤也。今欲束之使高，可乎？”驯应之曰：“漕水发源本不甚洪，而昭阳、微山、吕孟诸湖水为潴蓄，故出闸者愈少耳。议者欲筑西堤以障之，中砌减水闸二三座，漕盛则闭闸以防其泄，漕涸则启闸以藉其流，或是一策，但因无处取土，司道勘议未决。近据地方呈称，欲从满家闸经豆腐店，开出梁山，凿渠一道，似或可行，俟图之。”

或有问于驯曰："五塘蓄水济运，先年设有堤闸，今皆圮矣，可不复举乎?"驯应之曰："驯初至之时，亦尝锐意求复，反覆行勘，查得小新塘与雷公上下二塘相接，西去扬州郡城十余里，水由淮子河入漕河，句城塘西去扬郡几三十里，水径奔仪真，由向水闸出江，四塘皆隶江都县，唐长史李袭誉所筑也；陈公塘隶仪真县，其水亦奔向水闸出江，汉广陵太守陈登所筑也。句城、陈公二塘地形高阜，水俱无源，惟藉雨积；小新、上下雷三塘受观音阁后及上方寺后并本地高田所下之水，而局面窄小，蓄水无多，故汉唐二臣，筑塘积水，以为溉田之计，非以资运也。今若虑漕渠浅涸，借此水以济之，则应任其直下，不宜筑塘以障其流，且冬春运河水浅彼先涸矣。若虑湖水涨漫，借此塘以障之，则诸水皆从扬、仪径奔出江，与诸湖了不干涉也。如欲复前人之故业，蓄水以溉高亢之田，于民未必无益。但民间承佃[①]为田，输价不赀，岁纳之课[②]亦不赀，必须尽行偿贷，筑堤建闸费尤不赀，必须大为处分。矧田高之民欲积，田洼之民欲泄，筑堤建闸之后，盗决者多，必须添设官夫防守。当此劳费之后，灾伤之余，种种难于措办，故驯谓其是尚可缓也。"

或有问于驯曰："徐南十余里有长、塔二山，中间地甚平衍，伏秋水涨，正河从此分泄，出磨脐沟，会鳗、蛤诸湖之水，由董、陈二沟出宿迁县，徐州庶几少免涨溢，今乃筑堤障之大，乃不可乎?"驯应之曰："此未考也。嘉靖三十年，河水由磨脐沟泄出，正河遂夺，工费不赀，两年始复故河。万历十八年，水去其八，几蹈覆辄，筑堤之后，挽水归漕，河方深广。且塔山原有天然一坝减水三十余丈，长山新砌石坝减水四十余丈，水涨则泄，水落归漕，堤何尝阻遏之也?"

或有问于驯曰："禹以治河称神，而自夏及商，为年不甚久远，而盘庚遂有播迁[③]之患，至周定王五年以后，则或南或北，迁徙不常，而驯欲以区区堤坝之工，遂为长久之策乎？且自河南而上，秦晋之间，何尝有堤哉？任之而已。"驯应之曰："成功不难，守成为难。使禹之成业，世世守之，盘庚不必迁也。周定王以后，河必不南徙也。人亡岁久，王迹熄而文献无征，故业毁而意见杂出，又何怪乎河之无常也！至于秦晋之间，则更有说，山多土坚，水难啮也；地亢而旷，运不资也。河南为城廓所拘，徐、邳为运道所藉，堤而束之势不得已也。世世守之，世世此河也。岁远人亡，道谋滋起，驯不得而知也。"

---

①承佃：农民向地主租种土地。②课：赋税。③播迁：流离迁徙，奔波不定。

卷前导读

在本卷中，潘季驯介绍了黄河、淮河、运河在淮南、淮北、山东、河南、北直隶五个地段的重点工程。

淮南段的高家堰又称洪泽湖大堤，筑于淮河干流，是江苏淮阳地区挡水防洪的重要屏障。大堤最初由东汉陈登建成，明代初期陈瑄曾大加修葺。万历六年，潘季驯大修高家堰，扩大洪泽湖以蓄水，从而冲刷黄河泥沙。大堤北起武家墩以北至新庄附近，南达越城，越城往南作为宣泄洪水的溢洪道，以保证高家堰的安全。此后又在迎水面增建石工墙。万历十年，高家堰借新开通的永济河的西堤向北延伸至运河旁的文华寺。万历十六年又向南延伸至周桥。经过历朝历代的不断增修，今天的洪泽湖成为淮河干流上的大型水利枢纽工程，并与江西的鄱阳湖、湖南的洞庭湖、江苏的太湖和安徽的巢湖并称中国五大淡水湖。潘季驯强调高家堰的岁防工作：每年夏秋两季要分段守护，随时修整；冬春两季要实土坚夯，做好帮护。

淮北段创筑了格堤。格堤又叫横堤，是缕堤与遥堤之间与河道水流方向大致垂直的堤坝。当洪水漫过缕堤时，格堤截挡水流，起到分洪、落淤、御洪的作用。此外，归仁堤也是一项重要工程。此堤既使睢水、邸家湖的清水汇入黄河以冲刷泥沙，也防止黄河南流淹没泗州，危及明祖陵、皇陵。

山东段有南旺湖、蜀山湖、马场湖、马踏湖、安山湖五湖界堤储蓄汶、泗河水，这样可以将南旺分水岭和运河两边的水量集中，保证漕运船只畅行无阻。茶城、清口是黄河与运河的交接处，要特别注意防止黄河水倒灌导致运河被泥沙淤塞，因此需要改造和增建船闸，严格启闭制度。

河南段南岸逼近省城，是藩封重地；北岸迫近漕河，关系运道，都是要害处所，必须严格落实“四防二守”的制度。黄河北岸的太行堤是弘治十年（1497 年）黄陵冈决口时由都御史刘大夏组织筑成的，但因年代久远，土质疏松，低矮单薄，应该帮筑加固。沁河在武陟县（今河南省焦作市武陟县）与黄河汇合，水势湍急，要加紧筑堤，保证沿岸百姓生命安全。

北直隶是直接隶属于明朝廷管辖的地区，包括顺天府、永平府、保定府、河间府、真定府、顺德府、广平府、大名府、延庆州、保安州，相当于现在的北京市、天津市、河北省大部分和河南省、山东省的小部分地区。通惠河是京杭运河最北段，元至元二十八年（1291 年）由郭守敬提议开通，两年后建成。每到冬天，应当储备桩草，来年春天将前堤加高帮厚。平时要注意疏浚，修筑束水小坝冲刷泥沙，保证漕运和民生。

卷之三　河防险要

淮南

一、岁防高堰。高堰为淮扬门户，堤防不可不严，修守不可不预。内除石堤三千丈外，两头土堤，每岁伏秋，画地分守，随汕随葺，似可无虞矣。但帮护之法须于冬春间，桩内贴席二层，紧捆草牛，挨席密护，毋使些须漏缝，然后实土坚夯，则是以桩席护草牛，以草牛护土，浪窝何从得来？至于密植橛柳茭苇以为外护，须于水落即种，庶免淹浸，是在当事者加之意耳。

一、岁防湖堤。诸湖堤岸，见议加帮高厚，且多减水闸，寻常之水似可无虞矣。但或霪潦[①]弥月[②]，山水并发，则又不可不预为之计也。查得沙坝并芒稻、白塔二河俱可泄水，当事者因虑私贩盐徒潜通间道[③]，每每筑坝断流。殊不知欲禁舟航，何须筑塞，河心密布桩栅，仍委白塔巡检严防越渡船只，瓜、仪诸闸一体开放，闸口拦以木栅，则湖水可泄，而盐政税课亦无妨矣。

一、岁防清江浦外河。清江浦内外河相隔仅得一线之堤，最为吃紧。况黄河自清河县出口，由西射东，势甚湍急，然扫湾迎溜之处，不过一百五十丈，止是卷筑鸡嘴六道，每道相去二三十丈不等，阻隔来流，复于鸡嘴中间卷埽护岸，即可支持。然仓卒措办，未免张皇，莫若于冬春之间，卷筑大埽，帮护老堤，埽外深下密桩，内用两笆两席以护埽，亦如岁防高堰之法，自可无虞。合用人夫，查有近议行银募夫，专听本堤兴作，免其别处差拨，自可足用。其余桩草所费不多，措办自易。至于用石甃砌，以为永久之计，则俟工力少裕为之可也。鸡嘴即顺水坝之俗名。近日河由草湾，清江浦外，淤滩甚远，犹恐河性不常，二三年间复归正河，修守之法，当谨识之。

一、议守徐家坝。清河而下，黄淮二渎交流注海，越五十里，一大折于淮郡之西桥，又三十余里，一大折于徐家坝，其冲激怒号之势，无异西桥。前此治者，屡坝屡坏，为与水争尺寸耳。今议弃旧址，只营月坝，去水稍远，令无湍激，外护桩埽，用实坝基，事省功倍，良得策也。每岁派拨官夫预备物料，伏秋将届，专责山阳令督管河主簿不时巡视，少有圮坏，辄先综理，

---

①霪潦：久雨成涝。②弥月：满一个月。③间道：偏僻的小路。

年复如斯，斯永赖也。

一、议守八浅堤。宝应县之西十余里有白马湖，其当湖心而东即所谓八浅堤也。往岁堤决，湖水奔逸，建瓴而下，舟楫过者，少遇西风，辄沉溺[①]不可救。其决处阔八十余丈，深且二丈五六尺，而水势湍急，莫可名状，虽不惜费，宁能与水角力哉！屡筑无功，覆辙可鉴也。乃议从湖心浅处先筑西堤一道，以捍其外，仍于河之南北截坝二道，暂令运艘越湖而行，堤坝成则八浅正决，潴水不流，捧土而塞之矣。是筑西堤者，乃所以塞东决也。但东决虽塞，西堤终不可弃，必须岁加修筑。仍密种橛柳、茭苇之类，使其能当涛浪，则东堤不守而自固矣。此当于冬初预行宝应县掌印管河官料理可也。

一、宝应月河自黄浦至三官庙前，长二十里，水多旁溃入湖，是以流缓沙停，新闸一带浅阻为梗。今加筑西土堤一道，长三千六百三十五丈，以束漕水，可省挑浚之费。须责夫看守，栽植茭柳，加意培护，岁修之工可勿缓也。

一、严闸禁。河口诸闸之设，先臣平江伯陈瑄殊有深意。盖节宣有度，则外河之水不得突入，运河之水不得盈漕，非惟清江板闸一带堤岸易守，而宝应诸湖亦缓此一派急流矣。但启闭之法非严不可，如启通济闸，则福清二闸必不可启；启清江闸，则福通二闸必不可启；启福兴闸，则清通二闸必不可启。河水常平，船行自易，单日放进，双日放出，满漕方放，放后即闭。时将入伏，即于通济闸外填筑软坝。秋杪[②]方启，悉照先年旧规与近日题准事例行之，其于河道关系不小也。

一、岁守淮城北岸遥堤。查得清江浦起，由柳浦湾至高岭止，共堤一万六千九十一丈，近又加至戴百户营止，共堤八千一百五十六丈，向来置之若弃。万历十三年，范家口一决，淮城几为鱼鳖，工费不赀，复还故物。今已增设大使一员、夫五百名，专守一带堤岸，乃淮安城北外捍殊为吃紧，如有汕刷，随宜修补，倘遇大有损动，即于堤内有产之家，量起夫役相帮修筑。伏秋之时，选拨省祭、阴医等官，画地分守，仍须预备桩草绳苇之类，各安置要害处所，以待不时之需。每岁冬春之交，即预行申饬[③]山阳县掌印官可也。目今河由草湾，正河俱淤，殊不足虑。然河性不常，一旦忽归正道，修守之法仍须志之。

一、岁守通济闸外大坝。旧通济闸逼近外河，河形浅直，水势汹涌，不便启闭。而朱家口一带堤岸，尤为难守。今移闸于甘罗城旁，改河于西南隅，而于旧闸内半里许筑拦水大坝一道，置朱家口于度外，似为得策矣。但大坝

①沉溺：沉没。②秋杪：暮秋。③申饬：告诫。

最为吃紧，万一倾圮，则新河与旧河之水并泻入闸，势必不支。每岁四月初，须专委一的当[①]义民官，拨夫十余名，量备桩草守之，毋忽毋忽！议者又谓从大坝迤东两头，直接泰山，筑堤一道，仅三里许，则坝东与高堰七里墩迤北两岸一带堤岸，俱不须守，而堤内之田皆可耕矣。冬涸之时，夫力稍暇，即宜图之。

一、防清口淤涩。清口乃黄淮交会之所，运道必经之处，稍有浅阻，便非利涉。但欲其通利，须令全淮之水尽由此出，则力能敌黄，不为沙垫。偶遇黄水先发，淮水尚微，河沙逆上，不免浅阻。然黄退淮行，深复如故，不为害也。往岁高堰溃决，淮从东行，黄亦随之而东，清口遂为平陆。今高堰筑矣，独虑清河县对岸王家口等处，淮水过盛，从此决出，则清口之力微矣。故于清河县南岸筑堤一千一百八十丈，今又接筑张福口堤四百四十余丈，以防其决，盖为此也。工若甚缓，而关系甚大，已经题奉明旨，每岁专责清河县掌印官，责差的当员役看守，如遇塌损，即便修筑，更有一事，尤宜稽察：河南凤、泗等处，商贩船只最利由此直达，每为盗决，须严防之。

一、京口闸附。江南丹徒、丹阳一带河道原无水源，藉江为源，潮长则开京口闸以放舟，潮落则下板以蓄水。若水涸舟胶，则丹徒闸亦系通江支河，放水可济，潮水既落，车戽亦可，须临时斟酌，申严启闭，守闸者勿弛禁也。

淮北

一、砀山旧缕堤，原因傍堤取土，以致堤根成河，每上流刘霄等口漫溢，则直灌堤河，壅激冲撞，缕堤坐此不支。今弃此堤于不用，而另帮近年所筑月堤，已为得策。又虑缕堤决，则月堤亦危。且砀山居丰、沛上游，砀堤乃丰、沛外户，外户失守，则堂奥[②]随之。故复彷黄河顺水坝之意，于单、砀接界处筑斜长大坝一道，长千余丈，使上流漫溢之水，循坝径归大河，不得迫缕堤以危月堤，试有成效。宜加意此坝，冬春拨夫帮培，伏秋倍夫防守，此保全砀、丰、沛一带堤防关键也。

一、丰县邵家大坝，乃断绝秦沟旧路，最为吃紧。今已倍帮高厚，又接长数百丈。每岁宜摘调徐北堤夫赴此，加修加守。若日后夫役钱粮有余，再于华山斜筑大坝，直至楼子集，将秦沟、浊河二口俱断，则全胜之策也。但坝须高大，斜向东南，勿令兜水，乃可经久，姑识之以俟将来。

一、磨脐沟减水坝。徐州东岸南去十余里有狼矢沟，又东十五里许有磨脐沟。每岁黄水暴涨，则从狼矢沟直下，至磨脐沟泄出赤龙潭，经蝘[③]蛤诸

---

①的当：能干、可靠。②堂奥：房屋的深处。③蝘：前文作“鳗”。

湖、落马湖出宿迁董、陈二沟。嘉靖年间，全河俱从此出，而两洪正河俱为之夺。万历七年，已于本沟筑遥堤一道，而地形甚卑，水入囊底，随复冲决。遂议筑减水石坝一座，余郎中亲往视之，不可而止。今此议尚存，驯躬率中河沈郎中往视之，地形较之河口卑数丈，黄河暴涨之时，必至逾堤漫流，岂肯循轨入坝？今议于长、塔二山新筑堤中建石坝一座，长三十丈，水涨则泄，水退归漕，自无夺河之患矣。但坝西与徐州居民甚不利，此恐有盗决之患，须特设一老人，常川看守，庶可久耳。

一、徐北镇口等闸。此泉河与黄河交会之处，伏秋黄水大发时，多灌入本口，动至淤阻。原任中河郎中陈瑛创建古洪、内华二闸。近该工科都给事中常题建镇口一闸，如遇水发，下板谨闭，俟黄水消落，即启闸纵水外冲，而漕河无淤垫之患。启一闭二，悉如清江里河事规，与近日题奉明例行之。其镇口闸外东西两堤，原系挑河所积，客土[①]未坚，内水涌出，未免剥损。伏秋之前，密护桩笆，堤固则闸无虞矣，司闸者宜加慎焉。

一、塔山牛角湾等缕堤。镇口、古洪二闸以东多傍山麓，以西一望平旷，浊河经流，更无堤防，黄水出岸，横截闸河，腹心受病，故于塔山支河接筑缕堤九百四十二丈。而牛角湾系茶城运河旧渠，又筑坝一道，东接塔山，西接长堤，几二里许，以遏黄流傍入。但坝地原系河身，下多积沙，创筑卑薄，连岁失守，肘腋[②]为患。已于本坝之南，自旧缕堤支将军庙起，东接塔山，增筑长堤七百余丈，颇得重门御暴之意。冬春之际，多加帮护。伏秋之时，昼夜防守，预办桩草，以备不虞。夏镇第一要害，宜殚心力，勿忽！

一、徐州之房村、牛市口、犁林铺、李家井，灵璧之双沟、曲头集、栲栳[③]湾，睢宁之马家浅、王家口、白浪浅、何字铺，邳州之匙头湾、张林铺、沙坊等处，皆系扫湾急溜，先年屡经冲决，最为要害。今双沟一带已议弃缕守遥矣。其余每岁冬春间，务及时详加勘议，应护埽者急护，应筑矶嘴坝者急筑。若水既发，则难施工矣。水发之后，尤须倍严防守。司道府官俱当不时巡阅，矧滨河田地，每利于黄河出岸，淤填肥美，奸民往往盗决。盖势既扫溜，止须掘一蚁穴，而数十丈立溃矣。凡此等处，夜防尤不可懈，识之慎之。

一、羊山横堤。双沟弃缕守遥，固为得策。但恐涨水直至峰山，未免分流。今于邳州对河羊山、龟山、土山相接处，创筑横堤，长四百八十丈。纵有顺堤之水，遇格即返，仍归正漕，自无夺河之患。此堤虽系睢宁县地方，

---

①客土：从别处移来的土。②肘腋：比喻极近的地方。③栲栳：即笆斗，用柳条等编成的容器，形状像斗。

然去邳州不远，专责该州掌印、管河官时加督阅，培筑之工，勿怠勿忽。

一、议格堤。防御之法，格堤甚妙。格，即横也。盖缕堤既不可恃，万一决缕而入，横流遇格而止，可免泛滥，水退本格之水仍复归漕，淤溜地高，最为便益。今于南岸房村、单家口、双沟、马家浅、辛安、峰山等处俱筑格堤一道，并羊山横堤共七道。倘岁岁增修高厚，可永无分流夺河之患矣。俟工力有暇，再为增筑。北岸亦仿而行之，多多益善也。

一、归仁集堤。本堤所以捍御黄水、睢水、湖水，使不得南射泗州，并攻高堰，而又遏睢水、湖水，使之并入黄河，益助冲刷，关系最为重大。每岁三月间，即当拨洪夫二百余名，协同本堤夫并力修护。堤下宜密栽茭柳以搪[①]风浪，其水浸堤根稍深处，即预下护埽一二层，桩笆攲[②]朽者，务逐一掘换填筑，内四铺以至九铺，尤为危险，工宜倍之。每岁冬春，宜多运桩苘绳草，分贮各铺。其管河主簿，督令专驻本堤，以便督率。前岁议筑石堤，以工力不足，仅成二千一百丈，尚余二千九百丈，若得全完，帮护之工可免矣。然其橐籥[③]则又在小河口之通塞，盖小河通，则睢水径入黄河，而归仁之水减半；其藩篱则又在耿车、时儿滩一带之堤，盖此堤高厚坚固，则睢水不能漫入埠子等湖，而小河常通矣。故上自高卓，下至时滩，皆当接筑长堤，岁加修守，且密栽茭草苇以护之。盖修守此堤，即所以修守归仁也。况小河常通，则灵睢、宿迁积水得泄，而沮洳渐成膏腴，舟行径直，免犯湖险，而小民便于贩易，为地方利又非浅鲜也。司河者宜加意促成之。

一、马厂坡堤。桃源县地方有马厂坡横堤，长七百四十六丈。盖虑黄水大涨，则从此入淮，而淮为之淤；淮水大涨，则从此泄出，而清口流弱。故特筑横堤一道以遏之，使黄不得入，淮不得出，最为紧关，宜慎修之。

一、直河。邳州东南六十里原有直河，以宣泄蒙、沂诸山之水。近年因浊流倒灌，直河遂塞，诸山水俱迤逦由落马湖经董、陈二沟以出大河。水势纡回，则近邳田地，常被淹浸；湖波淼渺，则候风舟楫，迟滞艰危。不特直河居民失市廛[④]之利已也。昔已开复通行，而迤里阎家集等口，乃原通落马湖故道，复筑长堤遏水，此堤之坚瑕，乃直河所视以通塞者。每岁仍须加高加厚，水发之时，严行防守，不令复出落马湖，庶直河可保不淤也。奈何继者失守，长堤复决，直河因之复塞矣。务须查仿先年规制为之，此与耿车、时滩之堤同一关楩[⑤]，在司河者加之意耳。

一、濒缕居民。遥、缕夹中居民及滨河居民，俱当谕以移居高阜处所，

---

①搪：抵挡。②攲：歪，倾斜。③橐籥：本意为鼓风器具。④市廛：集市，店铺集中之处。廛，古代城市平民的房地。⑤关楩：关键之处。

或即结庐[①]于遥堤之上。盖黄河伏秋盛涨之时，缕堤逼水，必难恃以为安。若水至而后避，则无及[②]矣。此亦徙民当水冲者之遗意也，即小民安土重迁，亦须谕以四月暂移，至九月复还故址。每岁春杪，司道即严行各州县家谕而户晓之，久之而民知遥堤之外皆乐土，自有不待驱迫而相率移居者矣。

山东

一、岁守武、王二坝。曹县武家坝、王家坝迎溜扫湾逼近老堤，最为险要，而武坝险又甚焉。万一此坝溃决，则城武、金乡数郡邑者悉成沮洳。且逼近闸河，甚为可虞。须于正月间，多卷钉头矶嘴埽坝，以遏直射，及将老长堤帮厚增高。伏秋防守，官夫时刻勿懈。万历十七年，武家坝外忽成淤滩，此亦一时之幸，未可恃以忽修防也。

一、修守曹、单太行堤。曹、单二县太行堤，创自弘治十年，河决黄陵冈，大伤张秋运道。先臣都御史刘忠宣公，自河南以至砀、沛筑长堤一道，即太行堤也。向来修守止及近水缕堤，而行堤置于度外。万历四年，河决鲁家口，则曹、单、金、鱼被淹殆尽。万历八年，题准大加修筑，屹然可恃。以后每二年一次加帮，着为定例。当事者慎毋居安忘危，爽期废格可也。

一、守戴村坝。汶水从陶、泰而来，就盐河由博兴车渎入海。自宋司空筑坝戴村，蜒蜿九里，屹如天成，回狂澜而逆之西，会通河始得济运，此坝系全河屏障。先年设夫增土植柳，培护周密，岁久防弛，以渐单薄，万一乘瑕复归故道，不无可虑。宜令东平、汶上管河官，督夫培土栽柳，悉如旧制。此系运河第一吃紧关键，故首及之。

一、守坎河口石坝。坎河口与戴村坝无异，盖因戴村既筑之后，水无傍泄，岁久复冲此口，泉水决入盐河，运河每至浅涸。万历十六年，都给事中常会同抚按题请筑坝。驯于十七年创筑石坝一道，长六十丈，水涨则任其外泄，而湖河无泛滥之患；水平则仍复内蓄，而漕渠无浅涸之虞。利赖甚重，防守当严，必每岁六月初旬，即令东平州管河官驻扎坝上，备料集夫，相机[③]捍御；九月初旬，始得彻守。着为定例，永保万全，司河者宜加慎焉。

一、守冯、何二坝。冯家坝系蜀山湖之门户，地卑而水易泄，故筑坝以障之，蓄可益运，泛不病民。何家口系南旺湖之尾闾，此口稍卑，汶水就西而下，每决房家口，而伤运河之堤，南旺之水则涸矣。今筑石坝，平时任其南逝，水涨泄而之西，良得策也。每岁伏秋，专责管河官不时巡视，少有圮坏，即便修砌。二坝皆系都给事中常会题创筑，驯督筑颇固，真永赖也。

---

①结庐：建造房屋以居住。②无及：来不及。③相机：审度机宜。

一、挑浚汶河淤沙。坎河口石坝，固为完策，但可以泄水而不可以通沙，日久淤停，沙填河内，则能致水涨漫，或沙嘴横射河湾，则能逼水冲决。宜督管河官乘暇集夫挑浚，使水不东逼，径直南趋，诚为保全石坝要务，是在司河者先事而加之意尔。

一、巡守五湖堤岸。运艘全赖于漕渠，而漕渠每资于水柜。五湖者，水之柜也。止因旧堤浸废，界址不明，民乘干旱，越界私种，尽为禾黍之场。先臣兵部侍郎王原建土堤，南旺湖周围，堤长一万九千七百八十八丈三尺；蜀山湖堤自冯家坝起至苏鲁桥止，长三千五百八十丈，自苏鲁家[①]西至田家楼止原系收水门户，栽植封界高柳；马场湖堤东面长一千六百二十丈，北面原留入水渠道，栽植封界高柳；马踏湖堤自弘仁桥起至禹王庙止，长三千三百一十三丈；安山湖堤长四千三百二十丈，而斗门闸坝悉已完备，可收济漕永利。万历十六年，又该都给事中常会题增修，驯因旧为新，督筑完固。但近湖射利[②]之徒，觊觎水退，希图耕种，盗决之弊，禁令当严。每年冬春，管河官周围巡阅，责令守湖人役投递甘结。庶河防饬而水利无渗泄之患，疆界明而奸民杜侵越[③]之萌矣。

一、因时分合汶流。南旺分水，地形最高，所谓水脊也。决诸南则南流，决诸北则北流，惟吾所用何如耳。当春夏粮运盛行之时，正汶水微弱之际，分流则不足，合流则有余，宜效轮番法：如运艘浅于济宁之间，则闭南旺北闸，令汶尽南流以灌茶城；如运艘浅于东昌之间，则闭南旺南闸，令汶尽北流以灌临清；当其南也，更发滨南诸湖水佐之；当其北也，更发滨北诸湖水佐之。泉湖兼注，南北合流，即遇旱暵[④]，克有济矣。此以智役水，以人胜天，力不劳而功倍，计无愈此，临时酌之。

一、先期挑浚月河。南旺旧例，两年一大挑，筑坝断流，不通舟楫。始开月河，官民称便。欲挑正河，必先挑月河。一时两役并兴，夫多苦累。时迫则工必略，工略则沙必淤。自今万历十八年挑正河为大挑，十九年挑月河为小挑，以后着为定规。庶舟楫往返既不阻于稽缓[⑤]，夫役用工亦不病于烦难矣。

一、筑土坝，以利接济。闸河地亢，卫河地洼，临清板闸口，正闸、卫两水交会处所。每岁三四月间雨少泉涩，闸河既浅，卫水又消，高下陡峻，势若建瓴。每一启板放船，无几[⑥]水即尽耗，漕舟多阻。宜于闸口百丈之外，用桩草设筑土坝一座，中留金门，安置活板，如闸制然。将启板闸，先闭活

①苏鲁家：四库本作“苏鲁桥”。②射利：谋取利益。③侵越：侵犯超越。④旱暵：暴晒，干旱。⑤稽缓：延迟。⑥无几：没过多久，不久。

闸，则外有所障，水势稍缓，而于运艘出口易于打放。卫水大发，即从拆卸。岁一行之，费无几何，此亦权宜之要术也。

一、疏卫济运。卫水发源于河南辉县苏门山，名曰朔刀泉，经新乡等处，合淇、漳二水，逾馆陶至临清，合汶河之水，经德州出天津直沽入海，板闸以下全赖此水济运。夏秋之交，粮运盛行，每患浅涩。盖因辉县源头建有仁、义、礼、智、信五闸，壅泉灌溉民田，以致水不下流，殊妨国计。宜行分巡东昌道，每岁粮运北行，卫水消涸，呈报总河衙门，移文河南管河道，速将五闸封闭，俾水尽归运河。其余月分，或水势充盈，仍听民便。庶公私两不相妨，而运艘不滞矣。

一、疏浚泉源。按：山东泉源属济、兖二府一十六州县，共一百八十泉，分为五派，以济运道：新泰、莱芜、泰安、肥城、东平、平阴、汶上、蒙阴之西，宁阳之北九州县之泉俱入南旺分流，其功最多，关系最重，是为分水派也；泗水、曲阜、滋阳、宁阳迤南四县之泉，俱入济宁，关系亦大，是为天井派也；邹县、济宁、鱼台、峄县之西，曲阜之北，五州县之泉俱入鲁桥，是为鲁桥派也；滕县诸泉近入独山、吕孟等湖以达新河，是为新河派也；又沂水、蒙阴诸泉与峄县许池泉俱入邳州，徐、吕而下，黄河经行，无藉于此，是为邳州派也。酌其缓急，则分水、天井、鲁桥之派均属漕河命脉。每岁春夏，听司道严督管泉官夫疏浚通达，俾源源而来，庶几有济。但数月不雨，其流必竭。万历十六年，漕渠干涸，百计疏浚，卒无涓滴之流。至闰六月初旬，大雨连朝，诸泉俱涌，河渠遂盈，则地利未尝不系于天时也。至于山泉沙碛[①]颇多，汶河每为淤垫，须于大挑之期一并挑浚，使泉流无阻，亦一策也。司漕者志之。

河南

一、南岸堤防。南岸逼近省城，藩封重地，最为吃紧。如荥泽县之小院村，中牟县之黄炼集，祥符县之瓦子坡、槐疙疸、刘兽医口、陶家店、张家湾、时和驿、兔伯冈、埽头集，陈留县之王家楼，兰阳县之赵皮寨，仪封县之李景高口、普家营，商丘县之杨先口，俱为要害。刘兽医口先年筑有埽坝，坝内有月堤一道，惟恐月堤不支，又于万历十七年筑遥堤一道，长二千七百三十二丈，足为屏翰[②]。本年题准埽坝不足恃，专守月、遥二堤讫。又陶家店帮接堤长一千八百七十一丈，坝长三千六百二十九丈。张家湾加修旧坝一道、旧堤一道。时和驿帮筑堤长九百二十丈，坝长三百二十七丈。又兔伯冈至埽

---

①沙碛：水中的沙石。②屏翰：保卫。

头集止有一堤，倘被冲决，则水直至野鸡冈，趋凤、泗重于①陵寝。万历十八年增筑遥堤，长二千九百三十丈，重门待暴，或可无虑。又赵皮寨起至李景高口一带，系黄河旧趋凤、泗故道。万历十七年创筑遥堤，长二千三百五十九丈九尺，最为要害，宜慎守之。

一、北岸堤防。北岸迫近漕河，关系运道最为要害。如荥泽县之甄家庄、郭家潭，阳武县之脾沙冈，原武县之庙王口，封丘县之于家店、中栾城、荆隆口，祥符县之黄陵冈、陈桥、贯台、马家口、陈留寨，兰阳县之铜瓦厢、板厂、樊家庄、张村集、马坊营，仪封县之挖泥河、炼城口、荣花树、三家庄，考城县之陈隆庄、芝麻庄、孝城口，俱为要害。荆隆口万历十五年河决，长、东二县几溺。万历十七年，创筑遥堤，长二千九十丈，所当加意防守。又荣花树帮筑堤长一百七十五丈六尺、坝长五百五十九丈，三家庄创筑坝长二百七十丈，芝麻庄创筑坝长八十六丈，孝城口补筑堤长二十八丈、坝长二十丈四尺，皆系吃紧堤岸，并宜分拨官夫防守不懈者也。

以上南北两岸要害处所，每岁冬春掌印、管河官沿堤相度，或预卷干埽，以防其汕；或多筑矶嘴，以遏其冲。各该管河官驻守河滨，该道不时巡阅。四防二守之法，务须三令五申，丁宁②告戒，慎之慎之。

一、修守南北两岸长堤。黄河北岸弘治十年河决黄陵冈，张秋运道淤阻。都御史刘忠宣公筑有长堤一道，荆隆口之东西各二百余里，黄陵冈之东西各三百余里，自武陟县詹家店起直抵砀、沛，一千余里，名曰太行堤，盖取耸峙③蜿蜒如山之状。南岸亦旧有长堤一道，起自虞城县至荥泽县止。两堤延亘一千五百余里，实为该省屏翰。但地鲜老土，最易冲汕，卑薄已甚，已经题加帮筑。于万历十七年计筑完堤坝共长四万八千一百二十二丈，庶几可恃。以后年分管河官各照地方，但有剥损，悉如岁修事例，觅取老土填淤，加帮高厚，不得拥沙塞责。管河官不时巡视探验，加意毋忽。

一、修守沁河堤岸。沁河发源于沁州绵山，穿太行达济源，至怀庆府武陟县与黄会合。其湍急之势，较黄河益甚。而武陟县东岸之莲花池、金屹䧘，最其冲射要害处也。万历十五年，沁从此决，新乡、获嘉一带俱为鱼鳖。每年堵筑埽坝，劳费不赀。且坝内为商民辏集④之处，烟爨⑤不下千余，倚堤为命。今议甃⑥石四百三十五丈，随守随修，限以三年告成。此堤一成，永久可恃，而议者畏难，尚未兴举。而北岸大樊村亦系扫湾要害，帮堤卷埽均在，司河者留意焉。

①于：疑为“干”。②丁宁：同“叮咛”，嘱咐。③耸峙：高耸矗立。④辏集：聚集。⑤爨：炉灶。⑥甃：砌，垒。

北直隶

一、通惠河浚浅筑堤。通惠河发源于昌平州神山泉，会马眼诸泉，经都城入内府，南出玉河桥，由大通桥至通州，而与白河合。白河发源于雾灵山，由密云县会榆、浑诸河至张家湾，总名曰潞河，至通州而与通惠河合，势并南流。杨村以北，通惠之势峻若建瓴，白河之流淤沙易阻，夏秋水涨则惧其潦，冬春水微则病其涩。浮沙之地，既难建闸以备节宣，惟有浚筑之工，殊为吃紧。万历十五年，创设管河通判专驻杨村，其为修防计得矣。但查沿河两堤，如搬罾口、火烧屯、通济厂、东要儿渡口、王家务、华家口、阎家口、绵花市、猪市口、观音堂、蔡家口、桃花口，以上堤岸坍塌卑薄，最为险要，水发即决。滨河州县，淹漫为患，漕艘漂淌，人甚危之。应行司道督行管河官，每岁冬间办积桩草，春初率夫将前堤加高帮厚，真土实杵，不得杂沙塞责。粮运将至，设法疏浚，或筑束水小坝，冲刷深广，俾漕舟无胶滞之虑，民业免沮洳之害，司河者宜殚心焉。

一、岁修辅郡长堤。大名府属长、东二县，旧有长堤一道，延亘一百三十里，东至山东曹县白茅集，西至河南封丘县新丰村止。堤外即有淘北河一道，相传即黄河故道也。万历十五年，河由河南封丘县荆隆口决入，挟淘北河冲决本堤之大社口，两邑昏垫。该工科都给事中常会同抚按题奉钦依，修筑堤完。然堤外有月堤三坝，名曰三尖口、吴家口、刘家口。在长垣利在泄水，不肯闭塞；在东明惧其受淹，坚欲堵截。两相掣肘①，虽有坝名，终属虚应。即令长堤专设府佐，驻守杜胜集，而又画界分理，长垣县管九十七里，东明县管三十三里，建铺设夫，以时②修守。堤既固矣，三坝有无，不足较也。夫坝之有无，系于长堤，而堤之利害，全在荆隆一带。故添设开封府同知，专驻扎荆隆，虽卫河南，实卫长、东二县也。总之，荆隆坚守，则长堤无事，长堤无事，则三坝不用，二县之民永帖衽席③。此探本溯源之论，不可不知也。长、东河官须时时侦探荆隆口堤岸，少有冲汕，即申总院施行。

---

①掣肘：拉住胳膊，比喻为难、牵制。②以时：不失时机。③衽席：睡觉用的席子。

卷前导读

本卷指出了一些具体的河防工程施工要点。例如介绍了修筑顺水坝、滚水坝的方法：顺水坝与水流方向大体平行，顺流建造，是一种护岸工程，它有疏导水流，束水归槽，增大河道流速等作用；滚水坝又称减水坝、分洪坝，一般建在河道凹岸一侧的低洼处，当洪水上涨时分泄河道水流，引向他处，保护下游屋舍农田。此外，柳树的枝叶可以抵御风浪、保护堤岸，大枝还可以作为埽料使用，所以要在每年冬春交替之际紧密栽种，并用荆棘将长柳围护起来，防止盗贼拔出或牲畜啃咬。还有一种保护临水堤的方法就是密栽芦苇或茭草，有了它们，即便刮风也不能鼓浪。

更重要的是，潘季驯在本卷中提出了“四防”“二守”的堤防修守制度。这是束水攻沙、蓄清刷黄、淤滩固堤思想在实践上的有力保障。

“四防”：一是昼防。负责昼防的人员需要每天卷土牛小埽备用。在黄河泛滥，刷损堤岸的时候，随时修补，避免崩塌。二是夜防。潘季驯考虑到守堤人员整日修补刷损堤工，到夜间必定疲倦瞌睡，所以他设置了五更牌面，按照夜间时辰挨发，各铺依次传递，如果发现迟误，可以即时追究责任。这样，堤岸上不断有人走动，就可以持续巡视水情，确保夜间的河防工作。三是风防。发洪水时大风掀起猛浪，未免损伤堤岸，久而久之甚至坍塌溃决，所以要督令守堤人员捆扎龙尾小埽，在堤面摆列，在风急浪大时护卫堤岸。四是雨防。守堤人员在下雨时经常因为没有雨具而借百姓人家或者返回铺舍避雨，然而堤岸无人看管巡视，极易发生险情，因此需要给每名守堤人员派发斗笠蓑衣，以便能够在雨天照常工作。

“二守”：一是官守。黄河涨水的时候，管河官和协守职官分别在两岸巡守。堤上每三里设铺一座，铺夫三十名，每人分守十八丈。每两人共搭一窝铺，挂灯笼一个，供夜间停歇和传递更牌巡视。二是民守。为了防止危急时刻人员紧张的状况，需要从堤坝附近的乡村中选派乡夫十名，在发洪水时上堤协助铺夫抢险，水落后回家。这样既不妨碍农民务农，也使堤岸河防更有保障，近堤百姓田地庐舍从而免受洪水侵袭。

卷之四　修守事宜

一、筑堤。凡黄河堤必远筑，大约离岸须三二里，庶容蓄宽广，可免决啮，切勿逼水，以致易决。堤之高卑，因地势而低昂之，先用水平打量，毋一概以若干丈尺为准。务取真正老土，每高五寸，即夯杵三二遍。若有淤泥，与老土同。第须取起晒凉[①]，候稍干，方加夯杵。其取土宜远，切忌傍堤挖取，以致成河积水，刷损堤根。验堤之法，用铁锥筒探之，或间一掘试。堤式贵坡，切忌陡峻，如根六丈，顶止须二丈，俾马可上下，故谓之走马堤。

工费凡创筑者，每方广一丈、高一尺为一方，计四工。土近者每工银三分，最近者二分，土远者四分。如堤根六丈顶二丈，须通融作四丈折算，此计土论方之法也。如帮堤则先计旧堤若干，今增高阔各若干，亦以前法折算。

一、塞决。凡堤初决时，急将两头下埽包裹，官夫昼夜看守。稍待水势平缓，即从两头接筑。如水势汹涌，头裹不住，即于本堤退后数丈，挖槽下埽，如裹头之法，刷至彼必住矣，此谓截头裹也。如又不住，即于上首筑逼水大坝一道，分水势射对岸，使回溜冲刷正河，则塞工可施矣。塞将完时，水口渐窄，水势益涌，又有合口之难。须用头细尾粗之埽，名曰鼠头埽，俾上水口阔，下水口收，庶不致滚失，而塞工易就也。埽以土胜为主，埽台须要卧羊坡，以便推挽；揪头绳须要紧扯，以防下游；又须时时打松，令其深下。仍觅惯会泅水[②]之人，入水探验，底埽着地，方下签樟。签樟须要酌中，埽埽钉着，方为坚固，倘有数寸空悬，无有不败事者。如寒天或水急，不能泅水，即看揪头宽松，便是着地之验。系绳留橛，令人专守，略有走动，便须另下一橛，橛头上填记第几埽揪头滚肚明白，以便点查收放。埽面出水未高，宁加一小埽，不可多用土牛[③]，推埽时易动故也。此等事须要勇往直前，俗谚谓之抢筑，稍稍逗遛，必有后悔。以上数端，苟不详审[④]，劳费罔功，辄疑鬼怪，甚可嗤[⑤]也。

如用大埽，长五丈、高六七尺者，用草六百束，每束重十斤，价银二厘，该银一两二钱；柳稍一百二十束，每束重三十斤，价银一分，该银一两二钱，

①晒凉：应为“晒晾”。②泅水：潜到水下。③土牛：堆在堤坝上以备抢修用的土堆，远看像一头牛。④详审：周密而审慎。⑤嗤：讥笑，鄙视。

如无柳稍，以苇代之；草绳六十套，每套四十二条，每条长二丈四尺，价银三分，该银一两八钱；桩木五根，每根银一钱，该银五钱；揪头滚肚绳四条，共用苘二百五十斤，每斤价银五厘，该银一两二钱五分。每大埽一个，约共该料价银五两九钱五分。挑土夫土远近不等，难以预计，中埽并土牛工料，以次递减。

一、筑顺水坝。顺水坝，俗名鸡嘴，又名马头，专为吃紧迎溜处所。如本堤水刷汹涌，虽有边埽，难以久恃，必须将本堤首筑顺水坝一道，长十数丈或五六丈，一丈之坝可逼水远去数丈，堤根自成淤滩，而下首之堤俱固矣。安埽之法，上水厢边埽宜出，将裹头埽藏入在内，下水埽宜退，藏入裹头埽内，庶水不得揭动埽也。

如筑长六丈，阔四丈，高一丈，用埽两面厢边每边用埽二行，裹头二行，中间填土。每行用埽三层，共计用中埽十八个，每个长五丈，高三尺，用草四百束，柳稍八十束，草绳四十条。排桩签桩共用桩木四根，人夫二十五工，共用卷埽堤夫四百五十工，运土堤夫二百工，俱不议工食。共用草七千二百束，该银一十四两四钱；柳稍或苇一千四百四十束，该银一十四两四钱；草绳七百二十套，该银二十一两六钱；桩木七十二根，该银七两二钱；行绳十二条，每条重四十斤，共用苘四百八十斤，该银二两四钱，约共该银六十两。如无柳稍，以苇代之。

一、下护根干埽。凡堤系扫湾须预下干埽，以卫堤根，此埽须土多料少，签桩必用长壮，入地稍深，庶不坍蛰。如下长三丈、高三尺埽一个，用草一百六十束，该银三钱二分；柳稍四十束，该银四钱；草绳十二套，该银六钱；桩木三根，该银三钱；量用苘作行绳。用堤夫二十工，不议工食。每埽一个，约共该料价银一两六钱二分。

一、造滚水石坝。滚水石坝，即减水坝也，为伏秋水发盈漕，恐势大漫堤，设此分杀水势，稍消即归正漕。故建坝必择要害，卑洼去处，坚实地基，先下地钉桩，锯平下龙骨木，仍用石楂榁铁榁缝，方铺底石垒砌。雁翅宜长宜坡，跌水宜长，迎水宜短，俱用立石。拦门桩数层，其地钉桩，须札鹰架①，用悬硪钉下，石缝须用糯汁和灰缝，使水不入。

如石坝一座，坝身连雁翅共长三十丈，坝身根阔一丈五尺，收顶一丈二尺，高一尺五寸，迎水阔五尺，跌水石阔二丈四尺，四雁翅各斜长二丈五尺，高九尺。用粗细石计长一千三百九十余丈，并地钉桩，龙骨木、铁锭、铁销、煤炭、木炭、石灰、糯米、苘麻及各匠工食，约共该银一千九百余两。其运

①鹰架：建筑施工时搭建的供人通行、搬运、立足的架构，即脚手架。

石、抬石、搬料夫船并官夫廪粮[①]工食临期酌给。

一、建石闸。建闸节水，必择坚地开基。先挖固工塘，有水即车干。方下地钉桩，将桩头锯平，樫缝，上用龙骨木地平板铺底，用灰麻艌过，方砌底石。仍于迎水用立石一行，拦门桩二行，跌水用立石二行，拦门桩八行。如地平板铺完，工过半矣。自金门起两面垒砌完，方铺海漫雁翅。

金门长二丈七尺，两边转角至雁翅各长五丈。共用石三千一百丈，闸底海漫，拦水、跌水共用石九百丈，二项共用石四千丈。并铁锭、铁销、铁锔、天桥、环地钉桩、龙骨木地平板，万年坊闸板、绞关闸耳绞，轴托桥木石灰、香油、苘麻、柴炭等项及各匠工食，约共该银三千两有奇。其官夫廪粮工食临期酌给。

一、建涵洞。建涵洞以泄积水。基址亦择坚实，方可下钉桩砌石。水多则建二孔，少止一孔。

如涵洞一座，口阔一丈五尺，身长二丈，中立石墙一堵，亦长二丈，宽五尺，分为二孔，每孔宽五尺，两边四雁翅，各一丈五尺，共用石二百丈。并地钉桩、铁锭、石灰、板木并各匠工食，约该银一百八十余两。其夫役工食临期酌给。

一、建车船坝。先筑基坚实，埋大木于下，以草土覆之，时灌水其上，令软滑不伤船。坝东西用将军柱各四，柱上横施天盘木各二，下施石窝各二，中置转轴木各二根，每根为窍二，贯以绞关木。系蔑缆[②]于船，缚于轴，执绞关木环轴而推之。

一、挑河。凡挑河面宜阔，底宜深如锅底样。庶中流常深，且岸不坍塌。如不用堤，须将土运于百余丈外，以免淋入河内。凡创开河者，每方广一丈，每夫日开深一尺为一工。挑浚泥水相半者，减十分之五；全系水中捞取者，减十之七八；取土登岸就而筑堤者，亦以半折算焉。

一、闸河偶浅急疏之法。凡闸河浅处，如水溜在中，须两岸筑丁头坝以束之。水溜在傍，将浅边顺筑束水长坝以逼之。水由坝中，其势自急，中溜自深。如浅处不多，或排板插下泥内，逼水涌刷；或排小船，用杏叶杓[③]挖浚；必不得已，则用桩草制活闸节水，亦一策也。

一、栽柳护堤。卧柳、长柳须相兼栽植。卧柳须用核桃大者，入地二尺，余出地二三寸许，柳去堤址约二三尺密栽，俾枝叶搪御风浪；长柳须距堤五六尺许，既可捍水，且每岁有大枝，可供埽料。俱宜于冬春之交，津液[④]含蓄

---

①廪粮：官府发放的粮食。②蔑缆：应为“篾缆”。③杓：同“勺”。④津液：水滴，汁液。

之时栽之，仍须时常浇灌。长柳宜用棘刺围护，以防盗拔畜啮。

一、栽茭苇草子护堤。凡堤临水者，须于堤下密栽芦苇或茭草，俱掘连根丛株。先用引橛锥窟，深数尺，然后栽入，计阔丈许。将来衍茁[①]愈蕃[②]，即有风不能鼓浪。此护临水堤之要法也。堤根至面再采草子，乘春初稍锄覆密种，俟其畅茂，虽雨淋不能刷土矣。

一、伏秋修守。

四防

一曰昼防。堤岸每遇黄水大发，急溜扫湾处所未免刷损。若不即行修补，则扫湾之堤愈渐坍塌，必致溃决。宜督守堤人夫每日卷土牛小埽听用。但有刷损者，随刷随补，毋使崩卸。少暇则督令取土堆积堤上，若子堤然，以备不时之需，是为昼防。

二曰夜防。守堤人夫每遇水发之时，修补刷损堤工，尽日无暇，夜则劳倦，未免熟睡。若不设法巡视，恐寅夜[③]无防，未免失事[④]。须置立五更牌面，分发南北两岸，协守官并管工委官照更挨发，各铺传递。如天字铺发一更牌，至二更时前牌未到日字铺，即差人挨查，系何铺稽迟[⑤]，即时拿究。余铺仿此，堤岸不断人行，庶可无误巡守，是为夜防。

三曰风防。水发之时，多有大风猛浪，堤岸难免撞损。若不防之于微，久则坍薄溃决矣。须督堤夫捆札龙尾小埽，摆列堤面，如遇风浪大作，将前埽用绳桩悬系附堤水面，纵有风浪，随起随落，足以护卫，是为风防。

四曰雨防。守堤人夫每遇骤雨淋漓，若无雨具，必难存立，未免各投人家，或铺舍暂避。堤岸倘有刷扫，何人看视？须督各铺夫役每名各置斗笠蓑衣，遇有大雨，各夫穿带，堤面摆立，时时巡视，乃无疏虞，是为雨防。

二守

一曰官守。黄河盛涨，管河官一人不能周巡两岸，须添委一协守职官，分岸巡督。每堤三里，原设铺一座，每铺夫三十名，计每夫分守堤一十八丈。宜责每夫二名共一段，于堤面之上共搭一窝铺[⑥]，仍置灯笼一个，遇夜在彼栖止，以便传递更牌巡视。仍画地分委省义等官，日则督夫修补，夜则稽查更牌。管河官并协守职官，时常催督巡视，庶防守无顷刻懈弛，而堤岸可保无事。

二曰民守。每铺三里，虽已派夫三十名，足以修守，恐各夫调用无常，仍须预备。宜照往年旧规，于附近临堤乡村，每铺各添派乡夫十名，水发上

---

①茁：草木发芽。②蕃：茂盛，繁多。③寅夜：深夜。④失事：误事，出事。⑤稽迟：拖延，耽误。⑥窝铺：临时搭盖的供人睡觉的简陋屋舍。

堤与同铺夫并力协守，水落即省放回家。量时去留，不妨农业，不惟堤岸有赖，而附堤之民亦得各保田庐矣。

一、竖立旗竿灯笼以示防守。各铺相离颇远，倘一铺有警，别铺不闻，有误救护。须令堤老每铺竖立旗竿一根，黄旗一面，上书“某字铺”三字，灯笼一个。昼则悬旗，夜则挂灯，以便瞻望。仍置铜锣一面，以便转报。一铺有警，鸣锣为号，临铺夫老挨次传报，各铺夫老并力齐赴有警处所，即时救护，首尾相顾，通力合作，庶保万全。

一、防盗决。守堤之法，堤防盗决，最为吃紧。盖盗决有数端：坡水稍积，决而泄之，一也；地土硗薄[①]，决而淤之，二也；仇家相倾，决而灌之，三也；至于伏秋水涨，处处危急，邻堤官老，阴伺便处，盗而泄之，诸堤皆易保守，四也。巡警稍怠，或乘风雨之时，或乘酣睡之处，即被下手矣。防御者不可不知。

一、议涵洞。涵洞泄水本是无妨，但须明设石闸以严启闭。若暗开堤址，草木蒙丛，便难觉察。万历八年，奸民私嘱管河主簿，将南岸遥堤暗开涵洞数座。十七年伏水暴涨，单家口水从涵洞泄出，势甚汹涌，一鼓而开，遂成大决，此可谓明鉴矣。司河者知之。

一、岁办物料。河防全在岁修，岁修全在物料。而州县河官视为奇货，岁估既定，冒银入己，括取里递草束，河夫攀折柳稍，遮掩一二，便为了事。近日徐州判官彭鹤、灵璧主簿元仲贤之事，可鉴也。今议于十一月间，司道官估计停当，各掌印官领银收买，法固善矣。又须特委廉能职官一二员，专管收支。工完之日，将卷筑过埽坝、收支过物料数目，开报总河衙门查考。庶几事有责成，而钱粮无冒破矣。又冬初修守稍暇，即督夫于漫坡中采取野草。每束十斤者，每夫每日可采四十束，积至百万，可省千金，裨益非小。草料既备，埽护必周，冲决之患可免。即脱有不测，而物料在手，计日可塞，何致延阔糜费？此河道第一吃紧工夫也。

一、水汛。立春之后，东风解冻，河边人候水初至，凡一寸，则夏秋当至一尺，颇为信验，谓之信水。二月、三月桃花始开，冰泮[②]雨积，川流猥[③]集，波澜盛长，谓之桃花水。春末芜菁[④]华[⑤]开，谓之菜华水。四月垅麦结秀，擢芒[⑥]变色，谓之麦黄水。五月瓜实延蔓，谓之瓜蔓水。朔野之地，深山穷谷，冰坚晚泮，逮[⑦]乎盛夏，消释[⑧]方尽，而沃荡[⑨]山石，水带矾腥，并流于

---

①硗薄：土地坚硬不肥沃。②泮：融化。③猥：众多。④芜菁：一年生或两年生草本植物，花为黄色。⑤华：同“花”。⑥芒：某些禾本科植物籽实的外壳上长的针状物。⑦逮：到。⑧消释：融化。⑨沃荡：冲洗，涤荡。

河，故六月中旬之水，谓之矾山水。七月菽[1]豆方秀，谓之豆华水。八月荻[2]薍[3]华，谓之荻苗水。九月以重阳纪节，谓之登高水。十月水落安流，复其故道，谓之复槽水。十一月、十二月断冰杂流，乘寒复结，谓之蹙[4]凌水。此外非时暴涨，谓之客水。皆当督夫巡守，而伏秋水势最盛，非他时比，故防者昼夜不可少懈云。

---

①菽：豆类的总称。②荻：多年生草本植物，形状像芦苇，花为紫色，生长在水边。③薍：初生的荻。④蹙：紧迫，收缩。

卷前导读

本卷第一部分《河源考》摘录了一些地理典籍中对黄河源流的记载。

《尚书·夏书·禹贡第一》成书于战国时期，佚名作者结合上古传说中大禹治水的事迹，假托大禹，用自然分区的方法将全国划分为冀、兖、青、徐、扬、荆、豫、梁、雍九个州，记载了山岭、河流、湖泊、土壤、物产、贡赋，还有民族分布等自然地理和人文地理情况，其中属于当时黄河水系的河流22条，湖泊5处。传说大禹疏导黄河从积石山开始，之后到龙门山，将山体凿出一条通道，使水流穿过，又向南到华山北麓，向东到矗立在黄河中央堵塞水流的底柱山，通过凿宽此山两侧河道使河水分两路顺畅而过，接着继续向东到达孟津和洛水下游入黄河处，到大伾山，北经洚水，到大陆泽向北，疏通九河使之汇合成一条逆河，最终流入大海。

《尚书蔡传》是南宋学者蔡沈受老师朱熹所托而撰写的研究《尚书》的著作，又名《书集传》，是古代科举考试的标准注本。潘季驯将此书对《禹贡》中相关内容所作的分析也予以摘录。

《汉书·西域传》的作者是东汉史学家、文学家班固。这部书记载了葱岭东西诸城国的地理历史。西域是汉代以后对玉门关、阳关以西地区的总称。汉武帝派张骞出使西域，开始了中原地区同西域的交往。《西域传》中称黄河为“中国河”，认为其河源有二：一是葱岭河，即今天的喀什噶尔河，是塔里木盆地西部的内流河；二是于阗河，又名和阗河，即今天的和田河，是塔里木河三大源流之一。两条河汇合后流入蒲昌海，即今天位于新疆东南部的罗布泊。

《山海经》被认为是中国历史上第一部地理志。这部书以昆仑山为原点，记载了大禹治水以后黄河的河道路线和一些历史事件，并对《尚书》中提到的相关地名等进行了解释。此外，《山海经》已经注意到潮汐与月球之间的关系。

至元十七年（1280年），旅行家都实奉元世祖忽必烈之命勘察黄河源。都实从河州（今甘肃省临夏回族自治州）东六十里的宁河驿出发，历经四个月到达河源。事后，翰林学士潘昂霄根据都实弟弟阔阔的转述写成《河源志》，重现了这次中国历史上第一次大规模考察黄河源流活动的始末，并对黄河上游地区的地形、干支流水文、动植物分布等情况进行了极为细致的记录。元代地理学家朱思本从八里吉思家得到此书的梵文版后将其翻译成汉文，到明代宋濂等编修《元史》时，与潘昂霄的原作一并被收入，不同之处附注说明。

本卷第二部分《历代河决考》以时间顺序梳理了自周定王五年（公元前602年）至明万历六年间黄河流域的决口事件。有记载的黄河第一次大改道发生在周定王五年，洪水自宿胥口东行漯川，经过滑台城、黎阳县南、凉城县到达长寿津之后与漯川分流，北合漳河，至章武入海。

潘季驯通过从时间和空间两个维度追溯黄河源流和决口历史，更加清晰地展现了黄河自古以来的发展脉络，使后人以史为鉴，探索更好的治黄之路。

卷之五　河源河决考

河源考

《夏书·禹贡》

导河积石至于龙门，南至于华阴，东至于底柱。又东至于孟津，东过洛汭，至于大伾。北过洚水，至于大陆。又北播为九河，同为逆河，入于海。

《蔡传》曰：河自积石三千里而后至龙门，经但一书积石，不言方向，荒远在所略也。龙门而下，因其所经，记其自北而南，则曰南至华阴。记其自南而东，则曰东至底柱。又详记其东向所经之地，则曰孟津，曰洛汭，曰大伾。又记其自东而北，则曰北过洚水。又详记其北向所经之地，则曰大陆，曰九河。又记其入海之处，则曰逆河。自洛汭而上，河行于山，其地皆可考。自大伾而下，垠[①]岸高于平地，故决啮流移，水陆变迁。而洚水、大陆、九河、逆河，皆难指实。然上求大伾，下得碣石，因其方向，辨其故迹，则犹可考也。

《西汉书·西域传》

西域……中央有河，……其河有两源：一出葱岭山下，一出于阗。于阗在南山下，其河北流，与葱岭河合，东注蒲昌海。蒲昌海，一名盐泽者也，去玉门、阳关三百余里，广袤三百里。其水停居，冬夏不增减，皆以为潜行地下，南出于积石，为中国河云。

《山海经》

昆仑山纵横万里，高万一千里，去嵩山五万里，有青河、白河、赤河、黑河环其墟。其白水出其东北陬[②]，屈向东南流，为中国河。河百里一小曲，千里一大曲，发源及中国。大率[③]常然。东流潜行地下，至规期山；北流分为

---

①垠：边，岸。 ②陬：隅，角落。 ③大率：大概，大体。

两源：一出葱岭，一出于阗。其河复合，东注蒲昌海，复潜行地下，南出积石山，西南流，又东回入塞，过炖煌[①]、酒泉、张掖郡；南与洮河合，过安定、北地郡；地[②]流过朔方郡西，又南流过五原郡南，又东流过云中、西河郡东，又南流过上都、河东郡西而出龙门。汾水从东于北入河，东即龙门所在。龙门未开，河出孟门东大溢，是谓洪水。禹凿龙门始南流。至华阴潼关，与渭水合，又东回砥柱。砥柱，山名，河水分流，包山而过，山见水中若柱然。今陕州东河北陕县三县界，及洛阳、孟津所在。至巩县与洛水合，成皋与济水合，济水出河北，至王屋山而南，截河渡，正对成皋。又东北流过武德，与沁水合。至黎阳信都。信都，今冀州，绛水所在。绛水亦曰溃水，一曰漳水。巨鹿之北，遂分为九河。巨鹿，今邢州，大陆所在。大陆，泽名。九河，一曰徒骇，二太史，三马颊，四覆釜，五湖苏，六简，七絜，八钩盘，九鬲津。又合为一河而入海。齐桓公塞九河以广田居，故馆陶、具丘、广川、信都、东光、河间以东城池，九河旧迹犹存。汉代河决金堤，南北多罹[③]其害。议者常欲求九河故迹而穿之，未知其所，是以班固云："自兹距汉，已亡其八枝。"河之故渎，自沙丘堰南分也出焉。故《尚书》称"导河积石至于龙门"，今绛州龙门县界。"南至于华阴，北[④]至于砥柱，东至于孟津"，在洛北，都道所奏，古今以为津。"东过洛汭，至于大伾"，洛汭，今巩县，在河洛合流之所也；大伾山，今汜水县，即故成皋也，山再成曰伾。"北过水[⑤]，至于大陆"，其绛水，今冀州信都；大陆，泽名，今邢州巨鹿。"又北播为九河，同为逆河入海"是也。同，合[⑥]。出九河又合为一，名为逆河。逆，行也。言海口有潮夕，潮以迎河水。

《元史·河源记》

河源古无所见。《禹贡》导河，止自积石。汉使张骞持节，道西域，度玉门，见二水交流，发葱岭，趋于阗，汇盐泽，伏流千里，至积石而再出。唐薛元鼎使吐蕃，访河源，得之于闷磨黎山。然皆历岁月，涉艰难，而其所得不过如此。世之论河源者，又皆推本二家。其说怪诞[⑦]，总其实，皆非本真。意者汉唐之时，外夷未尽臣服，而道未尽通，故其所往不无迂回难阻，不能直抵其处而究其极也。

元有天下，薄[⑧]海内外，人迹所及，皆置驿传，使驿往来，如行国中。至

---

①炖煌：即敦煌。 ②地：《初学记》作"北"。 ③罹：遭受。 ④北：应为"东"。
⑤北过水：应为"北过绛水"。 ⑥《初学记》作"同，合也"。 ⑦怪诞：荒诞离奇，古怪。
⑧薄：迫近。

元十七年，命都实为招讨使，佩金虎符[①]，往求河源。都实既受命，是岁至河州。州之东六十里，有宁河驿。驿西南六十里，有山曰杀马关，林麓穷隘，举足浸高，行一日至巅。西去愈高，四阅月，始抵河源。是冬还报[②]，并图其城传位置以闻。其后翰林学士潘昂霄从都实之弟阔阔出得其说，撰为《河源志》。临川朱思本又从八里吉思家得帝师所藏梵字图书，而以华文译之，与昂霄所志，互有详略。

今取二家之书，考定其说，有不同者，附注于下。

按：河源在吐蕃朵甘思西鄙，有泉百余泓[③]，沮洳涣散，弗可逼视[④]，方可七八十里，履高山下瞰，灿若列星，以故名火敦脑儿。火敦，译言星宿也。思本曰："河源在中州西南，直四川马湖蛮部之正西三千余里，云南丽江宣抚司之西北一千五百余里，帝师撒思加地之西南二千余里。水从地涌出入井，其井百余。东北流百余里，汇为大泽，曰火敦脑儿。"郡流奔辏，近五七里，汇二巨泽，名阿剌脑儿。自西而东，连属[⑤]吞噬，行一日，迤逦[⑥]东骛成川，号赤宾河。又二三日，水西南来，名亦里出，与赤宾河合。又三四日，水来南，名忽阑。又水东南来，名也里术。合流入赤宾，其流浸大，始名黄河。然水犹清，人可涉。思本曰："忽阑河源出自南山，其地大山峻岭，绵亘千里，水流五百余里，注也里出河。也里出河源亦出自南山，西北流五百余里，始与黄河合。"又一二日，岐为八九股，名也孙斡伦，译言九渡，通广五七里，可度马。又四五日，水浑浊，土人抱革囊[⑦]，骑过之。聚落纠木斡象舟，傅髦革以济，仅容两人。自是两山峡束，广可一里、二里或半里，其深叵测。朵甘思东北有大雪山，名亦耳麻不莫剌，其山最高，译言腾乞里塔，即昆仑也。山腹至顶皆雪，冬夏不消。土人言，远年成冰，时六月见之。自八九股水至昆仑，行二十日。思本曰："自浑水东北流二百余里，与怀里火秃河合。怀里火秃河源自南山，西[⑧]北偏西流八百余里，与黄河合，又东北流一百余里，过即[⑨]麻哈地。又正北流一百余里，乃折而西北流二百余里，又折而正北流一百余里，又折而东流，过昆仑山下，番名亦耳麻不剌。其山高峻非常，山麓绵亘五百余里，河随山足东流，过撒思家即阔阔提地。河行昆仑南半日。"又四五日，至地名而阔及阔提二地相属。又三日，地名哈剌别里赤儿，四达之冲也。多寇盗，有官兵镇之。近北二日，河水过之。思本曰："河过阔提，与亦西八思今河合，亦西八思今河源自铁豹岭之北，正北流凡五百余里，而与黄河合。"昆仑以西，人简少多，处山南。山皆不穹峻，水益散漫，兽有髦牛、野马、狼、狍、羱羊之类。其东山益高，地亦渐下，岸狭隘，有狐可一跃而越之处。行五六日，有水西南来，名纳邻哈剌，译言细黄

---

①金虎符：古代发兵或表明身份的凭证。②还报：返回报告。③泓：量词，清水一道或一片。④逼视：逼近观看。⑤连属：连续不断。⑥迤逦：曲折连绵。⑦革囊：用羊皮吹成的气囊，用于渡河。⑧西：《元史·河渠》作"水正"。⑨即：《元史·河渠》作"郎"。

河也。思本曰："哈剌河自白狗岭之北，水西北流五百余里，与黄河合。"又两日水南来，名乞儿马出。二水合流入河。思本曰："自哈剌河与黄河合正北流二百余里，过阿以伯站，折而西北流，经昆仑之北二百余里，与乞里马出河合。乞里马出河源自威茂州之西北，岷山之北，水北流，即古当州境，正北流四百余里，折而西北流，又五百余里，与黄河合。"

河水北行，转西流，过昆仑北，一向东北流，约行半月，至贵德州，地名必赤里；始有州治官府。州隶吐蕃等处宣慰司，司治河州。又四五日，至积石州，即《禹贡》"积石"。五日，至河州安乡关。一日，至打罗坑。东北行一日，洮河水南来入河。思本曰："自乞里马出河与黄河合，又西北流与鹏拶河合。鹏拶河源自鹏拶山之西北，水正西流七百余里，过礼塞塔失地，与黄河合。折而西北流三百余里，又折而东北流，过西宁州、贵德州、马岭，凡八百余里，与邈水合。邈水源自青唐宿军谷，正东流五百余里，过三巴站与黄河合。又东北流，过土桥站古积石州来羌城廓州构米站界都城凡五百余里，过河州与野庞河合。野庞河源自西倾山之北，水东北流凡五百余里与黄河合。又东北流一百余里，过踏白城银川站与湟水浩亹河合。湟水源自祁连山下，正东流一千余里，注浩亹河。浩亹河源自删丹州之南删丹山下，水东南流七百余里，注湟水然后与黄河合。又东北流一百余里与洮河合。洮河源自羊撒岭北，东北流过临洮府凡八百余里，与黄河合。"又一日，至兰州，过北卜渡。至鸣沙河，过应吉里州，正东行。至宁夏府南，东行，即东胜州，隶大同路。自发源至汉地，南北涧溪，细流旁贯，莫知纪极①。山皆草石，至积石方林木畅茂。世言河九折，彼地有二折，盖乞儿马出及贵德必赤里也。思本曰："自洮水与河合，北流过达地，凡八百余里。过丰州西受降城，折而正东流，过达达地古天德军中受降城，东受降城凡七百余里。折而正南流，过大同路云内州、东胜州与黑河合。黑河源自渔阳岭之南，水正西流，凡五百余里，与黄河合。又正南流，过保德州、葭州及兴州境，又过临州，凡一千余里，与吃那河合，吃那河源自古宥州，东南流过陕西省绥德州，凡七百余里，与黄河合。又南流三百余里，与延安河合。延安河源自陕西芦子关乱山中，南流三百余里，过延安府折而正东流三百里，与黄河合。又南流三百里，与汾河合。汾河源自河东朔武州之南乱山中，西南流，过管州，冀宁路汾州，霍州，晋宁路绛州，又西流，至龙门，凡一千二百余里，始与黄河合。又南流二百里，过河中府，过潼关与太华太山绵亘，水势不可复南，乃折而东流。大概河源东北流，所历皆西蕃地，至兰州凡四千五百余里，始入中国。又东北流过达达地，凡二千五百余里，始入河东境内。又南流至河中，一千八百余里。通计九千余里。"

历代河决考

周

定王五年，河徙砱砾。

晋景公十五年，《谷梁传》曰：梁山崩，壅河三日不流。晋君召伯尊。伯尊遇辇者问焉。辇者曰："君亲素缟，帅群臣哭之，既而祠焉，斯流矣。"伯

①纪极：限度，穷尽。

尊至，君问之，伯尊如其言而河流。《左传》曰“伯宗”。

汉

文帝十二年冬十二月，河决酸枣，东溃金堤。

武帝建元三年，河水溢于平原。

元光三年春，河水徙，从顿丘东南流。夏复决濮阳瓠子，注巨野，通淮泗，泛郡十六。

元帝永光五年冬十二月，河决。初武帝既塞宣房后，河复北决于馆陶，分为屯氏河，东北入海，广深与大河等，故因其自然，不堤塞也。是岁，河决清河灵鸣犊口而屯氏河绝。

成帝建始四年夏四月，河决东郡金堤，灌四郡三十二县居地十五万顷，坏官亭庐舍且四万所。

河平三年秋八月，河复决平原，流入济南、千乘，所坏败者半。建始时，复遣王延世作治，六月乃成。

鸿嘉四年秋，渤海、清河、信都河水湓[①]溢，灌县邑三十一，败官亭民舍四万余所。

新莽[②]三年，河决魏郡，泛清河以东数郡。先是，莽恐河决为元城冢墓害。及决东去，元城不忧水，故遂不堤塞。

唐

玄宗开元十年，博州河决。十四年，魏州河溢。十五年，冀州河溢。

昭宗乾宁三年夏四月河涨，将毁滑州，朱全忠决为二河，夹城而东，为害滋甚。

后唐

同光[③]二年秋七月，唐[④]发兵塞决河。先是，梁攻杨刘[⑤]，决河水以限晋兵。梁所决河连年为曹濮患，命将军娄继英督汴、滑兵塞之，未几复坏。

晋

天福[⑥]二年，河决郓州。四年，河决博州。六年，河决滑州。

---

①湓：水向上涌。②新莽：公元8年，外戚王莽废孺子婴而自立，改国号为“新”，史称“新莽”。③同光：后唐庄宗李存勖年号。④唐：与下文“梁”“晋”“汉”“周”分别指五代时期的后唐、后梁、后晋、后汉、后周。⑤杨刘：五代镇名，唐宋时期黄河重要渡口。⑥天福：后晋高祖石敬瑭年号。

开运[①]三年秋七月，河决杨刘西，入莘县，广四十里，自朝城北流。

汉

乾祐[②]元年五月，河决鱼池。三年六月，河决郑州。

周

广顺[③]二年十二月，河决郑州、滑州，周遣使修塞。周主以决河为忧，王浚请自行视，许之。周塞决河。三月，澶州害[④]。

天福十一年[⑤]，黄河自观城县界楚里村堤决，东北经临黄、观城两县。

宋

太祖乾德二年，赤河决东平之竹村。三年秋大雨，开封府河决阳武。又孟州水涨，坏中滩桥梁，澶、郓亦言河决。四年八月，滑州河决，坏灵河县大堤。

开宝四年十一月，河决澶渊，泛数州。

太宗太平兴国二年秋七月，河决孟州之温县、郑州之荥泽、澶州之顿丘。七年，河大涨，蹙清河，凌郓州，城将陷，塞其门。急奏以闻，诏殿前承旨刘吉驰往固之。八年五月，河大决滑州韩村，泛澶、濮、曹、济，东南流至彭城界，入于淮。九年春，滑州复言房村河决。

淳化四年十月，河决澶州，陷北城，坏庐舍七千余区。

真宗咸平三年五月，河决郓州王陵埽，浮巨野，入淮泗，水势悍激，浸迫州城。

景德元年九月，澶州言河决横垅埽。四年，又坏王公埽，并许诏发兵夫完治之。

大中祥符三年十月，判河中府陈尧叟言白浮图村河水决溢。明年九月，棣州河决聂家口。五年正月，本州请徙城，居民重迁，命使完塞。既成，又决于州东南李氏湾，环城数十里，民舍多坏，又请徙商河役兴。逾年，虽扞护完筑，裁免决溢，而湍流益暴，壖地[⑥]益削，河势高民屋殆逾丈矣。民苦久役，而终忧水患。六年，乃诏徙州于阳信之八方寺。七年八月，河决澶州大吴埽。

天禧三年六月乙未夜，滑州河溢城西北天台山旁。俄复溃于城西南岸，漫溢州城，历澶、濮、曹、郓，注梁山泊。又合清水古汴渠，东入于淮，州

---

①开运：后晋出帝石重贵年号。 ②乾祐：乾祐元年最初为后汉高祖刘暠年号纪年，同年隐帝刘承祐继位未改元。 ③广顺：后周太祖郭威年号。 ④害：底本作“言”，据四库本改。 ⑤天福十一年：此处纪年疑有误。 ⑥壖地：城郭旁、宫殿庙宇外或河边的空地。

邑罹患者三十二。

仁宗天圣六年六月，河决澶州之王楚埽。

明道二年，徙大名之朝城县于社婆村，废郓州之王桥渡、淄州之临河镇以避水。

景祐元年七月，河决澶州横垅埽。

庆历八年六月癸酉，河决商胡埽。

皇祐元年三月，河合永济渠，注乾宁军。二年七月辛酉，河复决大名府馆陶县之郭固。四年正月乙亥，塞郭固而河势犹壅，议者请开六塔以披其势。

嘉祐元年夏四月壬子朔①，塞商胡北流，入六塔河，不能容。是夕复决，令三司盐铁判官沈立往行视。

神宗熙宁元年六月，河溢恩州乌拦堤。又决冀州枣强埽，北注瀛。七月，又溢瀛州乐寿埽。四年七月辛卯，北京②新堤第四、第五埽决，漂溺③馆陶、永济、清阳以北。八月，河溢澶州曹村。十月，溢卫州王供。时新堤凡六埽，而决者二，下属恩冀，贯御河，奔冲为一。十年五月，荥泽河决，急诏判都水监俞光往治之。是岁七月，河复溢卫州王供及汲县上下埽、怀州黄沁、滑州韩村。乙丑，遂大决于澶州曹村，澶渊北流断绝，河道南徙，东汇于梁山张泽泺，分为二派：一合南清河入于淮，一合北清河入于海。丘濬《大学衍义补》曰："此黄河入淮之始。"本年八月，又决郑州荥泽。

元丰元年四月丙寅，决口塞，诏改曹村埽曰灵平。五月甲戌，新堤成，闭口断流，河复归北。三年七月，澶州孙村陈埽及大吴、小吴埽决。四年四月，小吴埽复大决，自澶注入御河。五年六月，河溢北京内黄埽。七月，决大吴埽堤，以纾灵平下埽危急。八月，河决郑州原武埽，溢入利津、阳武沟、刀马河，归纳梁山泺。七年七月，河溢，元城埽决，横堤破。八年，河流虽北而孙村低下，夏秋霖雨④，涨水往往东出小吴之决。十月，又决大名之小张口。

元符⑤三年四月，河决苏村。

徽宗大观元年丙申，邢州言河决，陷巨鹿县。庚寅，冀州河溢，坏信都、南宫两县。三年六月，河溢冀州信都。十一月，河决清河埽。是岁，水坏天成圣功桥。

元

世祖至元九年七月，卫辉路新乡县广盈仓南河北岸决。二十三年，河决，

①朔：农历每月初一。②北京：指宋朝"四京"之一大名府。③漂溺：淹没。④霖雨：大雨。⑤元符：宋哲宗赵煦年号。

冲突河南郡县凡十五处，役民二十余万塞之。二十五年，汴梁路阳武县诸处河决二十二所，漂荡麦禾房舍，委宣慰司督本路差夫修治。

成宗大德元年秋七月，河决杞县蒲口，塞之。明年，蒲口复决，塞河之役，无岁无之。是后[①]，水北入复河故道。二年秋七月，大雨，河决漂归德属县田庐禾稼。三年五月，河南省言河决蒲口儿等处，侵归德府数郡，百姓被[②]灾。

武宗至大二年秋七月，河决归德，又决封丘。

仁宗延祐七年七月，汴城路言荥泽县六月十一日河决塔海庄东堤、横堤两重，又决数处。二十三日夜，开封县苏村及七里寺复决二处。

泰定帝泰定二年五月，河溢汴梁。三年，河决阳武，漂民居万六千五百余家。寻复坏汴梁乐利堤，发丁夫六万四千人筑之。

文宗至顺元年六月，曹州济阴县河防官言，初五日魏家道口黄河旧堤将决，不可修筑，募民修护水月堤，复于近北筑月堤，未竟[③]。至二十一日，水忽泛溢，新旧三堤一时咸[④]决。明日外堤复坏，有蛇时出没于中，所下桩土一扫无遗。

顺帝至正四年五月，大雨二十余日，黄河暴溢，平地水深二丈许，北决白茅堤。六月，又北决金堤，并河郡邑济宁军州、虞城、砀山、金乡、鱼台、丰沛、定陶、楚丘、武城，以至曹州、东明、巨野、郓城、嘉祥、汶上、任城等处，皆罹水患。北侵安山，沿入会通运河，延袤[⑤]济南河间，将坏两漕司盐场。五年，河决济阴，漂官民庐舍殆尽。六年，河决。二十六年春二月，黄河北徙。先是河决小疏口，达于清河，坏民居，伤禾稼，至是复北徙，自东明、曹濮，下及济宁，民皆被害。

国朝

洪武元年，河决曹州，从双河口入鱼台，大将军徐达开塌场口入于泗，以通运。时戴村末[⑥]坝，汶由坎河注海，运阻，故引河入塌场以济之。二十四年，河决原武之黑阳山，东经开封城北五里，又南行至项城，经颍州颍上，东至寿州正阳镇，全入于淮，而故道遂淤。

永乐九年，以济宁州同知潘叔正言，命尚书宋礼役丁夫一十六万五千浚会通河。乃开新河，自汶上县袁家口左徙二十里，至寿张之沙湾接旧河，九阅月而成绩。侍郎金纯从卞城金龙口下达塌场口筑堤，导河经二洪，南入淮。

---

①是后：此后，从此。②被：遭遇。③未竟：没有完成。④咸：全，都。⑤延袤：蔓延。⑥末：应为“未”。

漕事定，为罢海运，至今赖之。

正统十三年，河决荥阳，冲张秋。尚书石璞、侍郎王永和、都御史王文相相继督夫十余万塞之，弗绩。

天顺六年，河溢决开封府北门，淹毁官民军舍。

弘治二年，河决原武，支流为三：一决封丘金龙口，漫祥符，下曹濮，冲张秋长堤；一出中牟，下尉氏；一泛滥仪封、考城、归德，入于宿。以布政使徐恪言，命侍郎白昂役丁夫二十五万塞之。五年，复决金龙口，溃黄陵冈，再犯张秋。侍郎陈政督夫九万治之，弗绩。六年，乃命都御史刘大夏、平江伯陈锐役丁夫十二万有奇，一浚孙家渡口，开新河导水南行，由中牟至颍川，东入于淮；一浚四府营淤河，由陈留至归德，分为二派：一由宿迁小河口入淮，一由亳州涡河入淮。分土命工，始塞张秋，二年告成。自是河南岁计河夫矣。

正德四年九月，河决曹县杨家口，奔流曹、单二县，达古迹王子河，直抵丰沛，舟楫通行，遂成大河。五年二月，起工修治，至五月中雨涨，埽台冲荡，不克[①]完合。八年七月，河决曹县以西娘娘庙口、孙家口二处，从曹县城北东行，而曹、单居民被害益甚。是年，骤雨涨娘娘庙口以北五里焦家口冲决，曹单以北、城武以南，居民田庐尽被漂没。

嘉靖六年，河决曹单、城武、杨家口、梁靖口、吴士举庄，冲鸡鸣台。七年，河决淤庙道口三十余里河道。都御史盛应期奏开赵皮寨白河一带，分杀水势。八年，飞云桥之水北徙鱼台谷亭，舟行闸面。九年，河决塌场口，冲谷亭，水经三年不去。十三年，又淤庙道口，都御史刘天和役夫一十四万浚之。是年，河决赵皮寨入淮，本年忽自河南夏邑县大丘回村等集冲数口，转向东北流，经萧县出徐州小浮桥，下济二洪，赵皮寨寻亦塞。十九年，河决野鸡冈，由涡河经亳州入淮，二洪大涸，兵部侍郎王以旂开李景高支河一道，引水出徐济洪，役丁夫七万有奇，八月而成，寻淤。二十六年，决曹县、冲谷亭，运河不淤。三十二年，决房村，约淤三十里，都御史曾钧役丁夫五万六千有奇浚之。三十七年，新集淤。七月，忽向东北冲成大河，而新集河由曹县循夏邑丁家道、司家道出萧县蓟门，由小浮桥入洪。七月，淤，凡二百五十余里，趋东北段家口，析为六股，曰大溜沟、小溜沟、秦沟、浊河、胭脂沟、飞云桥，俱由运河至徐洪又分一股，由砀山坚城集下郭贯楼，又析五小股，为龙沟、母河、梁楼沟、杨氏沟、胡店沟，亦由小浮桥会徐洪。河分为十一流，遂淤。然分多则势弱，势弱则并淤之机也。四十四年七月，河

---

①不克：不能。

果大淤。全河南绕沛县戚山入秦沟，北绕丰县华山漫入秦沟，接大小溜沟泛滥入运河，至胡陵城口，漫散湖坡，从沙河至二洪。八月，工部尚书朱衡乃请开都御史盛应期原议新河。自南阳至留城，佥都御史臣潘季驯请接浚留城旧河，并力挑浚，八阅月而成。

隆庆四年七月，黄河决睢宁县曲头集、王家口、马家浅等处，运道沙垫，一百余里俱为平陆，淤重储船九百余只，臣季驯筑塞诸决，河水仍归正道，储船尽出。隆庆年间，高家堰大溃，淮水东趋，决黄浦、八浅而兴、盐、高、宝诸邑汇为巨浸，淮城水困，民不聊生。黄河亦决崔镇等处，而桃、清河塞，运道梗阻者数年。

万历六年，臣季驯拜命总督河漕，筑高家堰六十余里，归仁集堤四十余里，柳浦湾堤东三十余里、西四十余里，塞崔镇等决一百三十余处。徐、睢、邳、宿、桃、清两岸筑遥堤共长五万六千四百三十余丈，马厂坡堤七百四十余丈，使两河不得外决。筑砀山大坝、丰县邵家大坝各一道，约水不得北徙。筑徐、沛、丰、砀缕堤一百四十余里，砌八浅宝应湖石堤共长一千五百七十余丈，建崔镇、徐升等四减水坝，修复淮安新旧闸坝，而迁通济闸于淮安甘罗城南以纳淮水，故道尽复。

卷前导读

卷之六《古今稽证》潘季驯辑录了一些宋、元、明代有关治河的议论和奏疏，以古人已试之效佐证其治河思想。如以宋代欧阳修《泗州先春亭记》论证其筑高家堰以障淮汇黄的方略，“阅此，则知淮涨于泗，自古为然，又何咎于高堰也。”景祐三年（1036年），欧阳修被贬夷陵，过泗州，逢先春亭落成，应邀作之。“泗，四达之州也”“泗，天下之水会也，岁漕必廪于此”，由此即知泗州城地处淮河下游，同时扼守南北大运河由淮河入汴河的南端口岸，不仅是交通要冲，其政治、经济地位也十分重要。

为了论证“复故道”的必要性，他又引述了元代欧阳玄《贾鲁河记》，“阅此，则见鲁之治河，亦是修复故道，黄河自此不复北徙。盖天假此人，为我国家开创运道，完固凤、泗二陵风气，岂偶然哉?”贾鲁“疏、浚、塞并举”的治河方略和为堵黄陵口门，挽河回故道而采用的石船堤之法，均为后世治河提供了借鉴。借《太常卿佘毅中全河说》:“盖黄河之性，合则流急，分则流缓；急则荡涤而疏通，缓则停滞而淤塞。故以人力治之，则逆而难；以水力治之，则顺而易”“通漕于河，则治河即以治漕；会河于淮，则治淮即以治河；合河淮而同入于海，则治河淮即以治海”表明治河当顺河水自然之性与治理黄河要有整体的观念和有统筹的规划，把治理黄河与治理漕运、治理淮河、治理海口，上游与下游等联系起来，通盘考虑，统一规划。而隆庆六年（1572年）、万历三年（1575年）《工部覆止泇河疏》和隆庆五年、万历四年《工科题止胶河疏》，则备录泇河、胶河不可开之故；《修凿徐州中洪记略》《疏凿吕梁洪记略》，尽显漕运要道上的咽喉所在——徐州中洪和吕梁洪二洪之险以及疏凿之工、功。

明朝借黄行运，黄河的淤塞、徙、决直接影响二洪或浅涩或决溢，进而影响漕运畅通与否。从这些奏疏、记略中，可一窥当时博采众议的治河方略。王宗沐的“海运说”，傅希挚的“开泇口说”，刘应节、徐栻的“开胶河说”等，都曾经被朝廷采用实施过，但最后大都以工艰疲民訾巨，经不起实践的考验而失败。由此也反映出当时河患频仍，漕运艰阻，治河良策难觅，治河方略争议不息的现实困境。

卷之六　古今稽证

泗州先春亭记　宋臣欧阳修撰

景祐三年[①]秋，清河张侯以殿中丞来守泗上。既至，问民之所素病，而治其尤暴者。曰："暴莫大于淮。"越明年春，作城之外堤，因其旧而广之，度为万有九千二百尺，用人之力八万五千。泗之民曰："此吾利也，而大役焉。然人力出于州兵，而石出乎南山，作大役而民不知，是为政者之私我也。不出一力而享大利，不可。"相与出米一千三百石，以食役者。堤成，高三十三尺，土实石坚，捍暴备灾，可久而不坏。既曰："泗，四达之州也，宾客之至者有礼。"于是因前蒋侯堂之亭新之，为劳饯之所，曰思邵亭，且推其美于前人，而志邦人之思也。又曰："泗，天下之水会也，岁漕必廪于此。"于是治常丰仓西门二夹室，一以视出纳，曰某亭；一以为舟者之寓舍，曰通漕亭。然后曰："吾亦有所休乎。"乃筑州署之东城上为先春亭，以临淮水而望西山。是岁秋，予贬夷陵，过泗上，于是知张侯之善为政也。昔周单子聘[②]楚而过陈，见其道秽，而川泽不陂梁，客至不授馆，羁旅无所寓，遂知其必亡。盖城郭道路，旅客寄寓，皆三代为政之法，而《周官》尤谨著之以为御备。今张侯之作也，先民之备灾，而及于宾客往来，然后思自休焉，故曰善为政也。先时岁大水，州几溺，前司封员外郎张侯夏守是州，筑堤以御之，今所谓因其旧者是也。是役也，堤为大，故余记其大者详焉。

阅此，则知淮涨于泗，自古为然，又何咎于高堰也。

贾鲁河记

元至正九年冬，脱脱既复为丞相，慨然有志于事功，论及河决，即言于

①景祐三年：四库本为"景祐二年"，下文有"越明年春……是岁秋，予贬夷陵"之语，欧阳修被贬夷陵在景祐三年，推知段首纪年应为"景祐二年"。②聘：古代国与国之间遣使访问。

帝，请躬任其事，帝嘉纳之。乃命集群臣议廷中，而言人人殊，唯都漕运使贾鲁昌言[①]必当治。先是，鲁尝为山东道奉使宣抚首领官，循行被水郡邑，具得修择成策。后又为都水使者，奉旨诣河上相视，验状为图，以二策进献：一议修筑北堤以制横溃，其用功省；一议疏塞并举，挽河使东行，以复故道，其功费甚大。及是复以一策对。脱脱韪其发策。于是遣工部尚书成遵与大司农秃鲁行视河，议其疏塞之方以闻。遵等自济、濮、汴梁、大名，行数千里，掘井以量地之高下，测岸以究水之浅深，博采舆论，以谓河之故道断不可复。且曰："山东连歉，民不聊生，若聚二十万众于此地，恐他日之忧又有重于河患者。"

时脱脱先入鲁言，及闻遵等议，怒曰："汝谓民将反邪?"自辰至酉，论辨终莫能入。明日，执政谓遵曰："修河之役，丞相意已定，且有人任其责，公勿多言，幸为两可之议。"遵曰："腕可断，议不可易。"遂出遵河间盐运使，议定，乃荐鲁于帝。大称旨。

十一年四月初四日下诏中外，命鲁以工部尚书为总治河防使，进秩二品，授以银印，发汴梁、大名十有三路民十有万人，庐州等戍十有八翼军二万人供役。一切从事大小军民咸禀节度，便益兴缮。是月二十二日鸠工，七月疏凿成，八月决水故河，九月舟楫通行，十一月水土工毕。埽诸堤成，河乃复故道，南汇于淮，又东入于海。帝遣贵臣报祭河伯，召鲁还京师，论功超拜荣禄大夫集贤太学士，其宣力[②]诸臣迁赏[③]有差，赐丞相脱脱世袭荅剌罕之号，特命翰林学士承旨欧阳玄制河平碑文以旌劳绩。玄既为河平之碑，又自以为司马迁班固记河渠沟洫，仅载治水之道，不言其方，使后世任斯事者无所考，则乃从鲁访问方略。及询过客，质吏牍，作《至正河防记》，欲使来世罹河患者按而求之，其言曰："治河一也，有疏有浚有塞，三者异焉。酾[④]河之流，因而导之，谓之疏。去河之淤，因而深之，谓之浚。抑河之暴，因而扼之，谓之塞。疏浚之别，有四：曰生地[⑤]，曰故道，曰河身，曰减水河[⑥]。生地有直有纡，因直而凿之，可就故道。故道有高有卑，高者平之以趋卑，高卑相就则高不壅，卑不潴，虑夫壅生溃，潴生堙也。河身者，水虽通行，身有广狭。狭难受水，水溢悍，故狭者以计辟之；广难为岸，岸善崩，故广者以计御之。减水河者，水放旷，则沙[⑦]制其狂；水隳突，则以杀其怒。"

---

①昌言：公开发表言论。②宣力：效力，尽力。③迁赏：升职和赏赐。④酾：疏导，分流。⑤生地：安全之地。⑥减水河：人工开凿用来控制水势的河道。⑦沙：据前后文义，"沙"疑为"以"之误。

治堤一也，有创筑、修筑、补筑之名，有治水堤，有截河堤，有护岸堤，有缕水堤，有石船堤[①]。治埽一也，有岸埽[②]、水埽，有龙尾、拦头、马头等埽。其为埽台及推卷、牵制、薶挂之法，有用土、用石、用铁、用草、用木、用杙、用絙[③]之方。塞河一也，有缺口，有豁口，有龙口。缺口者，已成川。豁口者，旧常为水所豁，水退则口下于堤，水涨则溢出于口。龙口者，水之所会，自新河入故道之众[④]也。此外不能悉书，因其用功之次第而就述于其下焉。其浚故道，深广不等，通长二百八十里百五十四步而强。功始自白茅，长百八十里。继自黄陵冈至南白茅，辟生地十里。口初受，广百八十步，深二丈有二尺，以下停广百步，高下不等，相折深二丈及泉。曰停、曰折者，用古算法，因此推彼知其势之低昂，相准折而取匀停[⑤]也。南白茅至刘庄村接入故道十里，通折垦广八十步，深九尺。刘庄至专固百有二里二百八十步，通折停广六十步，深五尺。专固至黄固，垦生地八里，面广百步，底广九十步，高下相折，深丈有五尺。黄固至哈只口，长五十一里八十步，相折停广垦十步，深五尺。乃浚凹里减水河，通长九十八里百五十四步。凹里村缺河口生地，长三里四十步，面广六十步，底广四十步，深一丈四尺。自凹里生地以下旧河身至张赞店，长八十二里五十四步。上三十六里，垦广二十步，深五尺。中三十五里，垦广二十八步，深五尺。下十里二百四十步，垦广二十六步，深五尺。张赞店至杨青村，接入故道，垦生地十有三里六十步，面广六十步，底广四十步，深一丈四尺。

其塞专固缺口，修堤三重，并补筑凹里减水河南岸豁口，通长二十里三百十有七步。其创筑河口前第一重西堤，南北长三百三十步，面广二十五步，底广三十三步，树置桩橛，实以土牛、草苇杂稍相兼，高丈有三尺。堤前置龙尾大埽。言龙尾者，伐大树连稍系之堤旁，随水上下，以破啮岸浪者也。筑第二重正堤，并补两端旧堤，通长十有一里三百步。缺口正堤长四里。两堤相接旧堤，置桩堵闭河身，长百四十五步，用土牛、苇草、稍土相兼修筑。底广三十步，修高二丈。其岸上土工修筑者，长三里二百十有五步有奇，广不等，通高一丈五尺。补筑旧堤者，长七里三百步，表里倍薄七步，增卑六尺，计高一丈。筑第三重东后堤，并接修旧堤，高广不等，通长八里。补筑凹里减水河南岸豁口四处，置桩木、草土相兼，长四十七步。

---

①石船堤：沉船法筑起的堤，一般在堵口合龙时使用。②岸埽：用秫秸、柳枝、竹索等捆扎而成的护堤或堵口子的设施。③用杙、用絙：用木桩、绳索。底本作“用找周絙”，据四库本、《元史·河渠》改。④众：《元史·河渠三·黄河》作“潨”，水流汇合之地。⑤匀停：均匀，适中。

于是堤塞黄陵全河，水中及岸上修堤，长三十六里百三十八步。其修大堤刺水者二，长十有四里七十步。其西复作大堤刺水者一，长十有二里百三十步。内创筑岸上土堤，西北起李八宅西堤，东南至旧河岸，长十里百五十步，颠广四步，趾广三之，高丈有五尺。仍筑旧河岸至入水堤，长四百三十步，趾广三十步，颠杀其六之一，接修入水。两岸埽堤并行。作西埽者，夏人水工，征自灵武。作东埽者，汉人水工，征自近畿。其法以竹络实以小石，每埽不等，以蒲苇绵腰索径寸许者从铺，广可一二十步，长可二三十步。又以曳埽索绹径三寸或四寸，长二百余尺者衡铺之。相间复以竹苇麻苘大綷，长三百尺者为管心索，就系绵腰索之端于其上，以草数千束，多至万余，匀布厚铺于绵腰索之上，槁而纳之。丁夫数千，以足踏实。推卷稍高，即以水工二人立其上，而于众众声力举，用小大推梯推卷成埽高下长短不等，大者高二丈，小者不下丈余。又用大索，或互为腰索，转致操管心索，顺埽台立踏，或挂之台中铁猫大橛之上，以渐缒之下水。埽后掘地为渠，陷管心索渠中，以散草厚覆，筑之以土，其上复以土牛、杂草、小埽稍土，多寡厚薄，先后随宜。修叠为埽台，务使牵制上下，缜密坚壮，互为犄角，埽不动摇。日力不足，夜以继之。积累既毕，复施前法，卷埽以压先下之埽，量水浅深，制埽厚薄，叠之多至四埽而止。两埽之间置竹络，或三丈围四丈五尺，实以小石、土牛。既满，系之竹缆。其两旁并埽，密下大桩，就以竹络上大竹腰索系于桩上。东西两埽及其中竹络之上，以草土等物筑为埽台，约长五十步或百步。再下埽，即以竹索或麻索长八百尺或五百尺者一二，杂厕其余管心索之间。候埽入水之后，其余管心索如前薶挂，随以管心长索远置五七十步之外，或铁猫，或大桩，曳而系之，通管束累日所下之埽，再以草土等物通修成堤。又以龙尾大埽密挂于护堤大桩，分析水势。其堤长二百七十步，北广四十二步，中广五十五步，南广四十二步。自颠至趾，通高三丈八尺。其截河大堤，高广不等，长十有九里百七十七步。其在黄陵北岸者，长十里四十一步。筑岸上土堤，西北起东西故堤，东南至河口，长七里九十七步，颠广六步，趾倍之而强二步，高丈有五尺，接修入水。施土牛、小埽、稍草、杂土，多寡厚薄，随宜修叠。及下竹络，安大桩，系龙尾埽，如前两堤法。唯修叠埽台，增用白阑小石，并埽上及前游修埽堤一，长百余步，直抵龙口。稍北，拦头三埽并行，埽大堤广与刺水二堤不同。通前列四埽，间以竹络，成一大堤，长二百八十步，北广百一十步，其颠至水面高丈有五尺，水面至泽腹高二丈五尺，通高三丈五尺。中流广八十步，其颠至水面高丈有五尺，水面至泽腹高五丈五尺，通高七丈。并创筑缕水横堤一，东起北截河大堤，西抵西刺水大堤，又一堤，东起中刺水大堤，西抵西刺水大堤。通长二里四十二步，亦颠广四步，趾三之，高丈有二尺。修黄陵南岸，长九里百六十步。内创岸土堤，东北起新补白茅故堤，西南至旧河口，高广不等，长八里二百五十步。

乃入水作石船大堤。盖由是秋八月二十九日乙巳，道故河流，先所修北岸西中刺水及截河三堤犹短，约水尚少，力未足恃。决河势大，南北广四百余步，中流深三丈余，益以秋涨，水多故河十之八。两河争流，近故河口，水刷岸北行洄漩湍激，难以下埽。且埽行或迟，恐水尽涌入决河，因淤故河，前功遂隳。鲁乃精思障水入故河之方，以九月七日癸丑，逆流排大船二十七艘，前后连以大桅或长桩，用大麻索、竹絙绞缚，缀为方舟。又用大麻索、竹絙，用船身缴绕上下，令牢不可破，乃以铁猫于上流硾之水中。又以竹絙绝长七八百尺者，系两岸大橛上，每絙或硾二舟或三[①]舟，使不得下，船腹略铺散草，满贮小石，以合子板钉合之。复以埽密布合子板上，或二重或三重。又于堤前通卷拦头埽各一道，多者或三或四。前埽出水，管心大索系前埽，硾后拦头埽之后，后埽管心大索亦系小埽，硾前拦头埽之前，后先羁縻，以锢其势。又于所交索上及两埽之间，压以小石白阑，土牛草土相半，厚薄多寡，相势措置。埽堤之后，自南岸复修一堤，抵已闭之龙口，长二百七十步，船堤四道成堤，用农家场圃之具曰辘轴者，冗[②]石立木如比栉[③]，蘸前埽之旁。每步置一辘轴，以横木贯其后，又冗石，以径二寸余麻索贯之，系横木上，密挂龙尾大埽，使夏秋潦水、冬春凌簿，不得肆力于岸。此堤接北岸截河大堤，长二百七十步，南广百二十步，颠至水面高丈有七尺，水面至泽腹高四丈二尺。中流广八十步，颠至水面高丈有五尺，水面至泽腹高五丈五尺，通高七丈。仍治南岸护堤埽一道，通长百三十步，南岸护岸马头埽三道，通长九十五步，修筑北岸堤防，高广不等，通长二百五十四里七十一步。

白茅河口至板城，补筑旧堤，长二十五里二百八十五步。曹州板城至英贤村等处，高广不等，长一百三十三里二百步。稍冈至砀山县，增培旧堤，长八十五里二十步。归德府哈只口至徐州路三百余里，修完缺口一百七处，高广不等，积修计三里二百五十六步。亦思刺店缕水月堤高广不等，长六里三十步。

其用物之凡，桩木大者二万七千，榆柳杂稍六十六万六千，带稍连根株者三千六百，藁秸蒲苇杂草以束计者七百三十三万五千有奇，竹竿六十二万五千，苇席十有七万二千，小石二十艘，绳索大小不等五万七千，所沉大船

---

①三：底本作“二”，据四库本改。②冗：散。③比栉：排列紧密。底本作“此”，据四库本改。

百有二十，铁缆三十有二，铁猫三百三十有四，竹篾以斤计者十有五万，硾石三千块，铁钻万四千二百有奇，大钉三万三千二百三十有二。其余若木龙[1]、蚕椽木、麦稭、扶桩、铁叉、铁吊枝、麻搭、火钩、汲水、贮水等具，皆有成数。

官吏俸给，军民衣粮、工钱、医药、祭祀、赈恤、驿置马乘及运竹木、沉船、渡船、下桩等工，铁、石、竹、木、绳索等匠佣赀，兼以和买民地为河，并应用杂物等价，通计中统钞百八十四万五千六百三十六锭有奇。

鲁尝有言："水工之功，视土工之功为难；中流之功，视河滨之功为难；决河口，视中流又难；北岸之功，视南岸为难。用物之效，草虽至柔，柔能狎水，水渍之生泥，泥与草并，力重如碇。然维持夹辅，缆索之功实多。"盖由鲁习知河事，故其功之所就如此。玄之言曰："是役也，朝廷不惜重费，不吝高爵，为民辟害。脱脱能体上意，不惮焦劳，不恤浮议，为国拯民。鲁能竭其心思智计之巧，乘其精神胆气之壮，不惜劬瘁[2]，不畏讥评，以报君相知人之明。宜悉书之，使职史氏者有所考证也。"先是岁庚寅，河南北童谣云："石人一只眼，挑动河天下反。"及鲁治河，果于黄陵冈得石人一眼，而汝颍之妖寇乘时而起。议者往往以谓天下之乱，皆由贾鲁治河之役劳民动众之所致。殊不知元之所以亡者，实基于上下因循，狃于晏安[3]之习，纪纲废弛，风俗偷薄，其致乱之阶，非一朝一夕之故，所由来久矣。不此之察，乃独归咎于是役，是徒以成败论事，非通论也。设使贾鲁不兴是役，天下之乱，讵无从而起乎！故今具录玄所记，庶来者得以详焉。

阅此，则见鲁之治河，亦是修复故道，黄河自此不复北徙。盖天假此人，为我国家开创运道，完固凤、泗二陵风气，岂偶然哉。

都御史于湛题名记略

或谓海运由浙西，不旬日可达都下，较之河运费省而功倍，丘文庄《衍义补》言之详矣。近年言者亦多厌河运之劳，而欲举文庄之策，子顾极言河运之利，而欲侈诸臣之功示诸久远，何也？曰："海运之法，作俑于秦，效尤于元，祖宗已弃之策，三代以前未闻也。文庄计漂溺之米，而不计漂溺之人，故以海运为便，不知米漂而载米之舟、驾舟之卒、管卒之官，能独免乎？考之《元史》至元二十八年，海运漂米二十四万五千六百有奇，至大二年，漂米二十万九千六百有奇。即如文庄言，每舟载米千石，用卒二十人，则岁溺

---

①木龙：护堤的木栏。②劬瘁：劳累。③晏安：安逸享乐。

而死者殆五六千人。此残虏之所忍于华人也，奈何华人亦忍于华人哉？河运之费，费于人，所谓人亡人得，损上益下者。王者以天下为家，又奚恤哉？”

此说海运之害最为明悉，故录之。

太常卿佘毅中全河说

洪惟我国家定鼎北燕，转漕吴楚，其治河也，匪直祛其害，而复资其利，故较之往代为最难。然通漕于河，则治河即以治漕；会河于淮，则治淮即以治河；合河淮而同入于海，则治河淮即以治海。故较之往代亦最利。迩岁以来，委寄[①]靡专，论议滋起，于是有以决口为不必塞，而且欲就决为漕者，不知水分势缓，沙停漕淤，虽有旁决，将安用之，无论沮洳[②]难舟，田庐咸沼也，是索途于冥者也。又有以缕堤为足恃，而疑遥堤之无益者，不知河挟万流，湍激异甚，堤近则逼迫难容，堤远则容蓄宽广，谓缕不如遥，是贮斛于盂者也。又有谓海口浅垫，须别凿一口者，不知非海口不能容二渎，乃二渎失其注海之本体耳。使二渎仍复故流，则海口必复故额，若人力所开，岂能几旧口万分之一，别凿之说，是穿咽于胁者也。又有谓高堰筑则泗州溢，而欲任淮东注者，不知堰筑而后淮口通，淮口通而后入海顺，欲拯泗患而訾堰工，是求前于却[③]者也。它如绝流而挑，方舟而浚，疏渠以杀流，引洫以灌溉，袭虚旧之谈，而懵时宜之窾者，纷纷藉藉，载道盈廷。至于钓奇[④]之士，则又欲舍其旧而新是图，于是有泇、胶、睢三河之说焉，不知既治河而又别治漕，是以财委壑也。又有兴复海运之说焉，不知岁用民赋，而又岁用民命，是以民委壑也。

嗟嗟，谋室于路，则三年靡成；回车于岐，则千里坐失，又何惑乎漕几成陆，而民胥为鱼耶！然诸为前议者，岂故好是凿且奇哉。总之不达于水可攻水之理耳。盖黄河之性，合则流急，分则流缓；急则荡涤而疏通，缓则停滞而淤塞。故以人力治之，则逆而难；以水力治之，则顺而易。

今太子少保潘公，屡膺河寄，洞照委原，才谞精诚，并称绝世。爰偕故右都御史江公决策上请，事悉具两河经略疏中。大都尽塞诸决，则水力合矣；宽筑堤坊，则衡决杜矣；多设减坝，则遥堤固矣。并堤归仁，则黄不及泗矣。筑高堰，复闸坝，则淮不东注矣。堤柳浦，缮西桥，则黄不南浸矣。修宝应之堤，浚扬、仪之浅，则湖捍而渠通矣。故自告竣以来，河身益深，而河之

---

①委寄：委任付托。②沮洳：低湿之地。③求前于却：即却行求前，谓以倒退求前进，比喻方法不对，不可能达到目的。④钓奇：谋取巨利。

赴海也急；淮口益深，而淮之合河也急。河淮并力以推涤海淤，而海口之宣泄二渎也急。用是河尝秋涨而涯畛屹然，淮尝夏溢而消耗甚速。贡赋舳舻，若履枕席，转徙孑遗；寝缘南亩，盖借水攻沙之效已较然显白矣。若谓水驯于分涌于合，恐其合而涌也，则堤址既遥，而奔腾可恣，是寓分于合矣。若谓胡不用浚而纯用筑也，则筑坚而水自合，水合而河自深，是藏浚于筑矣。若谓胡不使黄、淮分背而乃使淮助河势，河扼淮势也，则合流之后，海即大辟，盖河不决固自深，得淮羽翼则益深，是用淮于河矣。若谓河决为天数，不可以人力强塞，故曰故道难复也。然既塞之后，河即安澜，是全天于人矣。若谓胡不创开一渠，而拘拘胶柱为也，则二百年地纪之故道，天储之懿规，本无庸创，而自今复之，是兼创于守矣。若谓闸坝之复，行旅稍滞，然河渠既奠，而行旅益通，何便如之，是含速于滞矣。

记礼者谓其数可陈也，其义难知也，治河之事，良亦类此，是故排河淮非难，而排天下之异议难；合河淮非难，而合天下之人情难。史迁氏曰：甚哉，水之为利害也。余则曰：甚哉，人情之为利害也。故今日之功，非当事大臣，暨余等诸臣之功，皆圣明之功也。盖知河固难，而知知河之人尤难；知知河之人固难，而任知河之人尤难。语曰：千夫舆瓢，不如一人负而趋也；千夫牧羊，不如一人驱而走也。使非圣明之并合河漕，而事权归一也，其何能功！絷骐骥之足，则难望其必至；缚孟贲之手，则难望其必敌。使非圣明之宽假便宜，而不从中制也，其何能功！蜚蝗蔽天，则农稷不能善稼；奔驷曳辙，则王造亦废驰驱。使非圣明之不惑浮言①，而私挠必黜也，其何能功！千仞而坡，则牧竖陵其阜②；数尺而峭，则楼季③不敢逾。使非圣明之严惩堕窳④，而凛莫可干也，其何能功！空柯⑤无刃，则公输⑥不能以斫；虚甑⑦乏粒，则易牙⑧不能以炊。使非圣明之破格折兑，而大费不吝也，其何能功！张鹄以行赏，然后人罔不射；计程以齐足，然后人罔不奔。使非圣明之综核明允，而微劳必录也，其何能功！昔晋富平津⑨河桥之成，武帝谓杜预曰：非卿此桥不立。预曰：非陛下圣明不成。今日之功，良亦类此。善乎！部疏有云：

---

①浮言：浮华不实、不切实际的言论。②牧竖陵其阜：牧竖，牧童。陵其阜，攀越大土山。比喻用智慧战胜比自己强大的敌人。③楼季：战国魏时善于腾跳的勇士。④堕窳：懈怠无力。⑤空柯：没有斧的斧柄。⑥公输：指公输般，字若，著名的建筑工匠。因其为春秋末期鲁国人，且“般”与“班”同音，故又称鲁班。⑦甑：古代蒸饭的一种瓦器。底部有许多透蒸气的孔格，置于鬲上蒸煮，如同现代的蒸锅。⑧易牙：春秋时代著名的厨师，擅长调味，被后人尊为厨神。⑨富平津：即孟津，古黄河津渡名，在今河南孟津县东、孟州西南。

其本在明良之相遇，其机在赏罚之必行。真识体之论哉！后之治河者，其尚仰体君相任人图治之心，俯察河臣呕心腐舌之意，相与踵而行之期于勿坏。勿以事既即安而玩愒，勿以功非己出而更张。如周郊之有陈毕终始协心，如汉法之有萧曹宁一作颂。如此则漕河之允翕，当与国家亿万年灵长之祚同垂罔极也。斯岂非国家甚盛隆事哉！斯岂非国家甚盛隆事哉！余谨不嫌侈大，赘笔于简，作左契焉。

此篇独悉顺治之法，故录之。

隆庆六年工部覆止泇河疏

题为河道工完水消，恳乞圣明，申饬总理宪臣及时计处经久长策，以裨新运，以免后艰事。

该左给事中雒遵题据山东分守参政等官刘孝等呈：据兖州府知府等官朱泰等勘得，自马家桥、微山、赤山、吕孟等湖起葛墟岭下止一段，计水面长三十里，该挑口阔三十丈，底阔七丈，除水挑深一丈八尺，与马家桥河底相平。且本河水来自薛河上下及东山一带山水，五六月水发之时，势甚涨漫，纵筑土堤不免冲决，工程最难。葛墟岭顶起至曹儿庄天齐庙止一段，计长二十里，该挑深六丈一尺、五丈二三尺不等，方与马家桥河底相平。岸既高峻，若非斜坡，恐致倾坠。凡凿深一尺，必须两岸各开二尺，斜作土磴，以便人夫上下。连底占河身七丈，共该挑口阔三十一丈。随经委官部领人夫七百二十名，于岭顶开凿一工。自隆庆五年十月十八日兴工，长十丈，阔虽八丈，除两头斜坡实止阔三丈五尺、四丈不等。至十一月十七日止，计二十九日，用过人夫二万八百八十工，工食银六百两。仅挑前工，上有黑土四尺，下多砂石二三尺不等。层靠又系礓土，以下红砂石层，层厚一二尺不等，锨镢难施，俱用铁锹、石木等锤开凿，深浅不等，深处二丈五六尺，浅处二丈二三尺。以下砂礓硼石愈加坚硬。内有东西两工，泉水涌沸，急流有声。戽水之工更多。前项工程以下，再挑二倍，方与水平相等，较之先做一分，尤为加倍。一则高下出土之难，二则昼夜御水[①]之苦，实难开凿。自十二日至十六日止，计五日，戽水方才见底。及至动手，天又将晚，经过一夜，水积尺余，无计可施。

自岭顶东南至天齐庙沿路，又挑四工，长阔各一丈，掘至二三尺下，俱是礓石，泉水涌出，随御随盈。十夫做工，十夫御水，尚不能胜。再掘尺余，

①御水：治水。

礓石愈大，泉水愈多。据此二十里冈岭，若强欲开凿，其赀费不可以数算也。又岭下西路，自利国驿起，由郝家庄中心沟至曹儿庄止计一段，长三十八里，地势虽少卑洼，但郝家庄后一带两边近山，掘试俱系连根青石，尤难开凿，无容更议。曹儿庄起，由大房岭至枣儿庄小房岭止一段，计长一十八里，原无河形，该挑深三丈八九尺不等，口阔三十丈。在于天齐庙前挑试一工，长阔一丈，挑至二尺以下，即有礓石，大者如升斗，小者如鸡卵，层叠坚硬，不能用锹，惟镢可施。一镢不能竟寸，石内泉水涌出，终日撤打难尽。夫役开凿，愈甚艰难。大房岭前微有洼水，枣儿庄见有小溪，阔一二丈，水深六七寸不等。中间挑试四工，礓石泉水，难凿同前。

又据乡民郭相等同称，伏秋天雨，山水泛涨，平地成湖，冬春露地，始见河形。小房岭起至万家庄彭河顿家庄止一段，计长一十八里，见有河形，口阔四五丈，深一二尺，尚该挑深二丈二三尺不等，阔一十二丈不等，自万家庄挑试一工，长阔一丈，掘至二尺下，俱是礓石，用镢开掘仅入半寸。兼之泉水涌发，彻取不及，掘石水中，极为费力。彭河口以下，挑试二十工。二三尺之下，掘石彻水，工力艰若，较前尤甚。顿家庄起至侯家湾止一段，计长二十五里，河阔七丈，水深二尺六七寸不等，该挑深二丈八九尺不等。在于顿家庄以下挑试七工，挖至二三尺，俱是砂礓硼石，镢不能入，俱难用工等因。该各道先后参勘得湖岭浩广，计开凿之功，何止于十年。水石坚深，算用工之夫，终疲乎三省。工费不赀，竟难就绪等因。

又据徐州兵备等官副使冯敏功等呈，据淮安府知府等官陈文烛等勘得，山东地方侯家湾起至岔河口止一段，计长四里零六十丈，水深一二尺不等。内二里一百四十丈石露水面，一里零一百丈有浮沙，下俱平底大石。随委官于隆庆五年十月十九日领夫一千名，在于彼处兴工。河底有石，走砂引水，难以用工。先开月河一道，改水流行，随于原河有石处，丈量一段，长十三丈，阔十丈，打坝断流，分为六工。每官各做长二丈二尺，阔十丈，各将工内撼动大小浮石，尽行扛抬两岸。河底俱系过河青板大石，又取石匠四十五名，各用铁锹油锤，打凿数日，仅及寸工。至十一月十三日止，计二十四日，共用过夫匠二万五千八十工，银六百九十七两。时日既久，工力徒施，委难开凿。

又勘得岔河口起至杨家林止一段，计长一里零七十四丈，有露面大石数处。自杨家林起至李家道口止一段，计长七十九丈，锥探砂石相兼。李家道口起至良城桥止一段，计长一百七十六丈，遍河俱系露面大石，于桥东岸挑试一工，长阔各一丈，深八尺，下系大石；又于桥西岸挑试一工，长阔各一丈，深九尺，下亦系大石。良城桥起至马蹄湾沟口止一段，计长一里零一百一十丈，挑试一工，长四丈，深阔一丈，底有走砂，难以深入。沟口起至水静沟止一段，计长一里零三十八丈，内有截河大石，宽广深厚，余俱砂礓。于截石两旁挑试二工，土下二尺俱见大石。又共挑试一工，长十五丈，阔二丈，深一丈，锥探底有大石。水静沟至泇口桥止一段，计长九里零五十八丈，俱系泥土，挑试一工，长四丈，阔二丈，深一丈，底有走砂，随挑随陷，再若加深，岸必倾覆。且据乡民胡覲等禀称，每年夏秋，各山水势骤发，高至数丈，居民房屋常被冲荡。且两岸地势高阜既不可张水门，又不可开水柜，诸水会集，难以防御，伤船之害，势所不免，实难开凿。

又自泇口桥起至谭家园止一段，计长三里零九十丈，河形见阔一十四丈，水深七尺，除水仍该挑深一丈四尺。自谭家园起至王史铺止一段，计长十二里，河形见阔十四丈，水深四尺，除水仍该挑深一丈四尺。王史铺起至瓦子埠止一段，计长十里，河形见阔十二丈，水深五尺，除水仍该挑深一丈三尺。瓦子埠起至齐家庄止一段，计长二十里，河形见阔十四丈，水深四尺，除水仍该挑深一丈二尺。以上河身土砂相兼，虽可挑浚，但谭家园下有营河一道，内多滚沙，每遇山水泛涨，乘水拥至，易于淤塞。又有成字河一道，夏秋奔流，易于冲射，终为河患。又齐家庄起穿蛤鳗土巨连汪等湖至杲家口止一段，长六十五里，湖心原系积水旧汪，其余皆系淹浸民地，水深五六尺不等，较测水平，比之上源河底，尚高一丈三四尺。北有蒙阴营河、泇口成子河诸水，弥漫浩荡，非筑堤不可成漕；滩洼不平，非挑浚不能通运。然挑河于巨浸，必不能固，须下桩卷埽，且取土于数里之外。况沂河之水，每遇陡发，冲射甚猛，今欲筑堤横截，恐亦难捍。又杲家口起至直河口止，计长二十一里零四十五丈，中间周湖、柳湖水势相联，渺无涯岸。然深处止四五尺，比之上源河底上高一丈二三尺，必须更加挑深，方可通运。今湖坡之内荡然一壑，水将安御。又须多用桩草，高筑堤防。今四面皆水，无从取土。虽议用小船装载，亦觉道路艰远，难计工程。况泇河出直河口复归黄河，则平昔险溜处所尚未尽避，或遇黄河暴发，则直河出口之际难保不淤，是又不能无虑也等因。

该各道先后参看得，前项工程筑凿之费既已不赀，而冲溺之虞有难预料。虽耗公家之巨蓄，难收运道之全功等因。通呈到臣，臣与催运御史张宪翔勘议得，微山、赤山、吕孟等湖各官，同称水中难以筑堤，臣独为势不甚难，使凿葛墟岭以泄正派，开地浜沟以散余波，则其堤尚可筑也。但其工不得施于葛墟岭，未开之先，泇口镇至齐家庄一带，见有河形，水亦可舟，工夫省力，莫此为最。蛤、鳗、周、柳等湖，虽汇水汪濊，倘浚导下流，潴水亦能渐去。使无葛墟岭、侯家湾、良城山，假以年岁，不惜赀费，浚河筑堤以通漕艘，虽不能尽脱宿迁以下黄河之害，将不可避徐、吕二洪之险哉？无奈葛墟岭高出河底六丈有余，开凿至二丈以下，未及其半，下即有硼石，水泉涌出有声。侯家湾、良城等处，虽有河形流水，水底俱有过河板石，两岸又多露石参差，石在水中既不能火煅，又不得锥凿，其势必不可成功，纵成功亦不可通漕。

昔先汉时人有上书欲通褒斜道[①]及漕事，为抵蜀从故道，多阪回远。君穿褒斜道，少阪近四百里。而褒水通沔，斜水通渭，皆可以行船漕。时张卬拜汉中守，发数万人作褒斜道五百余里，道果便近，而水湍石不可漕，至今论者不韪。侯家湾、良城一带，伏石[②]根盘不断，脉串二洪，纵令河形再深丈余，亦水湍石也。葛墟岭设使可开，舟运于六丈之下，人牵于六丈之上，势岂可漕耶？且葛墟岭紧防南北通衢，去徐州洪仅七十里，前人凿洪之时，谅必经历此岭，谛较难易，岂肯舍此易开之岭，而苦凿难开之洪哉！故谚有之曰："宁凿二洪，不开一岭。"此言虽俚，可稽实难。又恐蛤、鳗、周、柳诸湖，筑堤水中，工费无算。然葛墟岭、侯家湾、良城一带上源山石既不能开凿，湖中筑堤岂能通运？况运道借用黄河已经百数十余年，见今复安故道，时加修防，可保无虞。漕规一加整顿，运船亦自蚤能如期过洪入闸，其机甚易，又何必过费苦役以复开泇河哉？再惟该部请开泇口河渠者，思远避河洪，固为保运之谋也，臣愚请止开泇口河渠者，恐枉费财力，功绪难成，不敢取误国之罪也。但该部得于所闻，臣愚本于所见，又亲尝历试，尤为的确。伏乞敕下该部，再加详议。如果臣言有据，覆议题请行令河漕官，益修已安之运道，大振久坏之漕规，预止无益之工程，爱惜有限之财力，庶国计人情，永为便利等因。

又该巡按直隶监察御史张宪翔题同前事俱奉圣旨，工部知道。钦此。钦遵。该本部看得泇口之议，起于都御史翁大立，盖当黄河冲决之时，漕运阻塞之后，博采群议，开陈此策。一时人情汹汹，咸谓旧河难恃，本部亦见频年治河所费不赀，而阻溺之患岁不能免。既经都御史翁大立题有前议，相应及时查勘，续为题请。荷蒙皇上轸念国储，特差台臣勘议。复因科臣查勘功次，再加叮咛，无非多方讲求，欲为国家建长久之策。今该科道诸臣奉命查勘，躬亲探[③]，谓泇口必不可开，具题前来，所见必真。但事关军国大计，不厌详细，即今本部尚书朱衡，奉命经理河工，见在地方，合候命下移咨本部

①褒斜道：古道路，因取道褒水、斜水两河谷得名。汉武帝时欲使褒、斜水道通漕运，未成。其陆道自汉以后为往来秦岭南北重要通道之一。②伏石：暗礁。③探：据四库本，"探"后有"测"字，文义更通。

尚书朱衡，会同总理河道都御史万恭，虚心再加查勘，务求的实，果如科道诸臣所言，难以开掘，别无遗议，径自具题施行。

万历三年工部覆止泇河疏

题为河身淤垫，运道可虞，仍开泇河，以图永利事。

该工科都给事中等官侯于赵等题，据山东参政冯敏功等呈称，行委兖州府同知等官樊克宅等会勘，得：自泉河口水面至性义岭顶，从低至高二丈四尺五寸，又加挑下河身一丈，共挑岭顶深三丈五尺为止。其岭顶督夫试挑，稍下即有砂礓，俱用锛镢锄斫，随即碎起，泉水涌浸。又侯家湾水面巨石参差，难以施工，随向陡沟至岔河口回避处所，下有伏石，未能逆料。自性义河至岔河口，共低四丈四尺。总计泉河口挖泥作堤之工十里，琴沟以下开河全挑之工二十三里七十丈，性义岭掘岭之工十一里七十丈，岭西开河全挑之工四里，巨梁桥东因河挑挖之工三十一里，彭河以下随河刷浚之工三十一里，台儿庄以下回避至岔河口全挑之工十三里，合用人夫，并拦湖、截水、防潦、筑堤、建闸、建坝工料，通共用银一百三十四万五千一百八十二两一钱。

又据南直隶委官淮安府通判蔡玠等会同探测估算，大约自性义岭至陵城湖，上高于下，自陵城至大河口，下高于上，合计洼地夹堤为河者，该一百九十二里五十丈；平地挑土成河者，该三十七里零一百二十丈；因旧河身而拓开成河者，该九十八里。其良城以至马蹄湾，石隐水底，今放干河水，则河底板石露出，计长五百五十丈，共计河面阔二十丈，底阔七丈，估议石匠五百，人夫三千名，期以二年凿深，然皆非人所尝试之工，临期果否报完，亦难逆料。

此外所可虑者，则有大河口倒灌之淤，山水暴涨之患。今自大河口探测水平，浪石以里，颇为洼下，见今黄水灌入，从此旁流沟渠分泄入海。山水自泇口而下至邳徐、桃源，率由东北以趋黄河。今开河欲远黄流，悉在诸湖之北。诚恐开河之后山水势必奔湖，计非横过运道，无路以达，建闸修堤筑坝防御之策，所不容废也。总计挑河筑堤建闸坝通共用银二百六十三万一千五百二十六两六钱一分等因到道，该各道会勘与前相同。总计工料共用银三百九十七万六千七百八两零。如果黄河必不可用，故道必不可复，国家运道别无他路可通，则泇河虽有崎岖之险，劳费之大，亦万不得已，而当竭力以图之矣。但今日之计，既欲修治黄河以纾目前之急，则力有所分，势难并举。其施为缓急之序，非各道所敢擅拟也等因到臣。该臣与工部郎中张纯会同河道都御史傅希挚、攒运御史刘光国亲自复勘，得地势水源开筑难易，大略与该道所呈无异。诸所称难，亦人力可为，非终不可成之事。使此河果有利无害，或利多害少，可以一劳而永逸，则当断以不疑毅然举行穿山凿石夹湖改水筑堤建闸，百凡[①]艰难皆所不辞，财用人力亦不足惜。

但臣等反覆思惟，作事当先其所急而后其所缓，为谋贵审之于始而虑其所终。我国家资河以为漕，治河即所以治漕也。使河水安流，漕亦永利，又何必别为漕计？今惟黄河日渐淤垫奔溃，迁徙势所不免。兼之二洪为险，茶城多阻，皆自来为漕患者。傅希挚目击其艰，焦劳为计，因节年[②]未定之议为通漕善后之策，意以此河一开，则清河以北夏镇以南一带六百余里，黄河可远，二洪茶城可避，漕可恃以无恐，策无便于此者。若不论漕之大势而止论一节，不遍履地里始末而止据人言，鲜不以为万全之计也。孰知今所虑者，虑河之决也。万一南决淮扬则南无漕矣，北决丰沛则北无漕矣。南北有一于此中间泇河一段将安用之？不可一日无漕，则不可一日不治河也。河乃漕之大势，治河可以兼漕。泇特漕之一节，开泇亦须治河，是治河为急开泇为缓，理势之的然可见者也。臣等询之河臣及濒河居民，佥谓自直河至清河三百余里，自来河道无恙。若于此段别创一河，则逼近黄河，其患易侵。即使高厚其堤，亦难保其不冲。与其创新河而倍加堤防之费，孰若仍旧河而获不劳之逸？是此三百余里者，似无赖于泇，当仍旧贯。不惟省无益之作，而落马等湖黄水之灌，与大河口倒流之淤，皆不得为我害矣。惟自徐、吕至直河上下二百余里，诚恐河冲萧砀则涸二洪，冲睢宁则淤邳河，不得已而开性义岭以通泇河。又必使良城石不为险，丰、沛水不能冲，则泇河二百里斯为全利，藉此二百里之利以避二洪邳河之害方为得计。此先年河臣建议止欲于直河出口者，盖有见于此耳。

今仍议开至直河出口，如该道所估可费一百五十余万金，与其通开五百里之远，利少而害多，孰若止开二百里之近，省费而有利之为愈也。臣等窃以为直河而下断在可已，直河而上犹所当讲者也。特开凿良城，工力难以逆料，改口直河尚恐有似茶城，此又所当慎重而不可轻率者。若遽请内帑辄兴大工，恐有后艰，咎将谁执？合无先用在官徭夫，动支河道官银用资犒赏。先凿良城石工以开难克之工程，预修丰、沛堤防以杜黄水之东注。俟二工俱有次第，然后照依后开条款议兴前工，则始无轻举而终可底绩[③]，诚为思患预防一策也等因。具题奉圣旨："工部知道，钦此。"钦遵抄送到部，看得工科等衙门，都给事中等官侯于赵等题称会勘泇河事宜。

自泉河口起至大河口止五百三十余里，内自直河至清河三百余里，自来

①百凡：泛指一切。②节年：历年。③底绩：获得成功，取得成绩。

河道无恙，无赖于泇，断在可已。惟自徐、吕至直河上下二百余里，犹所当为，约费一百五十余万金。特开凿良城，工力难以逆料。丰、沛河决，犹虑灌入。要先凿良城，石工预修丰、沛堤防，然后议兴前工各一节为照，治河无上策，惟避之似为得策，然亦在视为患之浅深，权利害之轻重而已。事当改作者，固不可惮惜劳费；计在久远者，尤不可苟延。目前徐邳以下河身淤淀日高，二洪水流无声。都御史傅希挚虑恐如近年邳河之变，则咽喉梗塞，故议开泇河以备不虞，其为计至深远也。

今据都给事中侯于赵、御史刘光国等勘称，自直河以下三百余里断在可已，无容再议外，惟自徐、吕直河口上下二百余里可开，以避二洪邳河之害，会计工程难易，并合用人夫钱粮，俱有成数。及查原委，各道府县等官原议，大约以正河有目前之患，泇河非数年不成，故以治河为急，开泇为缓。臣等再三思惟，目今正河尚可支持，若不早设预备之策，是犹作舍道傍[①]，终无可成之日。患至而忧无救于患，所据二河，工当并举，自不相妨。

再查傅希挚原勘，良城伏石七十五丈，马蹄湾不满五丈，共仅八十丈。今科道诸臣勘得良城至马蹄湾旧因石隐水底露面不多，今放干河水，起去河面浮土苹草，则河底板石露出，总计有石之地长五百五十丈，比原勘多四百七十丈，所以议先凿良城难克之功，然后次第兴工，无非慎于谋始功出万全之意，相应通行议处，恭候命下。本部移咨河道都御史傅希挚，一面督率管河副使郎中主事等官加意正河时常巡视，某处缕堤卑薄当加修筑，某处河身窄狭当筑遥堤，此外别有长策虚心讲求。合用钱粮俱于河道原额，徐州、洪、仪真闸船税等银从宜动支，务堪保障。一面另委能干官员尽用在官徭夫河道官银，将良城伏石设法开凿，果见无甚艰阻，即将前工照依后开条款次第兴举，庶谋于其始而审，则终可无悔；计其所利者多，则为无不成，非徒漕道永赖，而钱粮亦不致妄费矣。

此二疏泇河不可开之故甚悉，故录之。

隆庆五年工科题止胶河疏

题为漕河淤塞，粮运艰阻，乞开浚新河，以便储运，以图久安事。

据莱州府知府杨起元揭称，会同济南等府同知等官牛若愚等亲诣胶州麻湾等处。南自龙家屯北至海仓一带，勘得龙家屯四里三十步，水浅不过四五寸，每日潮至不能打坝断水，难施挑浚之工。店口三里有大沽河，横冲带沙

---

①作舍道傍：傍，通“旁”。比喻众说纷纭，事情难成。

淤塞河虽挑深，一遇沙淤，前功尽弃。韩家口六里二百四十步，俱冈勾沙石，此处苦难彻水，不便挑浚。又准青州府推官张集勘得，赵家口起至杜家口止长十余里，水深一二尺，河底俱系冈勾石，且有大者，若欲深凿，极为费力。自杜家口至吴家闸三里余，系小沽河口，横冲细沙，恐难填治。吴家闸至谭家西南新口止，共七里，俱有淤沙冈石，其沙皆系白河水带来。谭家西口至分水岭共九里，白河全无接济，旱则先干，涝则冲决。又准莱州府推官岳凌霜勘得，窝铺分水岭至楚家口十里中多流沙。楚家口至集螟湾五里有余，北岸现河口夏秋雨多，即有大水带沙入河，冬春干涸。董家庄至陶家庄四里余，内有冈石，一遇秋雨，泊水涌入，无雨则干。

又据掖县知县赵钦汤勘得，周家庄至秦家圈泊水冲开沟口数道，值雨则泛涨，无雨即干涸，并无泉源引导，河底俱有沙石。又据高密县知县李尚宾勘得，谢家口至玉皇庙约一十一里，至于闸内沙石相半，挑浚工费比之他处颇大。自谢家口起至杨家圈止，河岸水势似有端绪，说者谓新河可开，或触目于此耳。又据黄县知县王中逵勘得，杨家圈至新河闸面比之南边一带虽渐稍宽，欲西引潍河，但势已近海，引之无益，况潍河地势返下，难以引入。昌邑又居潍河下隰，所当详议。又据滋阳县知县王琁勘得，新河闸至海仓流沙壅满，难以行舟，挑浚工程颇大。新河闸系东省通衢，凡经过见者起问此新河议开之端由于此耳。又准青州府同知程道东等量得，潍河韩信坝口河中到于东岸高三丈四尺，若浚沟彻水必几四丈，迤东间有高阜处所，将不止于四丈矣。潍水难引，委为的确。又准浙江严州府同知李学礼等带同监生崔旦勘得，分水岭挑浚二尺之下俱是冈石，五尺下即是糜沙，挑之九尺六寸随即坍去四尺，缘糜沙力软不能承载，易于崩塌。又据青州府同知程道东、南阳府同知李元芳等，随同监生崔旦募夫到于分水岭口迤东南老地周围，开凿三丈有余，上层至岸坚土四尺，中层冈石五尺，仍将冈石以下加挑四尺有余，俱是松软糜沙，旋挑旋堕，工役难施等因。到职。该职勘得引水接济，虽东有大沽河，西有潍河，二水稍大，亦系有源，但一则南入麻湾口难以挽而西，一则西隔百有余里难以引而东。若欲两河通贯，必深以六七丈使得两平宽一十余丈，始免崩岸，然经费非百余万、程限非五六年不能成也，其功可轻言耶？等因到臣。看得所呈中间，恐有承委各官踏勘不的，捏调虚文、草率了事、面同背异、意见糜协，遽难轻信。

又经案行守巡海右道参政刘孝、副使潘允端亲诣覆勘，大率谓邻河无可导之泉，建闸无可蓄之水，欲深凿河身使海水南北贯通，但分水岭等处较之海面积高六丈，委难开浚，不敢附合以干欺隐等因到臣。臣会同巡抚山东右佥都御史梁梦龙、巡按山东监察御史张士佩覆勘，得分水岭系新河命脉，旧名王干坝。昔年王副使欲开河先于此相视，因恶王字与姓同，干坝乃无水彍，遂易云分水岭，至今土民犹呼王干坝。其实河岸俱有八九尺，河身沙泥淤积较两头差高，非冈岭之岭也。募工凿验，三尺以下皆冈石小块，无有顽石，至一丈则皆流沙，旋挑旋溃，用力颇艰。此处止有白河一道，二三寸细水流入新河。一股往西北，一股往东南，仅宽一步，已经各官踏勘。水源本来微细，然新河之开须是借水以济，今现河、小胶河、张鲁河、九穴、都泊虽接新河，即今干涸低处稍有积水亦不深广，胶河虽有微源仅得一线，沽河停蓄之水有三五七尺，亦多行潦渍积。查其源头亦细，况地势东下不能北引以达分水岭。且陈村闸以下夏秋雨滂水溢，俱从此河冲入新河，流沙淤积，为河大害。

前人云欲开新河当先治沽河，不然未受水利先受水害，况敢引之而入乎？纵使诸水可引，不论地势，不虑沙患，然亦不过数寸之水，安能充足二百里全河之用。执此以论，诸河之不足资审矣。今人皆云新河易开者，止见沿河一带卑洼处积水有一尺二尺三尺者，高浅处有二寸三寸四五寸者，若将高浅处挖下则水自通深；不知卑洼水积者以下流高浅壅滞故停蓄耳，若将高浅处浚深则蓄水流行，流则无源必竭，安能积聚？执此以论，蓄水之不足恃的矣。又因登、莱二郡士民往返新河闸上，见河形稍宽，海水潮入一二尺，遂谓全河皆然，不知迤南十里余，河之宽狭，水之浅深，迥不同矣。有献引潍河之策者，潍河在高密县之西，离新河一百二十余里，中间高岭五层，难于挑引。及量潍河东岸三丈四尺，方与石平，石高九尺，方与水平，即石岸甚高，已难挑浚。况道里甚远，高岭甚多，诚如各官所称，虽竭尽财力，终难济事。执此以论，潍河之不可引明矣。夫新河之开必借济于旁支之水，水既无可借，河决不可开，此有目者所共睹，即执拗如崔旦辈视之，亦俯首叹息而已。且崔旦昔年所刊海运编，请以一丸泥[①]破之，东塞沽河，西塞潍河。今因无水又献策东引沽河，西引潍河。及委踏勘潍河，则又具呈回称委实难引。夫以一人之言而前后牴牾[②]悬绝[③]如此，以一人之见而旬日之间悖谬如此，则新河之说皆游谈[④]而鲜定论益彰彰著矣。

臣又筹之，新河无水以济，无泉可引，固矣。然南北两头海水相接，中间三百里河身又与海相通，旁水固无可引，海水独不可达乎？若将河身深浚广开，较海面更深数尺，俾海水灌入停蓄，亦可牵引舟楫。纵工力繁难，财费浩大，亦须估计的确，开说明白，以晓示后人，以杜绝后议。复委各官带

---

①一丸泥：比喻以极小的力量可以防守险要之处。②牴牾：抵触，矛盾。③悬绝：相差极远。④游谈：言谈浮夸不实。

领打水平匠役沿河计算丈尺，以凭估计。据各官所称，南自陈村闸以至分水岭，积高二丈九尺八寸；北自周家庄以至分水岭，积高三丈九尺八寸。复委同知李学礼等并监生崔旦募工凿试，阔四丈，长十丈，深三丈五尺。随据学礼等囊沙回称，挑浚一尺之下俱是冈石，五尺下即是糜沙，挑至九尺六寸随时塌去四尺，此河绝无能为矣。盖糜沙力软不能承载，崩溃甚速，流淤不常渗漏，亦易故耳。是新河以上视之水源不足，既无盈尺活泉可以引济，则全河之血脉已涩；以下验之糜沙不坚又易坍塌，干漏难以持久，则全河之躯腹已亏。兹二者皆修河大忌也。纵费帑金百万开之，何裨于用；纵引海水数尺蓄之，胡可以保。则《元史·食货志》所载劳费而无成，国初遍访运道，舍此而不顾。王副使以后屡行奏勘而未兴厥工者，始得其真矣。再考元益都田赋总管于钦山水纂文云："至元初，莱人姚演建言，首起胶西县东陈村海口，自东南趋西北，凿陆地数百里，欲通漕直沽海口，数年而罢。余尝乘传过之，询土人，云：此河为海沙所壅，又水潦积淤，终不能通，徒残人耳！"即此则彼时已议其非矣，何今人之不审耶！

万历四年工部覆止胶河疏

题为漕渠可虞，议开新河，以永裨国计事。

本部会同六部都察院通政司大理寺各堂上官，六科十三道各掌印官，尚书张瀚等看得，尚书刘应节、侍郎徐栻题称，南海口地方有积沙横绝中流，已从古路沟另开十一里许以避此沙。又议于新旧河水之交横建一闸，俾浮沙不入。北海口一带筑堤五百余丈，以约水障沙。分水岭一带试开一处深至三丈，以上运水甚难，因而停工。自王家丘至船路沟，另开七里为一便路，此处白河一道，适当分水岭之冲，议建闸坝以遏之，仍引水为用。及造船之式欲以侍郎王宗沐海船为准，而稍俭其制，载粮三四百石，纳水三四尺，河海并行，永永无患。要动用原奏留银三十万，其余银两另行细估补发。

巡抚李世达题称，试过三工俱已的无可行，潮水引泉俱不可恃，乞将二臣回部管事。巡按商为正题称，淖沙[①]为梗，海水难通。及又揭称淖沙难去，丈尺难据，工程难计，沙石难去，潮水不足恃，引河不足济，海运难行，乞命二臣回京，河工即为停止。各一节议照尚书刘应节、侍郎徐栻建议，新河要舍故河而寻便道，在于匡家庄一带开浚，以通海为主。盖两海相贯，则河渠充满，海舟直达于河，由河复入于海，往来无滞，诚为得策。随该二臣改

---

①淖沙：表面板结下面虚软易陷的沙地。又称流沙、活沙。

议黄阜岭，又改船路沟。今却于分水岭开试，勘称河形太高，而海最下，势不可通。遂议及乘潮导河障沙造舟等事，意在多方求济。大约以两头所恃者，潮南自麻湾以抵朱铺凡五十里，北自海口以抵亭口一百八十里，皆可通潮。巡抚李世达却谓，南潮止及陈村闸，距海口二十里，北潮止及杨家圈，距海口六十里。间或至朱铺亭口者，盖一年之内有大风迅烈，潮流疾速，则然不可以为常也。且潮水倏焉而长，倏焉而落，落则未免守候耽延逾时，况潮之所及为有限乎！潮不足恃明矣。

又以中段所恃者，张奴河至胶，乃最下之地，为秋潦所归。十月以后日渐消耗，至春月泉脉微细，适粮运涌到之时，虽置柜建闸以时启闭，终不能使之源源而来，滔滔不竭也。至谓白河流沙为害，议建坝二座以遏水之入，而谓水流坝下引以济河。秋涨水经坝上则沙必与水俱入，而谓内以停沙，又皆臣等所未喻也，河不足恃亦明矣。两海口地方各有淖沙，至谓为浅沙、客沙亦能为害。全河长亘二百七十里，内沙洲颇多，自王家丘至船路沟七里虽为便路，其下有沙与否，亦未可知。沙在海中者，潮水涌进，沙必随之而入。沙在地中者，疏浚所及，沙必随之而出。虽上沙中半，土可荡尽，而沙则下沉，日积日多，愈挑愈有，固非袪除所能绝，亦非堤闸所能障也。

乘潮导河皆无足恃，沙多水浅置舟则胶，虽稍俭其制，载粮三四百石，亦非浅浅者所能胜也，剥浅、易舟、建仓等议必将复起。尚书刘应节亦谓善后之策难以逆睹，窃恐所谓利者未必利，而害将不止于什一矣。国家举事固不嫌于导河，若无裨漕计，亦奚以导河为哉！今以百万之银，驱数十万之众，而希冀不可必成之功，殊非万全之谋，亦非二臣建议之初意也。且尚书刘应节原奉明旨会同徐栻等并该省抚按官虚心计议先将难处开浚，试验果否的有可行？今抚按官李世达、商为正俱各亲到地方，公同开浚试验，而执论互异。如此则刘应节所谓为而可成，成而可恃者，询谋原未佥同[①]，事体委多窒碍，相应停罢以省劳费。

此疏胶河不可开之故甚悉，故录之。

修凿徐州中洪记略　四明陈穆

凿洪匪以徼功，不得已也。嘉靖庚子冬，河决亳州，明年辛丑，徐州云集桥流塞。于是百步洪[②]渐浅，舟楫上下悉由中洪，而里外二洪遂以湮弃。顾

①佥同：一致赞同。②百步洪：又叫徐州洪，在今徐州市东南二里，为泗水所经，有激流险滩，凡百余步，所以叫百步洪。

兹中洪，年久不用，疏凿罔施，巉石旁罗，利于剑戟。又其下多大石盘据，横突隐见于波涛之间，激飞湍而鸣雷霆者无虑数十块，舟一不戒而杵其上焉，磨曳斯须[1]辄敝坏而不救。蹇余不佞，叨[2]职兹洪，目击厥危，每为嗟悼，思有以凿去之而未暇也。适是岁冬，河冻夫闲，可以兴役。乃召夫总甲刘福等谕意，众咸乐从。今年正月癸未即毅然举事，募匠纠夫，击牲酾酒，躬亲劝督，万夫子来，昼夜诜诜，并手偕作。诸凡门限中方等石划削殆尽，费银凡四百两。是则请于万安郭公守衡而动支本洪岁办草束折色不丝粟干于民焉。修凿告成，险阻以去，洪流深缓，牵路砥平，一时军民商贾翕然称便。镌石而载之言，聊以志岁月云尔，嘉靖壬寅秋九月记。

疏凿吕梁洪记略 国子监祭酒华亭徐阶撰

我国家漕东南之粟贮之京庾，为石至四百万。其道涉江乱淮溯二洪而北，又沿卫以入白，然后达于京师，为里三千而遥，而莫险于二洪。二洪之石，其狞且利如剑戟之相向，虎豹象狮之相攫，犬牙交而蛇蚓蟠舟，不戒辄败而莫甚于吕梁。吏或议凿之，其旁之人曰，是鬼神之所护也，则逡巡而不敢。嘉靖甲辰，都水主事陈君往莅洪事，恻然言曰："古之君子苟利于民则捐其身为之，矧里巷之浮言其不足听。盖审而以罣吾所当为，是厚自为而为民薄也。"遂以二月二十六日率其徒凿焉，众亦闻君言以为仁也，咸忭以奋，阅三月怪石尽去，舟之行者如出坦途。于是洪之士民来请余记，治君为诸生，余幸识之，常与言万物一体之学，君欣然受焉，不意其果能行之也。余故因君推本而记之，石君名洪范，字锡卿，辛丑进士，浙之仁和人。

今将洪内凿平狞石丈尺数目列于碑阴：

第一处饮牛石，在洪上口北岸纳水去处，长七丈三尺，阔七尺，高三尺六寸，突出洪中，最碍洪口，凡下水船只少失回避，必然粉碎，今凿去石五百一十二块。

第二处癞虾蟆石，其状甚恶，船只难避。原长五丈，阔一丈五尺，高五尺三寸，打去石四百三十八块。

第三处垅子石，如覆釜状，逆流碍舟，长四丈九尺，阔一丈七尺，高三尺一寸，打去石三百二十五块。

第四处放箍头石，长四丈八尺，阔一丈四尺，高三尺四寸，上水船到此，

---

①斯须：片刻，一会儿。②叨：承受。古汉语中用于对受人恩惠及礼物表示感谢的谦词。

船缆必须先放籬头方不相碍，少迟多致重损，打去石二百八十七块。

第五处飞檐石三处，如屋檐飞出之状，共长五丈八尺，阔七尺，厚三尺，下水遇有微风，船刮其上必然粉碎，今已尽行凿平，去石三百一十二块。

第六处门槛石，在洪咽口，两崖激水急溜，上水至此，稍有不慎，船即撞激冲淌，今南北口各打去石二尺，即今放船如履坦道。

第七处杨家林上首狞石，共长七丈七尺，阔二丈，高五尺三寸，当洪湾曲回溜之处，下水船只但遇猛风，扫湾伤船实多，今打去石二百五十一块。

第八处杨家林下首狞石，共长五丈三尺，阔二丈二尺，高四尺三寸，今打去石二百一十五块，今已悉平。

第九处打舵石，在洪中心，碍洪伤舵，常被撞沉，今已打去围圆仞余大石三处。

第十处暖泉石三处，在洪东岸转湾之处，破舟避难，共长三丈二尺，围圆高五七尺不等，今已打去石五十三块。

第十一处磨盘石二处，在洪中心致水旋转，名曰磨盘，船若至此，夫力少有不加，必致沉溺，今已尽行打讫。

第十二处螃蟹窝石三百余块，如群蟹聚窝之状，每块围圆数尺，高肆五尺不等，星分罗布，当洪之中，为害特甚，今分工打去大石九百三十九块。

第十三处滑皮石肆处，在洪心，每处约长八九尺，阔六七尺，高四五尺不等，上下船只挽簟[①]伤人溺水，今打去石四十八块。

第十四处小毂轮石狞利，长三丈，阔一丈，高三尺，今已打去。

第十五处大毂轮石，在洪心东岸回溜之中，下水船只忽时遇风刮撞无不沉没，石长伍丈，阔一丈六尺，高五尺。今打去大小毂轮二处，石共九百八十三块。

第十六处红石头，当洪之中，石极坚峻，围圆七尺，厚三尺七寸，一遇水漫，船户回避不及，擦损沉漏无日无之，打去石五十七块。

第十七处舀鱼石，峻峙参差，为害匪细，长五丈三尺，阔二丈，高四尺二寸，尽行打讫。

第十八处溜沟石，在洪中，长三丈六尺，阔七尺六寸，高三尺五寸，此二石水乘石溜船，若少不存意，难保冲激之患，今打去石九十三块。

第十九处牛角稍石，在洪中迤南，长三丈二尺，阔八尺，高三尺八寸，下水稍有不慎，每每撞溺，今打去石八十五块。

第二十处黄石头在大洪下口紧要兜水之石仍留未凿。

---

①簟：拉船的纤索。

第二十一处夜叉石，取其耸峙水中之状，围圆约有二亩，尖高七尺，水落则突出洪中，水涨则淹漫为忒。石势险恶，横绝回避处所，少有不谨，日见破舟，土人悲号痛楚，惨不可言，打去石尖四尺，其害悉平。

第二十二处等船石三处，以其水势弥漫之日，舟必冲激至此沉没，有似等船之意，故以名也。共长五丈，阔七尺六寸，高五尺三寸，水势泛涨漫淹，船遇风抗或回避不及，船货无踪。今打去石峰三尺，俱已悉平。陈洪范记。

又查得《大明会典》亦载其略，人弗之考耳。

卷前导读

卷之七包含一篇《两河经略疏》，一篇《河工事宜疏》，一篇《勘估工程疏》，三篇《工部覆前疏》。从内容看即为总理河漕都御史潘季驯与朝廷关于治河方略、“河工八事”及工程所需银两、官夫数目的议答录。

万历六年，潘季驯第三次奉命主持治河。潘季驯根据勘查结果和众官员讨论意见，针对黄河沙多和下游黄、淮、运交叉的复杂局面，上《两河经略疏》，提出治理黄淮下游的基本方针。

针对“海壅河高以致决堤四溢”，部分官员“咎海口以浚海为上策”之议，潘季驯从潮汐、施工难度等指出“海无可浚之理，惟当导河以归之海，则以水治水，即浚海之策也”。潘季驯还指出多年以来，官员一直把修筑堤防当作治河最重要的事情，但在堤防“卑薄而不能支，迫近而不能容，杂以浮沙而不能久，堤之制未备耳”时不反思筑堤的方法不够完备，而是指责筑堤本身为下策，这是本末倒置的！同时，潘季驯还指出明初陈瑄治理两河故道而筑高家堰修新城北堤，严闸启闭之功以及后人没有认真分析黄河决口的原因，开草湾新河以致正河淤阻的错误之处。这也是潘季驯“先求古人已试之效，而后可仿其平成之业”之治水思想的体现。

最后，潘季驯把自己的意见总结为六条，即塞决口以挽正河、筑堤防以杜溃决、复闸坝以防外河之冲、创建滚水坝以固堤岸、止浚海工程以省糜费、寝开老黄河之议以仍利涉。此奏疏总结起来，也是潘季驯“束水攻沙”和“蓄清刷黄”的治河理论的有力佐证。

《河工事宜疏》中条列“河工八事”，是潘季驯与漕运巡抚江一麟商议后提出的治河管理制度。“工役繁兴，料理宜预，官夫猬集，调度须周，若不先为申明，未免临事舛错。”

“河工八事”即为支放、分督、责成、激劝、优恤、蠲免、改折、息浮言。

从以规范工料钱粮出纳，避免贪污为目的，潘季驯建议应设机构管理河工专款，票号复核支放款项，工程完结再造册奏缴。“各工应给工食、应买物料，府佐等官开数赴各该分督司道官核实给票，赴两淮巡盐衙门覆核挂号，方许关支。”

到分工委责赏罚的“分督”“责成”“激劝”，是权责明晰、赏罚分明的官员管理制度。由于州县正官“视河患如秦越，视管河官如赘疣”，妨碍甚至破坏河工，给治河工作带来一定困难，因此潘季驯建议“一应派拨夫役，买办物料，俱以责之各掌印官，躬亲料理”。“稽其勤惰，别其功罪，请旨处分，方得离任”，阴医、义民等酌情犒赏，如此则人心专定，事权归一，人无推避，人心争奋而事易成矣。

再到体恤夫役、灾民的“蠲免”“优恤”，是潘季驯常年治理河患过程中对灾民和夫役的怜悯。“十一州县者一望沮洳，寸草不生，凋敝极矣”“应派夫役，既不容矣，应输赋税，复加责办，实为繁苦”，故建议“姑将前十一州县本年见征夏、秋起运钱粮，特蠲一半”“每夫一名于工食之外，再行量免丁石一年”，此惠民使民之策也是应征夫役、治河的长久之策。

进而为多方筹措河工银两提议的“改折”。明朝河工费巨，国库空虚，治河资金短缺。潘季驯建议“将今岁漕粮，除淮北及河南、山东照旧兑运外，其淮南并浙江等省，姑准改折，照例正兑每石连耗米轻赍折银七钱，改兑每石连耗米折银六钱，即以五钱给军，正兑尚余银二钱，改兑余银一钱。兑运停止，官军应得行月粮俱可免给，以正额解京，而以余银并行月粮留发河工之用”。耗米为弥补漕粮运输过程中的损失和消耗而额外征收的；扣除漕粮的运输路费耗米也即运军行粮，剩余的即为轻赍。潘季驯想把运军行粮和轻赍改折后的银两作为河工之用，如此则不用动支国库银两，还可减轻百姓赋税负担，两全之策。

最终至“息浮言”。治河一线官员的切身感受不仅在治河难，似是而非的质疑同样扰乱人心，“当局者意气因而销沮，官夫遂生观望，少为摇夺，隳败随之”，治河工作也可能因此搁浅或失败。如何不惑于浮言又不阻于群策，不仅是古代治河官员思量之事，更是现代科学治水的重要之义。

卷之七　奏疏

两河经略疏

臣潘季驯谨题为遵奉明旨陈愚见，议治两河经略，以图永利事。

据管理河道工部郎中佘毅中、施天麟、张誉，管河兵备等道参政龚大器，副使林绍、张纯、章时鸾，佥事朱东光，水利道佥事杨化各会呈，蒙臣札付，备仰职等躬历各该地方，逐一查阅。要见徐、沛、丰、砀缕水及太行长堤冲决者，作何筑塞？茶城正河变迁，由小浮桥出，果否成河？崔镇等决，黄水泛溢，正漕淤阻，作何堵筑？徐邳一带长堤，应否加帮？宿、桃以南，应否接筑？老黄河故道，应否开复？高家堰，应否修筑？新城外一带老堤，是否低薄，或原基短促，相应接筑？草湾既开复淤，作何浚治，或应弃置，仍复云梯关故道？黄浦口见今水从东决，一望弥漫，以致高、宝、扬州一带浅阻，因何不行筑塞？高、宝一带堤岸，有无足恃？逐一详议，虚心讲求。或应修复旧河，或应别求利涉，勿拘成案，勿避烦劳，上裨国计，下奠民生，以图久安长治之策。画图贴说，具由通详等因。

蒙此，随该职等前往徐、沛、淮、扬等处，督同淮安府知府宋伯华，扬州府知府虞德烨，管河同知王琰、蔡玠、刘顺之，并各州县掌印管河等官，逐一细加查勘，从长计议。看得水性就下，以海为壑，向因海壅河高，以致决堤四溢，运道民生胥受其病。故今谈河患者，皆咎海口，而以浚海为上策，则诚然矣。第海有潮汐，茫无着足，不得已而议他辟。岂知海口视昔虽壅，然自云梯关四套以下，阔七八里至十余里，深皆三四丈不等。纵使欲另开凿，必须深阔相类，方便注放，则工力艰巨，必不能成。矧未至海口，干地犹可施工，及将入海之处，则潮汐往来，亦与旧口等耳。且海之旧口皆系积沙，人力虽不可浚，水力自能冲刷。乃若新辟之地，则土壤坚实，不特人力难措，而水力亦不能冲。故职等窃谓海无可浚之理，惟当导河以归之海，则以水治水，即浚海之策也。然河又非可以人力导也，欲顺其性，先惧其溢，惟当缮治堤防，俾无旁决，则水由地中，沙随水去，即导河之策也。顾频年以来，无日不以缮堤为事，亦无日不以决堤为患，何哉？卑薄而不能支，迫近而不能容，杂以浮沙而不能久，堤之制未备耳。是以黄决崔镇等口，而水多北溃，为无堤也。淮决高家堰、黄浦等口，而水多东溃，堤弗固也。乃议者不咎制之未备，而咎筑堤为下策，岂得为通论哉？又有所未尽者，上流既溃，堤以旁决矣。至于下流，复或岐而分之，其趋于云梯关正海口者，譬犹强弩之末耳。盖徒知分流以杀其怒，而不知水势益分，则其力益弱，水力既弱，又安望其能导积沙以注于海乎？

职等故谓今日浚海之急务，必须塞决以导河，尤当固堤以杜决。而欲堤之不决者，必真土而勿杂浮沙，高厚而勿惜巨费，让远而勿与争地，斯堤于是乎可固也。如徐、邳、桃、清沿河各堤固矣，崔镇等口塞矣，则黄不旁决而冲漕力专。高家堰筑矣，朱家口塞矣，则淮不旁决而会黄力专。淮、黄既合，自有控海之势。又惧其分之则力弱也，则必暂塞清江浦河，而严司启闭，以防其内奔。姑置草湾河，而专复云梯，以还其故道。仍接筑淮安新城长堤，以防其末流，尽令黄、淮全河之力，涓滴悉趋于海，则力强且专，下流之积沙自去。下流既顺，上流之淤垫自通，海不浚而辟，河不挑而深矣。此职等所谓固堤即所以导河，导河即所以浚海也。

犹虑伏秋水发暴涨伤堤，职等查得吕梁上洪之磨脐沟、桃源之陵城、清河之安娘城等处，土性坚实，可筑滚水石坝三座。若水高于坝，任其走泄，则水势可杀，而两堤无虞矣。至若宝应石堤之当复，与夫下流支河之当疏，扬州运河之当浚，皆今时之切务，所宜次第并举，而不可缓者也。但前项工程，自丰、沛、徐、淮以至海口，共长千有余里；自清江浦以至仪真，共长三百余里，地势遥远，工程浩大，一时钱粮未措，人夫难集。除前请发银二十万两，并截留漕粮八万石。一面先将丰、沛缕堤，太行遥堤及徐、邳一带缕堤，酌量帮筑。桃、清南堤并接淮安新城长堤，乘时创筑。高家堰两头水势稍缓，先行筑塞。宝应湖，先用桩笆修筑土堤外，其余各项工程相应大加修举者，一面请发钱粮，调集官夫，买办物料，次第兴举，务保无虞等因。并将应做工程列款呈详到臣。

据此，该臣查得接管河道卷内先准工部咨为竭愚忠陈末见，以裨安攘事。该御史柴祥题踏勘彭城、淮、邳等处，某处河身淤塞，作何疏浚？某处堤岸窄狭，作何展筑？某处下流可开支河，则涤为数河以分水势。某处海口果有束隘，则多方开通以达于海等因。又准工部咨为敷陈末议，恳乞圣明亟赐举行，以裨将来粮运大计事。该御史陈世宝题开三义镇引入清河县北，或出大河口，或出清河县西另开一河，何者为便，从长定议。又准工部咨为河患频仍，运道艰阻，恳乞圣明亟赐议处，以裨国计，以奠民生事。该南河郎中施天麟题要停运断流，大挑河身。该部覆题动支官银制造平底方舟，长柄铁爬，躬亲试验。如果挑浚有效，先于淤垫最高处，逐段浚去。或大兴工役，应否停运，仍将高家堰并朱家等口筑塞。至于高邮、宝应堤间多建减水大闸，堤下多开支河，俱听从宜处置。其黄浦口可塞则塞，如另为入海一路，可疏下流，亦宜建减水大闸，水涨则任其外流，水消则尽闸而止等因。又准工部咨为河患愈深，经治鲜效，恳乞圣明特彰宸断，审机宜，以图匡济事。该工科都给事中刘铉题疏海口泄下流，或浚草湾之口使之开广，或疏云梯关之淤使之复旧。应开海口去处，如盐城、安东、五港、金城一带，孰为利便？并查小浮桥新冲之口，可否济运？如有浅阻，亦要设法开浚等因。

又准工部咨为披竭愚衷，敷陈治河事宜，以备采择，以安国计事。该户科给事中李涞题要见安东、金城、云梯关等处，某处地方坚实，可以另开一河，以泄河淮下流。兴化、盐城沿海庙道口、新兴场、牛团铺等处，某处可以多浚十余口，以导射阳诸水入海，相度计议的确，陆续修举。其徐、吕而下，河身淤高之当疏，老黄河故道之当复，高家堰溃决之当筑，高宝湖平水闸分水河之当修，俱听详估等因。又该臣钦奉敕谕内开，备查草湾口何为既开复淤及今作何开通？全淮水何为南徙不复及今作何疏导？徐、邳河身高并州城，何以疏之使并？黄浦、崔镇等口，久塞无功，何以筑之使固？及查诸臣历年建议有行奏疏，逐一勘议。要见老黄河故道应否开复？清、桃正河应否挑浚？高家堰、宝应堤应否修筑？小浮桥新冲口可否济运，应否加挑？又徐、邳以上地形南昂北下，恐堤防一溃势必奔流北徙，将为闸河之梗，亦要审其孰为正河，孰为支河，孰为合河？或正而当厚其防，或支而当杀其势，或合而当分其流，一并勘议，详妥奏闻区处。钦此。

又准工部咨为新开海口复淤，河患不测，乞敕当事臣工多方计处，以图永济事。该工科都给事中王道成题行臣亲诣云梯关踏勘，果否原系黄河入海之口，从前何以通流，今日何以一线，详相其势，明求其故。仍自海口而上，逐处讲求，及备查草湾何时复淤，作何开浚？或另择坚实之地，多开数口，以为通海之路。金城以下，何以久不疏通？崔镇决口何以筑之使固？桃源长堤应否修筑，高家堰应否修理，老黄河应否开复？大端委官之言，决不足凭，务必躬亲，庶有真见。合用钱粮应于何处动支，原题请各官何以处之，使得效力，一一筹划委妥等因。准此，案照前事已经会案札行各该司道逐一勘议，诚恐转委属官，不足凭信，该臣会同漕运巡抚右侍郎江一麟躬亲督率，沿河荒度[①]。

南溯维扬，看得仪真东关历石人头、杨子桥、三汊河，直抵高庙止一带，

①荒度：大力治理。

运河淤浅；宝应一带，湖堤圮坏；黄浦决口，淹及数邑；高家堰水射淮扬；清江浦长堤卑薄；柳浦湾至高岭无堤障御。西穷凤、泗，看得全淮不下清口，日益南徙。北抵清、桃，看得崔镇诸决，水从旁泄，一望弥漫，正河淤浅。徐、沛以上崔家口新河浅阻，北陈一带水行陆地，仅盈尺余。东抵海口，看得新挑草湾寻复淤塞，今自清口至西桥一带，河流复通，但不及故河十分之一。自安东以下，河身渐广，虽有淤浅，未复全河，然河水东下，亦无阻碍，随处患害。

一一查阅明白去后[①]，今据前因，该臣会同右侍郎江一麟议照。事师古者罔愆，智不凿者乃大。《孟子》论智一章，首以禹之治水为喻，而论为政则曰“为政不因先王之道，可谓智乎？”是大智者，事必师古，而不师古则凿矣。故治河者必先求河水自然之性，而后可施其疏筑之功；必先求古人已试之效，而后可仿其平成之业。黄水来自昆仑，入徐济运，历邳、宿、桃、清至清口，会淮而东入于海。淮水自洛及凤，历盱、泗至清口，会河而东入于海。此两河之故道，即河水自然之性也。胡元岁漕江南之粟，由扬州直北出庙湾入海。至永乐年间，平江伯陈瑄始堤管家诸湖，通淮河为运道。然虑淮水涨溢，东侵淮郡也，故筑高家堰堤以捍之。起武家墩，经小大涧至阜宁湖，而淮水无东侵之患矣。又虑黄河涨溢，南侵淮郡也，故堤新城之北以捍之。起清江浦，沿钵池山、柳浦湾迤东，而黄水无南侵之患矣。尤虑河水自闸冲入，不免泥淤，故严启闭之禁，止许漕艘鲜船由闸出入，匙钥掌之都漕，五日发筹一放，而官民船只，悉由五坝车盘，是以淮郡晏然，漕渠永赖。而陈平江之功，至今未斩也。后因剥食既久，堤岸渐倾，水从高家堰决入，一郡遂为鱼鳖，而当事者未考其故，乃谓海口壅塞，遂穿支渠以泄之，盖欲亟拯淮民之溺，多方规画，以为疏导之计，其意甚善而其心良亦苦矣。讵知旁支暂开，水势陡趋西桥以上，正河遂至淤阻。而新开支河，阔仅二十余丈，深仅丈许，较之故道不及三十分之一耳，岂能容受全河之水？下流既壅，上流自溃，此崔镇诸口所由决也。今新开寻复淤塞，故河渐已通流，虽深阔未及原河十分之一，而两河全下，沙随水刷，欲其全复河身不难也。河身既复，面阔者七八里，狭者亦不下三四百丈，滔滔东下，何水不容？若犹以为不足，而欲另寻他所，别开一渠，恐人力不至于此也。以臣等度之，非惟不必另凿一口，即草湾亦须置之勿浚矣。

故为今之计，惟有修复平江伯之故业，高筑南北两堤，以断两河之内灌，而淮扬昏垫之苦可免。至于塞黄浦口，筑宝应堤，浚东关等浅，修五闸，复

---

①去后：以后。

五坝之工，次第举之，则淮以南之运道无虞矣。坚塞桃源以下崔镇口诸决，而全河之水可归故道。至于两岸遥堤，或葺旧工，或创新址，或因高冈，或填洼下，次第举之，则淮以北之运道无虞矣。淮、黄二河既无旁决，并驱入海，则沙随水刷，海口自复。而桃、清浅阻，又不足言矣。此以水治水之法也。若夫扒、捞、挑、浚之说，仅可施之于闸河耳。黄河河身广阔，捞浚何期？捍激湍流，器具难下。前人屡试无功，徒费工料。但恐伏秋水发，淫潦相仍[1]，不免暴涨，致伤两堤，故欲于崔镇口、陵城、安娘城等处再筑滚水坝三道，万一水高于坝，任其宣泄，则两堤可保，而正河亦无淤塞之患矣。徐州以南之工，如此而已。

或有难臣者曰："臣等欲顺水性，今淮水欲东，而乃挽之使北，黄水欲北，而乃挽之使东，无乃水性之未适乎？"臣曰："水以海为性也，决水乃过颡在山之水也，非其性也。"或者又曰："昔禹治河，播九河，同为逆河入于海。今臣等乃欲塞诸决，并二渎，而不使之少杀耶？纵有滚水坝，仅去浮面之水百一耳，亦乌能杀其势也？"臣应之曰："九河非禹所凿，特疏之耳。盖九河乃黄河必经之地，势不能避，而禹仍合之，同入于海，其意盖可想也。况黄河经行之地，惟河南之土最松，禹导河入海，止经郏县[2]、孟津、巩县三处，皆隶今之河南一府，其水未必如今之浊。今自河南府之阌乡县起，至归德之虞城县止，凡五府河已全经其地，而去禹导河之时复三千余年，流日久，土日松，土愈松，水愈浊。故平时之水，以斗计之，沙居其六，一入伏秋，则居其八矣。以二升之水，载八升之沙，非极湍急，即至停滞。故水分则流缓，流缓则沙停，势所必至者。臣等不暇远引他证，即以近事观之，草湾一开，而西桥故道遂淤。崔镇一决，而桃、清以下遂涩。去岁水从崔家口出，则秦沟遂为平陆。此眼前事也，又何疑哉？所据司道诸臣款议前来，臣等复加参酌，似应允从。伏望敕下该部再加查议，如果臣等所言不谬，俯赐俞允行。臣等遵照及时兴举，除工程夫役钱粮数目另本具陈外，谨题请旨。

计开：

一、议塞决，以挽正河之水。窃惟河水旁决，则正流自微，水势既微，则沙淤自积，民生昏垫，运道梗阻，皆由此也。臣等查得淮以东则有高家堰、朱家口、黄浦口三决，此淮水旁决处也。桃源上下，则有崔镇口等大小二十九决，此黄水旁决处也，俱当筑塞。但伏秋之水，相继而至，非惟地为水占，无处取土，抑且波涛汹涌，为工不坚，除将决口稍窄者，见在分投兴筑外，其决至数十丈以上者，一面鸠集工料，相时兴举，伏候圣裁。

---

①相仍：相继，连续不断。②郏县：疑为"陕县"之误，郏县不近黄河。

一、议筑堤防，以杜溃决之虞。照得堤以防决，堤弗筑则决不已。故堤欲坚，坚则可守，而水不能攻；堤欲远，远则有容，而水不能溢。累年事堤防者，既无真土，类多卑薄，已非制矣，且夹河束水，窄狭尤甚，是速之使决耳。合无力监前弊，凡堤必寻老土，凡基必从高厚。又必绎贾让不与争地之旨，仿河南远堤之制，除丰、沛太行堤原址遥远仍旧加帮外，徐、邳一带旧堤，查有迫近去处，量行展筑月堤，仍于两岸相度地形最洼易以夺河者，另筑遥堤。桃、清一带，南岸多附高冈，但上自归仁集以至朱连家墩，古堤已坏，相应修复。下抵马厂坡，地形颇洼，相应接筑，以成其势。北岸自古城至清河，亦应创筑遥堤一道，不必再议缕堤，徒糜财力。及查清江浦外河一带，至柳浦湾止，为淮城北堤，除扫湾单薄量行加帮外，但原基短促，防护未周，仍自柳浦湾至高岭，创行接筑四十余里，以遏两河之水，尽趋于海。自清江浦运河至淮安西门一带旧堤，相应再行帮厚，勿致里河之水走泄妨运。如此则诸堤悉固，全河可恃矣。伏候圣裁。

一、议复闸坝，以防外河之冲。查得先该平江伯陈瑄创开里河，仍恐外水内侵，特建五闸，设法甚严，锁钥掌于漕抚，启闭属之分司，运毕即行封塞。一应官民并回空船只，悉令车坝。此在嘉靖初年尚尔，循行故事，制非弗善也。奈何法久渐弛，五闸已废，其一仅存，四闸亦且坍塌殆尽，漫无启闭。是以黄、淮二水悉由此倒灌，致伤运道，合无议复旧制，将见存四闸俱加修理，严司启闭。俟二月前后，粮运过完，即行封闭。惟遇鲜贡船只，方许启放。仍行查复五坝，以便官民船只照旧车盘，毋致曲徇使客，致坏良规。伏候圣裁。

一、议创建滚水坝，以固堤岸。照得黄河水浊，固不可分，然伏秋之间，淫潦相仍，势必暴涨。两岸为堤所固，水不能泄，则奔溃之患，有所不免。今查得古城镇下之崔镇口，桃源之陵城，清河之安娘城，土性坚实，合无各建滚水石坝一座，比堤稍卑二三尺，阔三十余丈。万一水与堤平，任其从坝滚出，则归漕者常盈而无淤塞之患，出漕者得泄而无他溃之虞。全河不分，而堤自固矣。伏候圣裁。

一、议止浚海工程，以免糜费。照得海口为两河归宿之地，委应深阔。但查海口原身，自清口至安东县，面阔二三里。自安东历云梯关至海口，面阔七八里至十余里，深各三四丈不等。止因去年旁决之后，自桃、清至西桥一带淤塞，寻复通流。今虽未及原身十分之一，而两河之水全归故道，并流洗刷，深广必可复旧。至云相传海口横沙，并东西二尖，据土民季真等吐称，并未望见，潮上之时，海舟通行无滞，潮退沙面之水尚深二尺。况横沙并东西二尖，各去海口三十余里，岂能阻碍河流？故臣等以为不必治，亦不能治。

惟有塞决挽河，沙随水去，治河即所以治海也。别凿一渠与复浚草湾，徒费钱粮，无济于事。伏候圣裁。

一、暂寝老黄河之议，以仍利涉。照得黄强淮弱，每每逼淮东注，故议者欲复老黄河故道，冀使黄水稍避高堰，民垫可瘳，斯亦得策。但勘得原河七十余里，中间故道久弃，无论有水无水之地，询之居民，俱失其真，无从下手，一不便也。且已弃故道，欲行开复，必须深广与正河等乃可夺流，今见存大河口窄狭，不及桃、清三分之一，而三义镇入口之处，背湾径直，犹恐水未必趋，二不便也。又其中流，如鱼沟、铁线沟、叶家口、阴阳口等处，地势卑洼，诸决之水漫流至此，一望弥茫，筑堤费巨，且恐难保，三不便也。况今桃、清遥堤议筑，则黄水自有容受；崔镇等决议塞，则正河自日深广；高家堰议筑，则淮水自能会黄；清江浦等闸议严启闭，新城北堤议行接筑，则淮安、高、宝、兴、盐等处自无水患，此河虽不必复可也。伏候圣裁。奉圣旨："工部看了来说。"

工部覆前疏

题为奉明旨陈愚见，议治两河经略，以图永利事。

该总理河漕都御史潘季驯题前事，奉圣旨："工部看了来说，钦此。"臣等看得治河之说，纷纷持议，并以深浚河身，多开海口，谓得上策。不知海口本自深广而不必开，河身捞浚甚难而不可开，皆缘未尝亲历其地，而徒得诸遥闻，故听其言则美，施之事则泥。古人云千闻不博一见，正谓是也。今都御史潘季驯、侍郎江一麟足遍口讯，佥议详酌，而为是六说：曰塞决，曰筑堤，曰复闸坝，曰创滚水坝，曰止浚海口，寝开老黄河。其所修置，其所寝格[①]，俱目击利害而非道听之言，庶同则绎[②]而非勿询之谋[③]。盖堤防既固，塞决又审，水无旁泱，而正流自急，沙随水刷，而海口自复。此正以水治水，而不为穿凿之论，迂漫之谈。顷来治河之说，未有逾于二臣之议者也。再照黄、淮之性，变迁靡常，机会之来间不容发，临时酌处又存乎人，如有善后未尽事宜，亦勿拘原议，勿狃目前。事小者径自举行，事大者奏请定夺，务求至当，以期永赖。所有条请事宜，相应开立前件，议拟上请定夺。通乞圣裁。

计开：

一、议塞决口，以挽正河之水。前件臣等看得：今日水患，所以为民生

---

①寝格：搁置，阻碍。②庶同则绎：众人讨论认可才去施行。③勿询之谋：没有征询过意见的谋略。

运道之蠹者，则由河水旁决，以致正流之渐微，而流沙由此日积，故塞决之工，诚治河者切近之议也。今都御史潘季驯等议，要淮以东将高家堰等诸决口，桃源以上将崔镇等诸决口，其在稍窄而工易者，分投兴筑；其或决阔而工巨者，一面鸠役集料，相时聿举。良有补于河务，相应依拟。伏乞圣裁。

一、议筑堤防，以杜溃决之虞。前件臣等看得：堤所以防决，防不固则决不止，此势之必然者。然筑堤之议甚久，筑堤之工常兴，而不见筑堤之利者，则以其失之卑薄，或非真土及过于狭隘耳。乃不察筑堤之非善，而遂病筑堤之非计，不已过乎？今都御史潘季驯等建议筑堤，而有欲坚、欲广、欲寻老土之论，诚有见矣。至于徐、邳、桃、清、归仁集、马厂坡、古城、清江浦至淮安西门一带，或葺旧工，或创新址，或因高冈，或填洼下，或应帮厚，或应接筑，诸所等工皆经荒度所宜，筹划具审，相应依拟，令其次第举行。庶诸堤悉固，而全河可恃矣。伏乞圣裁。

一、议复闸坝，以防外河之冲。前件臣等看得：右都御史潘季驯等所议，为迩来淮、河二水内侵里河，以致运道有碍者，其原则在五闸圮废，漫无启闭所致，要将修复一节。为照先臣平江伯陈瑄特建五闸，正以防外水之反灌，故旧制特严锁钥，不时缮治，惧有今日之患尔。今议要修举，盖洞察其故，恭候命下。本部备行右都御史潘季驯等，将坍塌四闸，即行修复。查照锁钥启闭旧规，俟二月终粮运过完，即行封闭。如遇鲜贡船只，方许开放。仍查复五坝，令一应官民并回空船只，于彼车盘。如有势豪恃强擅开者，即便指名参究。伏乞圣裁。

一、议创建滚水坝，以固堤岸。前件臣等看得：秋水淫涨，两岸为堤所固束，其横涛怒浪靡得宣泄，其势不至于他溃不已也。今都御史潘季驯等条议，于崔镇口、陵城、安娘城土性颇坚地方，要各建滚水石坝一座，倘遇伏秋水与堤平，任其从坝滚出，可免他溃之虞。于河渠堤防，两有便益。相应依议，伏乞圣裁。

一、议止浚海工程，以免糜费。前件臣等看得：浚海之议节，该科道等官题疏，本部覆行踏勘。为是说者，盖信于传闻，谓海口隘窄，复横沙淤梗，不能容众水之泄，以致上流溢垫，此得于遥度者也。今右都御史潘季驯等足履口讯，与得于臆说者殊异，谓海口尚颇深广，横沙远不为害。但得上流无滞，沛然下趋，刷洗日深，冲突日广，旧口自复，何水不容，何必为是浚口之说，以图难措之功，另开一渠以滋无益之举乎？此所谓舛也。相应议止，伏乞圣裁。

一、暂寝老黄河之议，以仍利涉。前件臣等查得：先该直隶巡按陈世宝条议，复老黄河故道，本部覆行会勘。今右都御史潘季驯等条称，有三不便之说，且称诸工既以议行，黄水自有容受，正河自日深广，淮水自能会黄，水亦自不为患。以此自有四利，较彼三不便，故要行暂寝，良于利害大较，酌之审矣。相应依拟，伏乞圣裁。

奉圣旨："这治河事宜，既经河漕诸臣会议停当，依拟都准行，着他们悉心着实兴建永利。各该经委分任人员，如有玩愒推诿、虚费财力者，许不时拿问参治。其未尽事宜及临时事势，或与原议不合的，也着陆续奏闻，务求有益。应用钱粮，你部里会户部上紧议来。"

河工事宜疏

臣潘季驯谨题为条列河工事宜，乞恩俯赐俞允，以便经理事。

该臣会同漕运巡抚右侍郎江一麟议得工役繁兴，料理宜预，官夫猬集[①]，调度须周，若不先为申明，未免临事舛错。除两河疏筑之议另行具陈外，所有一二事宜，不得不上烦圣听者，敬列条款，拟议上请。伏望敕下该部，再加查议。如果臣言不谬，俯赐施行，臣等不胜感幸。

计开：

一、议支放。照得鸠工聚材，出纳甚琐，收掌销算，头绪颇多，稽核不严，必滋冒破。臣与抚臣，百责攸萃，兼以阅视不常，无暇躬亲经理。合无比照昔年邳工事例，将请发银两，俱解淮安府贮库，各工应给工食、应买物料，府佐等官开数赴各该分督司道官核实给票，赴两淮巡盐衙门覆核挂号，方许关支。每季终，该府将票类送巡盐衙门，比对号印，数目相同，发回附卷，通候工完类核，造册奏缴。如有奸弊，按法追究，庶臣等得以专心河工，而钱粮亦易于清楚矣。伏乞圣裁。

一、议分督。照得河工浩繁，道里遥远，若非多官分理，不免顾此失彼。分工之后，钱粮出入，工程次第，皆其首尾，遇有升调等项，若听其离任，则本官所分之工，又须另委补替，文移往来，便至逾月。及到工所，茫然无措，何以望其竣事而底绩也。合无俯念河工重大，如遇前项相应离任官员，容臣等暂留完工，稽其勤惰，别其功罪，请旨处分，方得离任。庶人心专定，觊觎不萌而事易责成矣。伏乞圣裁。

一、议责成。照得州县正官，职专亲民，故民易驱而事易集也。奈何相沿之弊，视河患如秦越[②]，视管河官如赘疣。即以分司部属临之，蔑如[③]也。

---

①猬集：比喻事情繁多丛杂。 ②秦越：春秋时秦国位于西北，越国位于东南，相距很远，不大往来。后比喻两方疏远，互不关心。 ③蔑如：轻视。

妨工偾事，实由于此。目今大工肇兴，诸务丛挫，若非责成各掌印官，鲜克有济。合无兴工之后，一应派拨夫役，买办物料，俱以责之各掌印正官，躬亲料理。仍选委贤能佐贰[①]，管押夫役赴工，不许将阴医等官搪塞。如有仍前玩愒，派办失宜，以致夫役逃散、物料稽迟，该工司道官即时参呈，以凭奏治，事完之日，仍与管理河工诸臣，一体分别题请施行。庶事权归一，人无推避，而大工自易矣。伏乞圣裁。

一、议激劝。照得各工委官除府佐县正外，其州县佐贰、府卫首领及杂职、阴医、义民等官，或管领人夫，或措办桩埽，或运取砖石，或打造器具，众务纷纭，如臂使指[②]，但各官出入泥淖，栉沐风雨，艰辛毕萃，殊可矜悯。有功而薄其赏，误事独重其罚，此人心之所以懈弛，而事功之所以隳堕也。合无工完之后，容臣等逐一精核，如有实心任事、劳苦倍常者，俯赐破格超擢，中间间有劣升王官等项，准与改擢。其阴医等官，原有部札冠带者，厚加奖犒。如系义民，准照题给冠带荣身，仍与阴医等官一体免其本等差徭。庶人心争奋而百事易集矣。伏乞圣裁。

一、议优恤。各工夫役，计工者每方给银四分，计日者每日给银三分，而本籍本户帮贴安家银两，有无听从其便，兹亦不为薄矣。但贫民自食其力，冲寒冒暑，暴风露日，艰苦万状，纵使稍从优厚，亦不为过。合无每夫一名于工食之外，再行量免丁石一年，容臣等出给印信票帖，审编之时许令执票赴官告免，州县官抗违，许其赴臣告治。如此则惠足使民，民忘其劳矣。伏乞圣裁。

一、议蠲免。照得淮、扬河患频仍，民遭昏垫，称最苦者，如淮安所属山阳、清河、桃源、宿迁、睢宁、安东、盐城，凤阳所属泗州，扬州所属兴化、宝应，徐州所属萧县，十一州县者一望沮洳，寸草不长，凋敝极矣。适今大工兴举，用夫颇多，舍近取远，邻封[③]未免有词。而此中流移贫民亦赖做工得食，少延残喘。应派夫役，既不容已，应输赋税，复加责办，实为繁苦。合无轸念灾极民穷，姑将前十一州县本年见征夏、秋起运钱粮，特蠲一半，行臣等揭示通知，俾催科少宽，人乐趋役。伏乞圣裁。

一、议改折[④]。照得大工肇兴，费用不赀，帑藏空虚，既难搜括，闾阎[⑤]穷困，又难加派。臣等反覆思惟无可为处，万不得已，辄有非分之请，而非

---

①佐贰：古代担任副职辅助主官的副官。至明代，凡知府、知州、知县的辅佐官，如通判、同知、州同、县丞、主簿等，统称佐贰。②如臂使指：比喻指挥如意，没有牵制。③邻封：本为相邻的封地，泛指邻县、邻地。④改折：旧时赋税制度中以其他物品或银两替代原定应交物品的缴纳办法。⑤闾阎：乡里，泛指民间。

所敢必也。臣等窃闻太仓之粟，可备八九年之食，积愈久则粟愈朽，故官军之情，有不愿本色[①]而愿折色[②]者，稍加变通，未为不可。合无暂将今岁漕粮，除淮北及河南、山东照旧兑运[③]外，其淮南并浙江等省，姑准改折，照例正兑每石连耗米轻赍折银七钱，改兑每石连耗米折银六钱，即以五钱给军，正兑尚余银二钱，改兑余银一钱。兑运停止，官军应得行月粮[④]俱可免给，以正额解京，而以余银并行月粮留发河工支用，总计可得九十余万两。以运军应得之数，而济国家大工之需，在内帑无支发之烦，在闾阎无征派之苦，在朝廷为不费之惠，在河工免缺乏之虞，而在工诸臣亦得悉心疏筑，可无顾此失彼之虑，所谓两利而俱全者也。臣等非不知近该科臣建议，奉有明例，但钱粮浩繁时，当诎乏舍此，则惟有请发内帑耳，故敢冒昧陈渎[⑤]。伏望敕下该部，再加查议，如可允行，河工幸甚，臣等幸甚。伏乞圣裁。

一、议息浮言。臣等窃惟治河固难，知河不易，故虽身历其地，犹苦于措注之乖舛，而况于遥度乎？但劳民动众之事，怨咨易兴，而往来络绎之途，议论易起。至于将迎之间，稍稍简略，则以是为非，变黑为白者，亦不可谓其尽无也。忧国计者以急于望成之心，而偶闻必不可成之语，何怪乎其形诸章牍也。而不知当局者意气因而销沮[⑥]，官夫遂生观望，少为摇夺，隳败随之，勉强执持，疏逖[⑦]难达，其苦有不可言者，伏望皇上俯垂鉴照，容臣等殚力驱驰，悉心料理，宽臣以三年之期，如有不效，治臣以罪。伏乞圣裁。奉圣旨：“工部知道。”

工部覆前疏

题为条列河工事宜，乞恩俯赐俞允，以便经理事。

该总理河漕右都御史潘季驯题前事，奉圣旨：“工部知道。钦此。”钦遵通抄到部，送司案呈到部。看得总理河漕右都御史潘季驯题称工役繁兴，官夫猬集，若不预先申明料理之方，恐临事舛错。将河工八事条列前来，诚于漕计民生有裨。除蠲免一事咨户部径自题覆，改折一事会同户部议覆，所有支放等六事，相应开立前件，议拟上请定夺。伏乞圣裁。

---

①本色：明代官俸的一种，即发放米、布这样的实物。②折色：明代官俸的一种，以银子折算。③兑运：明代漕运方式之一。由官军代运漕粮，百姓付予相应的路费和耗米。④行月粮：明朝军队和漕运兵丁的月饷称月粮，执行任务开拔时加给的称行粮。行粮和月粮合称行月粮，简称行月。⑤陈渎：据前后文义，此处“陈渎”疑为“陈请”。⑥销沮：削弱，败坏。⑦疏逖：荒远之地；疏远，闲散。

计开：

一、议支放。前件臣等看得：大工所费不赀，出纳之际，若不严加稽核，则冒破之弊，难保不无。今右都御史潘季驯等要比照邳工事例，将银两贮之于淮安府库，各工应给工料，府佐等官将数赴该督司道官核实给票，仍赴巡盐衙门挂号关支。每季终，该府将原票类送巡盐衙门覆核。倘有奸弊，从重追究，则关防严而奸蠹革。河漕二臣不至分虑，而钱粮亦靡有虚冒矣。相应依拟，伏乞圣裁。

一、议分督。前件臣等看得：往年分督之官，往往遇有升迁，则竟自代去，以致钱粮不明，勤惰无稽。如是则人心在事多存规避之私，苟且塞责曾无忠事之谋，因肆侵渔[①]所不可保，望其底绩也难矣。今右都御史潘季驯等议，为河工浩大，要多官分督。倘本官遇有升调，留待工完，将经手钱粮并其勤惰稽查明白，方许离任。委于责成良便，恭候命下。本部备咨右都御史潘季驯、侍郎江一麟，将见兴河工画地分官管理，本官自委之后，虽遇升调不许擅离，候工完之日，将经手钱粮稽核明白，分别勤惰，奏请处分，方许离任。督抚衙门仍将承委官员姓名，陆续移咨吏部，暂住升调，候工完施行。伏乞圣裁。

一、议责成。前件臣等看得：潘季驯等议，将河工料理物料责之各州县掌印官管押，夫役委之贤能佐贰。如有玩愒，该工司道参呈奏治，事完之日，仍与管河诸臣，一体分别题请一节。为照国家以河务为急，特设大臣以总理于上，又设司道官以分理于下，所以重其事权也。迩来有司以秦越视河患，以赘疣视管河之官。至如分司部属具奉有专敕，而有司视之蔑如，虽经屡次申饬而故纸自若。即有案牍之行，辄置之阁束。其间部臣稍欲尽职，则有司群然詈[②]之，为生事百尔阻顽，反欲假此以取风力之名。故本部辄差司属，则辄苦于抑气含郁，动有掣肘为虑。夫号令不行则施为何展，无惑于妨工偾事也。故责成之请，诚有洞于往辙，激于时态而言之也。诚如所议，则事权不分，而推避靡容，相应依拟，合候命下。除本地方两司守巡官各有专职，自行督责外，本部行令司属官，凡供事河工者，倘州县掌印官照旧玩视，于案牍之行辄置高阁，不即奉行，致误工程者，即一面呈本部，一面呈督抚衙门，以听参奏处治，决不姑息。伏乞圣裁。

一、议激劝。前件臣等看得：潘季驯等议称，在州县佐贰、府卫首领、杂职、义民等官要行激劝一节。为照国家所以鼓舞人心，令趋事而不懈者，以赏罚之明也。故悬千金之赏令转巨石，即孱夫亦超距而奔，彼有激尔。今

---

①侵渔：侵夺，从中侵吞牟利。 ②詈：骂，责骂。

在工各官，其出入泥淖，沐栉风雨，劳苦万状，而不大悬赏格，何以令其毕力而终事邪？激劝之典，似当亟议，伏候命下。本部备咨都御史潘季驯等，候河工完日，将供事官员查有效劳实迹者，分别等第，题请超擢。中间如有劣升王官等项，亦准改擢，或从另议优处。其阴医等官，重加奖犒。如系义民，给与冠带荣身，仍与阴医等官一体，免其本等差徭。于激劝之大机，良有得也。再照管河之官，惟隶于河渠，诸所辖司道，或怪其接见之不常，而不谅其承委之甚急；或怪其差遣之不趋，而不谅其一身之难分。往往是非枘凿[①]，有此以为极贤而彼以为不肖者，有此署上考而彼置诸劣等者，以致输劳竭力之辈俯首吞声，迟疑埋怨傍观者徒付之不平，而督河之臣亦有无如之何者。以后凡一应管河之官，其贤否悉以河臣为主。他辖上司，其于考语，不过注曰管河而已。候河工既完，仍复照旧，如此庶毁誉不致失真，而从事者不至疑畏矣。伏乞圣裁。

一、议优恤。前件臣等看得：右都御史潘季驯等条称，各工夫役冲寒冒暑，暴风露日，艰苦万状，要每夫一名于工食之外，量免丁石一年，出给印票，遇审编之时告免，如有抗违，许其告治一节。为照河工夫役既备尝艰辛，则从厚优恤亦不为过，今各官条议前来，盖深得于惠足使人之义。相应依拟，伏乞圣裁。

一、议息浮言。前件臣等看得：往年治河迄无成功者，虽由于措注之未尽协宜，亦本于议论之太多以阻之也。盖当局而任事者甚难，旁观而论事者甚易。矧河变靡常，即身亲其事者，方尔旦暮矛盾兴置顿异，岂可得而遥度邪？且人情不一，是非未必得其公；所见不同，议论未必得其当；敢于任事者，不免于任怨，而言之出于怨口者，岂足听也。谋不见用者，多幸其无成，而谤毁之言，将何所不至哉！转相告语，荧惑[②]听闻，当事者夺于铄金，过忧者摇于三至[③]，即有神禹之智，恐亦难于展布矣。此右都御史潘季驯等有息浮言之论，诚为有见。伏望皇上俯念河工重大，专委责成，勿惑于浮言，勿阻于群议。以后除治河诸臣，倘有欺隐大弊及推避不肯尽心，苟完目前，遗患于后者，许言官访实，照常参劾外，其余但有条陈治河利害之疏，虽各效其一得之忠，而众言淆乱，要必折以真实之见，本部未敢遽为题覆。悉行河漕二臣勘酌可否，明白具奏。或有窒碍难行，听行寝格。如此，则治河之臣可无临事掣肘之虞，而本部亦免于渎聒圣聪之罪矣。伏乞圣裁。

---

①枘凿：枘，榫头，用来插入另一部分的榫眼，使两部分连接起来。凿，榫眼。枘凿，“方枘圆凿”的略语，方榫头，圆榫眼，二者合不到一起，比喻两不相容。②荧惑：本为星名，古指火星。此处有“惑乱”之意。③三至：谓谣言多次传播，也会产生影响。

奉圣旨："河工事重，必须委任责成，乃可期效。今后分督司道及承委等官，都着潘季驯等开送吏部，暂停升调，通候河工完日，总论功罪，大行赏罚。若有才干不相宜的，即便遴选，具奏更调；推诿误事的，不时参奏处治，毋得避怨姑息，自误大事。其各委官贤否，但以该管河道官为主，别道俱不许干预，其余俱依拟。"

勘估工程疏

臣潘季驯谨题为勘估两河工程，乞赐早请钱粮，以便兴举事。

据管理河道郎中佘毅中、施天麟、张誉，管河兵备等道参政龚大器，副使林绍、张纯、章时鸾，佥事朱东光，水利道佥事杨化各会呈前事，蒙臣札付，备行职等亲历各该地方，逐一相度，除河患源委，疏治事宜，先行具呈讫。今将职等估计过各项工程，合用钱粮，分理官员，派调夫数，逐一会计明白。及称钱粮，无处要得，题请破格蠲发等因，列款呈详到臣。案照先为前事已该臣等会案札行，各该司道勘议过"疏治两河经略"缘由前来，另本具题外。又经催行细估工程去后，今据前因，该臣会同漕运巡抚右侍郎江一麟议得，北自丰、沛，南抵瓜、仪，蟺蜿一千余里，中间应筑、应塞、应建、应复工程不遗尺寸，当此极敝大坏之时，欲为一劳永逸之计，若非重费，岂能有成？所据司道估勘银两、官夫数目，臣等复加算核，委不可已。伏望敕下该部，再加查议。题请速赐俞允行，臣等遵照施行，地方幸甚。

计开：

一、议钱粮。照得河工募夫计土论方者，筑堤方广一丈厚一尺为四工，每工给银四分；计日者，每日给银三分；徭夫日给银一分，风雨量犒，此历年议工之成规也。但土有远近，力有倍省，工难处所，量须加增，以均苦乐。至于合用料物桩草、苘麻、柳稍、灰铁之类，俱须查照时价，难以律论，但当严加稽察，勿滋虚冒。除徐、沛、砀山行缕二堤，并徐、邳、睢、灵、宿迁两岸帮堤，创筑归仁集堤，桃、清接筑新堤，高家堰与淮口支河，先共估银二十二万四千三百三十二两三钱八分，已经工部题奉钦依，动发南京户、兵二部银二十万两，并留漕粮八万石，除前工支用外，约该剩银一万五千六百六十七两六钱二分，相应听作后工支用。今估计得崔镇决口，共长一百八十丈，中段水深一丈二尺，两头深浅不等，俱应筑根阔二十丈、顶阔十丈，计用人工、桩草、苘麻等料，该银一万两。黄浦决口，先就上流斜筑，计长六十丈，水深一二丈不等，应筑根阔二十丈、顶阔十丈，计用工料银六千两。填塞原决长一百六十丈，该用工料银四千两。应展月堤，自徐州玄黄二铺，计长八百五十丈，根阔五丈、顶阔一丈四尺、高一丈二尺，每丈计三十八方四分，共三万二千六百四十方，计工一十三万五百六十工，该银三千九百一十六两八钱。应筑遥堤，南岸自灵璧县张字铺起，至邳州果字铺止，长九十八里；北岸自吕梁山空连筑至邳州直河止，长七十五里；桃源古城起至清河獾墩止，长一百二十里。共长二百九十三里，计五万二千七百四十丈，应筑根阔六丈、顶阔二丈、高一丈二尺，每丈计土四十八方，共二百五十三万一千五百二十方，计工一千一十二万六千八十工，该银四十万五千四十三两二钱。内查沙垫土难，在邳、睢各界约长二十里，桃、清各界约长二十五里，二处计长八千一百丈。该土三十八万八千八百方，每方量加二工，该加银三万一千一百四两；加桩草等料，该银八百九十两。古城下崔镇口、桃源陵城、清河安娘城三处，各建滚水石坝一座，每座工料银三千两，共银九千两。淮城北堤，自大王庙起至柳浦湾止四十五里零，长八千二百五十二丈四尺，加帮根阔二丈二尺、顶阔一丈一尺、高六尺，每丈计土九方九分，该土八万一千六百九十八方八分，计工二十四万五千九十六工四分，该银七千三百五十二两八钱九分六厘。又自柳浦湾起至高岭止四十余里，实长六千四百九十六丈七尺，创筑根阔四丈五尺、顶阔一丈五尺、高六尺，每丈计土十八方，该土一十一万六千九百四十方六分，计工四十六万七千七百六十二工四分，但取土甚远，遍野虚沙，寻距五里挖至丈余者，若一概论方给银，恐难济事，共估银三万三千七百一十两五钱五分。清江浦一带，运堤南岸自王卿家起至寿州厂止，长二千二百二十丈；北岸自月河口起至许岭家止，长八百八十丈，各加高三四尺、阔一丈四五尺不等，共计土二万二千一十方，计工六万六千三十工，该银一千九百八十两九钱。内北岸一带缺口计用桩料，该银四百八十六两。修复通济闸并塞天妃闸，该用工料银一千两。修复板闸、清江、福兴、新庄等闸，各加石六七层不等，共该工料银一千四百九十两。四闸各开月河，打坝截流，该用银五百两。修复仁义等坝，约用银五千两。宝应湖堤，自六浅起至瓦店止，长三十里，添石修补工料，该银八万九千五百七十两。沿堤设减水闸六座，每座工价银五百两，共银三千两。下流应开支河，如兴化县白驹、丁溪二场，盐城县新河庙等处，各应挑深阔丈尺不等，共计夫工该银二万五千八百七十六两。扬州河自高庙至杨子桥，计长五千八百二丈，应挑深六七尺不等，共计夫工该银一万九千四百四十六两五钱。仪真县自东关至石人头止，计长四十五里，量加疏浚，该银三千五百两。旧例管工员役，各有廪粮。府佐每员日给廪粮银一钱二分，每员各带书办一名，日给口粮四分。州县佐贰首领等官，每员日给廪粮银六分。省祭、阴医、义民、老人，每名日给口粮银四分，约该银二千两。以上总括之数，大约如此。至于工程难易，料价低昂，裒多益寡[①]，截长补短，容臣等随时通融计算，要在节缩，不至虚縻而已，通共该银六十六万四千八百六十六两八钱四分六厘。除前支剩银一万五千六百六十七两六钱二分，徭夫减省工食银一万五千两，扬州挑浅并白驹、丁溪、盐场、新河庙等处支河，议动巡盐衙门银三万五千八百七十六两外，尚该银五十九万八千三百二十三两二钱二分六厘。臣等查得河道岁额钱粮，山东、南直隶原无余积，每遇年例修筑，东那西补，甚至缩手待敝，以致因循误事，追悔莫及。止有河南一省，见贮银一十九万余两，而彼中河工繁巨，如梁靖口、黄陵冈、孙家渡、赵皮寨、铜瓦厢等处筑堤防决，费用不赀，剜肉补疮，势难那借。合无俯念大工紧急，破格议处，准照臣等所请改折，将正额解京，余银留工支用，庶为不费之惠。如有不可，乞照都给事中刘铉题请，内帑支发通贮淮安府库，听司道官查核，赴巡盐御史处覆核关支。伏候圣裁。

一、议分督。照得工程浩大，道里遥远，若非多官分理画地责成，不免顾此失彼。今议徐州北岸，自吕梁洪至邳州直河止一带遥堤七十里，该海防道参政龚大器总管；自桃源县古城以下，遥堤六十里，并塞界内缺口及建陵城滚水坝一座，该淮北分司郎中佘毅中总管；自桃源界至清河獾墩止遥堤六十里，并塞界内决口及建安娘城滚水坝一座，该添注管河道副使张纯总管；自徐州南岸玄、黄二铺月堤并灵、睢界内遥堤五十余里及建崔镇口滚水坝一座，该徐州道副使林绍总管；自睢宁界内遥堤四十余里，并筑归仁集堤三十五里，该颍州道佥事朱东光总管；修复淮安板闸至新庄闸，共四闸，修筑里河两堤并新城北一带帮筑新旧堤及塞黄浦口，该水利道佥事杨化总管外。兴、盐支河，先经该道呈允行各县掌印官开挑，仍应该道查催筑高家堰中段，塞天妃闸朱家口，开复通济闸，修筑赵家口迤西堤岸，修复仁义等五坝，该添注管河郎中张誉总管；修筑宝应一带土石堤并建减水闸及挑浚扬州至仪真一带河道，该南河分司郎中施天麟总管。以上司道八员，均分八大工，每司道一员，分督府佐二员，计用府佐一十六员，每府佐一员，分督州县佐贰、首领、阴医、省祭官十员，共用一百六十员。听臣等于所属地方，抡[②]才调取，如员数不足及各官间有经手要务妨占者，容臣等于附近省分有司内查有干济[③]素著[④]者，另行具奏调用。分工之后，大小官员俱要悉心经理，纵有应理公务，止许工上干办，不得擅离工次。工完之日，通将效劳官员分别等第及怠玩误事者，一并题请处分，以昭劝惩。伏候圣裁。

---

①裒多益寡：取出多余用来增补不足。比喻多接受别人的意见，弥补自己的不足。
②抡：选拔。③干济：办事干练而有成效。④素著：一向显著。

一、议夫役。照得前项工程一时并举，约用夫八万名，内除量调各处徭夫七千五百名外，今议派淮安府所属，募夫二万七千五百名；扬、庐、凤三府，各募夫一万名；徐州所属，募夫一万名；滁、和二州，共募夫五千名。内有灾伤及冲繁①州县，听该道官酌议减免。应得工食，照常支给。仍行各该掌印官按籍派募，如将无籍之徒应名塞责，以致临工逃散者，容臣等指名参究。伏候圣裁。

奉圣旨："工部知道。"

工部覆前疏

题为勘估两河工程，乞赐早请钱粮，以便兴举事。

该总理河漕右都御史潘季驯题前事，奉圣旨："工部知道，钦此。"钦遵通抄到部，送司案呈到部。看得右都御史潘季驯等议称，北自丰、沛，南抵瓜、仪，约有一千余里，欲图久远不拔，必须重费财力。今将勘估过银两，官夫数目，款立前来，诚为一劳永逸之计，相应照款开立前件，议拟上请定夺。伏乞圣裁。

计开：

一、议钱粮。前件看得，夫役工有难易之不同，物料时有消长之不齐，若一概取必而授之值，则亏苦者有不均之叹，而人情竞诡于趋避矣。今该右都御史潘季驯、侍郎江一麟议，夫役工难者加增，毋令苦乐不均，物料照时估价，仍要严稽冒破，委于国计民生有裨，相应依拟。除勘估崔镇等处一带，塞决筑堤诸项工程，合用工料要留改折余银支用一节，臣等已经遵旨会同户部议覆。奉圣旨："这漕粮改折，不独以措支河工费用，亦可因此以苏息东南之民，还再议停当来说，钦此。"钦遵，随该本部移咨户部径自再议外，伏候圣裁。

一、议分督。前件看得，右都御史潘季驯、侍郎江一麟议，将河工自徐州北岸起至仪真止，内一应筑堤塞决诸各等项工程，分为八大工，以司道郎中等官总管。每司道一员，分督所属府佐二员。每府佐一员，分督州县佐贰、首领、阴医、省祭等官十员，各行干理。工完之日，要将各官分别功罪，题请各一节。为照河工浩大，北自丰、沛，南抵瓜、仪，延袤一千余里，非多官分管，未免顾此失彼。今河、漕二臣将本工画地委官分管，条议前来，诚得专委责成之意，相应依拟，恭候命下。本部备咨右都御史潘季驯、侍郎江

①冲繁：交通繁忙，政务繁重。

一麟，将分工委官事宜，除原议总管官杨化、施天麟奉圣旨拿降另行外，其余各照议施行。如委官不足，并中间有要务妨占，难以离任者，即于附近省分有司内查有干才者调用。自分工之后，大小官员，俱要实心干事，务期底绩。如有应理事务，止许就工干办，不许擅离工所，以至妨事。工完之日，将管工官员查有勤劳实绩及怠玩误事并卖放夫役者，分别等第，一并题请处分。伏乞圣裁。

一、议夫役。前件看得，前项工程浩巨，必藉夫役之多以集事。若不分投雇募，则恐一时短少，以致妨偾厥工。今右都御史潘季驯、侍郎江一麟议，所用夫约八万名，除量调各处徭夫七千五百名外，议于庐、凤、淮、扬、徐、滁、和各府州酌数雇募，内于灾伤冲繁处所，则听该道酌量减免，条议妥当，相应依拟，伏候命下。本部咨行右都御史潘季驯、侍郎江一麟，即将前项所派夫役，仍行各掌印官按籍雇募，工食照常支给。如有将无籍之徒搪塞，以致临工逃散；或将老弱不堪者充役误事，及不先时预为募处致临时缺少，或虚冒夫役名色[①]志在侵渔者，司道等官不时查核，呈请河漕衙门指名参奏，以凭重处。再照前项河工，地里遥远，夫役星散，若不严加点闸[②]，则虚实无从稽考。合无行令募夫府州县各掌印官选委廉能，官员部押赴工，明开某官一员押夫若干名，每夫或三十名或二十名编为一队。如内有躲役影射者，令互相觉察本队夫役，即时禀明押夫委官，委官具呈管工府佐追提。如有本队互相容隐不举者，查出并治，并不准工。伏乞圣裁。

奉圣旨："依拟行。"

---

①名色：名目，名称。②点闸：查点。

卷前导读

卷之八包含一篇《恭报续议工程疏》，一篇《查复旧规疏》，一篇《申明鲜贡船只疏》，一篇《报黄浦筑塞疏》，一篇《河工告成疏》，一篇《黄河来流艰阻疏》，一篇《申饬徐北要害疏》，两篇《工部覆前疏》。内容上侧重查复旧规，因时因地制宜地筑决口、规定漕运闸坝启闭时间。

《恭报续议工程疏》实际是前卷《两河经略疏》后《勘估工程疏》之补充。“两河大工延袤千里，臣等荒度之初，止详于两河分合大势，而堤岸闸坝之远近多寡，委须临时再加斟酌。”潘季驯率管河官员，亲临各工逐一细勘，相度地形，随地制宜，将各工增损原因、丈尺续报。淮北徐州三山头至张字铺，加筑遥堤五十余里；淮南通济闸改建于甘罗城东、福兴闸改建于寿州厂合适之地，仁义坝改建天妃闸以里……增损之工、费，不举无益之工，不增无益之费，而在原先河工银两内机动支用，并不额外增加费用。

针对现时黄淮汇合，淮安运渠高垫，水流湍急，闸门启闭难，漕运粮船过闸不畅的状况，潘季驯查复旧规，议请开复通济闸，引范家湖清流刷淤；仿古人平江伯陈瑄建闸筑土坝之制，严其闸坝启闭以遏沙淤水冲。即每年至六月初旬，待粮运鲜供船过尽，在闸外暂筑土坝以遏伏水水冲，便于闸门启闭；六月初至九月初，所有官民船只都经盘坝出入；至九月初旬，仍去坝用闸。如此复旧规，“不便于民船者无几时，而便于漕渠者甚大”“庶于国计民生两利矣”。

漕运之路并非一路通畅，存在危险和易拥堵的航段。其中湖漕和河漕航段受限于风浪，闸漕的问题在于水浅漕淤无法通行，为保证漕运安全，就得趁河漕、湖漕航段无大风浪，闸漕航段水量丰沛的时段运输，即要求运河中的漕船在最适合的月份通航。限时通航而漕船多，存在通航次序的问题。治水专家万恭认为：“粮运盛行，运舟过尽，次则贡舟，官舟次之，民舟又次之，闸乃肃。”应该先保证漕船通行，然后让贡船通过，其次才是官舟和民舟依次通行。贡船，顾名思义就是运载贡物的船只，其名目繁多，往往以所载物品命名。《万历野获编》记载：“南都入贡船，大抵俱属龙江广洋等卫水军撑驾。……其贡名目不一，每纲必以宦官一人主之，其中不经者甚多。稍可纪者，在司礼监则曰神帛笔料，守备府则曰橄榄茶橘等物，在司苑局则曰荸荠芋藕等物，在供用库则曰香稻苗疆等物，御用监则铜丝纸帐等物……”在各种贡物中，“其最急冰鲜，则尚膳监之鲜梅、枇杷、鲜笋、鲥鱼等物。然诸味尚可稍迟，惟鲜鲥则以五月十五日进鲜，于孝陵始开船，限定六月末旬到京，以七月初一日荐太庙，然后供御膳。”这些季节性时鲜贡物要运送到京，荐太庙供御膳，但在炎热的夏季，即使昼夜兼程，快马驰驿，运输也要一个多月，未到北京已经变质了。所以时鲜贡物随船装载时预备冰盐，运输途中的某些停泊点也设有冰库以便在到达之前保持货品的新鲜。

《河工告成疏》开列两河工程，连同续报工程的总工程量，尽述工程完工前、后其效用，可以看作是卷之七前述奏疏和批复的终录。而《黄河来流艰阻疏》主要记述了潘季驯为复黄河故道之请，博采民论，沿河勘察，综述前人前法之利弊，尽陈复新集故道之五利：河道为平陆，民无昏垫之苦；河身深广，免泛溢之患，民以安居乐业；河南行，闸渠无虞；导涤自易，徐州下河不淤浅；秦沟免冲，茶城无虞。

《申饬徐北要害疏》之前，潘季驯在《黄河来流艰阻疏》中勘察黄河徐州段后，对徐州以北河工河况已有所忧，“止缘徐州以北，非运道经行之所，耳目之后，人不及见，止见其出自小浮桥，而不考小浮桥之所自来，遂以为无虞耳”。潘季驯请求朝廷在重视下游漕河的同时，也能对于上游的河防工程给予支持。此时再在两河工程刚开始施工，治河官员都以徐州以下黄淮交汇处的清口为重之时，潘季驯经过多次实地调查后认为黄河决口的最大危险在人们所不注意的徐北上游地区，该段河道险工险段很多，堤防情况糟糕，“黄河自徐州小浮桥迤北……，水仅逾尺，散漫不能成渠，下壅上溃，势甚可虑”“其浅阻漫散如故，见分一股冲出浊河，倒灌茶城，浊河即嘉靖年间所决之河也”。其忧虑和见地可见一斑。其后万历十五年（1587 年），黄河泛涨，冲决堤防，直逼开封，漂没人畜无数，而封丘、偃师、东明等地也屡被冲决，正验证了潘季驯的反复告诫和忧虑。

卷之八　奏疏

恭报续议工程疏

臣潘季驯谨题为遵奉明旨恭报续议工程，以便查核事。

据管理河道工部郎中佘毅中、张誉，主事陈瑛，管河兵备水利营田等道参政龚大器、游季勋，副使张纯，佥事朱东光、史邦直会呈，抄蒙总理河漕并漕抚衙门宪牌。仰职等即查各工内有与原议不同工程会同类总开呈，以凭覆核奏闻。依蒙随将各工逐一查勘，除两河分合及应筑、应塞工程，俱与原议无异，又堤工各高阔丈尺、各相度地形增减不等，候通完之日册报外，所有堤岸闸坝，势当小更，难拘原议者，委应裁酌，用图经久。

以淮北言之，如南岸遥堤，原议自灵璧县张字铺起至邳州果字铺止，共长九十八里，其张字铺以上，原因河岸甚高，故止议将玄、黄二铺扫湾处所展筑月堤，长八百五十丈。今续勘得徐州三山头起至灵璧县张字铺，共五十余里一带，河岸虽高，然先年遇有异常泛涨，亦往往漫决，若止展筑玄、黄二铺月堤，尚有可虞，相应一并接筑遥堤，计长九千余丈，庶成全堤，无复遗虑。其玄、黄二铺，止筑顺水坝，以遏水势，不必另行展筑。果字铺以下，原因缕堤颇远，故未议筑遥堤。续勘得果字铺至李字铺缕堤，约四里余，犹觉逼近，仍应增筑遥堤，计长七百五十丈。北岸遥堤内，邳州谷山并匙头湾二处，俱有水沟，潴畜积水，合行疏泄。今议各建函洞一座，以便泄水。桃源县古城起至季太口止，计六十里，内原议滚水坝三座，已经建完。今岁伏水涨溢之时，甚赖其减泄之力。但季太口至清河县，计五十余里，未议建坝，恐水势至此，尚致涨溢。勘得三义镇地形原洼，众水所趋，合增建滚水坝一座，其长阔丈尺俱照前坝，庶分杀之路既多，则冲漫之患可免。此淮北工程所当续议者也。

以淮南言之，原议修复清江等闸，今勘得通济闸逼近淮河，直受冲啮，势甚汹涌，且闸设年久，底桩朽烂，加石太重，不免坍卸，相应改建于甘罗城东坚实之地。仍改浚河口斜向西南，使水势纡回，不至直射，庶便启闭。前闸既已改建，则新庄闸距此不及一里，难容多船，而关锁太促，水势湍急，不易启闭，相应拆卸。福兴闸上距通济闸计二十里，下距清江闸止五里，远近悬绝，且亦因年久圮坏，难以加石。今议改建于寿州厂适中处所。其清江一闸，仍照原议修复。至于板闸地洼水平，无庸启闭，止须照旧免行增高。又勘得原议修复五坝内，信字坝逼近淮城，且系黄河扫湾，先年久废不用。今已将礼、智二坝修复，见在车盘船只。其仁、义二坝，原共一口出船，亦系黄河扫湾，又与清江闸相邻，恐有意外冲漫之患。见今筑堤在上，以御黄流，不便修复。查得旧有天妃闸，正与清河直对，相应建坝一座于本闸之里，则车盘尤便，而船只无阻矣。其兴、盐等处入海支河，原因高堰未筑，黄浦八浅等决未塞，水势浩荡，故踵袭①节年。旧议欲加挑浚，以泄积水。近勘得高堰筑完，黄浦八浅俱塞，下流已干，无水可泄，而海口之水反高于内地，若复挑浚，则海水灌入，既伤民田，复损盐利。正在勘议间，随该巡盐御史姜璧躬亲踏勘，题请免浚，复经司道会勘，委应停止。夫兴、盐等处，既以无水可泄，免浚支河。若宝应湖堤，仍照原议于三十里之内添建减水闸六座，又恐分流太多，兴、盐难受，况建闸初意只因上流水溢，恐致伤堤，今高堰既筑，通济闸外又经题准每年水涨之时，筑坝断流，则宝应湖水不甚盈溢，湖堤可保无虞，不必多建减闸。今议修复旧闸二座，创建一座，通共四座，庶运道民田俱有攸赖。其开挑兴、盐支河，工费银二万五千八百七十六两，原议于巡盐衙门动支运司银两，仍听该衙门作正支销，此淮南工程所当续议者也。

以上事宜，皆因地损益，随时剂量，期于有济，不敢执泥，俱经会议佥同，陆续呈请举行。讫今蒙行查理合类报转奏施行等因到臣。案照先准工部咨为“奉明旨陈愚见，议治两河经略，以图永利事。”该臣等题议各项工程事宜，本部覆题，奉圣旨：“这治河事宜，既经河漕诸臣会议停当，依拟都准行，着他们悉心着实兴建永利。各该经委分任人员，如有玩愒推诿虚费财力者，许不时拿问参治。其未尽事宜及临时事势，或与原议不合的，也着陆续奏闻，务求有益。应用钱粮，你部里便会户部上紧议来。钦此。”备咨到臣，俱经通行司道钦遵兴举间，续据郎中佘毅中等议，将各工增损事宜，节次会呈前来，又经臣等亲阅相同批允举行，讫只缘工程大体俱无更张，止于节目微有不同，事涉烦琐，未敢屑屑渎奏，兹当告成伊迩，合行通查类报。今据前因，为照两河大工延袤千里，臣等荒度之初，止详于两河分合大势，而堤岸闸坝之远近多寡，委须临时再加斟酌。仰荷我皇上坐照万里，洞烛事机，假臣以便宜之权，开臣以续奏之路，所据司道陆续议报前来。在淮北，则有徐州三山头起至张字铺，加筑遥堤五十余里。玄、黄二铺，止建顺水坝一道。

①踵袭：沿袭。

果字铺起至李字铺，加筑遥堤四里余。谷山匙头湾添建函洞二座，三义镇添建滚水坝一座。此皆原题未载，委应增益。在淮南，则有通济、福兴二闸从新改迁。新庄逼近通济闸，势难两存，板闸止宜仍旧。信字坝逼近黄河，不便修复。仁义坝改建天妃闸以里，至于兴、盐等处入海支河，因高堰、黄浦八浅堤成，无水可泄，自宜停止。而宝应湖堤减水闸，止须修建四座。此原备载，委当更易，因时审势，随地制宜。臣等固不敢惜劳以贻一篑之亏，亦不敢妄举以滋无益之费。其应添钱粮，即于原议河工银内通融裁节济用，并无求益加派之事。除将各堤工高阔丈尺，相度地形增减不等，通候查核外，相应奏报，谨具题知。奉圣旨："工部知道。"

查复旧规疏

臣潘季驯谨题为乞恩查复旧规，以利漕渠事。

臣等谬膺简畀，肩厥巨艰，日夕兢兢，惟恐一事未周有负任使。兹幸庙堂主持，诸臣效力，导河防决之工，骎骎然有涓埃[①]之验矣。但于淮安一带闸河，终有未安者。臣等初至地方，目击淮安西门外直至河口六十里，运渠高垫，舟行地面。昔日河岸，今为漕底，而闸水湍激，粮运一艘，非七八百人不能牵挽过闸者，臣窃怪之，询之地方，俱云自开天妃闸后，专引黄水入闸，且任其常流，并无启闭。而高堰决进之水，又复锁其下流，以致沙淤日积。万历五年，河渠堙塞，随浚随淤，不得已开朱家口引清水灌之，方得通舟。臣等乃决意开复通济闸，以引范家湖清流，且请修举陈瑄故事，严其启闭。随该工部覆奉钦依咨行遵照，见由通济闸引水济舟，河身亦觉渐刷，数年之间或可复故矣。但沙淤可免，而湍溜如旧，牵挽不易，而启闭甚艰，且闻淮河暴发，亦有浑流。臣等求其善处之术而未得也。随行据司道等官郎中张誉等博访志传，查得永乐初年原由海运，淮郡与黄、淮二河隔绝不通，后因平江伯陈瑄疏清江浦之渠，引水以通淮安，东南运艘始得直达京师。复虑黄、淮之水沉沙易淤也，乃建清江、福兴、新庄等闸，递互启闭，锁钥掌之漕抚，开放属之分司，法至严矣。复虑水发之时湍急，难于启闭，又于新庄闸外，暂筑土坝以遏水头，水退即去坝用闸如常。延至嘉靖八年间，坝禁废弛，河渠淤塞，该漕运都御史唐龙、河道侍郎潘希曾题奉钦依，仍复旧规，载在简册者，班班可考也。数十年来初议浸失，前患复滋，臣等询之地方耆宿，皆云运渠卑隘，最易沙淤；淮地低洼，最易盈溢。若仿古人之制，严启闭于春

---

①涓埃：细流与微尘，比喻微小。

冬之时，筑外坝于伏秋之际，则非惟河身无壅垫之患，而田庐亦无浸潦之苦矣。臣等反覆思惟，请复旧规为便。及查每岁三月以前，粮运俱过，六月初旬，鲜贡已尽，其余船只，皆可盘坝[1]，并无妨碍。即如镇江京口闸，遇冬筑塞，入春方启，其例固可援也。伏望敕下该部，再加查议。如果臣等所言不谬，每岁于六月初旬，一遇运艘并鲜贡马船过尽，即于通济闸外暂筑土坝，以遏横流，一应官民船只，俱由盘坝出入。至九月初旬，仍旧开坝用闸，庶于国计民生两利之矣。再照人情易玩，法禁易弛，势豪人员任情自恣者，难保不无地方当事之臣，稍稍阿徇，辄至滥觞。恳望皇上特降严旨，容臣等刻石金书垂示各闸之上，庶几人心有常目之警，而良法无久弊之患矣。谨题请旨。奉圣旨："工部知道。"

工部覆前疏

题为乞恩查复旧规，以利漕渠事。

该总理河漕右都御史潘季驯题前事，又该总督漕运右侍郎江一麟题同前事，俱奉圣旨："工部知道，钦此。"钦遵，送司案呈到部。看得总理河漕右都御史潘季驯等题称，淮安一带黄、淮灌入，运渠高垫，且闸水湍急，启闭甚难。查得平江伯陈瑄建清江、福兴、新庄等闸，递互启闭，以防黄水之淤。又于水发之时，闸外暂筑土坝遏水头，以便启闭，水退即去坝用闸如常，其法至善。议要修复旧规，并请特降严旨垂示各闸，使势豪人员不敢任情阻挠一节。为照黄、淮二河之入淮郡也，由先臣平江伯陈瑄疏浚清江浦始也，而其立法则甚密矣。虑黄、淮灌入，泥沙易淤，而建闸以慎启闭。又虑水发湍急，难于启闭，而筑坝以遏水冲。自是浑流不入，闸河不壅，大为运道之利。后来闸坝废弛，淮安一带河渠始日就垫塞，费区画矣。况水发常在六月，此时粮运及鲜贡船只，俱已过尽，筑坝似无妨碍，虽官民船只盘剥[2]未便，终不得因此而废河漕大计也。且筑坝止是水发时候，自六月至九月初旬，不过三月余，即去坝用闸如常，不便于民船者无几时，而便于漕渠者则甚大。所据都御史潘季驯等具题前来，似应依拟，恭候命下。本部备咨总理河漕右都御史潘季驯、漕运侍郎江一麟，即查先年闸坝旧规，斟酌修复。凡清江、福兴、新庄等闸，俱要以时启闭，不得开放无度，以致泥沙灌入，有碍运道。每岁至六月初旬，运艘马船过尽，伏水将发，即于通济闸外暂筑土坝以遏横流，一应官民船只，俱暂行盘坝出入。至九月初旬，开坝复用闸启闭，仍将题准

---

①盘坝：运输。②盘剥：水陆上下搬运、装卸。

明旨刊示各闸之上。如有势豪人员恃强阻挠，应拿问者径自拿问，应参奏者径自参奏，毋得阿徇假借。庶人心知警，法不废格，而河渠有赖矣。

奉圣旨："这筑坝盘坝事宜俱依，拟有势豪人等阻挠的，即便拿了问罪，完日于该地方枷号三个月发落干碍职官，参奏处治。"

申明鲜贡船只疏

臣潘季驯谨题为乞恩查复旧规，以利漕渠事。

准南京兵部咨称案照先准臣等咨，已经备行南京内守备厅速查，今运鲜贡等差总计几起，已拨装载。五月以前过淮出口者几起未拨，差限尚迟，约在筑坝之后发行者几起，一面移文本部差拨，就令通济闸外停泊，以待各差抵闸盘船前进，庶免临期误事。随准该厅回称，冰鲜鲥鱼例在五月初旬采完，杨梅例在小暑之后采取，俱各在京装船，先用底盖盐冰打筑结实，然后起运，前进冰鲜船只，势不可盘，烦为议处到部，合咨河道漕运衙门，酌量前差尚在五月之内，伏秋未至，水势未发，姑待二起鲜船出口，方行筑坝。如坝不容缓，前项冰鲜作何计处，使不误事，希由咨报等因到臣。

案照万历七年七月二十六日准工部咨，该臣等会题前事，本部覆议，每岁至六月初旬，伏水将发，即于通济闸外暂筑土坝以遏横流，一应官民船只俱暂行盘坝出入，至九月初旬开坝。仍将题准明旨刊示各闸之上。如有势豪人员恃强阻挠，应拿问者径自拿问，应参奏者径自参奏，毋得阿徇假借等因。题奉圣旨："这筑坝、盘坝事宜俱依，拟有势豪人等阻挠的，即便拿了问罪，完日于该地方枷号三个月发落干碍职官，参奏处治。钦此。"备咨臣等通行钦遵间，今岁遇闰五月二十二日，即已入伏，相应先期筑坝，诚恐鲜贡船只所至后期，预咨该部转行早发去后。今准前因，该臣会同漕抚右都御史江一麟议照，清江里河向因外河伏水，带入泥沙，致坫漕渠，应照先臣陈瑄旧规，先期筑坝。已经题奉严旨，通合遵守。

今该监既谓冰鲜鲥鱼在五月初旬，杨梅在小暑之后，各采完。若肯较常早发，沿途无滞，计五月二十以前，二项鲜船俱可赶到。若至入伏之日，各船愆期不至，势难久待。随经咨覆该部，及延至入伏之日，定行筑坝外，但恐各监拘泥故常，逗遛不发，延至坝成，又以盘船不便推诿。臣等不无掣肘，况所进冰鲜不多，盘坝只须顷刻，即使车盘不便，亦可预拨马船停泊坝外，鲜到之日对船盘剥，亦无妨碍。漕渠关系甚重，似当量从权宜。伏望皇上轸念国计，敕下该部申饬南京守备衙门，每岁冰鲜船只，较常催攒早发，务在伏前旬日抵淮，不至有碍筑坝。万一愆期，即从天妃坝车盘，或预拨马船停泊外河船剥，着为定例。庶临期不致妨阻，而漕渠永无沙坫矣。谨题请旨。

奉圣旨："工部知道。"

工部覆前疏

题为乞恩查复旧规，以利漕渠事。

该总理河漕尚书潘季驯、总督漕抚右都御史江一麟题为前事，奉圣旨："工部知道，钦此。"钦遵抄出到部，送司案呈到部。看得冰鲜船只关系上供，而筑坝护漕关系国计，均之有不可缓者。今据河臣题称，遵旨筑坝当在伏水未发之先，其势必不能停筑以待船。据守臣回称，鲜船发行常在闸坝既成之后，其势又不能车船以盘坝，似于上供国计两有所妨。然臣等窃以为无伤也。

查得正德、嘉靖年间，五月已有鲥鱼到京，且既称鲜品，尤宜早进；既系荐庙，尤该及时。但近年以来，进鲜内臣每以采鲜既完之后，方行措办装具，附载货物勾当稽留，动逾旬日，沿途淹顿，又致愆期，比至京师，则色味俱变。不惟有碍筑坝，且于荐鲜之义，亦甚无当也。臣省吾先任南京见守备太监乔郎每事用心整饬，才复优于干济。即据今回称，鲥鱼例在五月初旬采完，盖四月二十日前后已行采矣。若随船器用，如冰盐之类，预备停当，一经采完，即便发行，不过半月即可过淮，正是伏前之期，自于筑坝无碍。至于杨梅等物，又与鱼鲜不同，即至坝成，不妨盘剥。但今年闰月伏早，此时议行恐不及事，而坝又不容缓筑，万一鲥鱼到迟，必须设法对船盘剥，方克有济。此在内守备臣及河漕大臣各以上供国计，不分彼此，一体筹度处置，自当无误。其剥完之后，自淮以北，仍须严令地方官多方护送速进，务期共济，不得应付迟缓。至于以后年分，鲥鱼鲜船，定限五月初头发行，伏前定限过淮。杨梅等船，定从便听，将南京马快空船[①]于未筑坝之先预拨过淮，停泊坝外，以俟般剥，则上供既无后时之虞，国计亦得先事之备矣。

又访得南京进鲜各船，每将起程之时，有无籍棍徒号称伙光，设局诈骗，肆意把持，要得倚船，觅利领差。内臣万一不从，即遍递诬状，使船不得行，在京不遂，复随至沿途，骚扰管河各官，或有不察堕其计中，即复稽留延缓，是以船行不得如期，非尽由发船之果迟也。合无恭候命下，容臣等行南京及河漕各衙门出示严禁，如有前项棍徒，仍前作梗者，即便拿问，从重究罪，仍枷号通渠或滨河处所示警。至于到淮般剥之际，在河漕大臣尤宜加意禁约，使奉差者不苦于道路之难，则般剥从容，攒进便利。所关于筑坝治漕者，实

①马快空船：明代快速运送贡品的大型船只。

非小补，均乞圣明裁定，敕下钦遵施行。奉圣旨："是。"

报黄浦筑塞疏

为恭报黄浦筑塞事。

据管理南河郎中张誉呈称，蒙臣等牌督修筑黄浦决口，随行扬州府同知韩相鸠工聚料，于本年三月初三日兴工，官夫昼夜并力拦河。北坝于本月初十日，南坝于十二日，各合口断流讫。又蒙本院部亲临工所，仍恐卑薄难恃，又于北坝之外加筑一坝，共阔十丈，足御水患。为照黄浦冲决为害已极，经营数年，劳费不赀，妨运病民，莫此为甚。即今两坝告成，横流堵截，山、宝、兴、盐一带生灵，悉得平土而居，耕获而食，官民船艘往来无虞，复业编氓[①]，欢声载道，诚地方无穷之利也。除将旧口填土接筑老堤，通候工完另呈，合先具报等因到臣。据此，案查先该臣等题为河患已除，流民复业，乞恩蠲租以广招徕事。已将高堰堤成，黄浦见在兴筑，缘由于本月初一日具题讫。臣随督行该司，设法督筑黄浦去后，今据前因，该臣会同漕抚侍郎江一麟照得高堰据黄浦之上游，而黄浦为兴、宝、盐城之门户，高堰既筑，黄浦之工自易。黄浦既塞，则兴、宝、盐城一带田地尽行干出。自兹两河横流涓滴皆由正道，千里之内民业皆可耕获，而海口河身日见深刷，亦可免壅溃之患矣。除将正口填筑高厚，务俾永赖，仍候大工全完另报外，为此具题。奉圣旨："工部知道。"

河工告成疏

臣潘季驯谨题为恭报两河工成，仰慰圣衷事。

万历七年十月初六日，据管河郎中佘毅中、张誉，主事陈瑛，管河兵备营田等道参政龚大器、游季勋，副使张纯，佥事朱东光、史邦直会呈，节奉总理河漕并总督漕抚衙门札付，俱为奉明旨陈愚见，议治两河经略，以图永利等事。行职等将派定工程，鸠夫办料，刻期兴举。该职等遵依督率分委府州县等官，亲诣工所，照式率作，俱自万历六年九月十五等日兴工，至今陆续通完讫。总计筑过土堤长一十万二千二百六十八丈三尺一寸，砌过石堤长三千三百七十四丈九尺，塞过大小决口共一百三十九处。建过减水石坝四座，每座长三十丈；修建过新旧闸三座，车坝三座；筑过拦河顺水等坝十道；建

---

①编氓：编入户籍的平民。

过函洞二座，减水闸四座；浚过运河淤浅长一万一千五百六十三丈五尺；开过河渠二道，栽过低柳八十三万二千二百株。其各堤高卑，酌量地形低昂随宜增损，自一丈二尺以至七八尺不等，数目烦琐，听候勘官至日另册开送核实外，照得数年以来，黄、淮二河，胥失故道，至以地方州县为壑，盖由黄河惟恃缕堤，而缕堤逼近河滨，束水太急，每遇伏秋，辄被冲决，横溢肆出，一泻千里，莫之底极。北岸则决崔镇、季太等处，南岸则决龙窝、周营等处，共百余口。而又从小河口白洋河灌入，挟永堌诸湖之水，越归仁集，直射泗州陵寝，以至正河流缓，泥沙停滞，河身垫高。淮水又因高家堰年久圮坏，溃决东奔，破黄浦决八浅，而山阳、高、宝、兴、盐，悉成沮洳。清口将为平陆，黄、淮分流，淤沙罔涤，云梯关入海之路，坐此浅狭，而运道民生俱病矣。

自去秋兴工之后，诸决尽塞，水悉归漕，冲刷力专，日就深广。今遥堤告竣，自徐抵淮六百余里，两堤相望，基址既远，且皆真土胶泥，夯杵坚实，绝无往岁杂沙虚松之弊。蜿蟺绵亘，殆如长山夹峙，而河流于其中，即使异常泛涨，缕堤不支，而溢至遥堤，势力浅缓，容蓄宽舒，必复归漕不能溃出。譬之重门待暴，则暴必难侵；增纩御寒，则寒必难入。兼以归仁一堤，横截于宿、桃南岸要害之区，使黄水不得南决泗州。至于桃、清北岸，又有减水四坝以节宣盈溢之水，不令伤堤。故在遥堤之内，则运渠可无浅阻；在遥堤之外，则民田可免淹没。虽不能保河水之不溢，而能保其必不夺河；固不能保缕堤之无虞，而能保其至遥即止。

盖尝考弘治以前，张秋数塞数决，自先任都御史刘大夏将黄陵冈一带，增筑太行堤一道，而张秋之患遂息，此其已试之明验也。今职等所筑之遥堤，即太行堤之别名耳，况系真正淤土，较之太行杂沙又有不侔[①]者，故今岁伏初骤涨，桃、清一带，水为遥堤所束，稍落即归正漕，沙随水刷，河身愈深，河岸愈峻。前岁桃、清之河，胶不可楫，今深且不测，而两岸迥然高矣。上流如吕梁两崖，俱露巉石，波流湍急，渐复旧洪。徐、邳一带，年来篙探及底者，今测之皆深七八丈，两岸居民无复昔年荡析[②]播迁[③]之苦，此黄水复其故道之效也。高家堰屹然如城，坚固足恃，今淮水涓滴尽趋清口，会黄入海。清口日深，上流日涸，故不特堰内之地可耕，而堰外湖坡渐成赤地[④]。盖堰外原系民田，田之外为湖，湖之外为淮，向皆混为一壑，而今始复其本体矣。其高、宝一带，因上流俱已筑塞，湖水不至涨满，且宝应石堤新砌坚致，故

---

①不侔：不相等，不等同。②荡析：动荡离散。③播迁：迁徙，流离。④赤地：灾荒后光秃秃的土地。

虽秋间霖潦浃旬[①]，堤俱如故。黄浦八浅筑塞之后，俱各无虞。柳浦湾一带，新堤环抱，淮城并无啮损。不特高、宝田地得以耕艺，而上自虹、泗、盱眙，下及山阳、兴、盐等处，皆成沃壤，此淮水复其故道之效也。见今淮城以西，清河以东，二渎交流，俨若泾渭，诚所谓同为逆河，以入于海矣。海口之深，测之已十余丈，盖借水攻水，以河治河，黄、淮并注，水涤沙行，无复壅滞，非特不相为扼，而且交相为用，故当秋涨之日，而其景象如此。昔年沙垫河浅，水溢地上，只见其多；今则沙刷河深，水由地中，只见其少。地方士民，皆谓二十年来所旷见也。此盖仰仗我皇上圣德格天，神明协相，圣心独断，庙算坚持，是以本院部得行初志。职等得效胼胝，向使少为异议所摇，则此时不知更作何状矣。今财力不多费，而功遍于两河，时日不久旷，而效收于期月，数千里鱼鳖之民，一旦登于衽席[②]，亿万年命脉之路，一旦底于翕宁，职等幸获遭逢，曷胜庆幸！除各用过钱粮另行册报外，所据完过工程，拟合开坐呈报施行等因到臣。

据此，案查万历六年五月十五日，该臣钦奉敕谕都察院右都御史兼工部左侍郎潘季驯，近年河淮泛滥为害，运道梗塞，民不安居，朕甚忧之，已屡有旨责之地方官经理，奈无实心任事之臣，动以工费艰巨为解，又当事诸臣意见不同，事多掣肘，以致日久无功。今特命尔前去督理河漕事务，将河道都御史暂行裁革，以其事专属于尔。其南北直隶、山东、河南地方有与河道相干者，就令各该巡抚官照地分管，俱听尔提督。尔宜亲历河流所经，会同各巡抚官，督同各部属司道等官，悉心协虑，讲求致害之因，博采平治之策。备查草湾口何为既开复淤及今作何开通，全淮水何为南徙不复及今作何疏导。徐邳河身高并州城，何以疏之使平。黄浦、崔镇等口久塞无功，何以筑之使固。及查诸臣历年建议，有行奏疏，逐一勘议。要见老黄河故道应否开复，清、桃正河应否挑浚，高家堰、宝应堤应否修筑，小浮桥新冲口可否济运、应否加挑。又徐邳以上地形，南昂北下，恐堤防一溃，势必奔流北徙，将为闸河之梗，亦要审其孰为正河，孰为支河，孰为合河？或正而当厚其防，或支而当杀其势，或合而当分其流，一并勘议详妥，奏闻区处。合用钱粮及选任司道等官，俱许以便宜，奏请给发委用。功成之日，通将效劳官员一体分别升赏，如有抗违不服及推诿误事者，文官五品以下，武官四品以下，径自提问。应奏请者奏请定夺。其提督军务事宜，查照河道衙门原管行事。尔候事宁之日，奏请回京，朝廷以尔谙习河道，素有才望，特兹重任。尔尚殚忠筹虑，尽心区画，俾河漕无梗塞之虞，人民免昏垫之苦，必有懋赏以酬尔功。

---

①浃旬：一旬，十天。②衽席：卧席。

毋或畏难惮劳，隐忠不效及苟且塞责，有负委任，尔其勉之、慎之，故谕。钦此。

臣遵奉纶音，会同抚臣躬率司道等官沿河荒度，周咨分合之势，博求平治之谋，群策毕集，众论佥同，随题为：“奉明旨陈愚见，议治两河经略，以图永利事。”该工部覆。看得都御史潘季驯、侍郎江一麟足遍口讯，佥议详酌，为是陆说。其所修置寝格，俱目击利害而非道听之言，庶同则绎而非弗询之谋。盖堤防既固，塞决又审，水无旁驶，而正流自急，沙随水刷，而海口自复。此正以水治水，而不为穿凿之论，迂谩之谈。顷来治河之说，未有逾于二臣之议等因。题奉圣旨：“这治河事宜，既经河漕诸臣会议停当，依拟都准行，着他们悉心着实兴建永利。各该经委分任人员，如有玩愒推诿、虚费财力者，许不时拿问参治。其未尽事宜及临时事势，或与原议不合的，也着陆续奏闻，务求有益。应用钱粮，你部里便会户部上紧议来。钦此。”备咨臣等钦遵，查照兴举施行，准此。

又该臣等题“为勘估两河工程，乞赐早请钱粮以便兴举事。”款议分督徐州北岸，自吕梁洪至邳州直河止遥堤，该海防道参政龚大器总管。自桃源古城以下遥堤，并塞界内决口及建减水坝一座，又先分马厂坡遥堤，该中河郎中佘毅中总管。自桃源县界至清河县北遥堤，并塞界内决口及建减水坝一座，该添注管河道副使张纯总管。自徐州南岸并灵睢界内遥堤及建减水坝一座，该徐州道副使林绍总管。睢宁界内遥堤，并筑归仁集堤，该颍州道佥事朱东光总管。修复淮安运河各闸，修筑里河两堤，并新城北一带帮筑新旧堤及塞黄浦口，催浚兴、盐支河，该水利道佥事杨化总管。筑高家堰，塞天妃闸、朱家口，开复通济闸，修筑赵家口迤西堤岸，修复各坝，该添注管河郎中张誉总管。修筑宝应一带土石堤，并建减水闸及挑浚扬州至仪真一带河道，该南河郎中施天麟总管。等因。本部覆奉钦依，咨行臣等分工间，郎中施天麟降调，将原分宝应堤工改委营田道佥事史邦直，扬州挑浅改委该府知府虞德烨，佥事杨化罢黜，将原分清江浦两岸筑堤改委主事陈瑛，增修闸座改委淮安府知府宋伯华。各管理柳浦湾修筑新旧堤，并添宝应八浅决工增委，今补水利道副使张纯。黄浦口决工增委，今补南河郎中张誉。各兼理副使林绍闲住原分一工，该今任参政游季勋管理。俱于上年九月十五日起土兴工，臣等具本题知讫。

又该臣等查得司道续报工程，淮北有徐州三山头起至张字铺，增筑遥堤；玄、黄二铺，止建顺水坝一道；果字铺起至李字铺，增筑遥堤；谷山匙头湾，添建函洞二座；三义镇，添建减水坝一座。此皆原题未载，续议增益。淮南有通济、福兴二闸，从新改迁。新庄逼近通济闸，势难两存，板闸止宜仍旧。

信字坝逼近黄河，不便修复。仁义坝改建天妃闸，里兴、盐等处支河，因高堰、黄浦八浅堤成，无水可泄，自宜停止。宝应湖堤减水闸，止须修建四座。此原题备载，续议更易。又经具本题知讫。臣等向在催督，各工去后，今据前因，除将报到工程，逐一查核相同外，该臣会同漕运巡抚侍郎江一麟，窃照我朝建都燕冀，转输运道，实为咽喉。自仪真至淮安，则资淮河之水；自清河至徐州，则资黄河之水。黄河自西而来，淮河自南而来，合流于清河县之东，经安东达云梯关而入于海。此自宋及今，两渎之故道也。数年以来，崔镇诸口决而黄水遂北，高堰黄浦决而淮水遂东，桃、清、虹、泗、山阳、高、宝、兴、泰田庐坟墓，俱成巨浸，而入海故道几成平陆。臣等受事之初，触目惊心，所至之处，孑遗①之民，板舆②号泣，观者皆为陨涕。然议论纷起，有谓故道当弃者，有谓诸决当留者，有谓当开支河以杀下流者，有谓海口当另行开浚者。臣等反覆计议，弃故道则必欲乘新冲，新冲皆住址陆地，漫不成渠，浅涩难以浮舟，不可也。留诸决则正河必夺，桃、清之间仅存沟水，淮、扬两郡一望成湖，不可也。开支河则黄河必不两行，自古纪之，淮河泛溢，随地沮洳，水中凿渠，则不能别寻他道，则不得况杀者无几，而来者滔滔，昏垫之患，何时而止，不可也。惟有开浚海口一节，于理为顺，方在犹豫。而工部遗咨，叮咛臣等亲诣踏看。

臣等乃乘轻舠出云梯关至海滨，延袤四望，则见积沙成滩，中间行水之路不及十分之一。然海口故道则广，自二三里以至十余里。询之土人，皆云往时深不可测，近因淮、黄分流，止余涓滴入海，水少而缓，故沙停而积，海口浅而隘耳。若两河之水，仍旧全归故道，则海口仍旧全复，原额不必别寻开凿，徒费无益也。

臣等乃思欲疏下流，先固上源，欲遏旁支，先防正道，遂决意塞决，以挽其趋；筑遥堤以防其决；建减水坝以杀其势，而保其堤。一岁之间，两河归正，沙刷水深，海口大辟，田庐尽复，流移归业，禾黍颇登，国计无阻，而民生亦有赖矣。盖筑塞似为阻水，而不知力不专则沙不刷，阻之者乃所以疏之也；合流似为益水，而不知力不弘则沙不涤，益之者乃所以杀之也。旁溢则水散而浅，返正则水束而深，水行沙面则见其高，水行河底则见其卑，此既治之后与未治之先光景大相悬绝也。每岁修防不失，即此便为永图，借水攻沙，以水治水。臣等蒙昧之见，如此而已。至于复闸坝，严启闭，疏浚扬河之浅，亦皆寻绎先臣陈瑄故业，原无奇谋秘策骇人观听者，偶幸成功，

---

①孑遗：经过大变故后遗留下来的极少数人。②板舆：古代一种用人抬的木制代步工具，多为老人乘坐。

殊非人力，实皆仰赖我皇上仁孝格天，中和建极，诚敬潜孚而祇灵助顺，恩威并运而黎献倾心，念转输乃足国之资，轸昏垫切儆予之虑，宵旰靡皇，丝纶[①]屡饬。其始也，并河漕以一事权，假便宜以任展布，故臣等得效刍荛之言；其既也，逮偷堕以警冥顽，折淆言以定国是，故臣等得竟胼胝之力。俯从改折之议，国计与民困咸纾，特颁赏赉之仁，臣工与夫役竞劝，致兹无兢之功，遂成一岁之内。今两河蒸黎[②]歌帝德而祝圣寿者，且洋溢乎寰宇矣。臣等何敢贪天功以为己力哉！除用过钱粮听巡盐衙门查核奏缴外，谨将完过工程总数开坐。伏乞敕下该部覆议，差官勘阅明实施行。谨题请旨。

计开：

淮北工程

总管官中河郎中佘毅中，督淮安府同知王琰、兖州府同知唐文华、桃源县知县郭显忠、济宁卫指挥文栋等筑完原分桃源县北岸遥堤，自古城起至关王庙止，长八千六百八十九丈二尺，俱根阔六丈、顶阔二丈、高一丈至九尺不等。塞完崔镇大决口一处及刘真君庙等决口，共三十六处，共长四百六十一丈五寸。筑完古城堰口堤一道，长三百六十丈。造完崔镇减水石坝一座，坝身连雁翅，共长三十丈。又筑完续增徐州南岸三山遥堤，长二千四百二十八丈三尺五寸，俱根阔四丈、顶阔一丈六尺、高八九尺不等。又督淮安府同知蔡玠，筑完桃源县迤南马厂坡遥堤，长七百四十六丈，根阔七丈至五丈不等，顶阔二丈、高一丈至八尺不等。以上各堤，共栽过低柳一十六万一千六百株。

总管官海防兵备道参政龚大器，督庐州府通判宋守中、邳州知州张延熙、泰州同知王法祖等筑完原分邳州北岸遥堤，自吕梁山麓起至直河止，长九千四百六十四丈一尺，俱根阔六丈至五丈不等，顶阔二丈至一丈五六尺不等，高九尺至七八尺不等。造完续增谷山并匙头湾函洞各一座，又筑完续增徐州南岸三山遥堤，长一千三百九十一丈八尺，俱根阔四丈、顶阔一丈四五尺不等，高八尺。以上各堤，共栽过低柳五万二千株。

总管官徐州兵备道参政游季勋，督淮安府同知蔡玠、徐州知州孙养魁、灵璧县知县张允孚、睢宁县知县徐密、桃源县知县郭显忠等筑完原分灵睢南岸遥堤，自窦老嗀堆起至象山止，长一万一千七百五十七丈二尺，俱根阔六丈、顶阔二丈、高九尺。造完徐升镇减水石坝一座，坝身连雁翅，共长三十丈。又筑完续增徐州三山遥堤二千六百四十七丈一尺六寸，俱根阔四丈、顶阔一丈六尺、高九尺。顺水坝一道。又会同南河分司改建通济闸一座，并闸

①丝纶：帝王诏书。②蒸黎：百姓，黎民。

外拦河坝一道。以上各堤，共栽过低柳一十五万一千六百株。

总管官水利道副使张纯，督兖州府同知樊克宅、清河县知县石子璞等筑完原分桃源、清河县北岸遥堤，自关王庙起至护城堤止，长九千七百二十一丈，俱根阔六丈、顶阔二丈、高一丈至八九尺不等。塞完张泗冲等决口一十八处，共长二百一十一丈。造完季太镇减水石坝一座，续增三义镇减水石坝一座，坝身连雁翅，俱长三十丈。又筑完续增徐州南岸三山遥堤二千五百四十九丈，俱根阔四丈、顶阔一丈五尺、高八尺。以上各堤，共栽过低柳五万三千株。

总管官颍州兵备道佥事朱东光，督凤阳府通判李光、前庐州府通判查志文、归德府通判祝可立，泗州守备卫镐、张大德等筑完原分睢宁南岸遥堤，自象山起至果字铺止，长六千九百三十六丈七尺，俱根阔九丈至六丈六尺不等，顶阔二丈一尺、高一丈至八尺不等。又筑完续增果字铺起至李字铺止遥堤，长八百四十八丈六尺，俱根阔六丈六尺、顶阔二丈一尺、高八九尺不等。又筑完原分归仁集遥堤，长七千六百八十二丈八尺，根阔六丈至四丈五尺不等，顶阔三丈至一丈不等，高一丈二尺至八九尺不等。内填塞决口四十七处，共长三百四十九丈。以上各堤，共栽过低柳三十万株。

淮南工程

总管官南河郎中张誉，督扬州府同知韩相，淮安府同知郑国彦、王琰，两淮运副曹鉷、东昌府通判王一凤、中军都司俞尚志等修筑高家堰堤六十余里，计长一万八百七十八丈，俱根阔十五丈至八丈六丈不等，顶阔六丈至二丈，高一丈二三尺不等。内三千四百丈，会同徐水二道，俱用桩板厢护坚固。塞完大涧、渌洋、汤恩口等决三十三处，共长一千一百一十八丈。又塞朱家决口一处，先筑月坝一道，长八十丈，并筑本口直堤，长一十四丈。闭塞天妃闸一座，修筑赵家口迤西两岸堤，共长六百七十四丈，根阔二丈至一丈，顶阔二丈至一丈，高一丈至八尺不等。又修复礼智坝各一座，添设天妃坝一座。又开出闸河口，自甘罗城起至淮河，长二百一十三丈，底阔四丈、面阔六丈、深一丈，两崖筑堤，共长四百二十六丈，根阔十丈、顶阔二丈、高一丈。又塞完续分黄浦决口一处，先筑南北拦河坝二道，共长四十五丈，根阔一十三丈、顶阔十丈、高二丈。填筑正口土堤一道，长九十四丈，自水底至顶高三丈八尺，根阔一十三丈。又会同徐州道改建通济闸一座，并闸外筑拦河坝一道。以上各堤，共栽过低柳六万株。

总管官清江厂主事陈瑛，督留守司经历屠钥、把总诸葛尧宾、镇抚王绍武等筑完清江浦南北两岸河堤，共长三千三百九丈八尺，俱根阔一丈二尺、顶阔八尺五寸、高三尺五寸。塞完郑家决口一处，长六十七丈，加堤一道，自水底至顶高一丈三四尺不等，底阔二丈五尺，顶阔九尺。

总管官水利道副使张纯，督淮安府带衔同知刘顺之、两淮运副曹鉷、宝应县知县李贽修完原分淮安府新城北旧堤，自清江浦起至柳浦湾止，共长九千八百五十一丈，帮阔二丈一丈五尺以至一丈不等，高四尺至二三尺不等。筑完新堤，自柳浦湾至高岭止，长六千六百四十丈，俱根阔四丈五尺、顶阔一丈五尺、高六尺。筑完西桥坝一座，长十二丈，自水底至顶高二丈。筑塞八浅决口一处，长八十五丈六尺。内土堤，根阔七八丈不等，顶阔二丈，自水底至顶高二丈至一丈四五尺不等。外包砌石堤一道，长八十五丈六尺，高一丈五六尺不等。又石堤两头接筑旧土堤，共长一百五十丈，俱根阔三丈，顶阔二丈，高一丈三四尺不等。南北拦河坝二道，共长五十九丈。西堤一道，长二百四十一丈，俱根阔五六丈不等，顶阔一丈三四尺不等，自水底至顶高一丈六七尺不等。以上各堤，共栽过低柳五万四千株。

总管官营田道佥事史邦直，督扬州府通判王开、郭绍等修筑完宝应湖土堤，长四千四百九十二丈，俱根阔五丈、顶阔三丈、高一丈六七尺不等。筑完石堤，长三千三百七十四丈九尺，俱根阔五尺、顶阔三尺、高一丈四五尺不等，上加土，西面三尺，东面四五尺不等。密下桩笆实土者，计长一千一百一十七丈一尺，修建减水闸共四座。

总管官扬州府知府虞德烨，督江都县知县秦应骢、原任仪真县知县况于梧等挑完淤浅河道，自高庙起至仪真县东关止，共长一万一千五百六十三丈五尺，挑深五尺至二三尺不等，阔十四丈至八丈不等。

总管官淮安府知府宋伯华，督同同知刘顺之、通判况于梧、清河县知县石子璞等造完改建福兴闸一座，修完清江闸一座，增砌荒细石块，共长二千二百九十二丈三尺。旁开月河一道，长九十三丈。筑完南北拦河坝二道，共长三十五丈。闸下两岸并月河堤，共长一百二十四丈，俱用桩笆厢护。

奉圣旨：“工部知道。”

黄河来流艰阻疏

臣潘季驯谨题为黄河来流艰阻，后患可虞，乞恩速赐查议，以图治安事。

臣等猥以谫材[1]，谬膺重任，昼夜思惟欲求万全之策，以报陛下罔极之恩，食不甘味，寝不贴席者三月矣，而卒未能快于心也。窃惟今之谈河患者，莫不曰徐邳河身垫高，水易溢也；崔镇诸口未塞，桃、清浅阻也；高堰、黄

---

[1] 谫材：浅薄的才能。

浦淮水横流，淮扬之民久为鱼鳖也；淮、黄两河之水，漫无归宿，海口沙垫也。此徐州迤南之患，耳目之所睹记，运道之所必资，故人人得而言之也。臣等已于前月二十八日会本具题陛下俯从臣请，两年之内或可脱淮扬昏垫之苦，免运道梗阻之虞，而臣等亦得借以少逭[1]愆尤[2]矣。然其大可忧者不在此也，敢敬陈之。

臣等初抵淮安，即询黄河出接运道处所，众云出徐州小浮桥，则臣等喜以为此黄河故道之最顺者也。又询水深若干，众云深四丈余，则臣等又喜，以为此河身之本体也。又询小浮桥迤西，则为胡佃沟，为梁楼沟，为北陈，为雁门集，为石城集，而石城集以上十五里则为崔家口，即去岁八月所决之口也。其间浅深俱不能答，臣等即行淮安府管河同知王琰，前往测度。去后随于四月二十九日亲督淮北分司郎中佘毅中，添注管河郎中张誉，徐州管河兵备副使林绍，添注管河副使张纯沿河踏勘，行至徐州，随据王琰揭报，前项河水深七八尺至二三尺不等，而梁楼沟至北陈三十里，则止深一尺六七寸，散漫湖坡，一望无际，原系民间住址陆地，非比沙淤可刷，故河流逾年而浅阻如故也。臣等不胜惊讶，随据徐州砀山乡民段守金、龚泮、王霜等各呈称：老河故道，自新集历赵家圈、萧县蓟门出小浮桥，一向安流，名曰铜帮铁底。后因河南水患，另开一道，出小河口，本河渐被沙浅。至嘉靖三十七年，河遂北徙，忽东忽西，靡有定向，行水河底，即是陆地，比之故道，高出三丈有余。停阻泛滥，妨运殃民，恳乞开复老河，上下永利等情。臣等当督前司道并山东管河道副使邵元哲、河南管河道副使唐汝迪，由夏镇历丰、沛至崔家口，复自崔家口历河南归德府之虞城、夏邑、商丘诸县，至新集阅视间，则见黄河大势已直趋潘家口矣。

随据地方乡老靳廷道等禀称：去此十二三里，自丁家道口以下二百二十余里，旧河形迹见在，尽可开复。臣等即自潘家口历丁家道口、马牧集、韩家道口、司家道口、牛黄堌、赵家圈，至萧县一带地方，委有河形，中间淤平者四分之一，地势高亢，南趋便利，用锥钻探河底，俱系滂沙，见水即可冲刷。又据夏邑、虞城等县乡官王极、乡民欧阳照等七百余人连名呈告，俱为乞疏旧河便民事。窃照黄河故道，自虞城迤下，萧县迤上，夏邑迤北，砀山迤南，嘉靖年间岸阔底深，水势安流，既于运河无虞，亦于民田无害，商贾通行，贸易大遂，民称丰庶。自嘉靖三十六年以后，故道渐淤，河随北徙，黄流泛溢，青野汪洋，居民十不存一，运道屡年阻滞，告乞早为开通，上利下便，是诚万世盛举等情。臣等度其言，实为探本之论，但道里遥远，工费

---

[1] 逭：逃避，免除。 [2] 愆尤：过失，罪责。

巨艰，复又沿河荒度，更无省近可从者。而臣等犹冀崔家口一带浅阻去处，或可疏浚成河，易为力也。复督各官，驾小舠至梁楼沟、北陈等处，躬亲测量，委果浅阻。河底原系陆地，委难冲刷。萧县地方，一望弥漫，民无粒食，号诉之声，令人酸楚。该县城外环水为壑，城中潴水为池。居民逃徙，官吏婴城难守，见今题请迁县。臣等窃思之，一县之害，此其小也。夫黄河并合汴、沁诸水，万里湍流，势若奔马，陡然遇浅，形如槛限，其性必怒，奔溃决裂之祸，臣等恐不在徐、邳，而在河南、山东也。止缘徐州以北，非运道经行之所，耳目之后，人不及见，止见其出自小浮桥，而不考小浮桥之所自来，遂以为无虞耳。岂知水从上源决出，运道必伤。往年黄陵冈、孙家渡、赵皮寨之故辙可鉴乎。

臣等又查得新集故道，河身深广，自元及我朝嘉靖年间，行之甚利。后一变而为溜沟，再变而为浊河，又再变而为秦沟，止因河身浅涩，随行随徙，然皆有丈余之水，未若今之逾尺也。浅愈甚则变愈速，臣等是以夙夜为惧也。臣等又查得此河先年亦尝建议开复，止缘工费浩繁，因而寝阁。臣等窃料先时诸臣，虽以工费为辞，实非本心，盖诚虑黄河之性叵测，万一开复之后，复有他决，罪将安辞？目前既有一河可通，姑为苟安之计耳。而不知臣子任君父之事，惟当论可否，不当论利害；惟当计其功之必成，不当虑其后之难必。且所虑者他决也，随决随塞，亦非有甚难者。故河变迁之后，何处不溢，何年不决，宁独不虑之乎？

臣等与司道诸臣计之，故河之复，其利有五：河从潘家口出小浮桥，则新集迤东一带河道俱为平陆，曹、单、丰、沛之民，永无昏垫之苦，一利也。河身深广，受水必多，每岁可免泛溢之患，虞、夏、丰、沛之民，得以安居乐业，二利也。河从南行，去会通河甚远，闸渠可保无虞，三利也。来流既深，建瓴之势导涤自易，则徐州以下河身亦必因而深刷，四利也。小浮桥之来流既安，则秦沟可免复冲，而茶城永无淤塞之虞，五利也。臣等以为复之便。

至于复故道难，仍新冲易；复故道劳，仍新冲逸，则臣等计之熟矣。然舍难就易，趋逸避劳，虑日后未可必之身谋①，而不惜将来必致之大患，皆非臣等之所以尽忠于陛下也。臣等勘议之后，即拟具题，但因伏水将发，犹望水势汹涌，或可冲刷成渠。近又行据同知王琰回称，勘得北陈等处，原深一尺六七寸者，今止深七八尺。臣等看得伏秋暴涨之时，水增六尺有余，则客水消落之后，不免仍存本体矣。伏望敕下该部查议，如果臣等所言不谬，拟

---

①身谋：为自身谋虑。

议上请特差素识水性科臣一员前来，候秋深水落，与臣等会同山东、河南抚臣及兼理河道巡盐御史躬亲勘议。如果可复，即便估计钱粮，会本题请早赐施行，地方幸甚，臣等幸甚。谨题请旨。奉圣旨：“工部知道。”

申饬徐北要害疏

臣潘季驯谨题为伏秋将届，徐北来流未安，乞恩申饬地方当事臣工，严守要害处所，共保无虞事。

先该臣于去年六月间，勘得黄河自徐州小浮桥迤北胡佃、梁楼、北陈、雁门等处，水仅逾尺，散漫不能成渠，下壅上溃，势甚可虑。博访舆论，佥谓开复新集旧河为便。该臣会同漕抚侍郎江一麟题为黄河来流艰阻，后患可虞，乞恩速赐查议，以图治安事。请差科臣前来会勘间，该工科都给事中王道成等题为河工艰巨，恳乞圣明特议次第举行，以求万全事。该工部议覆。咨臣及江一麟会同各该抚按督率司道等官，亲诣踏勘，虚心讲求，科臣不必议遣。臣随咨行河南、山东两省巡抚都御史并札行管河道备呈巡按巡盐御史各督行布按都三司守巡管河等道，先勘明妥通详。臣等约期会集，覆议未报。臣窃惟徐、淮之间水患相仍，钱粮正当缺乏之时，地方又值灾伤之候，频年动众，殊有隐忧。今两河之工，延袤千里，至艰且巨，臣不自揣度，复以徐北为请，诚虑夫伏秋水涨，萧、砀从中梗阻，则河南、山东不无溃决之虞。而去岁伏秋已幸无恙，臣言益愧其迂矣。况大工至今未完，若复远事开浚，强弩之末，官夫俱疲。转眼入伏，大雨时行，其势自不能不候南工报竣之后，方行议处也。然杞人之忧，则犹有未能释然者，臣自去冬至今，节行郎中佘毅中、徐州道参政游季勋，躬往踏勘，其浅阻漫散如故，见分一股冲出浊河，倒灌茶城，浊河即嘉靖年间所决之河也。伏秋之时，难保不更他徙。

臣再三咨访，咸谓开复既所未能，则堤防诚为吃紧。查得河南，则有庙王口、李景文庄前、于家店、刘兽医口、黄陵冈、陶家店、马家口、铜瓦厢、泥河、炼城口、荣花树、芝麻庄，山东则有杨家口、梁靖口、毛王寨、武家坝、侯家林、韦家楼，单县缕堤七铺至十一铺，太行堤十五铺至二十铺等处，皆为扫湾迎溜之所，先年失事，往往由此，若能固守，或可无虞。第须各该河臣移驻要害处所，躬亲督理，乃克有济。

臣以南工方在促成之际，东奔西驰，未遑他顾。而淮安去河南、山东千有余里，文移往返，动经月余。伏秋之时，呼吸变态，臣坐镇于千里之外，岂能调度之适期也？臣查得先该尚书吴桂芳准吏部咨节，奉圣旨：“河道事务，着各该巡抚官照地分管，俱属吴桂芳提督，钦此。”臣奉敕谕开载[①]亦同，伏望敕下该部，转行各该巡抚都御史，就近督同管河道及各该府县等官，躬亲料理。某处堤岸卑薄相应加修，某处水势冲突相应卷埽，大小一心，昼夜无懈，则时水虽狂力，既不能旁决，势必勉就原趋。而张秋迤南一带，运道自可无虞矣。再照夫人之情，难于虑始，而天下之事，贵在广忠。臣与江一麟具题之时，谆谆乞差科臣者，诚见新集故河淹塞已久，一旦创为开复之说，殊骇观听。且臣愚一人之见，诚不自信，而欲求协于佥谋之同耳。今该部既称科臣不必议遣，而复行臣会同各该抚按是，又以臣为主议之人，而以各该抚按为附矣。诸臣纵有异同，其谁能逆睹黄河之无恙，遂决然于拂臣之请乎？亦孰肯面斥臣言之非，而昌言其不必复乎？至于心知其当复，而深畏其劳费之难，因循不敢言者，即司道之中难保其不无也。少有依违，后言[②]滋起，偾事之由端在于是。且自徐州直至虞、夏、商丘等处，臣俱足蹈而目击之，而臣之愚见肤说，亦尽于前疏矣。未经勘议者，在河南、山东诸臣耳。伏望敕下该部，催行各该抚按及淮扬巡盐御史，径自会期，躬赴浅阻及应开复处所，逐一踏勘。如果臣言可采，不嫌于徇同；臣言乖违[③]，不妨于互异。或俟南工报完，即行议举，或念官夫积困，姑事堤防。虚心讲求，务求协一，会本具题。听该部覆议，咨臣遵奉施行，则人心早定，而河患可弭矣。臣非敢有所推避也，正欲以诸臣之见，订臣之得失为行止也。伏望皇上特赐允行，河防幸甚，臣愚幸甚。谨题请旨。

奉圣旨：“工部知道。”

---

①开载：逐一记载。②后言：背后的非议。③乖违：不恰当。

卷前导读

本卷主要包括《覆议善后疏》《覆议河工补益疏》《高堰请勘疏》等五篇潘季驯上奏朝廷的奏疏，一篇《工部覆前疏》，是朝廷对潘季驯奏疏的回复。

潘季驯的五篇奏疏虽各有主题，但通览全卷，不难发现奏疏内容主要是围绕河工告成之后仍需进行完善的河防事宜阐述的，主要包括河官的选任与职责、堤防修缮、驳斥谣言、闸坝严格启闭几个方面。

第一，河官的选任与职责。潘季驯认为河防事务头绪繁杂，堤防修守有其内在的规律，河官只有长期任职，熟谙河务，才能对其辖区内的河道治理做到心中有数、胸有成竹。因此，为最大程度地降低因管河人员流动对河防产生的消极影响，潘季驯在《覆议善后疏》中对河官的擢升任命和储备补充，提出了一整套完备的应对方案：河官无论官职高低，朝廷均应采取"久任"制；任职期间表现卓著的官员，朝廷可提升其官阶，但职责不变；如有调动升迁，应就近补充官员，避免出现河务长期无人管理而致河防延误的现象；注意储备管河人才，免除人才短缺的后顾之忧。

河务有缓急，河防系民生。潘季驯认为，河官不能只稳坐府衙、足不出户，必须时时巡视河堤，实地调研，排除隐患。因此，在《覆议河工补益疏》中，他指出河官应"专任责成"，建议增设"堤官"，实现河堤的专官管理，并将河官的府衙移建至河滨，驻守河堤，使河官不但能够了解河道治理的真实情况，还能灵活、高效地处理河务。

第二，堤防修缮。以"筑堤束水""束水攻沙"为指导思想，潘季驯主张大力修筑高家堰大堤，将淮水蓄于洪泽湖内，使淮水全出清口，倾全淮之力抵御黄河浊流，达到"蓄清刷黄"的目的。因此，在《覆议善后疏》中，潘季驯指出高家堰的稳固是"蓄清刷黄"的关键，应不惜工费，不断用石料加固高家堰大堤，砌筑石工墙。同时，为防止黄河北决，冲断运河，应加固徐州以北黄河堤防，加强帮护，增派民夫防守。

在《覆议河工补益疏》中，潘季驯指出，黄河沿岸郡邑均筑有遥堤，唯宿迁县未曾修筑，主要是因为宿迁县附近有若干湖泊，可对泛涨的河水起蓄积缓冲的作用。若大规模修筑遥堤，则河水难以在此停蓄，反而容易造成河堤溃决。而宿迁民众自建一小型堤坝，每遇伏秋涨水，总难免溃决，殃及民田，因此潘季驯奏陈，希望动用朝廷之力对这一小型堤坝进行修补，使其能够扶助民生。

在《遵奉明旨计议河工未尽事宜疏》中，潘季驯向朝廷阐述了从清河县至徐州水利堤防建设中的未尽事宜，主要包括原来未提及，但亟待兴举进行的河防事务；原来已有提议，但应立即开展进行的河防工程；何处堤坝防护薄弱，应加强帮护；何处堤坝稀少，应增建若干等。

这些堤防修缮的奏议，都是建立在“束水攻沙”论的基础上，目的都是为了防止堤防溃决，水流溃散，使河水的泥沙携带能力下降，河床淤高，入海口水流冲刷无力，河口浅隘，最终导致黄河另寻出路而决口。

第三，驳斥谣言。高家堰大堤是潘季驯修筑的河防体系中起到“蓄清刷黄”作用的一项关键性的水利工程，然而高家堰的修筑损害了一些地方豪强的利益，他们上书朝廷，声称正是由于高家堰的修筑导致淮河水位上涨，引发泗洲水患，威胁祖陵安全，意图将大堤拆毁。潘季驯不得不在浮言鼎沸的情况下上书，用事实进行逻辑推理和论辩，对这些不实的言论进行了猛烈地抨击。本卷中《高堰请勘疏》就是潘季驯抨击社会浮言的经典篇章。

在《高堰请勘疏》中，潘季驯首先用两次亲身拜谒明祖陵的经历，直陈“祖陵松柏淹枯，护沙洗荡”言论的不实。同时，他指出高家堰建成后，“数十年沮洳之乡，一旦膏壤”，说明高家堰的建成造福了一方百姓。其次，潘季驯用水性自然消涨的原理明确指出，淮河水位的上涨并非因为高家堰的修筑，真正的原因是天降大雨。此外，潘季驯用历史事实证明高家堰大堤在未筑之前，泗州也曾频遇水患，更大的水患也未曾造成祖陵淹浸。最后，潘季驯尖锐地指出，大堤遭人毁谤的真正原因是，高家堰筑堤断流后，泗州的商船无法从高家堰直达目的地，而不得不借道别处，沿途过闸停留的时间变长，且不免缴纳各种赋税，损害了这些地方豪强的利益。

第四，闸禁严格启闭。茶城是清黄交汇处，每逢黄河水涨，极易倒灌入运河，中河郎中陈瑛创筑了古洪、内华二闸，有效地将暴涨的黄河水挡在闸门之外，防止了河道淤塞。在《申严镇口闸禁疏》中，潘季驯直陈，河官并未遵循河水暴涨即下板关闸的规律，也并未认识到闸坝启闭不严带来的灾难性后果，每遇商船过闸便动辄开闸放行，随意性很强。他犀利地指出，闸禁不严等同于无闸，漕河关系重大，不可因个人私事，妨碍国家大计。潘季驯提出，应将闸门钥匙送交专人看管，严格控制闸坝启闭时间。其后朝廷回复的《工部覆前疏》允准了潘季驯奏疏中的请求，并在此基础上制定了更为严格的闸规和惩罚措施。

卷之九　奏疏

覆议善后疏

臣潘季驯谨题为河工告成，敷陈善后事宜，以图永利事。

据管理中河郎中佘毅中、南河郎中张誉、徐州兵备兼管河道按察使张纯、海防兵备兼管河道参政龚大器会呈，奉臣札付，备仰各司道会同，即将条开事宜，逐一会议。要见管河官员，作何交代？高堰石堤，作何甃砌？清江里河，作何挑浚？徐北堤防，作何修守？岁用钱粮，作何积贮？查议明妥，会呈详报，以凭覆议，具题奉此。又奉总督漕抚右都御史江一麟札付同前事，依奉照款会议，登答①明白呈乞，题请施行等因到臣。据此案照先准工部咨前事，该工科右给事中尹瑾条陈具题，工部覆奉钦依备咨到臣，准此。除将款开定法制、专责成二事，应钦遵者，通行滨河有司掌印管河官着实举行外，其重久任、甃石堰等五事，应议覆者，已行司道会议详报前来。该臣会同总督漕运巡抚兼管河道兵部尚书凌云翼逐一虚心计处，覆议相同，堪为永利，似应依拟合照款列具陈。伏乞敕下该部，再加查议，上请行臣等遵奉施行。缘系河工告成，敷陈善后事宜，以图永利事理。谨题请旨。

计开：

一、重久任，以便责成。先该给事中尹瑾题，该工部覆议，河道关系最重，类非可以穿凿于聪明，勾干于仓卒者，全在得人任久，乃可责成。及要大小官员俱令久任，或考满加升，或积劳超叙，与夫就近遴补，交代亲承，最为治河先务。合咨吏部，查照隆庆六年题奉明旨，都着久任事理。凡管河部属司道及府州县佐贰等官，果有熟谙机宜懋著积效者，考满即与升级，照旧管事，资深即与超迁，用劝异劳，有缺就近遴补。取其濡染习熟，临行新旧交代，令其传告，精详至于待异等者，一如待边臣由道而抚，由抚而督，由督而本，兵不吝焉。合咨臣等年终荐举，预储可代之才，遇缺揭咨，必求因才，而代径咨吏部，仍知会本部，以凭会同遵行。其有才志庸劣及不候交

①登答：即时答复，常用以指旧时下级对上级的回答。

代辄先离任者，听其不时奏劾，更易究惩，毋或拘挛[1]，贻误大计等因。行据司道等官议报前来，该臣等覆议，为照治河固难，知河不易，部科首以久任交代为言，诚为永赖至计。除荐举贤能，汰黜不肖，容臣等钦遵着实奉行外，所据新旧交代一节，管河大小官员，地方有难易，职掌有缓急，再须分别明白，庶免临时掣肘。如中南北三管河郎中、夏镇南旺二主事，皆系专职，俱应交代，无容别议外。至如徐州、海防、颍州、天津、霸州、大名、临清七兵备，则有兼管河道之责。山东、河南二副使，则有专管河道之责。但颍州、临清、天津、霸州、大名五道，或距河稍远，或闸渠晏然，虽兼河道，干系颇轻，似应俱免交代。其徐州、海防二道，则为河湖吃紧之区。山东、河南二道，则为黄河要害之地。四道宪职，并其所辖府州县佐贰管河官，如遇升调去任等项，与同各管河分司，俱应比照巡抚衙门事例，守候交代，仍须各行吏部知会。凡遇各官升调去任，即便就近推补，勒限赴任，使旧者得免久候之苦。文凭期限，明开交代之日，方行计算，使旧者得免违限之愆。如不候代辄先离任者，容总理河漕衙门查照工部题准事例，指名参奏。伏望敕下该部，再加查议，拟议上请行。臣等遵奉施行，则人情既便，政体画一，而河务聿兴矣。伏乞圣裁。

一、甃石堰，以固要冲。先该给事中尹瑾题，该工部覆议，高家堰西当淮、泗冲流，东护淮、扬沃土，即今筑塞已固，要将当中大涧口二十余里，用石包砌。合咨臣等今岁预行估计干办，合用石料若干，工费若干，责成徐、颍、海防三道，并力分工同心协虑。自万历九年兴工，酌宽限期，合用钱粮于大工余剩银内支用等因。行据司道等官议报前来，该臣等覆议，查得本堰自汉陈登创筑之后，至我朝平江伯陈瑄复大筑之，向不甃石者，非谓石之不坚，亦以采石之难也。去岁堰工告竣，即设官夫画地分守，每岁四月以前、八月以后，水及堤根者不满二百丈，防守甚易。惟是五月中至八月尽，最为吃紧。如有汕刷浪窝，随时补修，可保无恙。然岁久月深，官吏更换，首尾不知，疏虞难免，诚不如甃砌山石之为一劳永逸。科臣所云三利可谓委曲明尽矣。况内土既已坚厚，厢石亦易为力，但淮安原不产石，俱于徐州取办，而节年采伐不歇，势必穷山远搜，石岩既远，则出山脚价自倍于昔，水次去工尚余五百里，粮艘带运，势必病军。民舟搭载，势必病商，则自备官船专人管运之费不可惜也。采石数万丈，聚匠必须数千名，非远募于山东、河南之间不得也。其直不多，谁肯乐就。及卸石工次，搬运至堰，远者将十余里，近亦五六余里，泥涂深陷，举趾艰难，比之伐石出山之苦，又有甚焉。大工

[1] 拘挛：拘束，拘泥。

满毕，民劳方休，势难骤举，故须濡迟岁月。事难独任，故须分责三道。该科虑之详矣。今该臣等公同勘得，大涧口极洼去处，自列字号至水字号止，计长三千丈，合派南河分司三百丈，徐、海、颍三道，各九百丈。每堰长一丈，应砌高一丈，内外用石二层，该石二十丈，共该石六万丈。约计在山采办工价，出山脚价，并凿砌工食，每丈该银五钱九分，共该银三万五千四百两。合用船只，除南河分司查有见在混江龙船免造外，每道该造船九十只，共船二百七十只。每只连篷桅什物，该价银五十两，共银一万三千五百两。每船雇募水手六名，共募一千六百二十名，每名每年工食银七两二钱，大约四年为期，共该银四万六千六百五十六两。募夫搬石上船下船，及抬石到工，大约每丈费银三钱，共银一万八千两。每砌石一丈，用石灰二斗、银八厘，共该银二百四十两。堰基三千丈，每丈约计用长杉二十五根，共计七万五千根。每根价银二钱三分，共该银九千七百五十两。桩手每丈三十工，该银一两二钱，共银三千六百两。管工官廪粮，比照大工事例，合用府佐二员，每员每日廪给银一钱，书办一名，口粮银四分。州县佐贰官十二员，每员每日廪给银六分，书办一名，口粮银三分。阴医、省祭等官三十员，每员每日银四分。每年该银九百七十二两，共银三千八百八十八两。以上通共该银一十三万一千三十四两，应于大工用剩解还户部银一十二万，奏请留用。尚欠银一万一千三十四两，再于原留用剩银内动支。除南河分司见有船只，一面行令采运外，其三道工程，今岁时月已促，止可打造船只，置办器具，雇募夫匠完备，明岁采运石块，陆续细凿备用。万历十年方可下桩甃砌，随砌随采，定限四年以里工完。听总理衙门将各效劳官员，分别勤惰，题请核实赏罚。如司道等官处置得宜，能于限前早竣工坚费省者，破格优处。其原造船只事毕，量行变价，作正支销，庶料理周悉，而堤防永固矣。伏乞圣裁。

一、浚闸河，以利运艘。先该给事中尹瑾题，该工部覆议得，堤成之后，淮水悉出清口，里河水由地中，第恐外河日深，内河日浅。况前此两河交注之沙，铺垫已久，合咨臣等将清江浦河道，照南旺事例，每三年两次，严限大挑；其扬、仪河道时常捞浚，应否几年一挑，着为定例，酌议奏请等因。行据司道等官议报前来，该臣等覆议，照得清江浦至头二三铺一带里河，先臣平江伯陈瑄议为每岁一挑之法，盖因河自新庄闸外入口，多纳黄流，岁有积沙，势不得不尔也。今改闸通济，则全纳清流宜无俟于挑浚。特因往年黄流久注，淤沙久填，水溢沙上，舟因水浮。去岁头铺、二铺便觉浅涩，曾劳挑浚，是以该科目击其事，议复挑浚之法。盖见外河既已顺轨，内河尤须利涉，诚运渠之首务也。然舍岁挑之法，而欲比照南旺事例，定为三年二挑之制者，盖知通济闸之纳清，异于天妃闸之纳浊，故不必复仍岁挑之劳也。合无始自今岁冬初，查将应浚里河并乌沙河淤浅去处，筑坝断流，多募夫役，大加挑浚，不得苟且了事。工完之日，听南河分司核实造册奏缴，以后河深利涉，姑免挑浚。如有浅涩，即照南旺事例，三年两浚。其扬仪河道，去岁挑浚之后，目前尚自深广，以后如有浅阻，小则量浚，大则加挑，临时酌拟施行，务求漕舟通利，不致虚费工力。伏乞圣裁。

一、防徐北，以固上流。先该给事中尹瑾题，该工部覆议得，全河之势，下流安则徐以南无浅阻之患，上流顺则徐以北无改徙之虞。今南河可以无虑，独徐北未可忘备。合咨臣等，除行、缕二堤，遵照原题兴工帮筑外，其徐北、丰、沛、砀山一带，宜大修堤工，以防上流决徙；邵家等坝，宜并力原筑，以断秦沟旧路，及缕堤有水扫根去处，俱要帮筑。守堤夫役，每里补足十名，工食或于山东、河南停役银内解募，或摊派庐、凤、扬三府，或将洪夫仍旧徭征，而以徐州船税召募夫役，议拟上请。至于量地建铺、安插各夫、召民居集、免派堤租、人自为守，乃称长便等因，行据司道等官议报前来，该臣等覆议，照得徐北黄河，乃运道上源，关系尤重，今河出小浮桥，固能刷洪以深河。而徐南一带，决塞堤成，水无旁溢，河身益深，掣水愈驶矣。但徐北新冲崔家口上下，尚非故道，万一北决，则上而闸河，不免泛溢之患，下而徐、邳一带，不免浅涸之虞。臣等是以有来流艰阻，乞恩查议之请也。今该科议将徐北堤坝加意修筑，并议增夫防守，诚为慎重上源至计。查得徐北行、缕二堤，先该臣会同各抚按题准大修，已督各官夫见在帮筑。此外，如华山、戚山一带，原冲沛县故道，俱倍帮高厚，足恃无恐。先年砀山堤根水扫成河，近俱另筑月堤以为保障。而又于砀、单接界之所，创筑顺水斜坝，长一千余丈，以截流护堤，捍外卫内，见今伏水，止是漫至坝根，即顺坝归河，不复浸及缕堤。至于丰县邵家大坝，乃遏绝秦沟旧口，最为吃紧，今将正坝一百四十余丈，帮厚八丈，高一丈一二尺不等。又于坝东添筑二百余丈，坝西帮筑九百余丈，以防其旁冲。而上流苏、许二坝，亦俱次第加帮，秦沟之患，似可杜绝。但自砀山以至茶城，共堤一百五十五里有奇，而修守夫役，共止七百二十名，委不敷用。合无量照徐南事例，每里派夫八名，共该夫一千二百四十名。除已有七百二十名外，仍该添夫五百二十名，每名工食银七两二钱，共该银三千七百四十四两。查得庐、凤、扬三府，近年除邳堤夫已派协济，似难再加。又萧县因万历五年黄河冲漫灾伤特甚，原编决浅等夫，暂议停编四百余名。今闾阎生气初回，尚难议复，合候三二年之后，民稍殷阜，另议编派。前项增夫工食，合于后开，议请积贮银内，每岁按季支给。其画地建铺一节，亦应比照徐南，每三里建铺一座，以便各夫栖止。仍通行各州县示谕附近居民，及复业之人，听其结庐堤上，俾人自为守，不许辄派堤租，以阻受廛之念。但严禁牲畜作践，务期保护堤工。庶沿堤皆夫，上源可固，而北徙之患自除矣。伏乞圣裁。

一、备积贮，以裕经费。先该给事中尹瑾题，该工部覆议得，河道起自丰、沛，至于淮、扬，延袤千有余里，以葺修则工料浩费，以防守则用度巨艰。乃徒恃岁额不满数百之银，而支持千里之河道，坐视大坏极敝，而后请发内帑，似为失计。见今估修徐北堤工，及包砌高堰石堤，所费不赀，原剩钱粮二十四万有奇，即使尽留，尚未足用，宜多方措处，约每岁三万两，积贮淮安以便支费。合咨臣等从长酌议，或应再行奏请，或径自措处等因。行据司道等官议报前来，该臣等覆议，照得防河之法，全在固守堤岸。而堤岸止是土筑，原非镕铁而成者，河流之汕刷、雨水之淋漓、人畜之践踏，能保其不损乎？岁修之工必不可缺，则工料之费必不可少，故积贮，实治河第一义也。今自徐属以至扬州一千三百余里，而取给于岁征灾逋数百之银，是所谓无米而炊，空拳而搏，虽有智者，其何能济？每岁一遇水患，袖手张目，坐视其敝，盖由此也。近者大工肇兴，仰荷皇上俯从改折之议，在公帑无亏额之虞，在闾阎无加派之苦，以不费之惠，成最繁之工，实皆庙算主持之力也。然事莫难于守成，患恒弭于有备。故臣等于告成之后，惓惓以乞留大工余剩银料，以备每岁修防支费，盖诚虑及于此也。今徐北大修行、缕二堤，已估用五万一千有奇，加以议甃高堰石堤，必将大工余银尽数支销，亦未足用。然则预为后日修防之备者，容可缓乎？但臣等反复思惟，若欲派之滨河四郡之疲民，则积灾孑遗力有不堪。若欲派之各省四百万之漕粮，则所在加赋势又不可。欲再以余盐赃罚为请，则已经工部咨议，未蒙户部准留，似难再渎。查得万历五年，该户部题覆淮扬抚按会题，为仰体皇仁亟处荒芜要区，开地利以厚民生事。内称往年凡遇挑河等役，每引带盐征银以济工用，议将淮南北共九十万引，每引许商人带盐六斤赴掣，每斤征银五厘并随余盐银两上纳，另项贮库，计每岁带征银二万七千两，以济垦田之费，原议至万历八年住支。查得前项带征银两，往岁原供挑河之用，不系解部济边之数。委应征解河工备用。随该臣等会同巡盐御史姜璧面议，得行盐地方有限，若仍照原议垦田之费，每岁征银二万七千两，或有未便。合无行令两淮运司，自万历九年为始，每引止带盐四斤，每斤征银五厘，计每岁止带征银一万八千两。解淮安府贮库，听两河岁修之用，俟积贮稍裕，又行停征数年，若支用将匮，仍旧征贮。夫银以挑河为名，今自仪真至邳、徐一带，行盐之河，既于河臣任之，则此项银两亦系应拨之数，非于分外增益也。此外别无措处，更望轸念徐、淮为运道经行之地，实为天下襟喉，而修河大计，原为转运粮储户、工二部，似属一体，特赐破格议处。除山东岁额不多，难以协济外，合无于河南河夫银内，每岁量裒六千两。再将扬州、淮安二钞关并徐州仓分司所抽税银，每处各量留二千两，并前带征盐银，共足三万之数，俱解淮库以济河工。若或再损，实难措手。伏望敕下该部覆议，行臣等遵奉施行。其该科原题要令滨河要地，俱各建设科厂，每岁秋冬之交，即行预积，明岁修防之具司道置立，循环稽考收放，总理宪臣岁终奏报。夫物料既备，则临事无缩手之患。稽查既严，则平时无冒破之虞。容臣等通行申饬，逐一兴举，无容别议，均乞圣裁。

奉圣旨："工部知道。"该工部覆议，扬州、淮安、徐州三分司，每年各准支税银一千两，河南河夫银六千两之外，又加三千两。每年共支银九千两，大工银剩银准留一半，其余覆议相同。奉圣旨："这河工善后事宜，既已议定，着凌云翼督率各官着实修举，以终前功。余剩解部银都着留用，却要支费明白，毋容苟且冒破。其余俱依拟。"

覆议河工补益疏

臣潘季驯谨题为恭睹河工垂成，尚有可言，恳乞圣慈，俯赐亟行，以少图补益事。

据管理中河郎中佘毅中、南河郎中张誉、清江浦管闸主事陈瑛、徐州兵备兼管河道左参政游季勋、淮扬海防兼管河道右参政龚大器、水利道副使张纯、颍州兵备兼管河道佥事朱东光、营田道佥事史邦直会呈，奉臣札付，备仰各司道会同，即将条开事宜，逐一会议。要见移建衙舍，作何建设？守堤官夫，作何增添？工食钱粮，动支何项？庶免分派小民，其宿迁遥堤，踏勘地形要害，斟酌事体缓急。如应增筑，即估计工费钱粮应用数目，照款查议明妥，会呈详报，以凭覆议，具题施行。奉此依奉遵依照款会议，登答明白呈乞，题请施行等因到臣。据此案照先准工部咨前事，该巡按直隶监察御史陈世宝条陈具题，该工部覆奉钦依备咨到臣，准此。除乞广赏劳之天恩一款先行，据督工司道官郎中佘毅中等，议呈各工夫役，每名赏银五分米一斗，老人、吏农，每名赏银一钱，省祭、阴义等官，每名赏银一钱米一斗，呈详前来，批允动支。各司道宣布天恩，唱名给赏外，所据移建衙舍等项，又经通行各司道会议详报去后。今据前因，该臣会同漕运巡抚侍郎江一麟、巡按直隶监察御史李时成、姜璧通，将司道会议过事宜，逐一覆加详议，款列具陈。伏乞敕下该部，再加查议，上请行臣等遵奉施行。缘系恭睹河工垂成，尚有可言，恳乞圣慈俯赐亟行，以少图补益事理。谨题请旨。

计开：

一、移建管河官衙舍，以重责成。先该御史陈世宝题，该工部覆议，咨行臣等，查将淮北、淮南各管河官原分地方，择要害去处，建立衙舍，钱粮即于河工银内动支，不得分派小民，及查有废坏寺庙，拆毁取用等因。行据司道等官议报前来覆，该臣等议照，淮、扬、徐三府州所属河道，俱系险要之处，而管河官安坐郡邑，虽间或巡视河上，往来不常，缓急无备。今该巡漕御史陈世宝议，将各官衙舍移置河滨，画地修守，深得专任责成之法。

兹以淮北言之，查得原设管河同知二员，已经题奉钦依。一管徐、灵、睢宁河堤，并丰、沛、萧、砀黄河；一管邳、宿、桃、清河堤，并茶城迤里闸河。除管邳、宿等处者，原驻邳州无容别议。其管徐、灵等处者，原系淮安府水利同知，遥制不便，合创建衙舍于徐州，乃便管理。其各属州判主簿等官，惟邳、清、桃三州县，原俱滨河，各官衙舍，不必另建。至于睢、灵、沛、滕四县，各离河窎远[1]，先年已经题准将各官衙舍创建河边。议定睢宁县管河主簿驻新安镇，灵璧县管河主簿驻双沟镇，沛县管河主簿驻夏镇，滕县管河主簿驻戚城。徐州虽系滨河，而该州河道延袤颇远，故上、下管河二判官，分驻茶城、房村二处，俱已派有信地，相应照旧分驻。其宿迁县官河主簿，查得该县河道止南岸一面有堤，管理似有余裕、归仁新堤，关系甚大，责成宜专，应于本堤适中处所建葺公馆一所。每岁自三月初一日起至九月半止，责令本官专驻本堤，督率新设堤夫，并裒拨洪夫，昼夜修守，多方防护，其余月分，仍驻该县。

又以淮南言之，通济闸至黄浦一带河道及高家堰、柳浦湾二堤，已经题准专责淮安府清军同知管理，若本官仍驻淮城，则辽远难于照应。查得通济闸以上新庄镇地方空阔，与堤堰闸座附近，相应建设管河同知衙舍，既可以监率官夫，修守堤堰，又便于约束军民，催护粮船。其山阳县管河主簿，即应移驻黄浦镇。扬州府河道，惟有高、宝二湖堤岸最宜防守，管河通判衙舍相应于邵伯镇建置。宝应县管河主簿，则当移驻瓦店；高邮州管河判官，则当移驻界首；江都县管河主簿，则当移驻腰铺；仪真县管河主簿，则当移驻响水闸。其各官应建衙舍，除应驻扎本州县，及沛、滕二县主簿原设夏镇、戚城衙舍见在，无容创建外，其余俱行各州县逐一建设。合用物料，着落各掌印官，即将各官原署，拆赴河滨改建。仍查境内圮废寺观，及应拆书院，酌量移凑。其搬运夫匠之费，估计呈请量于河工银内动支凑用，并不扰派小民。仍严谕各官，务要遵照议定地方常川驻扎应管堤堰，不时巡视修守，不许营求别差。庶衙舍不为虚设，而官夫皆得实用矣。伏乞圣裁。

---

[1] 窎远：遥远。

一、添设新堤堰夫役，以便防守。先该御史陈世宝题，该工部覆议，咨行臣等备查，旧堤新堤旧设夫役，果否够通融应用，如不敷用，应否添设长夫，或应否随时募夫，工食动支何项银两，方得免派小民。其加派漕粮，恐难轻议，必于别项银内酌处等因。行据司道等官议报前来，覆该臣等议照，新筑堤防，修守为急，而编设夫役，工食为先。查得淮北，除宿迁以上各州县创筑遥堤，既皆坚固足恃，且原设缕堤人夫，布置颇密，堪以往来修守，不必另议添设外。其宿迁以下，北岸自古城至清河遥堤，共一百零七里，原无缕堤，未经设夫。合另设遥堤夫役，照例每三里一铺，共三十六铺，每铺应设夫一十二名，老人一名，共该夫四百三十二名。内除裒拨中河分司洪夫二百名外，实该新设夫二百三十二名，老人三十六名。听桃源、清河二县管河官各照地督率。南岸归仁集遥堤约四十里，每三里一铺，共一十三铺，每铺亦设夫十二名，老人一名，共该夫一百五十六名，老人一十三名。听宿迁县管河官督率。前项夫老，共四百三十七名，每名各工食银七两二钱，共该银二千一百四十六两四钱。及照归仁堤最为险要，修守颇难，仍于洪夫内抽拨一百四十四名，每岁定限三月初旬，亦付宿迁县管河官管领赴堤，于新设夫老相兼防守，至九月中旬时水消涸，方许撤放。其桃源县南岸缕堤三十九里，并马厂坡遥堤计五里。清河县南岸缕堤一十里零八十丈，俱应一体建铺设夫。查得桃源县原有浅夫一百六十六名，清河县原有浅夫五十三名，堪以分派，亦免另议。其淮南山阳等处，除原额浅夫甚少，不时调发浚浅，尚有不敷，难于裒拨。查得高家堰堤并柳浦湾堤，共一百六十里，应设夫五百名，俱建铺于高堰住歇，通融调拨，修守西桥、徐家二坝，颇为险要，各应设夫三十名。黄浦、八浅，各五十名，并乌沙河起至通济闸止，共六十里，应设夫一百名，各酌量地里，建置铺舍，通共应设铺老四十名。听该管河同知督率。各管河主簿大使等官照地分管，俱每年如式增修，积土堤上，遇有坍塌及水势冲激，并力守护。前项夫老共八百名，每名亦各工食银七两二钱，共该银五千七百六十两。及查裒拨洪夫二百名，工食旧额，每名银六两，岁该银一千二百两。今改常川修守遥堤，较之在洪应役颇劳，合照新设堤夫一例，每名岁给银七两二钱，除原数六两仍旧动支徐州船税外，每名加银一两二钱，岁该加银二百四十两，通应议处。以上淮北、淮南计，应添设夫老共一千二百三十七名，共该工食银八千九百零六两四钱。又该加添洪夫工食银二百四十两，通共该银九千一百四十六两四钱。看得漕粮既难加派，疲民又难增赋，别无堪动钱粮。查有淮安府四税银两，原为修浚河工等项公费，及赔貱[1]灾伤

①赔貱：赔垫，赔补。

逋负支用，今水患既除，赔贱可省，酌量于内岁支银七千三百四十两；仪真县船税银内岁支一千八百六两四钱。以上二项，凑足夫食银九千一百四十六两四钱，遇闰月年分，每夫加银六钱，共银八百六十二两二钱。听于各夫内有旷役扣除工食，通融补给，庶夫役增置得宜，而钱粮措处不扰矣。伏乞圣裁。

一、添设管堤官部夫，以保新工。先该御史陈世宝题，该工部覆议，咨行臣等详议，高家堰、柳浦湾二堤，如果地属要害，官难兼摄，奏行吏部铨选[①]。其奸徒盗决高家堰等处水口者，即照故决盗决山东南旺湖、沛县昭阳湖等处事例，一体问发，仍行法司衙门增入律例，永为遵守等因。除盗决事例无容再议外，其增设堤官一节，行据司道等官议报前来覆，该臣等议照，设堤以御水患，设夫以固堤防，诚为地方永赖之计，然无专官管理，终难责成。查得高堰、柳浦，俱属山阳县辖，即有管河主簿一员，各处河堤颇遥，势不暇给，况二堤僻在荒野，向多盗决，必须专官防守。合无两堤总设大使一员，专督前夫往来修守。随该臣等查得山东东平州仓大使李时萼，向委部领徭夫，分筑高堰工程，勤慎克济。本堤要害处所修筑事宜，本官久已熟知，似应改除管堤大使，行令率领新设堤夫修守本官衙舍，就于高堰建设居住，专听该府清军同知提调。如果三年修守无失，效有劳绩，量请加升职衔。倘有惰误，究治不贷。其东平仓员缺，另行铨补。庶事有专责，而堤可无虞矣。伏乞圣裁。

一、增筑宿迁县遥堤，以顺民情。先该御史陈世宝题，该工部覆议，咨行臣等委官前去宿迁一带地方，逐一踏勘。如遥堤接筑，果于民生漕运两便，不妨酌估具奏，择暇举行等因。行据司道等官踏勘议报前来覆，该臣等看得滨河郡邑，俱因筑有遥堤，永除昏垫之患。独宿迁傍湖无堤，不免向隅之泣，情委可矜。但该县北岸，自直河至古城一带，从来不议筑堤者，正以本处为落马、侍丘诸湖停蓄之所。湖外马陵诸山，蟺蜿环抱，天然遥堤，水无他泄，不能夺河。而水发之时，河湖相通，萦回展转，水势稍得舒缓，即汉贾让所谓“使秋水得有所休息，游波宽缓而不迫也”[②]。且山东蒙、沂诸水，俱由此湖入河，若一概接筑遥堤，则河水无所停蓄，而下流难受益，多溃决之虞。湖水不能外出，而淹浸愈广，及增胥溺[③]之患耳。今据各司道议，于直河官堤头起至王珣地头止，约二十里，旧有民间自筑小堤，每岁三四月间水发尚小，若此堤无恙则麦亦有秋，如伏秋水涨至有残缺。合行该县掌印管河官，每岁

①铨选：选择录用。考核才能、资历，授以适当官职。②语出《汉书卷二十九·沟洫志第九》，原作“使秋水多得有所休息，左右游波宽缓而不迫”。③胥溺：相继淹没。

冬春间督率本地民夫，或量拨徭夫，协助修补，此于漕河固无损益，而于民生亦有裨补矣。伏乞圣裁。

奉圣旨："工部知道，钦此。"钦遵，本部覆议相同，题奉圣旨："是。"

高堰请勘疏

臣潘季驯谨题为高堰石工将兴，乡官请毁甚力，乞恩速赐勘议，早定国是事。

臣于十月十五日，准工部咨，覆奉钦依行。臣等遵奉题准事理，采石甃砌高家堰。臣即分行各司道查照兴举，南河分司郎中张誉见在下桩甃砌间，忽闻泗州乡官欲毁高堰，投揭抚按衙门，且赴南都矣。随觅视之，原任湖广参议常三省者，特具一揭本官，又与原任江西副使李纪、朔州知州柳应聘、潍县知县高尚志，联名一揭，危词悍语，不可殚述。而中间最所耸动人者，云祖陵"松柏淹枯""护沙洗荡"二句，臣读之不胜骇汗。先该臣于九月间，督同南河郎中张誉、颍州道副使唐鍊亲诣祖陵勘议，初乘坐船，一入陵东沙湖口，则浅涸难进，复易小舟，约行六七里，登岸陆行至下马牌边半里许，又行里许，至廷墀恭谒讫，当同各官并奉祀朱宗唐。周围阅视得山基高阜，松柏茂郁，湖水仅及冈脚，堤根俱露干地。当询朱宗唐淮水暴涨之时，水及何处，本官回称至下马桥边，墀水系是骤雨，宣泄不及。随据各司道议得，为今之计，惟有量将旧闸加增高阔，便泄雨水，前岁所筑东南隅石堤，较之内地反卑，无甚关系，但已成之业，亦宜修葺，随将应修堤闸及泗州护堤工程，咨覆工部讫。及又查得陵东嘉靖二十一年所筑堤闸坚好如故，而前岁接筑石堤，圮裂甚多，内无托石、外无钉笋，必系委管堤工员役，侵扣钱粮所致。复行该道严查何官管理，应参应究，另行呈夺未报。据其"淹枯洗荡"等语，则臣等恭谒之时，岂皆无目者耶？然臣终不自安也，又于十月二十二日臣复往泗州，督同该州知州秘自谦、盱眙县知县詹朝等躬阅祖陵，则见河湖之水较前更涸，光景顿殊，松柏郁然，笼云蔽日，即地滨所栽旱柳，亦皆生意勃然，而堑外护沙高阜如故。臣殊怪士人口吻，岂宜如此诳诞①。回至该州，面询知州秘自谦，彼云士夫何常亲到陵上阅视，止据小人相构之语，遂形纸笔耳。窃照臣与前任漕抚都御史江一麟未至之时，称淮水为害之大，高堰当复之由者，不知其几千万人。而形之抚按之奏牍，台省之条陈者，又不知其几千万言也。然臣亦不敢轻率举事，到任之后，亲诣泗州，会集生员、

①诳诞：荒诞不实。

里老人等备询："泗州水患在高堰未决之前，抑既决之后也？"佥曰："高堰决而泗州水患为甚也。""清口塞于高堰未决之前，抑既决之后也？"佥曰："高堰决而清口塞也。"臣应之曰："是"诚然矣。盖高堰决则淮水东，黄河随蹑其后，故清口塞而堰内皆住址陆地。其泄不及清口之半，故泗州之水聚，今塞高堰乃所以通清口，而泄泗州之水也。遂断然请于皇上而行之。去春高堰既成，即闻泗水消落，臣未之信也。寻于五月二十二日接到该州乡宦御史赵卿遗臣与江一麟书，云："大工底绩，数十年沮洳之乡，一旦膏壤，诸名公必溃之役，倏尔告成，国家幸甚，生民幸甚。"古谓地平天成，万世永赖者，更何状哉！又遗各僚属书曰："治河之役，古今称难，今日之河，缘云梯关塞而不通，高家堰通而不塞，是以桑梓[①]鞠为巨浸，陵寝亦有小妨。十余年来当事者，徒为长叹，兹幸神谟妙算，倏尔成功。"然今论功者，止云两府贫民得免鱼鳖之患，三陵树木得免淹没之虞而已。而不知淮、黄合流，为祖陵一大合襟，所关尤重。如堰功不成，则淮奔而南矣。即此言之，其功在朝廷，岂特咽喉之枢，腹心之病，云乎哉？至于吾民之沃壤极目，欢声盈耳，又有不能尽述者，而臣犹未之信也。九月十八日，又据营田道佥事史邦直揭称，本月初七日职经越城等处，达淮、泗间沿途看得高堰以东地方，数年间洪波浩荡，非二三月不见地皮，比及四月复如初矣。而泗城淮河弥涨漫衍，令人蹙焉，今也皆为平陆，亢爽无复津涘，但布种者即嘉禾穰穰[②]。而泗州四外，俱成干滩，淮由地中，去堤岸十余丈，黄童白叟共曰十数年来未见，不意今日复睹平地。而职亦待罪地方，既已三年，往来此地，岁不下数次，诚未睹有光景如今日也。至于避水孑遗弃田里庐舍，携父母妻子远去，望故土而泫然者，数稔矣。今皆即旧基积土为壁，铺芦为屋，子妇欢呼，鸡犬聚栖。职一经行咸入照览有不图为乐之至于斯也。泗土[③]若民，各亦互相骇愕，自逊见识不到。夫以土之士民，世世其中，岁岁其患，又皆缙绅名流而所识见仅如此，则治河者可肤浅道哉。臣睹此揭方快然自以为得矣。夫据二臣书揭，则高堰未筑之前，与既筑之后光景顿异，了然在目矣。陛下与庙堂诸臣焦心劳思者数载，臣等胼手胝足者逾年方成此工，今陛下且俯纳科臣之言用石甃砌，以为亿万年无疆之计矣，三省等遽欲毁之，忍乎哉？今岁之水，委果异常，往岁止发一次，今则再发。往岁以数尺计者，今则及丈。然五月末旬暴涨，六月俱消，七月中旬暴涨，九月俱消。即三省揭中亦谓目今淮流少减，遂谓祖陵无恙，诚然矣。然既称少减，则消而复涨，涨而复消，乃水性必然之理，

①桑梓：古人在住宅旁种桑树养蚕，种梓树制作器具，后以"桑梓"指代故乡。②穰穰：庄稼丰熟丰盛的样子。③土：底本作"士"，据四库本改。

即徐、邳间皆然，不独泗州为然也。即山陕、河南皆然，不独徐、邳为然也。有今岁异常之雨，则有今岁异常之水，三省等能使天之不雨乎？南都滨临大江，苏、浙逼近沧海，五六月间街市可舟，一望巨浸，又闻承天显陵水深六七尺，岂亦有高堰阻之乎？臣不敢琐琐辩渎，即以揭中最舛之语，为皇上陈之。

案查嘉靖十二年，前任河道都御史朱裳请于祖陵东西南三面，量筑土堤，以障泛溢。该都御史刘天和接管，勘得祖陵西、北二面土冈联属，永奠无虞。其南面山冈之外，即俯临沙湖，西有陡湖之水，亦汇于此。淮河自西而来，去祖陵一十三里，但遇夏秋淮水泛涨，与前项湖河诸水通连会合，间或淹及冈足及下马桥边。今据匠役王良等量得，自淮河见流水面至陵地，共高二丈三尺一寸。百余年来，每岁水溢，未闻冲决，事体重大，未敢轻拟等因。又查得《泗州志》载元知州韩居仁所撰《淮水泛涨记》内称，大德丁未夏五月，淮水泛涨，漂没乡村庐舍，南门水深七尺，止有二尺二寸未抵圈砖顶，城中居民惊惧。因考宋辛丑之水大此二尺，丙寅小此二尺，今取高低尺寸刊之于石，以后水涨，官民视此勿惊惧云。又查得盱眙县石刻载邑人蒋仲益记，内称正统六年五月连雨，六月水浸泗城，官民咸避盱眙山，泗州卫前水高一丈二尺，漂没庐舍，民大惊骇。按：宋淳祐、咸淳，元大德及我朝洪武乙丑、永乐己丑皆大水焉，不可不纪，以慰后人。云各志石种种在也，汉唐无考矣。我朝正统以后无论矣。即志刻所载，自宋之淳祐至我朝正统，泗州每为水困，而揭云万历以前，堰未筑则鲜害，果何说耶？考之郡志，高堰为汉陈登所筑，而我朝平江伯陈瑄复大葺之，相传千有余年。乃云原无高堰，万历元年创筑，如其无也。则隆庆四年以前，高堰未决，淮扬何以无水患乎？堑外护沙原非人为，自开辟以来有之者，即志刻所载历朝大水，较之今岁不啻三倍，护沙固无恙也。乃今遂洗荡乎。高堰居淮水之东，中间尚隔阜陵、泥墩诸湖，淮水北出清口则直而顺，出高堰则逆而难。揭云高堰横拦直受，使淮流至此纡回曲折而不得直下，是未知高堰安顿何处可论水乎？又云，万历以前，河、淮于清口会合通流入海，惟自高堰一筑之后，淮益弱，河益强，荡激泥沙，日累月积，此又不经甚矣。夫高堰通流，则淮分而弱，反为之强。高堰断流，则淮全而强，反谓之弱，何其舛乎？先任漕抚衙门，特因清口沙塞，制混江龙以滚刷之，毕竟无效。臣与江一麟，率同司道府州县官二十余员，亲往清口阅视，仅存一线，人皆褰裳①而渡，此高堰大溃时也。延至次年二月，高堰筑而清口始辟，今反言之，舛甚矣。三省又云淮人以此堰为便恃田土耳，孰愈害及人民，夫高堰决后，淮扬之民流离转徙、阽于死亡者，不知其数无论

①褰裳：提起衣裳。

已。淮水东注黄浦、八浅、高、宝一带，横溃四决，覆溺船只，阻梗运道，三省辈独不闻乎？况云梯关外海口甚阔全赖淮、黄二河并力冲刷。若决高堰，清口必淤，止余浊流一股，海口必塞。海口塞，则下壅上溃，黄河必决，运道必阻，此前岁之覆辙也。三省辈未之知乎？臣前至泗州时，有以清口淤塞语臣者，臣应之曰："清口既塞，则泗州城外之水，从何宣泄，而今乃消落归漕若是也。"语者词少涩，然臣犹不自信，随率南河郎中张誉、淮安府同知庄桐、清河县知县袁世南，驾扁舟从诸湖中泛至清口，直抵清河县南，逐一探试，得河湖相连处所，汇为巨浸，万顷茫然，中间深浅不等，自一丈五尺以至四五尺。一入清口，淮水方有归束，以四丈之绳系石投之，未得其底，盖水散则浅，水聚则深，其理然也。今三省辈欲加疏浚，不知从何措手，试即令彼为之，当自见也。又云二者以彻高堰为要，此时清口水仅三尺，近堰之外深几二丈，是计其水所从泄清口难而高堰易也。此又诪张甚矣。夫清口深逾四丈，堰外见有干滩，水势迥异，万目昭彰，谁能掩乎？盖不言祖陵之伤，无以动人；不言清口之塞，难以毁堰。而不自知其大非士人举动矣。臣谛思之，三省辈宁无人心者，何其变乱黑白至此哉。且其揭不行于高堰初议之时，而行于高堰久成之后，不行于淮水大涨之日，而行于淮水消落之余，何哉？盖缘泗州巨商私贩，北自河南，南至瓜仪，势必假道清浦运河，而各闸不免稽留，分司不免税榷，人甚苦之。数年以来，皆从高堰直达，为利甚大。先任漕抚都御史王宗沐于万历元年筑堰断流，而泗人危言四起，卑薄不加，遂致中圮。侍郎吴桂芳亦知高堰当筑，几欲兴工，有泗州棍徒杨明恕者，造为飞语，多方煽惑，因循堕误。臣初至之时，亦常以游言力阻，臣坚执不允。继复请于高堰迤南五十余里周家桥至古沟一带，凿渠通湖，而淮安之民又欲比照高堰一体加筑。臣行司道查得彼处地形亢于高堰，淮水大涨则从此漫入白马湖，浃旬不雨，仍为陆地，此天然减水坝也。如欲加筑，则淮水暴涨，不免增溢，而高堰难守，然留此以泄异常之水，则可。如欲开凿成河，淮水从此长流，则非特淮扬被害，而清口亦必复淤，俱不可也。任之而已，泗人无路中通，向抱悒悒[①]。兹当臣将去之日，复袭故智以申前说，而不知其中更有大不可者。夫祖陵风水，全赖淮、黄二河会合于后，风气完固，为亿万年无疆之基。地方乡乘载吴桂芳语云："凤、泗皇陵，全以黄淮合流入海为水会天心，万水朝宗，真万世帝王风水。"与赵卿前书所云淮、黄合流，为祖陵一大合襟，诚知言也。今若于高堰等处，从中劈画一路分之，使抱身之水反挑而去，万一有误，谁执其咎？夫三省辈偶见淮水暴涨，则动辄以陵寝为言，

①悒悒：忧愁郁闷的样子。

至若分淮、黄之流，以坏祖宗万年根本之地，则又悍然不顾以全淮之力出清口，则以为塞中分淮水之力，则清口又以为通，公乎私乎？臣诚不知其何心也。臣又念之，当两河泛溢之时，民生昏垫，国计梗阻，则人以朝廷不遣大臣，爱惜财费而哓哓矣。今朝廷遣大臣矣，不惜财费矣，一岁之间两河顺轨，往来利涉矣。而泗人又欲毁成业而兴新工，忘大体而行私臆，地方之私臆无穷，而朝廷之财力有限。臣不知其所终也。此议不息，则大衅犹存，必须速勘明白，方可杜绝后患。而见奉明旨采石甃砌，淆言四起，人心惶惑，何以成功？诚不可不速为之计也。况臣管窥之见，固止于此，犬马之力，亦尽于此，而宁敢遂谓其必无遗策乎。今臣奉旨离任，正地方人情得以摅发之时，勘议诸臣得以虚心之日，伏望敕下该部，转行尚书凌云翼毋拘成议，毋靳成功。可改图者，即为改图。可增损者，即为增损。荒度诹咨，务求全美，此固国家之幸，地方之幸，而使臣他日无遗议焉，亦臣之大幸也。如三省等之言，必不可行，亦望特降明纶，着为令甲，使他日怀私好事之徒，不得妄生厉阶，以乱国是，则公论早定，而事体画一矣。再照人情不免顾忌谗口，尤多推委，臣若仍縻廪禄，则他日勘议者，稍拂三省等意，不曰云翼同官相护，必曰属僚畏臣徇臣，而不敢持公议矣。伏望将臣放归田里，使凌云翼等得以虚心勘议，如臣之所行者是，而三省辈所言者非，即欲用臣未晚也。况臣自治河以来，胼胝之力少而笔舌之劳多，神销质耗，心悸魂惊，自知不久于人世矣。前者具疏乞归，实出悫悃谬蒙温旨眷留，臣虽殒身图报亦所甘心，何忍求去。但揆之人情似已未厌，臣一日不去，人言一日未息。恳乞陛下怜而允之，臣不胜感戴幸望之。至奉圣旨高堰筑后，河道安流，绩效已著，岂可因一二无稽之言。又行勘议，着遵前旨，上紧修筑，以终前功。常三省倡言阻坏成议，姑革去原职为民，其余且不查究，以后再有这等的，拿来重处，工部知道。

遵奉明旨计议河工未尽事宜疏

臣潘季驯谨题为遵奉明旨计议河工未尽事宜事。

据中河郎中佘毅中、徐州兵备兼管河道按察使张纯会呈，蒙臣并总督漕运巡抚兼管河道兵部尚书凌云翼宪牌前事。备仰司道即便会同，将所管河道自清河县起至徐北止，应议未尽事宜，逐一计议。要见某处工程原议未及，应该续举；某处工程原议已及，即该举行；某处堤岸卑薄，应该加帮；某处闸坝稀少，应该增建；某处运渠浅涩，应该挑浚。夫料作何调办，钱粮作何动支，毋以先有成议，而惮于纷更；毋以专事节省，而致贻后悔。此系奉旨虚心计议以终前功，务求永赖善后长策。该司道必须悉心详议，估计明妥，具由会呈通详，以凭覆议施行。蒙此该职等遵依，督同淮安府知府樊克宅、管河运同王琰、徐州管知州事运同孙养魁，并淮徐所属各州县掌印管河等官，查议得先年淮北一带，惟恃缕堤，束水太迫，卑薄杂沙。每年伏秋泛涨，决口不下数十，决愈多则水愈散而沙愈停，沙愈停则河愈高而决愈甚，海口冲刷无力，遂致浅狭，以故徐吕而下两岸田庐，溢为巨浸，桃清运道仅同一沟，运道民生敝坏极矣。幸赖庙堂坚持独断，部院协心经理，自万历六年兴工以来，大小决口悉皆筑塞。自徐抵清，除中间原有高阜可恃外，余俱创建遥堤。然又虑异常暴涨，遥堤或亦难容，故又于桃、清北岸崔镇、徐升、季太、三义镇等处，建减水坝四座，使得宣泄入湖，免伤堤址。告成之后，又开复邳州北岸小河一道，而蒙沂诸水径出大河。开复宿迁南岸小河一道，而灵睢积水渐已消减。近又查得沂河毛墩各涵洞一座，应改减水坝，见在兴工。若徐州以上茶城口，为清黄接会之所，自改行新河以来，地势中亢，泉水力弱，每岁运艘过尽之后，黄河大涨之时，或不免数日浅涩。先经题准三年两挑，至期本司照例请挑，无容再议。是自徐抵清五百余里之间，所以导黄入海，为运道民生计者，亦可谓算无遗策矣。以故水力既专，奔流迅驶，淤沙日涤，河身日深，海口一带今岁倍加深阔，此皆河、淮合流冲刷之明效也。所据淮北河工，职等再四筹维[①]委的别无未尽，若欲勉强搜索，恐徒縻费无补，惟有遵照部科题奉钦依事例，每岁责成掌印管河官，将遥堤应帮处所岁加帮筑，缕堤要害之处随宜量修，所谓久安长治之道，似不出此。合行会呈，具报施行。又据南河郎中张誉、徐州兵备兼管河道按察使张纯、海防兵备兼管河道参政龚大器、颍州兵备兼管河道副使唐鍊会呈，蒙臣并总督兵部尚书凌云翼宪牌俱为前事行间，又蒙漕抚部院宪牌，为讲求治水事宜，以息民患事。备仰本司道即督各府州县掌印治河等官，将淮南一带水道，逐一详加踏勘，要见某处作何疏浚，某处作何筑塞，寻其原委，察其脉络。如射阳湖月河等项条议，应否举行，果否可为永利；其高家堰既筑之后，淮城已免垫溺，果否泛溢犹为下流州县之患，及有一切未尽事宜，会议详悉，刻限呈报，以凭施行等因。蒙此俱经备行淮安府知府樊克宅、扬州府知府虞德烨率同各州县掌印管河等官，逐一躬亲踏勘，查议去后，节据条议呈报前来。随该职等会议，得淮南水患，其源在淮、黄，其重在运道，而民生利病，实相关焉。往年高堰不塞，闸禁不严，而淮水始南，黄水又从天妃闸灌入，以致淮扬一带浸及城市，兴、盐等处之田庐尽成昏垫，清口遂淤，海口因塞，群议纷纷，计将

---

①维：底本作“惟”，据四库本改。

无出矣。幸赖庙谟主持，部院殚心经画，筑高家堰，改天妃闸，复三坝，严启闭，而淮、黄二水并免南奔之患。塞黄浦、八浅，修复宝应土石堤，而兴、盐一带俱有可耕之田。清口因淮水冲刷而日深，海口得淮、黄合流而大辟，运计民生殊为永赖矣。所据未尽事宜，止有高、宝、江都、山阳年例岁修之堤，向缘钱粮缺乏，工力不敷，每岁止是支吾，目前未能加帮高厚。及兴、盐、高、泰以里泄水旧渠，向因黄浦、八浅溃决，浊流浸灌，淤垫颇多诚。今日所当议者，以湖堤言之，除宝应大工堤岸，俱各修砌完固，惟当率夫防守，无容别议外，其卑薄残缺之堤，应加土工桩木者，宝应土堤，计长四千八百一十七丈，内量旧堤止高八尺五寸至九尺者，阔一丈五尺至二丈者，今应加帮共阔二丈五尺，于堤面上加高一尺至一尺五寸，共高一丈。计土论方，共该工银二千五百二十五两一钱，应添桩木银六百九十二两五钱六分。高邮土堤，计长六千七百丈，内量得旧堤止高八尺五寸至九尺者，阔二丈不等，今应加帮共阔二丈五尺，于堤面上加高一尺至一尺五寸。共高一丈，该工银二千八百四十四两，应添桩木银八百二十二两八钱八分。江都邵伯湖堤，应加添石块桩木者，计长三千六百丈，合用石块工料银一千二百两，应添密桩该木价板片钉银八千一百八十两二钱六分二厘八毫，应帮土堤八千二百八十丈，今量止高八尺五寸阔二丈不等，应该加帮共阔二丈五尺，堤面上加高一尺五寸，共高一丈，该工银三千九百七十四两四钱。山阳县清江浦外河堤，约一百五十余丈，应用桩木埽料银四百六十两，加筑堤岸夫工银五百四十两。以上四项共该银二万一千二百三十九两二钱二厘八毫。以减水闸言之，除高、宝、江都新旧增置闸座，可以宣泄者，无容别议外，高邮南门旧桥口，应改建减水坝一座。宝应子婴沟旧闸，及泰山庙后砖闸九浅石闸，应改建减水坝三座，工料等项照依黄河遥堤各减水坝之费，约计每座该银五百两。并江都邵伯湖加高闸石九座，该银四百一十四两三钱一分五厘。共该银二千四百一十四两三钱一分五厘，连前堤工通共该银二万三千六百五十三两五钱一分七厘八毫。以上钱粮，俱应于见请岁修积贮银两动支，如有不敷，即于大工余剩银内支补者也。然减水闸仅可以泄寻常盈溢之水，至于伏秋霪涝，与天长、六合诸山之水陡发，共注于湖，止凭瓜、仪二闸宣泄不及。查得扬州湾头，原有运盐官河一道，内由芒稻、白塔二河直达大江，势甚通便，年久淤浅。先年刑部侍郎王恕曾议挑浚，计长三百四十里，道里辽远，工费不赀，且议者又谓私贩船只潜度难防，遂致中寝。殊不知泄水之期，每年止是五、六、七、八四个月吃紧，若从坝口密布桩栅，就令白塔巡司防守，自可禁绝。其余月分，任从照旧筑坝，实为两利而无害也。但虑钱粮不敷，今止议先从湾头浚起，至泰州南门止，计长九十七里，挑深四尺，面阔四丈、底阔二丈，并打坝，合用夫工银一万零八百两，相应于巡盐衙门挑河银内动支。又查得高、宝、江都堤内田地及兴、泰、山、盐州县地方，外受各减水闸之余沥，而内蓄时伏连绵之积雨，皆由射阳湖经朦胧喻口出庙湾以入海，乃其故道也。渠道见存，止宜疏浚。先蒙总督两部院据盐城知县杨瑞云估勘挑浚浅处，计长一万二千六百丈，合用夫役工费银七千五百六十两，已经覆勘明确，相应于原议大工扣存巡盐衙门挑浚支河银内动支者也。以上数事，俱系岁修及原议未举事宜，亟应兴举，务在明岁伏前报完，方克有济。但道里辽隔，时日不多，必须分任责成，庶可速就。今议得高宝、江都一带湖堤及修建减水坝等工，相应俱属南河分司管理；疏浚湾头盐河，分属海防兵备道管理；疏浚射阳湖诸浅及清江浦外河堤岸，分属徐州兵备道管理。庶事有专责，而工可速成矣。再照盐城知县杨瑞云、宝应知县李贽揭内开称，宝应堤内重创月河一节，委与高邮康济河事体相同，节经部院题请勘议举行。但计工费不赀，当此劳费之余、灾伤之日，恐有不堪。相应暂停，姑候时和年丰，再图兴举者也。职等会勘无异，理合呈报等因。各缘由到臣，据此，案照先准吏部咨，为缺官事，该本部题节奉圣旨："河漕职任繁重，宜用重臣经理，凌云翼改兵部尚书兼都察院左副都御史，总督漕运，提督军务，巡抚凤阳等处地方兼管河道。写敕与他着上紧赴任，与同潘季驯将河工未尽事宜，虚心计议，着实经理，以终前功。钦此。"备咨到臣钦遵外，续该总督漕运巡抚兼管河道尚书凌云翼赴任，与臣会行司道各官，将河工未尽事宜会勘呈报去后，今据前因，该臣会同兵部尚书凌云翼，虚心讲求，逐细查核，除中河司道管辖地方，自清及徐五百余里，黄河经行之处，委已顺流入海，运道无梗，居民颇安。惟在查照部科题准事例，防守不懈，即为永赖之策，无容别议外，其宝应迤南诸湖，联络清江浦外，湍溜不多，而关系内河不小，各该堤岸虽系大工之所未及，实亦运道之所必资。循例岁修，殊属虚应。寻常仅可支持，暴涨不免冲塌，盖人力固自有限，钱粮亦所不敷，无怪其然也。所据司道勘议，加帮堤岸，修改闸坝，浚湾头河之淤浅，以杀外湖之横流，疏射阳湖之故道，以泄内地之积潦，工费不烦，于请发分任尤便，于责成似应依拟，以终前功。伏乞敕下工部查议，上请备行。总督衙门悉照前议，督行各司道查照动支前项银两，严督各该掌印管河等官，务趁今冬天气晴和，分投修理，并乞转行两淮巡盐衙门将挑河银两查发济用，定限来岁三月中，通行完报，以备伏秋。如有惰误及苟且塞责不堪永赖者，指名参奏。庶未尽之工，区画周备，而运道民生，端有攸赖矣。

奉圣旨："工部知道。"

申严镇口闸禁疏

臣潘季驯谨题为清黄交接处所，浊流倒灌易淤，恳乞特降纶音，以严闸禁事。

我国家建鼎燕京，岁漕四百余万，自徐以北则资汶泗诸泉，自徐以南则资黄河之水。汶泗清而弱，黄河浊而强。而二水交会之处，则茶城是也。每遇伏秋之时，黄流盛发，则必倒灌入漕，沙停而淤，势所必致。然黄水消落，漕水随之而出，沙随水刷，不待浚而自通，亦势所必致也。纵有浅阻，不过旬日。万历十年，中河郎中陈瑛创建古洪、内华二闸，每遇黄水暴发，即下板以遏浊流之横，而闸内无壅阻之苦。黄水消落，则启板以纵泉水之出，而闸外有洗涤之功。数年以来，颇称利涉。不意去年伏水盛发，启闭不常，任其所之淤垫颇远，而治者不知引水攻沙，鸠工疏浚，以致废时失事。上廑宸衷当事之臣稍加更置，而人心庶几知警矣。前月十六日，臣至宿迁阅视河堤，据管河同知徐伸揭称，本月十三四日黄水陡长丈余，漫入古洪闸内。臣即令严闭闸板加高闸面。去后至二十一日，又据管闸主事杨信报称，十九日至二十一日黄水消落，尽启各闸诸板，通漕放水，冲刷成河，通行无滞等因。至闰六月十一日，又据徐州管河判官郑简揭称，本月初六日黄水复发，比前又高一尺，急下闸板，日夜固守，至初八日午时水退，初九日启板通行无滞等因。夫两旬之间，黄水陡发二次，然前不过七日，后不过三日，随长随落，此即清、黄二水相为胜负，随塞随通之本来面目也。近又该工科都给事中常居敬题，奉钦依增建口闸一座，去河愈近，则沙淤愈少，所淤既少，则冲刷愈易，足为漕河之永利矣。但设闸固欲其多，而启闭犹欲其谨，闸禁不严与无闸同，去岁之覆辙可鉴也。而管闸官牌，每苦于势豪船只，强欲启板放行，少拂其意，辄加嗔责。盖行者赴家，其心本急，而以王程难缓，倍道疾趋者，亦或有之。但漕河关系甚大，似不可以一人之私，而重妨国家之大计也。臣查得万历八年，该臣初立清江浦三闸启闭之法，题奉圣旨："这筑坝盘坝事宜俱依，拟有势豪人等阻挠的，即便拿了问罪。完日于该地方枷号三个月发落干碍职官，参奏处治。钦此。"臣刻石金书，竖立各闸之上，庶几人心少警，而行未数年闸禁复弛，内河渐淤。又该工科都给事中常居敬题奉钦依，而臣于入淮之初，即会同漕抚都御史舒应龙首为申饬管闸，工部主事黄曰谨查复旧规，呈将三闸匙钥，送赴漕抚衙门收贮，每日请发，禁例始定。然亦恃有先奉严旨，昭若日星，故废之虽久，而复之不难也。今古洪等闸并未奉有明旨，非惟人心不知警惕，而司闸者亦无所恃以为遵守矣。伏望皇上俯念漕务至重，敕下该部再加查议。如果臣言可采，比照前例，特降纶音，容臣刻石金书，竖立各闸之上。其闸上匙钥，凡遇水涨下板之时，俱送赴夏镇分司官收掌。水落即便请发，庶一应船只俱知畏忌，而漕渠可免淤塞之患矣。再查万历十五年九月，该工科都给事中常居敬等“题为河道可虞，人心易怠，仰体宸衷敬陈末议，以励人心，以保河漕事”内一款开报之，当时工部议将河道有无通塞，河工有无兴举行，令管河司属各官按季报部覆，奉钦依在卷。臣遵奉备行各管河司道官员，将黄河陡长、闸座闭塞日期，逐一登记，通候季终报部，不敢琐渎天听外。谨题请旨。

奉圣旨：“工部知道。”

工部覆前疏

题为清黄交接处所，浊流倒灌易淤，恳乞特降纶音，以严闸禁事。

该总理河道右都御史潘季驯题前事等因，奉圣旨“工部知道，钦此”，钦遵抄部送司，案查万历七年七月内，该总理河漕右都御史潘季驯“题为乞恩查复旧规，以利漕渠事”内题称，淮安闸坝，每岁于六月初旬运艘鲜贡马船过尽，即于通济闸外暂筑土坝，以遏横流。其官民船只出入，俱暂行盘坝。至九月初旬开坝，复用闸启闭。仍将题准明旨，刊示各闸之上。如有势豪人员恃强阻挠，应拿问者径自拿问，应参奏者径自参奏，毋得阿徇假借等因。已该本部覆，奉圣旨：“这筑坝盘坝事宜俱依，拟有势豪人等阻挠的，即便拿了问罪。完日于该地方枷号三个月发落干碍职官，参奏处治，钦此。”备行总理河漕及漕运衙门钦遵讫。又查得十六年四月内，该查勘督理河工工科都给事中常居敬“题为酌议河道善后事宜，以裨运务，以图永利事”内开严启闭以杜淤浅，乞要查照先年平江伯陈瑄原立成规，如山阳通济等闸，三月初运毕即行封锁，惟遇鲜贡船只，启一闭二，官民船只，照旧车盘等因。已该本部覆，奉钦依通行，河道衙门着实遵行讫。今该前因，似应题请案呈到部，看得茶城口，系清黄交接之处，而闸规之设所以严启闭之防，故有闸无法与无闸同，行法不严与无法同，所从来尚矣。先是淮安闸坝，奉有明旨森严，至今幸赖无事。今茶城三闸，其紧要与淮安相同，而闸规未立，人有玩心，若不照例申严，将来淤阻之患，或有甚于前日者。所据总理河臣题，要照例请旨刊刻遵守，相应如议恭候命下本部备咨总理河道都御史转行各该管河官员，将题准明旨，刊石金书，竖立茶城各闸之上。凡遇黄河暴涨，即便闭闸，各闸匙钥送夏镇主事收掌，一应官民船只俱候启闸放行。敢有阻挠应拿问者，径自拿问，应参治者奏请定夺。至于鲜贡船只，原与寻常官民不同，自难一例守候。但当黄水盛发之时，遽许启闸以行，则沙随水拥，急难开通，无论挑浚，劳费不赀，而继至贡船，反致耽延滋甚。访得黄河水性骤长不过二三日，倘少停楫，消落可期。再乞天语并饬鲜贡诸船，如遇黄水盛发，亦令暂候顷刻。庶法行自近，而河渠永有赖矣。

奉圣旨："是。各闸启闭严约俱依，拟有势豪人等阻挠的，照淮安闸坝事例，即便拿问枷号干碍职官，指名参奏。"

卷前导读

本卷包括《河工分派司道疏》《议留河工米银疏》《申明修守事宜疏》等五篇潘季驯上奏朝廷的奏疏及《工部覆前疏》《户部覆前疏》等六篇朝廷对潘季驯奏疏的回复。

第一篇是《河工分派司道疏》。这篇奏疏主要记述了万历十六年潘季驯勘察黄河沿线河工修守情况，对各地河防工程进行委派分工的过程。潘季驯认为，各地的河工修守如无明确分工，很可能因河官互相推诿而致河工延误。在奏疏中，潘季驯肯定了河防工程修建的实际功效，即“于运道大有裨益”；同时也指出河防工程修筑的地区跨度大、绵延长、工程艰巨，而需要兴工的种类繁多，必须进行明确、详细的分工委派，方能使官员各司其职，河工修守有条不紊。

在奏疏中，潘季驯详细罗列了需要进行明确分工的河工事宜，并请求朝廷下发明旨，表明对河工分派的态度，规定河工完成的时限。通读其后的《工部覆前疏》，可知朝廷接受了潘季驯对河工修守分工的安排，对潘季驯“分任责成”的治河思想进行了充分肯定。

第二篇是《议留河工米银疏》。在奏疏中，潘季驯直陈，漕运是国家的经济命脉，堤防的修守稳固直接关乎漕运的畅通与否，而要使河道安澜，“工费钱粮即为首务”，即河工修守的经费是首要的。

潘季驯在奏疏中对各地的岁修经费做了精确预算，并指出各地河工经费的来源，即盐引银、河南协济银、淮扬两钞关并徐州户部税银、轻赍银四部分。熟谙河务的潘季驯敏锐地发现河防岁修经费从拨付到使用过程中的种种漏洞：各地岁修经费“盈缩不一”，出现了“借用未补”“应给未支”等情况，导致各地的岁修经费使用常常“东挪西借”“朝给暮空”。此外，朝廷每年拨付的岁修经费，其实并未全部用于河工修守，有时因边防告急而将轻赍银用于支援边疆军费，或因“盐滞商困”而蠲免部分盐引银等。

更令潘季驯忧心的是，由于降雨异常，河工修守的工程量开始倍增，经费大量透支，入不敷出，寅吃卯粮。因此，在奏疏末尾潘季驯指出，岁修经费的筹措刻不容缓，他恳请朝廷通过其他渠道凑足工程经费，以保证河防工程的及时修护。后面的《户部覆前疏》对潘季驯的请求做出了肯定的答复，并具体安排了筹措岁修经费的出处和数额。

第三篇是《申明修守事宜疏》。这篇奏疏写于万历十九年，潘季驯在奏疏中对自己多年的治河经验进行了总结，并提出了著名的“修守八事”。一是“久任部臣，以精练习”，即河官的任期宜长，以便熟悉河防；二是“责成长令，以一事权”，即要求掌印官、管河官对其主管的河防事务全权负责，便于统一指挥；三是“禁调民夫，以期专工”，即修守民夫必须专门从事河工修守，使其河工修守技术愈加精进；四是“预定工料，以便工作”，即要将河防工程用料提前筹备储存，以备不时之需；五是“立法增筑，以固河防”，即每年按时用真正的老土加高培厚黄河大堤，并坚持用“栽柳之法”护堤；六是“填设堤官，以免遥制”，即堤官必须驻扎在河防要害之处，及时巡视河堤，勘察河情，避免一人监管多处堤防。七是“加帮真土，以保护堤”，即用黏性大的老黄土帮护大堤，以保证河防工程的质量；八是“接筑旧堤，以防淤浅”，即加紧修筑旧年遗留下来的河堤，以防河水从堤防薄弱处溃决。

第四篇是《议守辅郡长堤疏》。潘季驯在奏疏中指出长垣、东明二县长堤修守的重要性，并提出了五条守堤的建议：第一，“议管河官驻扎，以便修防”。潘季驯认为“河官遥制”不利于河官及时掌握河情，应将管河衙门移至河堤附近，以便随时往来巡视。第二，“议夫役，以便工作”。潘季驯用守城来比喻守堤，指出应设置专人专职修守河堤。第三，“议处钱粮，以备工料”。潘季驯建议，应腾挪其他款项，为河堤修守准备充足的钱粮。第四，“查复旧规，以便分任”。潘季驯指出，应使二县共同修守长堤，方可同心共济，事无推诿。第五，“分别妍媸，以便委任”。潘季驯认为，河官应选贤任能，这对于河道治理至关重要。其后的《工部覆前疏》《吏部覆前疏》均肯定了潘季驯的建议，并提出了具体的调配方案。

第五篇是《恭诵纶音疏》。在这篇奏疏中，潘季驯对治理黄河的各种论断进行了分析和辩论，并重申了自己的治河理念。有人提出将黄河进行分流治理，潘季驯认为不可行，黄河分流，会导致“势缓则沙停，沙停则河饱，河饱则水溢，水溢则堤决”。这是根据水沙原理对“束水攻沙”思想的经典论述。

有人建议引沁河、卫河水入黄河，潘季驯则认为不妥，他指出进入黄河的水流必须是“清流”，沁河的浑浊度不亚于黄河，两条浊河合流，不但起不到刷深河道的作用，反而会使淤塞变得更加严重。这是潘季驯对“蓄清刷黄”思想的精彩论证。

其后的《工部覆前疏》对潘季驯的治河理念和工作方法给予了高度赞扬，称其“阅历多而闻见真，故持论定而利害审，非但一时之谋，实为经久之计”。

卷之十　奏疏

河工分派司道疏

臣潘季驯谨题为检查节奉钦依，河工分派司道各官，以便责成，以图早竣事。

臣于本年六月初二日到任，随行各司道查理勘督河工。工科都给事中常居敬先后具题河上事宜，除申饬禁例、查核贤否等项，及议应停寝者，已经遵行外，其应修、应筑工程逐一开报前来。随准漕抚户部右侍郎舒应龙揭帖内一件“为钦奉敕谕，查理河漕，以保运道事”，内有添建镇口闸，接筑塔山支河缕堤，议修清江浦外堤草坝，创筑宝应县西土堤，石砌邵伯湖堤，疏浚里河淤浅等事。一件“为酌议河道善后事宜，以裨运务，以图永利事”，内有添设柳浦湾料厂一事。其在淮扬所应兴举者如此矣。续该臣准工部咨“为查理河漕，以重国计事”，内有查复南旺、马踏、蜀山、马场四湖，建筑坎河滚水坝，添建通济、永通二闸等事。又准工部咨“为清复湖地，以济运道事”，内有查复安山湖地一事。其在山东所应兴举者如此矣。

臣随自淮扬历邳、徐，至山东沿河一带地方，逐一查阅。前项工程委于运道大有裨益，相应作速兴举，勒限告成。但道里寥远，工程浩大。而中如修复伍湖，内皆有复斗门、筑长堤、建滚水坝等工，尤为烦琐。若非分任责成，或易推诿。除建镇口闸、塔山支河缕堤，修清江浦外堤、草坝，添设柳浦湾料厂，先该漕抚右侍郎舒应龙行委南河郎中罗用敬、中河郎中沈修、夏镇主事杨信、徐州兵备道佥事陈文燧，督同淮安府管河同知徐伸、姜桂芳、徐州判官郑简等，见在兴举，已有次第。臣照旧督行各官上紧筑砌外，其兴筑宝应县西土堤二十里，石砌邵伯湖堤二十里，疏浚淮安至仪真一带里河淤浅，查系南河郎中罗用敬、海防道副使周梦旸。地方三工俱当以中为界，北段属之罗用敬，南段属之周梦旸。查复马踏湖、添建梭堤集永通闸，则委之北河郎中吴之龙，而应筑土堤、修复王岩口滚水石坝，俱以属之该司矣。查复蜀山湖、建筑坎河坝，则委之南旺分司主事萧雍，而筑堤束水，修复滚水大坝，俱以属之该司矣。查复马场湖、添建火头湾通济闸，则属之济宁管河道按察使曹子朝，而封界子堤一道、安居斗门三座，俱以属之该道矣。查复南旺湖地，则委之东兖道左参政郝维乔，而修复邢通等口一十二处、张住口斗门一座、封界子堤一道，中亘长堤一十四里，俱以属之该道矣。查复安山湖，则委之曹濮道佥事刘弘道，而封界子堤创建八里湾、似蛇沟二闸，俱以属之该道矣。至于管河同知、通判，及州县掌印、管河等官，随其地之所属，听各该司道径自分委。如有不足，不妨选取别郡贤能者而用之也。至于关提夫匠，查取物料，司道有不免于互相资藉者，又当通融帮助，以普同心共济之义，不待臣丁宁告诫之矣。

既经分派停当，恭候奉有明旨之后，各官一面鸠工庀材，水落举事，定限明春三月内完工。以慰圣主南顾之怀，以图运道永赖之利，毋得失时废事，致有坠误。中间斗门、堤、坝等项琐屑事宜，或于原议稍有参差。如先远而今宜稍近，先近而今宜稍远，先多而今宜稍减，先无而今宜添设，大同而小异者，不妨相度地形，临时拟议，以凭裁酌。臣同各该抚按及巡盐御史，不时查阅。工完之日，容臣分别勤惰，疏名上请，恭候圣裁。

伏望敕下该部，再加查议。如臣所言不谬，拟议覆请行，臣遵奉施行。庶事体不淆，而责成自易，人心竞奋，而告竣可期矣。谨题请旨。

奉圣旨："工部知道。"

工部覆前疏

题为检查节奉钦依，河工分派司道各官，以便责成，以图早竣事。

该总理河道右都御史潘季驯题前事等因，奉圣旨"工部知道，钦此"，钦遵抄出到部送司。案查万历十六年四月内，该查勘督理河工工科都给事中常居敬、总督漕运户部右侍郎舒应龙各"题为钦奉敕谕，查理河漕，以保运道事"，内条议古洪闸以外添建镇口闸座，并接筑塔山支河缕堤等项。本月内，又该查勘河工都给事中常居敬"题为酌议河道善后事宜，以裨运务，以图永利事"，内条议申饬闸规，并添设柳浦湾料厂。五月内，又该查勘河工都给事中常居敬、巡抚山东右副都御史李戴各题"为钦奉敕谕查理漕河，以重国计事"，内条议查复湖地，积水济运，并建筑坎河滚水坝各缘由，俱经本部覆，奉钦依，备行各该抚按及总理河道等衙门，转行管河司道一体钦遵，讫。今该前因相应具题，案呈到部。

看得山东至淮扬一带河道应修应筑处所，地里寥远，工程浩大，提纲挈领虽在总理大臣，而画地效劳必须庶司分任。所据河道都御史潘季驯题称，将各处工程量其地之远近、险易，分委各该司道等官管理，区处当而劳逸适，均任使宜，而责成尤易，俱应如议题请，恭候命下。本部备咨总理河道并凤阳、山东各巡抚衙门，一体遵照施行。及行管理河道、泉源、闸、坝、郎中主事、管河守、巡各道，查照分地，督率府州县管工官员，竭力修治。本部仍咨都察院，转行各该巡按、巡盐御史，各照所辖地方，不时稽察工程，期于同心共济。倘兴工前后或有事体与原议稍异者，即便从宜处置。或有原议未尽者，不妨另行增补。悉如原题，定限十七年三月终通完。其总河大臣仍亲自查阅，委果工程坚固，足保无虞，从实奏报于内。一有推诿误事，即时参处。工完之日，将做过工程钱粮、夫役等项造册，奏缴青册，送部备查。其效劳大小官员，分别勤惰题请，以俟赏罚。伏候圣明裁定敕下，臣等遵奉施行。

奉圣旨："是河道工程着司道等官，各照分定地方，用心管理，上紧完报，不许疏玩。"

议留河工米银疏

臣潘季驯谨题为查议河工紧急，工费以免临期匮乏事。

据管理南河工部都水司郎中罗用敬、管理中河工部都水司郎中沈修、整饬淮扬海防兵备道副使胥遇、整饬徐州等处兵备道佥事陈文燧会呈，先蒙总督漕运、提督军务、巡抚凤阳等处地方、户部右侍郎兼都察院右佥都御史舒应龙信牌前事，照得国家岁漕转输必资河运，而河防岁修、筑堤、疏浅工费不赀，额编钱粮十无二三，每每那移曲处，至今匮竭已甚，诚为无米之炊。夫国家治河济运，事干河南、山东、直隶三省直地方。然山东运河甚安，河南有黄河而无运河，直隶则自徐至淮五百里，以黄河为运河，自淮至扬四百里以重湖为运河，防守要害、缓急迥不相同。今在山东、河南则供以全省之力，在直隶则仅取足于四郡积灾之民，惟于工费不敷，岁多修筑未坚，无怪其岁修岁圮，而淤决之患终不免也。

见蒙圣上轸念河漕大计，特遣工科亲诣督勘，必欲为河漕久远永利之策。工费钱粮即为首务，备仰司道会同即查过淮漕粮三，六二六轻赍银内，例复二升河工米折银一分，后以通惠河成，改解太仓济边。见今九边款贡饷边年例顿减于旧，如以河工之银仍充河工之用，本系正征正支，似为经久可恃。再查万历元年瓜州闸座建成，南京、江北各卫军船直达水次，省免浙江杭、嘉、湖，直隶苏、松、常、镇等府，顾觅江船七升米银，已经前任总理河道侍郎万恭议题量复一升折银，备修江南河道，其余六升免征于民。即今应否于内再复数升，以充修河之费，逐一会查的确，作速呈详，以凭酌议施行。

蒙此行间，又蒙本院信牌，为查议河道钱粮事，照得淮扬滨河一带堤岸系干运道襟喉，岁修工程方殷，需用钱粮甚急。况兼工科都给事中常居敬题奉钦依，应筑邵伯湖石堤一道，计二十里，该银二万二千九十七两，创筑宝应西堤一道，计二十里，该银四千一百三十一两，亟宜兴举。应用钱粮俱合查议，仰司道会行淮安府即查原议岁修银三万两，自万历九年起至十五年止某年某处，用过若干，尚存若干，有无拖欠，作何催补，各工有无足用。及近议邵伯、宝应土石二工钱粮，作何区画，俱要明白声说，从长计议。如有别项堪动钱粮，就便斟酌停妥，会呈前来，通详漕抚衙门，以凭覆，核会题等因。

蒙此，当该司道会行淮安府查勘去后，随据该府回称，卷查万历八年十一月内，蒙本院题奉钦依，岁修银三万两内，该盐运司带征盐引银一万八千两，河南协济银九千两，淮扬两钞关并徐州户部税银三千两，每年征解淮库，专备各工支用。后因十四年盐滞商困，该司奉文蠲免四千五百两三钞关税银，期满仍解户部。随该司道会议，将山东河夫银四千五百两，并拨瓜仪盘坝脚米银、徐属派剩麦银，系原议解给徐吕二洪、灵璧等处夫银之数，共二千六百余两，抵补前额，呈蒙题奉钦依在卷。近又该山东抚按题准，原议河夫银两仍留彼处募夫挑浚。其在河南九千两除节年拖欠一万三千余两外，又以去岁冲决异常，该前任总督漕抚侍郎杨一魁具题停免，议将漕粮轻赍三六二六漕米二升河工银留淮支用。该部议覆，止将十六年分数内量留九千两，抵作河南应解之数，以后年分该省照旧征解淮库等因，钦遵。

外今查，自万历九年起至十五年止，各处解到银两盈缩不一，节经奉文支尽。除将收支细数另行册报外，尚有借用未补、应给未支江都、高、宝、山阳、清河等处工银，实该一万七千九百六十四两八钱二分零。徐、吕洪夫工食额于瓜仪二坝各卫所挑盘脚米银内扣存一千五百七十八两，比因去年各处灾伤，减存漕船数多，止扣有脚米银六百一十三两三钱八厘零，其余九百六十四两六钱九分零尚无扣补。徐属欠解原派剩麦银一千五十九两，即今高、宝、江都、山阳、清河一带吃紧工程，俱因前银不敷，止领一半。各该有司仰体朝廷运道为重，东那西借，朝给暮空，终非常策。且伏秋修守之候，临时支用不常，又不知约用几何。

查得江南雇觅江船米免征七升续，虽议复一升，而六升仍蠲在民也，相应于六升之内再复二升，该粮一万一千三百七十七石九斗七升六合八勺八抄，折银五千六百八十八两九钱八分八厘四毫四丝。轻赍扣米二升，折银一分，近虽解济边饷，而其始乃修河故物也，相应于内归还河工一升，该粮二万七千五百石，折银一万三千七百五十两。通共该银一万九千四百三十八两九钱八分八厘四毫四丝，与同旧额，见该征解实银，通收淮库，作岁修支用等因，呈报前来。

据此，又该司道会同覆核无异。况去年雨水异常，今岁工程倍于往昔，其所估者过其数于原额之外，其所收者减其数于原额之中，那借者无从查补，见在者何凭支给？各工皇皇，诚犹捧漏卮沃焦釜，莫知其所措者。

今据该府所议前项江南雇船米一升外，再复二升，并于轻赍二升米银内归复河道一升，俱系河工正额钱粮，向因边防告急，河道无虞，故暂为借处，以济边也。今胡虏款贡，河道多艰，原额钱粮委应归复，伏乞早为题请，以济工程。

又查得近该工科都给事中常居敬题筑邵伯湖石堤二十里，该银二万二千九十七两，宝应西土堤二十里，该银四千一百三十一两，皆系钦依紧要工程。向因所议钱粮原未注有定项，迄今尚未兴举。乞查别项堪动钱粮，一并题请支给应用，以便早竣等因，会呈到臣。

据此，该臣会同总督漕运、提督军务、巡抚凤阳等处地方、户部右侍郎兼都察院右佥都御史舒应龙议，照运道之设专为岁漕，岁漕之迟速系运道之通阻，其休戚常相关也。若徒求速于岁漕，而不先求通于运道，徒求通于运道，而不先求务乎岁修，徒求务乎岁修，而不先求裕于工费，皆非知务者矣。我国家岁漕四百余万，皆由瓜仪入闸，以至通惠河，绵亘三千余里。山东济宁州以北原无冲溢之苦，疏浚岁有常规，额办足资工料，姑置勿论矣。惟是淮南则多诸湖之险，淮北则有黄河之患，波涛之冲刷，堤岸之坍损，无岁无之，故岁修之钱粮亦无岁可缺者。先该臣于万历八年十一月内会同漕抚衙门题请河道岁修银三万两，今查数内盐运司带征盐引银已蠲四千五百两，复还户部三厂税银三千两，寻改山东徐吕、灵璧河夫银。未期，而山东抚按复议留彼处挑浚，难以解银。而徐吕、灵璧河夫银又多缺少，且彼处工程颇多夫役，亦似不可少者。河南岁该解银九千两，节年拖欠一万三千两。又以去岁冲决异常，十六年议停征矣。是原题三万之数，仅存盐引银一万三千五百两耳。及查该司道所报今岁岁修银已费四万一千四百八十两有奇，是所出之数浮于所入之额已三倍矣。目前似已不支，他日必至偾事，诚不可不预为之计者。

又该都给事中常居敬题奉钦依，议筑宝应县西土堤二十里，束水刷沙，俾无胶浅之患。江都县议砌邵伯堤石工二十里，捍湖冲激，俾无倾溃之虞。皆系吃紧工程，共该工料银二万六千二百二十八两，原未议有动支何项钱粮，见今束手以待。是连前岁修银三万两，并借用未补应给未支银一万七千九百六十四两八钱二分，共该银七万四千一百九十二两八钱二分，洗锅待爨，不可时刻缓者，而帑如悬磬，将何以支？所据司道议将轻赍二升米银归复河道，江南雇船停征米六升内再复二升一节，诚非得已。

但臣等反覆思维，苏、松、常、镇并杭嘉湖等处，正当大祲之后，民不聊生，岂可复行加派？随查得轻赍扣留二升米银原系河工支用之数，万历四年该漕抚都御史吴桂芳奏留一年，为挑浚草湾之用。万历六年该漕抚都御史江一麟奏留二年，为补造缺船之用。臣等今日河工较之前项支费尤为紧要，伏望皇上俯念运道至重，敕下该部准将轻赍二升米银听留河工支用三年，之后修筑少闲，仍以一升米银解赴户部饷边，余米一升准作河上岁修银两，庶几岁修不废，新工可兴，而河道安流，岁漕无阻矣。臣等复又查得前项银两业已尽数解部，必须守候明年新运方可征解，相去尚远，难救燃眉。合无恭候命下，容臣等先于漕库，或淮安府库借支别项银两应用，俟轻赍米银解到之日，照数补还。则工可刻期，而告竣自早矣。谨题请旨。

奉圣旨："该部知道。"

户部覆前疏

题为查议河工紧急，工费以免临期匮乏事。

该总理河道右都御史潘季驯、漕运都御史舒应龙各题同前事，俱奉圣旨"该部知道，钦此"，钦遵通抄到部，送司案呈到部。看得河道都御史潘季驯，漕运都御史舒应龙会题，近该都给事中常居敬题奉钦依，筑砌宝应土堤、邵伯石堤，共该工料银二万六千二百二十八两，未议动支何项钱粮，要将轻赍二升米银留用三年之后，仍以一升米银解部饷边，一升米银准作河上岁修应用一节。

臣等查得轻赍二升米银原备修河之费，嗣因通惠河成，改议解部济边。今总理督臣潘季驯等议留筑砌宝应、邵伯湖堤，是以正项留充正用。况系紧要工程，相应依拟覆请，恭候命下本部，移咨河道都御史潘季驯、漕运都御史舒应龙。查将淮库别项银两先借支二万六千二百二十八两，趁此秋冬水涸，作速兴工筑砌，俟新运轻赍二升米银解到，不必拘定年限，照数补完，余银仍行解部济边。以后凡遇有应修工程，不妨照数再行奏留，如无工程，即以济边，随时通融，不必各分其半，以致临时支用不敷，又烦渎请。本部仍咨工部知会，伏乞圣裁。

奉圣旨："是。"

申明修守事宜疏

臣潘季驯谨题为申明修守事宜，以图永赖事。

伏念臣负谴余生，甘心草莽，谬蒙我皇上曲垂矜贷，复赐甄收，高厚洪恩，实均罔极，受事四月，夙夜靡宁。且当修防已弛之后，复值河水暴涨之时，东支西吾，既竭心力，诹咨荒度，益信岁修之工不可缓也。敬陈覼缕[1]，恭候圣明裁察。

臣窃惟治河之法，别无奇谋秘计，全在束水归漕。归漕非他，即先贤孟轲所谓“水由地中行”，而宋臣朱熹释之曰“地中两崖间”也。束水之法亦无奇谋，秘计惟在坚筑堤防。堤防非他，即《禹贡》所谓“九泽既陂，四海会同”，而先儒蔡沈释之曰“陂障”也。九州之泽已有陂障，而无决溃，四海之水无不会同，而各有所归也。故堤固，则水不泛滥，而自然归漕。归漕则水不上溢，而自然下刷，沙之所以涤，渠之所以深，河之所以导而入海，皆相因而至矣。然则固堤非防河之第一义乎？而岁修之工舍固堤其何以乎？臣于万历六年三月内，祗承明命，总理河漕，急趋淮徐视之。黄决崔镇而北，淮决高堰而东，而淮扬高、宝之水洚洞无涯，汇为巨浸。观御史陈堂疏中所谓“东横西决，散为洪流。自徐、邳以下至淮之南北，不啻千里，流离漂没，莫可胜数，居无尺椽，食无半穗，上阻运道，下垫民生”，而比时两河情状盖可想矣。臣即首拟合淮、黄二流，以复其本来之性，筑遥、缕二堤以防其溃决之虞。具疏上请，谬荷温纶，刻期兴工，十月告竣。年逾八载，并无只舰漂流，粒米狼籍。而昔日流遗之民仰戴我皇上生成之恩，咸归故土，比屋而居矣。不意为日既久，人情遂弛，掌印管河官视两堤为赘旒矣。岁剥月蚀，残缺颇多。臣于六月初二日受事，即申饬各该司道严督掌印、管河等官，分投帮筑，昼夜修防，寝食不宁者逾三月矣。然立法易，而守法难，守法于一时易，而守法于长久难。臣于万历七年告竣之后，将善后事宜种种陈请，而台省诸臣亦相继题奉俞命矣。而近年以来行者无几，失今不为申饬，数年之后又当何如哉？故敢以修守事宜，摘其吃紧最关河防者，条列于后，伏望敕下该部，再加详议。如果臣言有裨，俯赐允行，特降严旨，容臣删削，简明榜谕，分发司道并各该掌印、管河官，置之座右，庶几常加省阅，按时修举，而可免疏玩之虞矣。谨题请旨。

计开：

一、久任部臣，以精练习。臣窃谓天下之事，皆可以揣摩测度而得之，

---

[1]覼缕：详细而有条理地叙述。

而惟治河一事，非身亲经历，足遍而目击之，则文移调度之间，终属影响。故以大禹之智，必十有三年而后成功。盖其诹咨荒度，非假以岁月之久不得也。何也？水性有顺逆，河情有分合，地势有夷险，堤形有高卑。某处迎溜，作何卷筑，以当其冲；某处扫湾，作何帮护，以防其汕。至于分派官夫皆有定额，置办器具各有攸宜，储蓄物料，栽插柳株，一切琐屑事宜，种种皆须料理。总理衙门眇然一身，控制于数千里之间，岂能一一身亲为之哉？所恃者分司与该道而已。而该道不免有钱谷、刑狱、兵戎之事，抚按倚办甚殷，岂能专心河务？故总河之所恃以干济者，分司官为多也。但部臣初至地方，未知原经首尾，岁月稍久，头绪颇知，而转擢之报又至矣。臣于万历八年具疏题请久任，奉有成命，而数年之间卒未有能行之者，又何怪乎河工之作辍也？伏望敕下该部，再加查议。如遇中、南两河郎中员缺，即于工部主事，查有曾经分司河上，及历俸未及三年者，遴选推补。查照旧规，新旧交代，以河上事体，转相传告，代后克修职业。任内并无疏虞，容其历俸九年，方为破格迁擢。则练习久，而河防自熟，区画当，而河患可弭矣。臣又查得，见任南河郎中罗用敬、中河郎中沈修，才识敏练勤恪，自将臣受事以来历试诸艰，辄有成验，但俸资俱有六年，转擢之期将至。伏望比照原任中河郎中陈瑛事例，俟其九年考满，方与优处，实于河道大有裨益。伏乞圣裁。

一、责成长令，以一事权。夫州之有守，县之有令，即家之有长也。家务繁琐，不得不分任于子弟，或司耕作，或司出纳，或司交际，虽各有其人，而鸠工、庀材、备物致用，未有不取裁于家长而能成者。臣尝以责成掌印官为请，而勘工给事中尹瑾兼管河道，御史姜璧皆先后具题，奉有明旨矣。官更吏换，若罔闻知。臣顷于阅视之时，见河水将发，急若燃眉。问其物料，则曰某所官承买未至也；问其夫，则曰某处调用未补也；问其时日，非一月即两月也；问之掌印官则曰不知也。如此，而宁有不堕误者哉？臣伏愿自今伊始，调度夫役，备办物料，则责之掌印官。趋事赴工，董率巡守，则责之管河官。如有疏虞，掌印与管河官同罪。至于郡之有守，关系尤重，琐屑之事，固难责成，而提纲挈领，区裁督察，使守令有所受成者，郡守之责矣。伏乞圣裁。

一、禁调官夫，以期专工。臣惟治河有定议，而防河无止工。工之不可止者，乃所以成其议之一定而不可挠也，何也？治河之道惟有救偏补弊之法，必无一劳永逸之事也。不然则禹之治水可称万世永赖矣，何不数百年至商之祖乙，而都圮于河。荡析离居，遂有盘庚之迁也。盖禹法不守，而河防久弛也。故管河之官，必以河为责，而他务俱所未遑。防河之夫必以河为事，而诸工有所不逮。朝于斯，暮于斯，饮食起居必于斯。功以久积，业以专成，如此而犹有倾圮颓败之患者，臣所未解也。近该工科都给事中常居敬，将管河官查照清江造船厂官事例，凡系管河官专属河道，部司年终考核，分别贤否，径呈督抚咨部施行，不许别谋差委。题奉圣旨："近年管河佐贰等官，多有营求差委，妨废职务，不行用心防守的，总理衙门务遵敕谕，拿问重治，不许姑息，其余依拟行，钦此。"人心或知警畏。而于夫役一节，未经申明。臣请自今伊始，凡遇差委管河大小官员，及调用各项夫役，必须申呈总理衙门批允，方许委调。如有抗违，容臣指名参究，庶几人无废事，而工可责成矣。伏乞圣裁。

一、预定工料，以便工作。志有之防河如防虏，虏至而后为治兵缮甲之计，则必为虏所乘，河涨而后为鸠工聚材之计，则必为河所乘，此一定之理也。臣请于秋防告竣之后至十月中旬，各该司道即便会行各掌印管河官，沿堤踏勘，分为三等。以逼临河滨当冲最急者，为第一等。或改筑，或加帮，或添筑马头埽，应委何官管理，用夫若干，应办何项物料若干，用银若干。次险者为第二等，又次者为第三等。官夫物料递加减杀，造册开报，司道覆核停当，定限十一月初旬类报总理衙门批允查照，分拨应办物料，即行各掌印官支领岁修银两，如数买办。定限正月半以前报完，随即兴工，定限四月初旬告竣。每岁着为成规，违误定行参治。庶事以预立，功以早成，而无临渴掘井之患矣。伏乞圣裁。

一、立法增筑，以固堤防。臣窃惟天下之事，不日益则日损，而夫人之情不日检，则日弛。故自古帝王立法，岁有成，月有要，日有考，未有不如此，而能成久安长治之业者也。淮徐之民十年以来，所以得免鱼鳖之患，而运道不致梗阻者，恃有遥堤也。先该给事中尹瑾虑恐岁久坍塌，题请每岁行令管河官，率领守堤官夫，务将各遥堤定限加高五寸，加厚五寸，年终司道官躬亲核验，开报河漕衙门，造册奏闻。每三年遣官一员，前去阅视，分别叙录、参究等因。工部覆，奉圣旨："堤工岁修当视其低薄处，随宜加筑，岂得定以五寸为限？河漕当事诸臣能严督地方官着实经理，视国如家，何事不成？亦不必数数差官阅视，反滋多事。其余依拟行，钦此。"仰见我皇上体念河臣，欲其事权归一，且便责成也。三年差官阅视，委为烦琐，不敢渎陈矣。至于加帮一节，向因漫无稽考，未尝有分寸帮补。雨水之淋漓，车马之蹂躏，如归仁、象山、磨脐沟等处，剥蚀过半矣。臣伏睹《大明会典》内开：各处河堤每岁加高一尺，加厚一尺，年终管河官具数奏闻。是祖宗成法炳若日星，大小河臣所宜世世守之者也。但河夫屡经裁减，为数不多，欲其加帮高厚各一尺，力有未逮。臣又查得堤身两傍率多蔓草盘结，足堪遮护，若欲加土，必须去草，反为不美。臣见行司道官将各堤坍损卑薄者，以原堤丈尺为准，先行加帮取平，至明年或可竣事。臣请自十八年为始，每岁司道官督令管河官率领夫役，务觅真淤老土，加高五寸，不许夹杂浮沙，苟且塞责。再查护堤之法，无如栽柳为最。而栽柳六法，无如卧柳为佳，盖取其枝从根起，扶苏茂密，足抵狂澜也。每堤一丈，栽柳十二株，每夫一名，栽堤三丈。柳樟以径二寸为则，离堤以三尺为准，堤内栽完方及堤外，如有枯死，随时补种。年终管河官呈报各该司道，要见本堤原高若干，今加五寸，共高若干，栽过柳株若干。司道官躬亲验核，开报总理衙门覆核无异，造册奏闻。其不合数及不如式者，指名参究。庶几事有成规，而人知法守矣。伏乞圣裁。

一、添设堤官，以免遥制。臣窃惟当官之事，兼摄为难，而以最卑之官摄最远之事为尤难。臣于万历七年建复高堰之堤，在捍横流于淮郡之东，创筑柳浦湾之堤，以遏狂澜于淮郡之北。十余年间利赖于二堤者，良不浅矣。第因比时冗员之禁方严，不敢多求添设，故止请高堰大使一员兼摄柳浦湾一带堤务。但查高堰之堤增筑已几百里，而柳浦湾之堤起自清江浦，以至高岭戴百户营，延袤一百三十余里，伏秋之时顾此失彼，一大使岂能日奔走于二百里之间耶？纵委义民等官，不过虚应故事，岂肯在堤防守？前岁范家口之决，实由此也。臣请添设柳浦湾大使一员，住札本堤要害去处，自清江浦起至戴百户营一带遥堤，付之管理。应用夫役即于高堰八百名数内裒出三百，再于南河堤浅夫内裒出二百，共夫五百与之。其高堰大使专管本堤，各令昼夜巡逻，遇汕即补。庶地有专辖，而功可责成矣。臣已行司道会议，通详未报，乞敕工部转咨漕抚都御史，及咨都察院转行巡按、巡盐御史，再加查议。如果相应添设，覆请施行，不胜幸甚。伏乞圣裁。

一、加帮真土，以保护堤。臣查得淮水发自河南桐柏山，挟七十二溪之水，经凤、泗，东入于海。然至泗州，而龟山横截河中，即基运山图中所云“湾如牛角，势样非凡”者是也。下沙一转，回澜西顾，此于风气实为完美。然伏秋之时，不免涌涨，亦由此也。臣读宋臣欧阳修《先春亭记》，其略有云，景祐三年，泗守张侯问民之所素病，而治其尤暴者，曰：“暴莫大于淮。”明年春，作城之外堤，因其旧而广之，高三十三尺，土实石坚，捍暴备灾，可久而不坏。又云：“泗，天下之水会也。”又云，先时岁大水，州几溺，张侯夏守是州，筑堤以御之，今所谓因其旧者是也。夫曰尤暴者莫大于淮，则知淮之为暴于泗旧矣；曰堤高三十三尺，则知水之高矣；先后州守惟以筑堤为事，则知御淮之策舍堤之外无策矣。今查泗州护城堤高不及宋三之一，然幸当水一面甃石可恃。但石内土堤皆系浮沙，一遇霖雨，辄至坍损。土堤一圮，石将安附？不可不虑也。臣于六月间躬往阅视，即行颍州兵备道，及该州知州浦朝柱，令其觅取真土，另加坚筑。第本堤丈数颇多，工费不少，钱粮难处，延久未报。臣请敕下工部咨行抚按衙门，多方计处，覆请施行。庶护堤可恃，而州民获安矣。再查基运山去州一十余里，地势高峻。嘉靖十四年间，该先任总理河道都御史刘天和令匠役王良等量得，地形迥高二丈三尺一寸，则又与州不同。东麓石堤见在查修，臣故未及之也。伏乞圣裁。

一、接筑旧堤，以防淤浅。臣窃惟清口乃黄淮交会之所，运道必经之处，稍有浅阻，便非利涉。但欲其通利，须令全淮之水尽由此出，则力能敌黄，不为沙垫。往岁高堰溃决，淮从东行，清口遂为平陆。高堰既筑，独虑清河县对岸王家口等处，淮水从此决出，则清口之力微矣。臣于万历八年行郎中佘毅中，即于本处筑堤一道，以防其溢，数年之间，清口利涉实赖于此。不意凤、泗，商贩船只，又于本堤之东，盗挖一渠，取便往来，岁久成河，已阔九十余丈，淮水尽由此出，清口不免沙淤。臣查得此处系清河对面地方，该县知县出入之间，一览在目，何致任其盗决，汪洋北注，而若罔闻，知且不以报也？其秦越肥瘠，亦甚矣。除臣见在查理，及行司道官候淮水消落，接筑长堤一道，务期坚久可恃外，臣请堤成之后，专责清河县知县管理。每岁派定官夫，时加帮补，如遇水发，率同地方人等，昼夜巡逻，以防盗决。傥有疏虞，即将掌印官参治。盖此堤即在县治之前，较之他所不同，而掌印官常川在县，较之管河官尚有他处奔走者，又不同也。伏乞圣裁。

奉圣旨："工部知道。"

工部覆前疏

题为申明修守事宜，以图永赖事。

该总理河道右都御史潘季驯题前事等因，奉圣旨"工部知道，钦此"，钦遵抄出到部送司。案查万历七年七月内，该巡按直隶监察御史姜璧"题为河工将竣，敷陈末议，恳乞圣明，俯赐采择，以保治安事"内，条议严责成等四事，要将河工专责府州县掌印官，督同管河官管理等因。八年四月内，该工科右给事中尹瑾"题为河工告成，敷陈善后事宜，以图永利事"内，条议重久任等七事缘由。俱经本部覆，奉钦依，备行总理河漕及山东、河南各抚按衙门钦遵，讫。今该前因似应具题案呈到部。

看得黄河自古号称难治，我国家又以黄河为运道，其治之更有难者。万历六年黄决崔镇，淮决高堰，运道阻绝，上廑宵旰之忧。该河臣潘季驯创筑遥、缕二堤，合黄淮二流，遂使八年之间转漕数千万石，只舰粒米悉达京师。功成之日，详陈善后事宜。其要归于修堤束水，使之归漕。其法甚备，乃日久人玩，迄于去年，黄河再溢，几至不支。则堤渐圮，而岁修之法渐废也。季驯荷蒙召用，再履兹任，乃举旧法而重新之。又择其中吃紧最关河防者，列为八款，疏请严旨，特加申饬。盖思保前功于不毁，杜后患于将来，不图旦夕苟且之安，而为国家久远之计。通应依拟，恭候命下本部，移咨吏部，及总理河道、凤阳、山东、河南、保定各巡抚衙门，并咨都察院转行各该巡按、巡盐、巡漕御史，仍札各管河、管泉郎中、主事，督行各该司道、府、州、县？一体遵行。仍听总河衙门将题准事理，刊刻简明榜谕，分发各该官员，置之座右，常加省阅，按时修举。庶法守常存，而河防永赖也。

计开：

一、久任部臣，以精练习。前件看得，河工最巨，治河最难，其司道各官非久于其任，精于其业，鲜克有成者。今河臣潘季驯灼知其故，申议久任之法。特以中、南两河郎中为请，而又举见任郎中罗用敬、沈修贤能，令历任九年，方行优擢。盖两河之地甚要，则倚办甚殷，且见任郎中既称得人，是诚不可数易者，合无悉如所议。今后二河郎中员缺敕下吏部，即于工部主事查有曾经分司河上及历俸稍浅者，遴选推补，俟后查果职业克修，容令历俸九年，方为破格迁擢。其南河郎中罗用敬、中河郎中沈修俸资已及六年，相应比照陈瑛事例，俟其九年考满，方与优处，如有异绩，即于京堂缺内推用。盖必有超迁，然后可以行久任，此又法之相须者也。伏候圣裁。

一、责成长令，以一事权。前件看得，万历八年该总河潘季驯与科道诸臣先后具题，将河防事宜责成州县守令，已经奉有明旨，乃数年以来，亦未见举行，则以积习久，而赏罚不信也。不知趋事赴工，虽管河佐贰之责，而催办调度则州县守令之事，苛责佐贰而缓于守令，宜事功之不集也。今总河潘季驯申明前议，要将守令与佐贰凡有河道疏虞，一体治罪，而终复归重于郡守，深得提纲挈领之意。相应依拟，凡河上工程不起，则坐佐贰，钱粮夫役不备，则坐守令。至于郡守，有总理一郡之责，倘河道疏虞，亦当权其失事之重轻，察其平日治河之勤惰，而殿最行焉。则赏罚必信，上下相维，而人知激劝矣。伏候圣裁。

一、禁调官夫，以期专工。前件看得，防河如防虏，沿边将士，不得擅离信地，沿河官夫，岂容擅调别差？止缘管河各官，避难趋易，营求差委，以致河工作辍。先该科臣常居敬议题，奉有严旨，洞烛其弊，人心已知警惕矣。惟夫役一节未经申明，往往有见其空闲调拨别用者。不思河之塞决靡常，夫之差遣无定，万一误事，所损更多。今后合照河臣所议，凡河上官员夫役非经申呈总理衙门批允，不得轻委一官，妄调一夫，以致疏虞，违者参奏处治。伏候圣裁。

一、预定工料，以便工作。前件看得，治水之法全在治堤，治堤之法全在岁修。若物料不备，是无米而炊粥也，若修防不豫，是临渴而掘井也。大约黄河泛涨常在伏秋，然至伏秋而始为修防之计，即无及矣。今议，欲于秋防竣后，至十月中旬，即委司道督同各掌印管河官沿河踏勘，分别三等。而物料夫匠，亦以次减杀，其动支钱粮、选委员役，通限十一月内计议停当，类报总河衙门批允。正月内办完物料，随即兴工，四月初工程告竣，每年着为定规，后期者参处。深得先事预防之意，相应依拟举行。仍令将每年踏看计料与兴工月日，备咨本部查考。伏候圣裁。

一、立法增筑，以固堤防。前件看得，淮徐之间河流咫尺，而其民免于昏垫者，以遥堤一线为之捍隔耳。自有堤以来，年复一年，风雨剥蚀，车马蹂躏，日就卑薄，势所必至者。先该给事中尹瑾题请加筑高厚各五寸，节奉圣旨："堤工岁修当视其低薄处，随宜加筑，岂得定以五寸为限？钦此。"臣窃思之，限以尺寸者，每年修守之常。不限以尺寸者，一时补偏之法。若低薄而止加五寸，则必无成功。若岁修而亦欲随宜，又漫无稽考。二者原当并行，而不可偏废。今该河臣潘季驯复为题请，合无查照所议，自十八年为始，每岁修堤高厚俱以五寸为限。遇有低薄处所，即便随宜加筑，务令与老堤相等，不许夹杂浮沙，苟且塞责。年终各司道将修筑过堤岸，亲行查核尺寸，类报总河衙门覆核，造册奏闻。有不如式者，指名参究。至于栽柳护堤之法，纤悉曲当[①]，俱应如拟。伏候圣裁。

一、添设堤官，以免遥制。前件看得，高堰、柳浦湾二堤绵亘二百余里，止以一大使往来兼摄，势卑地远，顾此失彼，恐致疏虞。今议要将原设大使专管高堰，而柳浦湾一带，自清江浦起至戴百户营止，另设大使一员专管。应用夫役即于高堰八百名数内裒出三百名，及南河堤浅夫内裒出二百名，共出五百名与之。昼夜防守，遇汕即补。河臣之议已当，似应免行彼处抚按覆查，移咨吏部，径自添设。庶官有专责，而堤防可固。伏候圣裁。

一、加帮真土，以保护堤。前件看得，泗州虽为水会，而基运山嵸峙其北，地形高峻，风气完美。且东麓石堤见在查修，似尚可无水患。惟是州城卑洼，仅有石堤一带捍御暴淮，而堤内多系浮沙，雨水淋漓，辄至坍损，土堤一圮，石将安附？可不为之寒心邪？河臣潘季驯躬亲阅视，题议帮筑真土，以固石堤，委宜亟举。但其一应钱粮、夫役与夫派、委官员等项，俱未有成议。且前项工程尤于保障地方为切，合无咨行淮扬抚按，会同总河衙门，作速计处停当，具题前来，以凭覆请施行。伏候圣裁。

---

①纤悉曲当：详尽恰当。

一、接筑旧堤，以防淤浅。前件看得，清口乃淮、黄交会，而淮、黄原自不敌。然清口所以不至壅淤者，以全淮皆从此出，其势足以敌黄也，若分之，则必致壅淤。先年淮决高堰，而清口遂成平陆，可鉴矣。今王家口堤被商贩盗决，淮流之势已分，将来清口沙淤，运道阻塞，患必由之。此堤在清河县对岸，而该县任其盗决，罪将谁诿。今议欲行司道官，候淮水消落，接筑长堤。堤成之后，专责清河知县管理。无事派夫修筑，有事责令看守。稍有疏虞，即行参治。庶几责任既专，而堤防可固。相应依拟，伏候圣裁。

奉圣旨："河道每岁修防，先年题有定规，乃各该官员不行着实遵守，旷职误事。这所议俱依拟行，如有仍前怠玩的，总河官指名参奏重治。"

议守辅郡长堤疏

臣潘季驯谨题为议守辅郡长堤，以防水患，以保民生事。

臣窃惟大名府为辅郡要地，关系匪轻。去岁黄河决入长垣、东明地方，淹没田庐，漂溺人畜。上廑宸衷，特差工科都给事中常居敬，会同抚按诸臣，培筑先年长堤一道，两县之民方有更生之乐。臣受事之后，即行大名兵备兼管河道副使侯尧封备查水决缘由，及自后修防事宜。去后，随据回称，大名府所属开州、清丰、南乐、滑县并无河道，元城、大名、魏县、内黄浚县境内止有漳卫二河，如遇淤浅，随即挑浚，并未设有管河官员。去岁黄河泛涨，从荆隆口冲决大社堤，淹没长、东二县。近蒙题加该府通判李敷荣、长垣县县丞张九二、东明县县丞徐衔，兼管河防。原无设有人夫，如遇雨水淋冲，即拨邻近火夫修补，岁修钱粮止有每年额征蒿草银三百三十六两一钱九分三厘，并无别项银两，及将善后事宜开报到臣。

臣以未经目击，不敢妄议。随于九月初七日起程，前往长、东二县踏勘。行至板厂地方，有长堤一道，即系工科都给事中常居敬与同抚按诸臣去岁所督筑者也。东至山东曹县白茅集，西至河南封丘县新丰村，共长一百三十里。堤外即有淘北河一道，相传即黄河故道也。去岁之水委由荆隆口决入，挟淘北河，冲决本堤之大社口，致有昏垫之患。荆隆口虽决，而本堤坚固，则亦岂至两邑之沮洳哉！是荆隆口堤实为此堤之藩篱，而此堤实长、东二邑之民所恃以为命者也。但荆隆口堤系河南开封府所属，二邑岂能兼制？所可守者惟此长堤耳。然守堤之法不外于官夫之专设，物料之预备，而今皆无之，是与无堤同矣。谨将该道所议善后事宜逐一斟酌，列款上请，伏望敕下该部再加查议。如果臣言可采，覆请施行。庶堤防可固，而水患可弭矣。谨题，请旨。

计开：

一、议管河官驻扎，以便修防。臣查得大名府原有管河通判一员，驻扎本堤之杜胜集，后因河道安流，革去管河通判，而以本堤俱属长垣县管理，业已视此堤为赘旒矣。今议巡捕通判兼管河防，亦无不可。但该府去堤几三百里，伏秋之时，呼吸变态，本官岂能遥制？臣请每岁自五月初一日起至九月尽止，本官仍宜移驻杜胜集。本集原设有管河衙门，行令长、东二县再加修葺，以便栖止。督同两县掌印、管河等官往来巡视，昼夜堤防。其本堤原有大冈、杜胜各巡检司，亦听本官分委哨瞭。庶防守有人，而灾沴[①]可免矣。伏乞圣裁。

一、议夫役，以便工作。臣惟守堤之有夫，即守城之有兵，兵以御寇，夫以御河，必不可缺者也。长堤虽筑，未经设有一夫，则平时之修葺，临事之堤防，谁与为役？且夏秋正当农忙之时，起倩乡夫怨咨必起，甚非长民之道。而有夫则有铺盖，以便栖息也。查得长垣县该堤九十七里，每五里建铺一座，该铺一十九座。每铺设铺老一名，夫九名，共应设夫老一百九十名。东明县该堤三十三里，该铺七座，应设夫老共七十名。平时则觅取老土，加帮高厚，水至则卷筑埽料，堤防汕刷。初春之时，则栽插卧柳，以护堤址。庶工多事集，而冲决可免矣。伏乞圣裁。

一、议处钱粮，以备工料。臣查得濒河郡县俱有河道钱粮，而大名府独无者，以久无河患，不复议处也。至如去岁河水突入，茫无所措，不免空帑藏而为之，甚非计之得者。今查两县共该建铺二十六座，每座工料银五两二钱，共该银一百三十余两，此非每岁额银，议于长、东二县自理纸赎银内支建，不必别议外。其夫老二百六十名，每名该给工食银六两，共该银一千五百六十两，每年稍草、绳麻等项约费银二百两，通共该银一千七百六十两，内除每岁征收蒿草银三百三十六两，尚欠银一千四百二十四两。行据通判李敷荣、长东二县知县周嗣哲、朱诰议称并无别项钱粮，合于两县征收本府夏秋存粮银内动给，其物料银两有事年分方准销算。如此则工费有备，而修防克济矣。伏乞圣裁。

一、查复旧规，以便分任。臣惟分土分民，各有专责。长堤乃长、东二县分管之地，后因革去管河通判，遂将本堤尽属长垣。一当有事之时，在长垣则民非所辖，难于呼集，在东明则堤非所辖，难于调度，事之掣肘莫有甚于此者。臣请查复旧规，照地分管，属长垣者以修守责之长垣，属东明者以修守责之东明，无事均享其逸，有事各任其劳。庶事无推诿，而工可责成矣。伏乞圣裁。

---

①沴：灾害。

一、分别妍媸，以便委任。臣窃惟治河之官，全在得人，苟非其人，立至倾圮。臣于阅视之时，将该府县管河官备加咨访，及面与确议河上事体。看得通判李敷荣年力既当壮猷之时，才识亦为敏达之质；长垣县县丞张九二河上事体俱能通晓。且堤上工程皆系两官首尾，合无行令久任俸满之日，加衔管事，六年通考任内果无河患，破格超擢。其东明县县丞徐衍性虽醇实，齿实衰颓，问其堤工，东西莫辨。但任浅无过，似应送部调用员缺。乞行抚按衙门，即于所辖州县佐贰官内，择其廉能年壮者，或升或调，就近铨补，促令到任管事，以为来岁修防之计。庶分理得人，而河防允赖矣。伏乞圣裁。

奉圣旨："工部知道。"

工部覆前疏

题为议守辅郡长堤，以防水患，以保民生事。

该总理河道右都御史潘季驯题前事，奉圣旨"工部知道，钦此"，钦遵抄出到部送司。案查万历十五年十月内，该巡抚保定右佥都御史张西铭"题为查筑河防，并议专任责成，以永奠民居事"内，题议筑大社集堤，并将大名府巡捕通判及长垣等县佐贰加添兼管，分管河防各缘由。本年十二月内，又该查勘督理河工工科都给事中常居敬"题为查议河防，以图永利事"内，题议修筑长垣等县、大社等集堤岸决口深潭缘由。俱经本部覆奉钦依，备行保定抚按转行管河司道各官，一体钦遵。讫今，该前因随将议动大名府夏秋存留银两，移咨户部，依议前来，似应具题案呈到部。

看得大名府为畿辅重地，其属县长垣、东明境内原有长堤一道，捍御黄河，则两县之民所恃以为命，而亦张秋运道所倚以为固者也。去年河决大社口，淹没远近，为居民运道之虞。上廑宸衷，特遣工科都给事中常居敬，会同抚按诸臣修筑前堤，民困始苏。然堤之既坏，修筑为先，堤之已完，防守为要。若官夫不设，物料不备，虽有堤防，何能永固？所据总理河臣潘季驯将善后事宜列款上请，区画曲当，深于河防有裨。内除"分别妍媸，以便委任"一款，移咨吏部议覆外，其议管河官驻扎、以便修防等四事，系隶本部职掌，相应依拟覆请，恭候命下，本部备咨户部总理河道、保定巡抚衙门，及咨都察院，转行直隶巡按御史，督行大名道、府、县官员一体遵奉施行。

计开：

一、议管河官驻扎，以便修防。前件看得，大名府管河通判驻扎府城，距堤几三百里，黄河冲决，呼吸变态，岂三百里之外所能遥制？今议每岁自五月初一日起至九月终止，本官移驻杜胜集，督率东、长两县掌印管河官，及大岗、杜胜二巡检司，昼夜巡守。其驻扎处所，即将原设衙门修葺，尤为省便。相应依议，伏候圣裁。

一、议夫役，以便工作。前件看得御河必以堤，守堤必以夫此事势相须，不可缺一者。大名久无河患，虽有故堤基址，并未设有一夫，及至伏秋水发，辄起乡夫，修守甚属未便。今议长、东两县各照地里远近，设夫以守堤，设铺以处夫。至若培土于平时，卷埽于水至，栽柳于初春。所以用夫之法尤为纤悉曲当，相应依议，伏候圣裁。

一、议处钱粮，以备工料。前件看得，铺舍夫老既已议设，堤守固有备矣。然修铺舍则费工料，设夫老则费工食，而稍草、绳麻皆应用物料不可缺者。今议铺舍二十六座，听长、东二县自理赎银支建。其夫老工食及稍草等项物料共该银一千七百六十两，除每年蒿草银三百三十六两，尚欠一千四百二十四两，于本府夏秋存粮银内动支。前项物料银两无事征收贮库，有事方准支销。庶工费既备，而出纳亦明矣。相应依议，伏候圣裁。

一、查复旧规，以便分任。前件看得，长堤在长垣县界九十七里，在东明县界三十三里，旧规原系分辖，后因裁革管河通判，遂将本堤尽属长垣，地分不明，易得推诿。今议查复旧规，照地分管。庶修守各有专责，而临事不致推调。相应依议，伏候圣裁。

奉圣旨："依议，着实行。"

吏部覆前疏

题为议守辅郡长堤，以防水患，以保民生事。

准工部咨该总理河道右都御史潘季驯题前事，奉圣旨"工部知道，钦此"，钦遵咨部送司案呈到部。

看得总理河道右都御史潘季驯条议，欲将大名府通判李敷荣、长垣县县丞张九二俱令久任。及议将东明县县丞徐衎送部调用，员缺即于所辖州县佐贰官内就近铨补各一节。除通判李敷荣、县丞张九二行令文选司停其升转，准留在任，管理河工，俟其久任，果有成效，容臣等另行优叙外，为照河工重大，必须委任大小官员，皆得其人，方能济事。所据东明县管河县丞徐衎虽系新任，但既称寻常，岂足干办？查有真定府枣强县县丞钮镒，各院道所注考语有强健精敏之称，必称管河之任，可以更调。既经河道都御史具题前来，相应酌议覆请，恭候命下，将钮镒改调东明县，徐衎改调枣强县各县丞，本部各给文凭，令其到任管事。仍咨总理河道及抚按衙门各遵照施行。

奉圣旨："是。"

恭诵纶音疏

臣潘季驯谨题为恭诵纶音，不胜感奋，敬陈治河鄙见，伏候宸断事。

伏念臣自嘉靖四十四年至今，谬承总河之命者四矣。向来治河之法惟是率由旧章，非两河之故道不敢寻，非已试之成规不敢蹈。每自恨其智识凡近，器局拘挛，无能炫奇更新，以报涓埃之万一也。

兹沐我皇上非常之恩，尤当有非常之报。故自入境以来，延袤千余里内，周咨荒度，足遍而目及之矣，而卒无可以他图者。然犹谓河南为黄河上流，或可别求长计。顷于九月初七日躬率管河道副使陈九仞、开封府知府王见宾、同知吴克勤、归德府知府陈褂、通判陈思论，及各该州县掌印、管河等官，北自考城以至武陟，南自荥泽以至虞城，又自河南至大名府所属长、东二县，将黄、沁二河延堤踏勘，大禹所治故道岁久湮没已不可考。有云自荆隆口经广、大二府地方出北海者。臣谓纵使可复，无论移河南徐淮之患于北直隶诸府，而二洪干涸，运艘难浮，不可也。或云复贾鲁河，自荥泽而达涡河者。无论二洪干涸，运艘难浮，而凤、泗祖陵重地，一淮尚且不支，况益之以黄乎？不可也。或云分沁河合漳、卫二水出临清，可杀水势者。沁河之浊不减黄河，小滩见苦浅，涩增此一河，必至淤塞，不可也。

检括故牒，咨询父老，始信治河之法惟有修防，必难穿凿，方拟备陈覼缕，恭候圣裁。顷于十月初五等日准吏、工二部咨，奉圣旨："朕闻黄河冲决，为患不常，欲一观浑河，以知水势。昨见河流汹涌，因念黄河经行处所，经理防御倍宜加慎，河道官员还行文与他，都着用心任事，务一勤永逸，勿劳民伤财，以为故事。自今推选委用，务在得人，吏、工二部知道，钦此。"钦遵，焚盥跽诵，不胜感服，不胜悚惕，仰见我皇上留心国计，加意民生。因浑思黄有触，即感知黄河之冲决不常，即思防御之当慎，因防御之当慎，即思劳民伤财之当戒，因劳伤之当戒，即思委用之在得人。宸翰龙章不数言而尽治河之道矣。

臣请以河情水性并防御鄙见，敬为皇上陈之。夫黄河由昆仑历关陕，至河南，而合渭、沁诸河，至徐州而合泗、沂诸水，至清河县，而合淮河，并入于海。其间小谿曲涧之水又有不可胜言者，固无怪其波涛汹涌，伏秋势若滔天。考之书传，自周定王五年河徙砱砾，历汉、唐、宋、元以至我朝，河决不知几千百次矣，诚有如圣谕黄河冲决为患不常者。而自发源以至入海处，惟见其合，不见其分，曾无两河并行，而古今治河者惟以塞决、筑堤成功，稍事穿凿，非久即废，何也？盖黄河与清河迥异，黄性悍而质浊。先臣张仲义云“河水一石六斗泥”，以四斗之水，载六斗之泥，非极湍悍汛溜不可。分则势缓，势缓则沙停，沙停则河饱，河饱则水溢，水溢则堤决，堤决则河为平陆，而民生之昏垫、国计之梗阻，皆由此矣。有谓堤能阻水，水高堤高，堤无穷已者。盖不知堤能束水归漕，水从下刷，则河深可容，故河上有岸，岸上始有堤。平时水不及岸，堤若赘旒，伏秋暴涨，始有逾岸而及堤址者。水落复归于漕，非谓堤外即水，而旋高旋增也。昔禹导河入海，而必先之以陂九泽者，陂非堤乎？有谓水欲其泄，决以泄水，安用筑为？盖不知浊流易壅，泄于决则必壅于河，必无两全者。昔瓠子之决，汉武亲临，群臣负薪，投马沉璧，方克有济，亦岂好为艰难之事，以自取劳苦哉？诚有见于此也。故治河之法惟有慎守河堤，严防冲决，而圣谕经理防御倍宜加慎之外，更无他策矣。舍此而别兴无益之工，即为劳民；舍此而别为无益之费，即为伤财，然总之在于得人而已。

臣自六月至今日与司道诸臣丁宁告戒，惟以修防为事。今岁霖雨连绵，河水暴涨者十余次，仰仗我皇上圣德所格，百神效灵，圣意所钟，百僚用命，两河翕犹，往来无阻，臣亦庶几藉以塞责矣。然循途守辙之事诚不自满于心，直至河南阅视之后，眇无他道可寻，故益信防御之当慎矣。除申明修守事宜，已经具题该部，见在议覆。其河南应修、应改堤工，应添、应更官员，候管河道议呈至日，另行题请外，伏望敕下该部，再加查议。如果臣言不谬，容臣申饬各该大小官员，谨遵圣谕，毋惑淆言，一意修防，毋怠职业。如有沿袭故事，轻役大众，虚糜钱粮，容臣指名参究，共输忠赤，务保无虞。臣由发及肤，自顶及踵，皆我皇上生成至恩，才识所及，殒身何辞！必不敢有一毫未尽之心，纤芥未竭之力，自干斧钺之诛也。臣无任激切屏营之至，缘系恭诵纶音，不胜感奋，敬陈治河鄙见，伏候宸断，事理谨题，请旨。

奉圣旨：“工部知道。”

工部覆前疏

题为恭诵纶音，不胜感奋，敬陈治河鄙见，伏候宸断事。

该总理河道右都御史潘季驯题前事等因，奉圣旨“工部知道，钦此”，钦遵抄出到部送司。案查本年九月内，该总理河道右都御史潘季驯“题为申明修守事宜，以图永赖事”，内条议久任部臣、禁调官夫等八事缘由，已经本部覆，奉圣旨：“河道每岁修防先年题有定规，乃各该官员不行着实遵守，旷职误事，这所议俱依拟行，如有仍前怠玩的，总河官指名参奏重治，钦此。”备行总理河道、凤阳、保定、河南、山东抚按衙门，转行管河司道，及札付管河、管闸郎中、主事等官，一体钦遵，讫。今该前因似应具题案呈到部。

看得总理河道右都御史潘季驯题，称“仰承纶音，敬陈治河，专在慎守堤防”一节，为照国家财赋仰给东南，转运必由黄河，治河必赖堤防，所从来久矣。顷自堤防少懈，以致黄河泛溢，乃言者不知治堤，即所以治河，始议复故道，开支河，合沁、卫，以杀水势。诸说不一，则河防不专。河防不专，则河患不息。然则一议论专修防，正今日之要务也。总理河道右都御史潘季驯久历河防，熟知水性，且感殊异之恩，冀效非常之报，遍履省直地方，备询今古事宜，乃题称“黄河之必不可分与堤防之必不可废”言皆有据，行可底绩。盖惟阅历多而闻见真，故持论定而利害审，非但一时之谋，实为经久之计。相应如议题请，以仰答纶音于万一。恭候命下，容臣等备咨总理河道、河南、山东、保定、凤阳各巡抚，及咨都察院转行各该巡按、巡漕、巡盐御史，并札付管河、管闸郎中、主事，督率各该道、府、州县官员，务要恪遵经理，防御倍宜加慎。圣谕及本部近日覆奉钦依修守事宜，如有作聪明乱旧章，劳民伤财，徒损无益与创为臆说，及蹈袭陈言，阻坏成规，致误国计者，听部科总河衙门重行参究。

然臣等又有说焉。伏读圣谕，自今推选委用务在得人，盖人存斯政举，而任法尤不如任人也。窃惟季驯治河屡试辄效，有臣如此，亦既得人矣。伏愿皇上重其权，久其任，假之便宜，而责以成效，必能为皇上纾南顾之忧，建久长之策。其所属大小管河官员如有升迁、降调等项，俱听本官甄别议处，移咨吏部施行，则修守无不得人，而河防益为永固矣。

奉圣旨：“是。近年河道官员不行遵守修防事宜，因循废弛，致有疏虞，却又纷纷建议，意见杂出，何裨实事？今后务遵明旨，加谨防御，每年终，总河官将所属河道部司等官甄别具奏。”

卷前导读

本卷主要包括潘季驯在第三次和第四次总督河务的过程中，面对一些重大河工问题陈述自己治河意见，或者汇报上一阶段的治河成效而向朝廷上呈的奏疏，主要内容包括添补河官、修守堤防、停开支河、抚恤官民等，基本上是按照潘季驯提出建议、朝廷予以回复并给出意见、潘季驯继续治河、最后说明治河成效的顺序来安排的。这一时期，潘季驯的治河思想已臻于成熟，治河方法、治河脉络已自成体系，这些奏疏不仅忠实地记录了潘季驯的治河始末和治河成效，鞭辟入里地分析了各项治河举措在特定历史背景下的一系列考量和斟酌，同时也是对《河议辨惑》《河防险要》《修守事宜》中各种治河思想和治河经验的一一印证和阐释。

第一，分工管理——河官添设和铨补。本卷包含三篇关于河官添设和铨补的奏疏。潘季驯在阅视河堤的过程中，发现有些河段只设一名河官，一旦出现险情，很容易顾此失彼。他认为应采取分工管河制，每个区域都设置专人督办河务，方可避免一人阅示不周的弊端，并且河官人数可视河段具体情况灵活添设。

在《就近铨补河官疏》中，潘季驯指出河官出现缺员时，应就近选派，从相邻的河区中选派熟悉附近河道情形、河工事务的官员替补。根据当时“九年方可破格擢升”的官员提拔制度，他认为这种就近选拔官员的方式，既可使替补官员很快到任，不致河务废弛，又能够为当地河段培养出一位熟悉河务又能长期任职效力的管河人才。

第二，“束水攻沙”论的实践——修守堤防、停开支河。潘季驯主张通过遵循黄河独特的水性和水沙关系规律来治河，提出了“束水攻沙”“蓄清刷黄”“淤滩固堤”等治河思想，而这些理论的现实实用性都要依靠堤防的修守来得到实践和验证。

在《申明河南修守疏》中，潘季驯指出黄河北岸大堤形成后，黄河下游南向分支越来越多，导致河流的泥沙携带能力减弱，河道逐渐淤高，河水漫流。在修守堤防时，潘季驯以治黄保运、防止黄河北决为最终目的，大力修补加筑黄河南北岸堤防，堵塞决口，借助水力带走泥沙，有力地延缓了黄河河道泥沙淤塞的历史进程，真正实现了“束水攻沙”。

在《停寝訾家营工疏》中，潘季驯深入地探讨了是否要在訾家营新开一支河入海，以此分杀黄河之水势。他认为，訾家营地处“平陆易淤之地”，若新开一支河，不仅劳师动众，还极易使支河因水浅流缓而致淤塞。同时，潘季驯还对鲍家营决口形成的支河进行了考察和研究，指出鲍家营支河是借助自然力量形成的河道，远离漕运水道，既不费民力、不淹民田，又能分杀黄河水势，是新开支河的最好选择。可以说，訾家营支河的停开，也是一次对“束水攻沙”思想的灵活运用。

“蓄淮刷黄”是潘季驯解决黄河泥沙问题的又一措施。在《河工告成疏》中，我们可以清晰看到“蓄清刷黄”不仅仅是要借淮之力，更要靠淮之“清”，以清释黄，降低黄河含沙量，减少下游淤积的可能性。潘季驯在《河工告成疏》中指出，淮河与黄河在清口交汇，高家堰（即洪泽湖大堤）的作用是迫淮河水入黄河攻沙，高家堰的溃决，使淮河水势不敌黄河水势，淮水无力攻沙，清口以下无水冲刷，渐致淤垫。因此，他认为若淮河水势大过黄河，固然可冲刷泥沙，而水势过盛则堤防极易不稳；若淮河水势弱于黄河，则黄河水又有倒灌的危险。因此，稳固的高家堰大堤才能充分发挥“蓄清刷黄”的功效，这也是高家堰大堤能够历经兴废，决而复修，毁而复建的根本原因。

第三，优恤官民。本卷奏疏并不只是体现了潘季驯“束水攻沙”等水利思想，还包含着潘季驯本人对常年奋斗在治河一线的河官，乃至最底层修守民夫的人文主义关怀。

在《赠恤司官疏》中，潘季驯叙述了南河分司罗用敬在管河期间日以继夜忙于河务，积劳成疾而致病亡的事迹。从一个侧面反映出，明代中后期河患频发，治河官员身兼治河重任，整日忧心河防、四处奔波巡视、疲于奔命的生活状况。

潘季驯在日常治河活动中亲眼目睹了劳动人民日夜修守堤防的辛劳，在《申明河南修守疏》中他描述了修守民夫终岁劳苦，却依旧食不果腹的窘境。因此，他建议把一些田地分给日夜看守堤防的民夫耕种，补充粮食供给，改善他们的生存状况。作为封建社会的官员，能够如此为民着想，是非常难能可贵的。可以说，潘季驯的奏疏中不仅仅记述了自己的治河思想、治河实践和治河成就，还隐隐折射出人性的温暖和光辉。

卷之十一　奏疏

添设管河官员疏

臣潘季驯谨题为查议管河官员，以裨修防事。

据河南管河道副使陈九仞呈称，蒙臣阅视河堤，勘得府州县管河官员有地方广远，一官难以管摄者；有河防险要，未经额设专官者；有升迁事故，见今员缺待铨者。牌仰本道会同酌议，某处应该添补，某处应该更调，就便遴选贤能，堪任官员，具由通详，以凭会题。蒙此，行据开封府议呈前来。

该本道会同守巡大梁道参政王来贤、佥事王九仪议得，黄河经行开封府属，岐分两岸，延袤千里。南岸如小院村、瓦子坡、黄炼集、阎家寨、刘兽医口、陶家店、张家湾、时和驿、槐疙疸、王家楼、埽头、普家营等处，系关省会藩封重地；北岸如甄家庄、郭家潭、脾沙冈、于家店、中栾城、荆隆口、陈桥、贯台、马家口、陈留寨、铜瓦厢、张村集、炼城口、荣花树、三家庄等处，逼邻漕河，重干运道。先年屡被冲决，今虽筑堤完固，但管河同知止有一员，平时修守已难周遍，若遇河涨风涛，两岸相隔，顾此失彼，何以克济？应照淮安、兖州两府各有管河同知二员事例，添设一员驻扎北岸荆隆口。及查河北旧有演武亭一处，乃荥泽等四县联界之区，盗贼出没，水陆为害，先年曾设官兵防御，今已废格，时有警虞，似当以添设管河同知，仍兼捕务，往来督视，以靖地方，庶为两便。及查祥符县河工浩繁，道里辽远，额设主簿一员，委难卒办，相应添设主簿一员，以分责任。荥泽县居黄河上流，向属县丞兼管，今改沁水与黄合流，尽由该县出口，二河并涌，两岸俱险，乃县丞督粮兑运，往返不暇，有误河防，相应创置主簿一员，以专责成。兰阳县管河主簿王佩、仪封县管河主簿余纯华俱已升任，员缺未补。

以上四县应添、应补官员，若候铨选，未免耽延时日。且初任未谙，恐致堕误河工。今据该府推举，各道遴择，查有开封府经历姚学孔，才干优裕，操守谨严，督工克效劳迹，防御已竭心力。宣武卫经历刘汝行小心勤慎，干理条达，河工夙夜多劳，厂务纤毫无染。俱蒙院科会荐内应选择一员，加以带衔州判管祥符县添设主簿河务。原任荥泽县典史[①]、今升光山县牛山巡检高荣魁，向委堤工，克勤厥事，虽经迁转，而修防皆属经手，相应升补该县管河主簿。原任通许县县丞、今升陕西葭州判官吕文，承委修筑则竭力经营，居官操持则恪守清洁，今虽报升，尚未离任，似宜改留，仍以带衔州判管理兰阳县主簿河务。原任陈州吏目、今升甘泉县主簿李克己，才力俱壮，心行亦纯，若畀胼胝之任，必收底绩之功，相应改留，顶补仪封县管河主簿。其中牟县管河，该府议欲添官，但邑小民疲，既有县丞兼理，似应照旧。再照黄河两岸盗贼繁兴，旧委巡河指挥二员，徒拥虚名，无益河防，且扰害庄民，需骗船户。今既添设同知主簿，驻守河滨，巡缉事宜应归河官约束督理，原委武职革撤回卫，庶分理得人，河防捕务均有攸赖等因，呈详到臣。

据此，近该臣前往河南地方，躬率管河道副使陈九仞，并分守道参政王来贤，分巡道佥事王九仪，开、归二府知府王见宾、陈裪及各该州县管河等官，沿河踏勘。每至本官该管地方，备将本处要害细加询问，做过工程细加阅视。中间堤坝坚好应答如流者固有，而苟且虚应蒙昧无知者亦多。揆厥所由，有因道里遥远而奔走不及者，有因官系兼摄而志意不专者，有因河官悬缺暂委代署者。随行该道查议去后，今据前因，该臣会同巡抚河南右副都御史衷贞吉、巡按河南监察御史王世扬，看得河南实运道上流，关系甚重，而用人实治河首务，毗藉甚殷，经理于上者，固为巨艰，而委任于下者，尤为吃紧。顷者节奉圣旨："自今推选委用，务在得人，钦此。"臣等仰见我皇上留神河务，洞烛治原矣，臣等不胜感服。

今据各道议，将开封府比照淮安、兖州二府事例，添设同知一员，驻扎荆隆口地方，带管巡捕事务。盖荆隆口逼近长、东二县，去年黄河从此决入，长、东几溺，若有府官驻扎，必能保守卫河南，亦卫长、东二县也。其应添设及铨补管河主簿，就将经历姚学孔、刘汝行内定一员，加以判官职衔，分管祥符县河务。巡检高荣魁升授主簿，管荥泽县河务。判官吕文仍以原职带衔，改留管理兰阳县主簿河务。主簿李克己应以原职改留，顶补仪封县管河主簿。中牟县邑小民疲，河患亦少，原系县丞兼摄，委应照旧。其升补各官遗下员缺，听另铨补。原委巡河指挥扰民无益，合革回卫，一应巡河事宜归并管河官兼管，尤为良便，似应依拟。

---

①典史：中国古代官名，职位设于州县，为县令的佐杂官，是知县下面掌管缉捕、监狱的属官，原本职责是"典文仪出纳"。典史为九品之下的文职外官，故无品阶，当县里的县丞、主簿等职位发生裁撤和兼并时，其职责由典史兼任。因此典史职务均由吏部铨选、皇帝签批任命，属于"朝廷命官"。

伏望敕下该部，再加查议。如果臣等所言不谬，覆请允行，速赐改补，以便预备来岁修防。仪封、兰阳二主簿缺，或于臣疏未到之前已经铨补，仍恐初任未谙，亦望转改别用。其开封府添设同知，查无相应官员，乞于邻省查有资俸相应者，就近调补，勒限到任。庶承委得人，而河防允赖矣。缘系查议管河官员，以裨修防事理。谨题请旨。

奉圣旨："吏部知道，该部覆奉施行。"

申明河南修守疏

臣潘季驯谨题为申明河南修守事宜，以固河防事。

臣窃惟黄河防御甚难，而中州为尤难。盖河自昆仑，历关陕以至河南，则伊、洛、渭、沁诸水合焉，水愈多势愈盛。而自三门七津[①]以下，地皆浮沙，最易汕刷，故自汉迄今，东冲西决，未有不始自河南者也。去岁河决刘兽医、荆隆口等处，势如飞雷，呼吸千里。上廑圣虑，特遣科臣会同抚按诸臣，分投督筑，地方始有更生之乐。然先事之防固当，预慎善后之计尤宜亟图，则今日修守之事，臣之事也，臣之责也，敢不尽心力而图之乎？

臣于受事之初，惓惓申饬各该道府管河等官，及将四防二守之法丁宁告戒，今岁幸保无虞矣。而犹虑河情地势目所未睹，足所未及者，固难以悬想而测度之也。复于九月初七日自济宁州起程，前往该省，督同管河道副使陈九仞及郡县掌印、管河等官，将南北两岸堤坝逐一阅视。河患叵测，将来可忧者一，而修防吃紧，目前应举者六。一者何？河南之委流是也。查得河南黄河涓滴皆由徐、邳出清口，会淮入海。旧由新集历赵家圈、萧县蓟门，出小浮桥，势若建瓴，河南无阻梗之虞，徐、邳有冲刷之利，水之道也。后因河南水患，另开一道出小河口，本河渐淤，至嘉靖三十六年河遂北徙。一变而为溜沟，再变而为浊河，又再变而为秦沟，今则由胡佃沟、梁楼沟、北陈、雁门、石城等处，而复出浊河矣。中间经行之处，皆系民间住址陆地，较之故道河底高出三丈有余。漫流平地，无渠可归，深者不过数尺，浅则尺余耳。黄河并合汴、沁诸水，万里湍流，势若奔马，陡然遇浅，形如槛限，其性必怒，奔溃决裂之祸臣恐不在徐、邳，而在河南、山东也。缘非运道经行之处，耳目所不及，见人遂以为无虞，而岂知水从上源决出，运道必伤。往年黄陵冈、孙家渡、赵皮寨之故辙可鉴乎？

---

①七津：底本作"七律"。《全河图说》中河南孟县段标示为"七津"，符合上下文义，据改。

臣于万历六年题为黄河来流艰阻，后患可虞，乞恩速赐查议，以图治安事，该工部覆行凤阳、河南、山东抚按会勘得，开复故道，劳费不赀，事体重大，时势未宜。工部覆奉，钦依停止。夫开复此河工费须以百万计，各省俱当灾歉之余，内帑正值空乏之际，一时委难轻议。臣未敢琐琐，陈乞姑候年岁丰稔，民力少苏，另行题请。外，今将修防紧关事宜条列于后，伏望敕下该部，再加查议。如果臣言不谬，覆议上请行臣，遵奉施行。河防幸甚，臣愚幸甚。谨题请旨。

计开：

一、查得黄河北岸逼邻漕河，关系甚重。弘治年间，先臣刘大夏筑有长堤一道，起自曹县界，至武陟县詹家店止，延袤五百余里。南岸逼近省会藩封重地，最为要害，亦有长堤一道，起自虞城县，至荥泽县止。两堤延亘千有余里，实为该省屏翰。但地鲜老土，堤皆浮沙，而河流迁改靡常，多有滨河难守者矣。

今据该道逐一查核，分为缓、急二工。开封府如仪封县北岸炼城口旧堤二段，长一千五十丈，旧坝一段，长六百五十六丈，坝后水坑长二百五十丈；南岸普家营等处新旧月堤四段，共长三千一百五十五丈。兰阳县杨家庄至贾家楼旧堤一段，长一千六百丈。南岸自陈留县界至仪封县界旧堤一段，内有缺口二十一处。祥符县南岸刘兽医口迤南旧堤二段，长一千二百五十丈；张家湾老坝塌断，应筑绕后月坝一段，计长三百五十丈；又自陶家店至兔伯冈，自埽头集至旧堤头长堤二段，共长七千五百五十六丈。又该河南抚按会同工科都给事中常居敬题，奉钦依，创筑刘兽医口遥堤一道，长三千七百丈。封丘县北岸荆隆口、中栾城、于家店、张家庄、萧家庄，各有水冲潭窝，共长一百七十五丈。又该科抚按诸臣题，准该县荆隆口创筑遥堤一道，长二千零九十丈。阳武县北岸脾沙冈埽坝长三百丈。原武县旧堤一道，分为五段，共长二百八十九丈。荥泽县北岸长堤一道，自朱世花大王庙至王娄店、郭家潭等处，共九段，俱有潭窝，共长一千七百七十二丈八尺。归德府考城县北岸芝麻庄迤东埽坝三段，共长八十九丈；李秀厂东堤决口四丈，唐家水口坝基二十一丈，水坑二十八丈。商丘县南岸杨先口堤三十二丈。以上工程或创筑，或加帮，或填补，皆系险要之处，亟宜兴举者也。

又如仪封县北岸荣花树旧堤一段，长一千六百三十三丈，挖泥河旧坝坍塌，共三百七十丈。祥符县北岸马家口旧堤三段，共长一千四百七十丈。省城四面大堤一道，高下通融修理，共计六万五千九百工。阳武县北岸旧堤自王佑庄至脾沙冈，分为九段，共长四千零八十丈；南岸旧堤自訾家庄后至中牟县圆墩寺止，分为六段，共长三千三百六十四丈。原武县南岸旧堤二段，共长五百四十四丈。中牟县旧堤六段，共长一千四百七十丈。俱应加帮，河势稍缓，应俟急工完日，次第兴举者也。

两工告竣，可恃防御。但筑堤不难，而觅土为难。若非真淤老土，随修随坏，徒费无益。容臣严行管河道刻期帮筑，加意验探。如有堕误，或夹杂浮沙，或夯杵不实，苟且塞责者，容将管河官参拿究治。伏乞圣裁。

一、臣查得沁河发源于沁州绵山，穿太行，达济源，至武陟县，而与黄河合。其湍急之势不下黄河，两河交并，其势益甚。而武陟县之莲花池、金圪垱最其冲射要害处也。去岁沁从此决，新乡获嘉一带俱为鱼鳖。今幸堵塞，筑有埽坝矣。但系浮沙，恐难久恃。且坝内为商民辏集之处，烟爨不下千余，以堤为命，关系不小。查得最险之处仅四百三十五丈，甃之以石，方为可久。况每岁修守费亦不赀，积之数年，与石无异，何惮而不为耶？已行该道查估，随守随筑，迟以三年之久，必可竣事。此堤一成，百年永赖矣。伏乞圣裁。

一、臣查得河道钱粮止是徭编河堡夫银，工役所恃以为生，河防所恃以为固者，此也。而有司视为末务，每倦追征。吏书干没，收头侵欺，殆十五矣。向来旧例俱系各州县另征另解，庶便稽查，近有议请并入条鞭者。夫条鞭之法非为不美，但解京钱粮与本地方急用银两尽先征解，而待次可缓者辄为赘旒，此有司之常情也。若一概并入条鞭，则畸零人户逋负粮稍皆作河道钱粮矣。臣请仍照旧例追征，管河道立限催比，收至百两以上，俱解赴开封府收贮。如遇考满升迁，完不及三分之二者，不准离任。庶人知警惕，而钱粮自裕矣。

臣又查得河道银两节经题奉钦依，不许别项那借。今以禄粮借以驿传，借以会银，借以纸赎，借者不知几万两矣。夫以本项未征借贷，则当于已征扣还，而久假不归，玩愒殊甚，合无容臣严行管河道备查明白，照数扣还。再有逋负，容臣参究，实于河工有裨。伏乞圣裁。

一、臣惟防河在堤，而守堤在人。有堤不守，守堤无人，与无堤同矣。近该管河道副使议令开、归、怀三府，遵照工科给事中常居敬题准事例，各于堤坝之上，每二里修建堡房一座，佥令堡老、堡夫常川住堡，看守埽料，防护堤岸，修补坍塌，填塞窝穴，看守柳株，禁逐樵牧，三伏九秋之间，不分风雨昼夜，竭力防守，法至备矣。但终岁劳苦，虽得官给工食，糊口不敷。合无行令三府掌印官，即于近堤处所勘刷地段，堡老每人给与六亩，堡夫五亩，以便耕种，稍助食用。其应给地亩，先尽没官田地，如有缺少，动支旷工河银置买民产，仍给帖照，免其粮差，则人心乐为之用，而堤防可久矣。伏乞圣裁。

一、臣惟励世磨钝之术，惟在劝惩有道，而于河防最苦之事，人心尤易懈弛。先于万历八年四月内，该勘工给事中尹瑾题为河工告成，敷陈善后事宜，以图永利事，内开定法制，以核岁修。该工部覆议于秋冬之交，将各经管官员分别功罪，奏请升赏罚治，题奉钦依在卷。但此例仅行于淮、徐，而河南未经题请，未敢擅行，诚为缺典。合无容臣于秋防报竣之日，将河南掌印、管河等官，一体甄别，遵例具题施行。庶人心知警，而河防不至弛堕矣。伏乞圣裁。

一、河南虽非运道经行之处，而河情水性与徐、淮无异，则当以治徐、淮者治之矣。先该臣于八月二十二日题为申明修守事宜，以图永赖事，皆为徐、淮堤防而设。内有责成长令，以一事权，盖欲归重于郡邑掌印官也；预定工料，以便工作，盖欲早核岁修工程，以便兴举也；立法增筑，以固堤防，盖欲遵例加倍旧筑，以固堤防也。兹三事者皆可行之于河南者也。已经题奉明旨，臣不敢再赘。合无容臣行令河南管河官员，一体遵照施行，实于河道有裨。伏乞圣裁。

奉圣旨："工部知道。"工部覆奉圣旨："依拟行。"

停寝訾家营工疏

臣潘季驯谨题为祖陵当护，运道可虞，淮民百万危在旦夕，恭进《开复黄河故道图说》，恳乞圣明采择，以垂百年永利事。

据管理中河郎中沈修、南河郎中罗用敬会呈，奉臣札付，仰司会同各道，督同淮安府，并山阳、清河二县各掌印、管河官、地老、知音人等，亲诣訾家营地方逐一丈量查勘。要见清河县东见行正河水面若干丈，今议新开支河果否能分正流，日后可无淤阻，分后果否可保泗州永无水患，原议工食有无足用，黑墩湖、罗家口湖中起堤作何设法浚筑，从长计议，毋求同而为迁就之计，毋畏难而忘久远之图。斟酌停妥，会呈详夺，以凭具题施行。

蒙此，随该职等督同淮安府知府张允、济管河同知姜桂芳、山阳县知县张光绪、清河县知县邹守约、桃源县知县华存礼，唤集彼处土人杨甫等，丈勘明白，回报前来。该职等议，照国家兴大役，举大事者，非持意见以为可否，惟深晰夫利害之辨而已。据府县申，谓訾家营支河一开，除目前之患害，收将来之全利，恶在乎？其不可也。但查清河县东见行正河水面阔二百四五十丈，其深约有三四丈不等，则支河之开，视全河必得三分之一，乃可分流，而导之使趋。今议面阔止四十丈，底深止二丈五六尺，试以全河形之，果有三分之一乎？必须面阔、底深比原议丈尺稍增其数，方为完计。若啬其数于勘估之初，恐费病于不继之请，似未可以原估五十五万九千九百七十余两限之也。况黑墩湖又系洼湿积淤之所，夫以四十余里平陆易淤之地，而欲新创导河入海之功，工力巨艰，举动匪细，鸠夫役必至数万，奏成功须待经年。及今徐、淮以南岁苦大祲，二麦稍熟，复罹大疫，流移饥殍，枕藉相望，此何时也？疮痍未起，闾阎萧条，即以大工召募，给散工食，聊济一饱而已。率僵仆甫起之民，而责以趋事赴工之敏，恐亦难矣。合无俯从该府之议，姑待年丰兴举为便，呈乞再加查议等因。

又据整饬淮扬兵备副使周梦旸、颍州兵备副使杨芳、徐州兵备佥事陈文燧会呈，蒙臣案验，会同管河分司，行据淮安府勘议前来。覆该各道议，照自昔治水惟有二策，非厚筑堤堰以遏横流，则多开支河以泄暴涨。而总之审时度势，乃可底绩安民。若时事未便，漫然尝试，未利先害，非计之得者。该府所称訾营之开，一举四利，而挑浚情节曲畅旁通，不为无见。但工费颇为艰巨，帑藏又多空虚。淮民连岁灾伤，疮痍未复。目今秋旱燥烈，黍豆不登，穷冬苦寒。又恐糊口无策，而以煮粥聚赈，传染瘟疫，枕藉而死者十之二三。见存孑遗之民尪羸[①]幺麽[②]，可静而不可动，可逸而不可劳，万分煦育，犹恐不能保其残喘。而鸠数十万之夫，挑五十里之河，计算时日，必数年之久，乃可竣事。是犹以疲癃奄息，而责之艰重之任，未有不仆者。况五十里长途，满目荒莱，居民流徙，竟日不闻鸡犬、见井灶，不惟数万夫役栖身无所，即督工官员亦未有驻足之地，天时人事俱属不便。职等初议，亦谓年歉不能举事，请行再议者，盖与本府今议大略相同，而非迁就畏难，不顾久远之利也，相应准从等因到臣。

通候覆议间，又据管河郎中沈修、罗用敬、徐州兵备佥事陈文燧会呈为河道事。本年八月二十六日，据淮安府管河同知姜桂芳揭报，本月十四日清江浦外堤对岸清河县地方，有鲍家营住民张思礼门首，势当黄淮西南而来，直射东北。河水大涨，忽从本营漫流，阔二百余丈。随令大河卫经历章淮，率领本方熟知河道乡民唐山，驾船随流，探勘水势归向。自本口东北十里，经官庄浪石二十里至娘子庄，又二十里至涧桥，又三十里至古寨，俱系湖荡。又十五里至桑墩，入见成连河，抵幞头关，下新坝入海。此口离清河县三十里，外系迎溜，内有河湖故道，即今分杀黄流，清江浦石堤以下一带可保无虞。缘由到职。

先该职等据实揭报本院讫。今蒙批行覆勘。为照鲍家营正当王家营之上，訾家营之下，既非运道，又非民居，先年不议筑堤，留以分杀暴涨之势。今

①尪羸：瘦弱。②幺麽：微小的，微不足道的。

清江浦外堤加筑高厚，而黄河大涨，果由此分泄，自娘子庄，径由涧桥古寨，以入于海。不劳工力，不费财用，而盈溢之势可杀，清浦外堤可保，真天开之訾家营也。若虑水落之后，难保不淤，而来岁水涨，势必复泄。淤则平时无夺河之患，泄则临涨有分杀之功，诚于河防有益无损。呈乞本院详示，将本口照旧存留，以备分泄。惟于两岸用埽包裹，以成河口。二三年后，时和年丰，再举訾营之议，未为晚也等因，各呈详到臣。

据此，先该臣准工部咨前事，该本部覆议，内开訾家营支河以接草湾，较诸故道之复，固事半而功倍。要其入海之路又散漫而难收事，既未见全利，议亦未敢遽决。今新任总理河臣潘季驯前后治河将几十稔，阅历既久，闻见必真。所据支河之议，宜令覆行勘阅，恭候命下本部，备咨总理河道右都御史潘季驯，作速到任。将科抚诸臣所议于訾家营开支河，以接草湾一事，覆行勘阅。果为利多害少，在所当行，或为徒费无益，在所当止。倘众议未妥，别有长策，可以护祖陵，保淮安，固运道者，但求事可功成，不拘人己同异，即令从实具奏以凭，覆请定夺等因。

奉圣旨：“是。这黄河故道既勘议明白，难以开复，罢訾家营，应否添开支河，还着河道衙门从长计议具奏，钦此。”钦遵，备咨到臣。

该臣督同司道并府县等官，亲往訾家营一带地方，逐细阅视。行据各官会呈前因，正在详审间，忽据徐州道佥事陈文燧揭报，清江浦外堤对岸鲍家营冲开一口，几二百丈。水从本口入荒坡，往东北浪石旧河身，至娘子庄、涧桥、古寨，俱系湖荡。又十五里至桑墩，入见成连河分支一百余里，下新坝入海。此口离清河县三十里，与运河经行之处眇不相及。而清江堤修筑既高，水从西激，鲍口一开，清江堤乃完，运道可免啮溃改徙，而上之顺达泗水，下之分杀淮水。其入口至浪石娘子庄，即前勘议訾家营经流之处，折至东北，经涧桥，达古寨入海。则又不必凿五十里入赤晏庙，而水有所归，是省六十万金之费，以开訾家营。此皆本院拯溺救民，忠诚仁爱，孚格苍穹昭昭者，默助其成，不劳而底绩也。佥谓，若念訾营工费难处，绩效难成，而鲍家口不系运道，不淹民田，俯赐存留，以代訾营无损之益，舆情自安等因。又据管河同知姜桂芳揭报相同。俱经臣批行司道覆勘，及亲阅相同外，今据前因，为照论天下之大事者，创其始必先究其所；终成天下之大计者，图其利必先虑其所害。若聊且虚应于一时，而漫然为尝试之举，举之未几，废即随之，咎将谁归？且工役以十万计，时以年计，工费几六十万计，劳民动众，关系不小。我皇上以科臣之言，下之科抚，而复以科抚之言下之于臣，亦诚以事体艰重，未可易易耳。臣敢不虚心博访，以仰体皇上至严至慎之意乎？

臣于六月十七日一接邸报[①]，即率同各官躬往阅视。訾家营委与清口相对，地势平衍，并无崎嵚[②]险阻。中间虽有黑墩湖、罗家口二处颇难浚筑，然工力稍倍，亦似可成。开成之后分流甚便，由此而至颜家口四十五里，由颜家口而至赤晏庙，复与大河相会不远矣。分流之后，欲杀泗州水势于二百里之外，固不可得，而清江浦外伏秋之涨委为可减。但该府原议工费五十五万九千，止言浚河，而不及筑堤。若欲比照旧例，建筑遥堤，运土于一二里之外，其费又当倍之矣。计土论方之法固是旧规，而浚至一丈之下，地泉迸出，非十倍其工不可，则其费亦未可知也。然成大事者不惜小费，此亦未足论也。臣所虑者，河性喜深广而避浅隘，今以阔四十丈深二丈五尺之河，而欲与阔二百四五十丈深三四丈者同流并驱，似亦难保不淤。伏秋之时，河水消涨不常，旋淤旋浚，恐滋烦苦。若欲加浚深广，费须数倍，非惟钱粮难措，抑恐妨夺正河。盖河不两行，自古记之。先年河臣刘大夏、刘天和、王以旂诸臣，有开孙家渡以杀水势者，有浚赵皮寨以济二洪者，有开李景高口引水出徐者，皆不久即淤，可为明鉴矣。当此中外告匮之时，万一虚费工力，罪将谁诿？司、道、府臣系原勘原议之官，而恳恳以荒歉请停为辞，其意亦可想见。

臣又查得漕抚侍郎舒应龙、工科都给事中常居敬原题，内开訾家营经黑墩湖、罗家口，恐有散漫之虞，亦未敢为必然之画。倘以祖陵山麓之水未及玄宫，运道之危在清江浦者，先年已有石堤，目前加筑埽堤，尚可保无决裂。淮、黄交汇之地，昏垫之害祛之于西者，不免移之于东。则今议支河重役巨费，非有全利，若未可以轻举而试为之。如必欲为淮水疏泄之谋，求人事之可尽者，固不能舍此有他图耳等因。是二臣之见与臣亦不甚异，臣所以展转思惟，未敢遽决者，此也。

今据司道议，有新开鲍家营，去訾家营密迩，既非运道经行之处，亦无民田损家之虞，入海另由别路，可免大河合后复涨之事。虽水落势必复淤，与虑訾家营者无异，但不费一尘，可免后悔。而漫流广阔，淤不甚高，来岁水涨之时，势必复通。淤则平时无夺河之患，通则临涨有分杀之功，与崔镇等减水四坝无异也。姑俟三四年后，本口冲刷成河，留之固善。若沙淤渐高，水流不顺时，或地方丰稔，民力稍苏，再议别图，亦未为晚。

所据司道诸臣之言似为有见，此皆仰仗我皇上留心国计，轸念民劳，上帝鉴临，百灵效顺之所致也。合无将本口两头埽护留备分泄，其原议訾家营

①邸报：中国古代抄载皇帝谕旨、臣僚奏章和其他政治动态的报纸，宋代始称“邸报”，元代、明代由中央统一发行。②嵚：山高。

工程暂行停寝。伏望敕下该部查议，如臣所言非谬，覆请允行。臣愚幸甚，地方幸甚。缘系祖陵当护，运道可虞，淮民百万，危在旦夕，恭进《开复黄河故道图说》，恳乞圣明采择，以垂百年永利事理。谨题请旨。

奉圣旨："工部知道。"

工部覆前疏

题为祖陵当护，运道可虞，淮民百万，危在旦夕，恭进《开复黄河故道图说》，恳乞圣明采择，以垂百年永利事。

该总理河道右都御史潘季驯题前事等因，奉圣旨："工部知道，钦此。"钦遵抄出到部送司。案查万历十六年三月内，该礼科给事中王士性题前事，内议开复黄河故道等因，奉圣旨："着工部便行，与漕运衙门及勘河科官从长计议来说，钦此。"已该本部备行查勘，河工都给事中常居敬、总督漕抚侍郎舒应龙查议。去后，本年六月内该查勘河工都给事中常居敬、总督漕抚侍郎舒应龙题称黄河故道难复，訾家营另开支河，顺入草湾河缘由，已经本部覆奉圣旨："是。这黄河故道既勘议明白，难以开复，罢。訾家营应否添开支河，着河道衙门从长计议具奏，钦此。"已经备行总理河臣，会同司道各官勘议去讫。今该前因似应具题，案呈到部。

看得訾家营另开支河之议，盖为黄河故道难复，欲别求一策，以杀泗州水势，本不得已之计也。彼时科抚诸臣查勘，及臣等议覆，业已谓其难行。特事关运道民生，非经详核，遽难定议，故行河臣覆勘，以求画一之说。今潘季驯督率诸臣躬亲查阅，谓其水性之难强，钱粮之难措，工绩之难成，种种不可开浚之状，昭若指掌，与部科原议若相吻合。又况鲍家营突冲一口，入海甚径，非若訾营之迂绕，不烦工力，非若訾营之劳费。淤则平时无夺河之患，泄则临涨有分杀之功。然则訾家营支河非惟不当开，亦有不必开者。相应如议停寝，恭候命下本部，备咨总理河道衙门，及札付中河、南河郎中，备行各该道、府、州县官员，一体遵奉施行。

奉圣旨："訾家营既难开浚，罢。见今河道疏通，只着该管官员遵守成规，用心堤防，不许妄生意见，阻坏成功，徒滋劳费。"

修复湖堤疏

臣潘季驯谨题为修复湖堤，以便蓄水济运事。

据管理南旺泉闸主事王元命、济宁道按察使曹子朝、分守东兖带管、分巡兖州道参政郝维乔呈，蒙臣札案，俱为检查节奉钦依，河工分派司道各官，以便责成，以图早竣事。分行司道，遵照工部议覆。工科都给事中常居敬原题，各项工程勒限兴举。除将应修闸坝、斗门等工俱已如法甃砌将完，马踏、安山二湖应筑约水土堤见今工有次第，通候另报外，其蜀山、马场、南旺三湖各原议筑束水子堤一道，以为封界，及南旺湖中堤一道，严督官夫修筑间，节据委官兖州府同知陈昌言等呈称，各湖先年创有封疆老堤，水至堤根十常八九，后因堤防废弛，湖水难蓄，蒙工科踏勘之时，正值亢旱，举目禾黍，故议筑子堤，中亘长堤。堤内蓄水，堤外召佃，官民两便。但自去岁夏秋恒霖，斗门洞开，坎河坝筑，涓滴不遗，水势弥漫。即今湖中筑堤，不惟水深工难，纵筑成，堤内外汕刷易圮。又恐湖狭水微，似非济漕初意。且地被水占，亦难召佃利民。

查得嘉靖二十二年兵部侍郎王以旂清复湖界，筑有大堤，年久倾废，似应修复。蜀山湖西南一带俱临运河，堤岸高耸，无容别议。其东北一带自南头冯家滚水坝起，至苏鲁桥迤南大堤头止，俱有旧堤根址，相应修复。自大堤头至南旺田家楼止，原系受水门户，今应密植柳株，以正封界，水至入湖为运河之资，水退据柳为民田之限。马场湖地势南面临河洼下，出水济运，北面原系入水渠道，今宜照旧仍留入水，密栽柳树，以为湖界。东面旧堤约长八里余，相应修复。南旺湖东面高埠，遵照原议，量留一里，筑子堤一道，其余三面应将原堤建复。其中亘长堤正在湖中，难以施工，相度地势应浚沟渠，通接斗门，庶为完计。各具呈前来，覆该司道亲阅相同，委属妥当。虽与原议稍有不同，求其济运利赖则一，呈乞酌议题请等因到臣。

据此卷查，先该臣查，将工科都给事中常居敬原题，查复南旺等五湖，筑建堤坝、闸座等工。分委北河郎中吴之龙查复马踏湖，建永通闸，筑子堤，修王岩口滚水石坝；南旺主事萧雍查复蜀山湖，建坎河坝，筑束水堤，修滚水大坝；济宁道按察使曹子朝查复马场湖，建通济闸，筑子堤，修安居斗门三座；分守东兖道参政郝维乔查复南旺湖，修邢通等斗门十三处，筑封界子堤，中亘长堤；分巡兖州道佥事刘弘道查复安山湖，筑封界堤，建八里湾、似蛇沟两闸等因具题。该工部覆议，备咨总理河道，转行司道各官，查照分地，竭力修治。倘兴工前后，或有事体与原议稍异者，即便从宜处置。或有原议未尽者，不妨别议增补，通完奏报等因。覆奉钦依，咨臣通行司道，督率兴工，勒限报竣去后。

今据前因，覆阅相同。除将闸坝、斗门等工及马踏、安山两湖应筑堤岸，俱照原议，候通完核实类奏。外，该臣看得，运艘全赖于漕渠，而漕渠每资于水柜，五湖者水之柜也。先该勘工科臣常居敬洞烛其源①，倡为封界子堤之说。盖因比时旱魃为灾，湖身龟裂，地方之民乘时射利，尽为禾黍之场，故欲筑堤限之，非浚湖以就民，乃限地以蓄水也。良法美意，可谓善之善者。第自去年六月以后，天雨频仍，湖水盈溢，不惟湖地难耕，即民地亦成沮洳矣。询之湖滨年老之人，皆云如此景象，向来岁居十七。今欲尽泄湖水创筑子堤，亦甚易易。但恐筑成之后，堤泡水中，立见倾圮，而子堤之外必成夹河，岂能耕种？随查得先臣兵部侍郎王以旂原有土堤一道，意与科臣常居敬封界正同，而围湖稍广，蓄水更多。今岁之水正及堤址，止因年久浸废，界址不明，干旱之时遂有越界私种者矣。若将此堤加帮高厚，尽复旧业，堤内为湖，堤外为地。纳水处所不便筑堤，密栽水柳为界，庶湖水不缩，经界不淆，而亦不失科臣原题之意矣。其南旺湖中堤水内积土，成功固艰，堤成水泡，汕刷必易，似宜免筑。

所据各司道之议，相应依拟具题，伏乞敕下该部，再加查议。如果臣言不谬，覆议上请，行臣遵照，督令上紧修筑，勒限报竣。谨题请旨。

奉圣旨：“工部知道，该工部覆奉施行。”

就近铨补分司疏

臣潘季驯谨题为河防紧急，乞恩就近铨补贤能官员事。

臣于三月十六日，据徐州兵备兼管河道按察使陈瑛揭称南河郎中罗用敬于三月初八日忽患喉毒病故，见今河务方殷，缺官管理等因。臣查得本官所管高家堰、清江浦、范家口等处，俱系两河要害，岁修之工方在兴举。宝应县西土堤、邵伯石堤适当诸湖之滨，题奉钦依修筑，尚未告竣。郎中罗用敬毕力肩承，业有成绩，忽尔奄逝②，臣实痛心。除候工完之日，将本官另行叙报外，臣窃照钦修之工，原限三月以里，并日而作，犹惧愆期。矧夏令去今不过数日，伏秋之备正在此时，若候推补前来，迁延便须数月，废时失事，必致疏虞矣。该臣会同总督漕抚侍郎舒应龙看得，管理清江厂兼管闸座工部营缮司署员外郎事主事黄曰谨，禔身③狷洁④，任事精详，司闸禁而怨讟⑤不辞，淤垫之患可免，严厂务而工费俱省，侵克之弊顿清。况久处两河之滨，闻见甚确，习知通塞之故，疏治不难。若将本官转擢南河郎中，就近到任接管，则河防得人，而官不久虚矣。及又查得臣于万历十六年十月内题为申明

①洞烛其源：对于根源探究得很清楚。②奄逝：去世。③禔身：修身。④狷洁：洁身自好。⑤怨讟：怨恨诽谤。

修守事宜，以图永赖事，该工部覆称，今后中、南两河郎中员缺敕下吏部，即于工部主事查有曾经分司河上，及历俸稍浅者，遴选推补。俟后职业克修，容令历俸九年，方为破格迁擢。题奉钦依在卷。今员外郎黄曰谨正系曾经分司河上之官，若令铨补久任，九年方行迁擢，则非惟目前得其分猷[1]之力，而迟之岁月，必收永赖之功矣。其清江厂员缺，另行推补。

伏望敕下吏部，再加查议。如果臣等所言不谬，覆请施行，河道幸甚，臣愚幸甚。谨题请旨。

奉圣旨："吏部知道。"该吏部议覆相同，题奉圣旨："是。"

就近铨补河官疏

臣潘季驯谨题为黄河要地缺官，乞恩就近铨补，以防伏秋事。

臣于三月十六日接到邸报，内开南京户部湖广司缺员外，推淮安府同知徐伸升补等因。该臣查得徐伸为管河同知，北自夏镇珠梅闸起，历丰、沛、萧、砀、徐、邳、灵、睢等处，至桃源县止，一带黄河俱系本官管理。而中间扫湾，迎溜、素称善决者，无处无之，故河防惟以中河为难。而司道官之所责成者，惟同知一人而已。矧今时将入夏，去伏不遥，卷埽护堤正当预备，断断[2]于畚锸之内，逐逐于河漕之滨，殆未可以顷刻缺人者也。若候铨补依限前来，未免耽延时日。倘从远方升调，则又未可以时日计矣。臣查得驻扎杨村河间府管河通判申安，历任甚著贤声，修防业有成效，曾经通惠河郎中陆梦熊揭荐到臣。杨村河患颇少，未展其才。山东德州知州赵可学才识通敏，施为练达，节该司道开荐到臣，查访委为可用。臣于去年十二月内，将二臣具疏列荐之矣。若于内拣选一员，加以同知职衔，前来管理河事，必克有济。而二臣见任地方，去中河不及千里。恭候命下之日，容臣促令兼程趋任，浃旬即可接管。倘以本官资俸未深，明开疏中，令其久任，于河道更为有裨。伏望敕下该部，再加查议。如果臣言不谬，覆请升补施行。庶河防得人，而要地不至久于缺官矣。谨题请旨。

奉圣旨："吏部知道。"该部议覆，通判申安升补。题奉圣旨："是。"

查议通济闸疏

臣潘季驯谨题为目击时事，敷陈愚悃，以裨治安事。

---

①分猷：分管，分工。 ②断断：形容争辩的样子。

据管理闸座工部署员外郎事主事黄曰谨、徐州兵备兼管河道按察使陈瑛、海防兵备带管南河工部分司副使周梦旸会呈，蒙臣案验，仰各司道速查：清江里河通济闸今自开春启闸之后，是否波涛内讧，不能闭闸；回澜水势较比往年有无湍激，即今应否改移闸口于稍南，要是，何项地名，有何便利，可避河流之冲；此外有无别所另寻一路，堪以济运；清江浦口应否填筑，以收永利。务要躬亲相度，会议妥当，呈详覆议具题。

蒙此，行据淮安府呈，称督同管河同知等官姜桂芳等查勘得，通济闸建立甘罗城坚实之地，两崖颇高，牵挽甚便，水势北趋，河流平缓，运艘往来颇称利便，所据闸坝不必改移，宜从旧贯等因。

据此，该职等亲诣前项地方，督率多官覆加查勘，谨按舟从今通济闸出口者，以此口专向淮河，独受清水。惟伏秋大涨，黄流未免倒灌，故于入伏之时，闸外卷筑软坝，无非为避黄计也。至九月水落，仍复开坝由闸。盖自九月以后至五月以前，通济之水有清无浊，三闸递相启闭，其法甚便。故先年改天妃闸而为通济闸，以天妃闸当黄，而通济闸近清也。见今粮运通行，水皆清平如旧，旋启旋闭，颇为不难。况昔黄流只有一道，今分流草湾一百五十余丈，已减全河大半。若欲改闸而南，必从淮城以下出口，张口受黄，日有沙壅，是平江伯建闸以避浊，今返背清而就浊矣。全河大势已奔草湾，而清浦西桥一带渐淤，复从淤处建闸，是又舍通而就塞矣。且板闸、钞关，与船厂、仓庾[①]，户、工各部三分司，皆在清江沿河地方，以便督造抽分，二百余年于兹矣。今若改闸而南，则清江、板闸一带必至干断，三分司与诸闸厂俱当改建，为费不赀。三闸延袤六十余里，人烟辏集，仰商贾挑盘之利者，万有余家，若闸改而南，必夺生理，移署迁民，事在得已。况粮艘经由清浦，如履盘盂之内，甚为平稳，遽从淮南出口，是舍清夷之渠，而多受黄河六十余里牵挽之苦，仍恐运军亦难之耳。再询淮中士夫，皆称淮城风水前有清淮，后有黄河，环流回抱，有如襟带，乃缙绅生灵之血脉也。今从淮南建闸，将使淮地中断，而自绝其襟带矣。谈者多称不利，难以拂众强图，乃勘通济闸迤南一带，别无可通舟楫之所。职等反覆思惟，诚不如仍旧为便，呈乞本院定议题请等因。

又据清江管闸分司呈称，蒙臣宪牌，仰司即查通济闸入春以来，有无黄流内入，波涛湍激，是否不能闭闸回澜，各闸启放之后，因何不行下板，备将致害缘由从实呈报。依蒙查得清口乃粮运咽喉所系，自有通济等闸启闭以来，顺时节宣，河无涨溢，成效如睹。去冬遵守新立传筹规矩，启一

---

①仓庾：贮藏粮食的仓库。

闭二，遵行无失。入春黄水未发，粮运出口络绎无停，三闸俱开，昼夜催攒，时难暂闭。外水虽入，悉皆清流平缓。若粮船出尽，即遵前法启闭。况今清江外堤修筑完固，附堤淤土一望数十余丈，决无他患，缘由各呈报到臣。

据此，案照万历十七年三月初九日准工部咨该南京户科给事中徐常吉题款开，肆曰：淮扬水患清江浦口运艘所经，而频年以来黄河内冲，出入为梗，安东之流日缓，而浦口之入渐多。今自开春之后，运船出口，千樯并集，舳舻相衔，未免启闸以纳水，而波涛内讧，不能闭闸，以回澜水势亟矣。乞敕该部转行总理河道衙门，多方筹画。或移闸于稍南，以避清河之冲。或通漕舟于别所，以为万世之利。其清江浦口则令筑坝堵截，不许复开。如此，则庶几民生可保。不然开口受沃，而束手待尽。臣恐湍激之黄流将直穿乎高、宝，而百万之苍生且胥而为鱼鳖，此淮扬水患，臣之所可忧也等因。题奉圣旨："该部知道，钦此。"钦遵，备咨行臣。即查前项闸口应否可移于稍南，漕舟有无可通于别道，其清江浦口应否筑堵，不许复开。凡奏内事情一一从长计议妥当，具题前来，以凭覆请施行。

准此，先该臣接到邸报，随即督同南河郎中罗用敬、淮安府署印同知赵垧、山阳县知县张光绪等，亲诣淮城以南东坝地方及通济闸以下清江浦等处，逐一踏看，犹恐未确。又经案行各司道查勘去后，今据前因，该臣查得，国初踵习元人故事，以海为运。永乐年间平江伯陈瑄创凿清江浦一带，以通淮、黄两河，始以河为运矣。然清浦原无来流，全借河流内灌，方可浮舟。而黄流甚浊，恐至淤垫，故复设天妃等五闸，递互启闭，以便节宣。时将入伏，闸外即筑软坝，一应船只俱于五坝车盘，良法美意，二百余年利赖之矣。后因天妃闸全纳浊流，故复改于三里沟，寻复改于甘罗城，即今之通济闸是也。此处为南河口，乃淮水独经之地，离黄向淮，用清避浊，漕渠无淤垫之患，舟航有利涉之休，人甚便之。惟于五六月间黄水盛发，不免逆上，与淮并入。而时将入伏，筑坝断流，九月开坝，则黄水业已退矣。今给事中徐常吉题请移闸稍南，通漕别所，极为讦谟长虑。如果徙避有地，真为万世之利。但细查淮郡之外，别无支流可引，欲通漕舟，不得不资两河，欲资两河，必难免其内灌。然分流不及十分之一，而滔滔北去，由安东入海者，固如故也。若移闸愈南，则纳浊愈甚。司道诸臣所云背清就浊，舍通就塞，而运艘多涉险阻六十余里，皆所不免矣。至如改建衙门，迁移厂闸，费虽不赀，无足论也。臣又查得初春水落，正当平缓之时，止因运艘昼夜放行，诸闸不便下板，传者遂谓不能启闭。今运艘如期出口，各闸启闭如故，委与该司查勘相同，臣不敢蔽。

伏望敕下该部再加查访，拟议上请。或行抚按及巡盐、巡漕衙门，覆加勘议，务求久安长治之策，以为河漕永赖之计。地方幸甚，臣愚幸甚。谨题请旨。

奉圣旨："工部知道。"

工部覆前疏

题为目激时事，敷陈愚悃，以裨治安事。

该总理河道右都御史潘季驯题前事，奉圣旨："工部知道，钦此。"钦遵抄出到部，送司案呈到部。看得我国家岁漕东南数百万石，以海运非便，故凿清江浦引淮、黄二水，以通漕舟。又建通济等闸，以避黄而就淮。此法行之二百余年，未有能变者。给事中徐常吉虑黄水灌淤，条议移闸座，塞清浦，似或有见。今据总理河臣潘季驯督率多官，再三筹度。谓清浦若塞，更无别道可通漕舟，闸座若移，则去淮流益远，而纳浊流益甚，受浊不若受清，故更新不若仍旧。其说甚明且悉，而河臣犹不敢自是，复请下抚按及巡漕、巡盐御史覆议。臣等以为清江浦之于运道，譬若人身之咽喉，即使少有淤阻，不过随宜修浚之耳，未闻塞其咽喉，而别求吐纳之处者。况清浦见无淤阻，而别处又无可通漕。既经踏勘明白，似惟仍旧为便，不必再议。恭候命下本部，备咨总理河道并巡抚、漕运衙门，及咨都察院，转行巡按、巡漕、巡盐各御史，并札付南河清江厂郎中主事，一体遵奉施行。

奉圣旨："清江浦运道见在通行，只着照旧修守，不必再议更改。"

河工告成疏

臣潘季驯谨题为省直河工告竣，据实恭报，仰慰圣衷事。

节据南直隶中河郎中沈修、南河郎中罗用敬、夏镇主事余继善、海防兵备副使周梦旸、徐州原任兵备管河佥事陈文燧、见任按察使陈瑛、颍州兵备副使杨芳会呈，节奉总理河道并总督漕抚衙门札，案俱为检查节奉钦依，河工分派司道各官，以便责成，以图早竣事。行职等，将先后题准应修土石工程，勒限兴工，上紧报竣。职等遵依，督率分委府州县等官，亲诣工所，如法率作，俱至万历十七年四月二十九等日通完讫。总计筑过邵伯、宝应界首、三里湖、高邮南北小湖口、盐坝、南堤、高家堰、天妃坝、清江浦惠济祠、礼字坝、范家口、柳浦湾、潘家坝、张家洼、马家湖、黑墩、蒯家洼、金家洼、贾家洼、王家口、张福口、塔山，并护陵石堤，共长七千一百六十五丈八尺，土堤共长一万三千五百七十五丈，桩笆堤工共长六千二百九十丈六尺。

筑过顺水草坝十四座，石矶嘴一座。盖过柳浦湾料厂一所，建过镇口闸一座，增砌过古洪、内华闸二座。挑浚过里河淤浅，并浚支河涧河。及开镇口闸上下河道，共长一万一千六十九丈九尺。塞过决口长一百二丈，填筑过喻口河坝一道。其各堤高卑酌量地形低昂，水势缓急，稍有增损，俱经呈明。除长阔高厚丈尺数目，已蒙各院及委官亲诣各工，逐一核实讫。

职等议照，上下江运艘皆由瓜、仪，历邵伯、高、宝、淮、徐，至茶城，以入漕河，延袤千里。中间湖波万顷，则有风涛之虞，流沙久积，则有淤垫之虞，两河湍急，则有冲决之虞，淮、黄交接，则有沙涩之虞。故邵伯东堤每至倾圮，宝应西口率多浅阻，清口茶城浊流难免逆上，而范家口、天妃坝堤岸坍塌，相继冲决，淮扬几为鱼鳖，此往事之明征也。至如高堰一堤，尤为二河关键。隆庆初年，淮水从此溃入，黄亦随之而东，海口无水冲刷，因之堙塞，而淮扬兴、盐、高、宝之间，则一望弥漫，桑田为海矣。自万历七年修复本堰之后，两河始归故道。近年以来堤防久弛，渐至汕刷，诚为可虑。幸蒙部院科臣先后具题，浚筑之工至周大备。职等遵奉，节行案札，起派官夫，分投兴举，昼夜督促，如期告竣。除用过钱粮见在覆查，另行造册送核外，所据完过工程，拟合开坐呈报等因。

又据扬州府推官李春开、凤扬府推官盖国士会呈，蒙总理河道并漕、抚、按、盐各院，俱行职等前去各工核实。依蒙，遍历邵伯、宝应、界首、高邮、高堰、天妃、清江浦惠济祠、礼字坝、范家口、涧河、柳浦湾、张家等洼，张福口、王家口、镇口闸、塔山缕堤，古洪、内华二闸及护堤等处，逐一锥探。土堤委系老土夯实，验勘石工俱各甃砌坚致。河渠深广，一一足数合式，经久可恃。随具不致扶同甘结，呈报前来。又据山东管理北河郎中吴之龙、管理泉闸主事王元命、济宁兵河按察使曹子朝、分守东兖道左参政郝维乔、分巡兖州道佥事和震会呈，蒙总理河道并抚按衙门备行职等，分督修复湖堤，建筑闸坝、斗门等工，鸠夫办料，刻期完报。依蒙，督委府州县等官，修筑过马场、马踏、蜀山、南旺、安山五湖土堤，共长三万二千五百五十一丈三尺。建过火头湾、通济闸，梭堤迤南永通闸、八里湾、似蛇沟闸，共四座。坎河口、何家口、冯家口、五里铺各滚水石坝，共四座。安居、五里营、十里铺、关家大闸，常明、孙强、刘家、焦栾济运闸，盛进、张全各斗门，共十一座。砌过石堤四丈，筑过土堤二百九十五丈。又挑过建闸河身，长八十四丈。顺水沟渠长一千一百七十四丈六尺。填过水口十一处，筑过河口一处。栽过护堤卧柳一万六千一百五十株，封界高柳六千七十一株。俱于万历十七年四月二十五等日通完讫。

职等议，照运艘入镇口闸，直至临清板闸一带漕渠，共计八百余里，皆藉汶河之水，以资利涉。而漕渠颇远，泉源颇微，故多设闸座，以便节宣；修复南旺等五湖，以便潴蓄；建立减水闸坝，以便出纳。皆为治漕要务，不可不讲求者也。近年以来，法久寝废，一遇亢旱，遂同涸辙。幸蒙勘河都给事中常居敬前来，会同抚按躬亲踏阅，逐一检查，将封殖五湖、建复闸坝、斗门等项会疏，题奉明旨，通行总河及抚按衙门，转行职等，分派工程，定立期限，昼夜督促，幸以告成等因。

及据山东按察司按察使叶梦熊呈，蒙总理河道及抚按衙门宪牌行职，查得马场等湖堤、永通等闸、坎河等坝、安居等斗门，各项工程委系精致坚实，别无渗漏，今具不致扶同甘结呈报等因。各具呈到臣。据此，案照万历十六年闰六月二十九日准工部咨该查勘河工都给事中常居敬，题为钦奉敕谕，分别效劳官员，以励臣工，以重河漕事。本部议覆，内开案查万历十五年十一月内，该凤阳巡抚都御史杨一魁题为议处两河水患，以固运道，以奠民生事，内议修砌范家口等处堤岸，并改拆崔镇等坝及疏草湾河口缘由。本部覆奉圣旨：“崔镇坝应否改拆，候差去科臣到彼，再议定夺。其余俱依拟，着实行。钦此。”随该本部备行凤阳巡抚及差去科官钦遵讫。万历十六年四月内，该查勘河工都给事中常居敬会同总督漕运户部右侍郎舒应龙题为钦奉敕谕，查理河漕，以保运道事，内题议古洪以外添建镇口闸，并修筑运河堤岸及停拆崔镇等坝、停浚草湾等缘由。又该本部覆奉圣旨：“依拟行，钦此。”备行淮扬抚按，转行管河司道各官一体钦遵讫。本年四月内，该都给事中常居敬会同山东抚按题为钦奉敕谕，查理漕河，以重国计事，款开南旺湖修筑子堤，中亘长堤，修复邢通等斗门共十三座。马踏湖东北筑堤，修复王岩口石坝。蜀山湖周围筑堤，修复冯家大坝。马场湖周围筑堤，修复安居斗门三座。及修坎河口滚水石坝一座，长六十丈。建火头湾通济闸，梭堤集永通闸各缘由。又经本部覆奉圣旨：“依议行，钦此。”备行山东抚按，转行司道等官钦遵讫。本年六月内，该都给事中常居敬会题为清复湖地，以济运道事，要将安山湖低洼处封为水柜，及八里湾、似蛇沟建闸二座缘由。又该本部覆奉圣旨：“这湖地依拟筑堤，仍画定界限，永远遵守。如有侵占盗决等弊，照前旨着实参治。其各处泉湖蓄水济运的，都着一体清查整理。钦此。”已经备行南北直隶河南、山东各巡抚衙门，转行管河司道各官一体钦遵讫。

今科臣常居敬比照阅边事例，将各管理诸臣分别勤惰题请。但在淮扬，则经理之议甫定，在山东则浚筑之役方兴。见今总理大臣新到，一切调用人夫，参酌河务，似应候各工通完之日，并议优处。仍咨总理河道、凤阳、山东各巡抚衙门，转行管河司道各官，查照本部节题事理，将见在工程及河道应行未尽事宜，上紧督催。完日将做过工程，役过人夫，用过钱粮等项，核实造册，奏缴清册，送部备查。候工完之日，河道都御史仍将大小官员分别举劾，另行具题，以凭覆请赏罚施行等因，具题。节奉圣旨："是。直隶、山东等处工程通候完日，河道衙门奏报并叙，钦此。"备咨到臣。本年八月初五日，又准工部咨为检查节奉钦依，河工分派司道各官，以便责成，以图早竣事。

先该臣题，议除将修建镇口闸、塔山支河缕堤，修清江浦外堤草坝，添设柳浦湾料厂，先该漕抚侍郎舒应龙行委南河郎中罗用敬、中河郎中沈修、夏镇主事杨信、徐州兵备佥事陈文燧，见在兴举，臣照旧督行各官上紧修筑外，其兴筑宝应县西土堤二十里，砌邵伯湖石堤二十里，疏浚淮安至仪真一带里河淤浅，查系南河郎中罗用敬、海防道副使周梦旸地方，三工俱当以中为界，北段属之罗用敬，南段属之周梦旸。其在山东各工分委，北河郎中吴之龙查复马踏湖，建永通闸，筑子堤，修王岩口石坝；南旺主事萧雍查复蜀山湖，建坎河坝，筑束水堤，修滚水大坝；济宁道按察使曹子朝查复马场湖，建通济闸，筑子堤，修安居斗门三座；分守东兖道参政郝维乔查复南旺湖，修邢通等斗门十三处，筑封界子堤，中亘长堤；分巡兖州道佥事刘弘道查复安山湖，筑封界堤，建八里湾、似蛇沟两闸等因。该部覆议，备行总理河道，并凤阳、山东各巡抚衙门，一体遵照施行。及行管理河道、泉源、闸坝司道各官，查照分地，督率府州县管工官员竭力修治。

本部仍咨都察院，转行各该巡按、巡盐御史，各照所辖地方，不时稽察工程，期于同心共济。倘兴工前后，或有事体与原议稍异者，即便从宜处置，或有原议未尽者，不妨另行增补，悉如原题，定限十七年三月终通完。其总河大臣仍亲自查阅，委果工程坚固，足保无虞，从实奏报，其效劳大小官员分别勤惰题请，以俟赏罚等因。覆奉圣旨："是。河道工程着司道等官，各照分定地方，用心管理，上紧完报，不许疏玩，钦此。"备咨前来。

本年十月十四日，又准工部咨为申明修守事宜，以图永赖事。该臣条议，一接筑旧堤，以防淤浅。本部覆议，清口乃淮、黄交会，而淮、黄原自不敌，然清口所以不致壅淤者，以全淮皆从此出，其势足以敌黄也。若分之，则必致壅淤。先年淮决高堰，而清口遂成平陆，可览矣。今王家口堤被商贩盗决，淮流之势已分，将来清口沙淤，运道阻塞，患必由之。此堤在清河县对岸，而该县任其盗决，罪将谁诿。今议欲行司道官，接筑长堤，专责清河知县管理修守，疏虞参治。庶几责任既专，而堤防可固等因。覆奉钦依，咨臣俱经通行司道，勒限兴工间。

节据司道呈报，南河分司工内天妃坝原议内外包石，后蒙工科亲阅，本坝地势广阔，谕令内填实土，不必砌石。清江浦外堤原议险要去处卷埽钉桩，并作顺水坝十四座，今酌量水势缓急，添筑草埽排桩，长四百八丈，止筑草坝四座，惠济祠外河石堤加石二层，并添顺水草坝一座。里河石堤原议五十七丈，今减去平缓处所一十三丈，实砌过四十四丈。范家口石堤原议长四百丈，今覆勘堤坚水缓去处减砌七十丈，实砌过三百三十丈。海防道工内，邵伯湖原题应筑石堤二十里，除旧石颇坚，量加修补，不敢算工外，实砌过石堤一千八百九十八丈八尺。夏镇分司工内，塔山缕堤原议六百六十丈，今加筑三百三十六丈，共长九百四十二丈。古洪闸原议改造，今因添建镇口闸，启闭颇易，不必更改，以滋虚糜。止议本闸并内华闸各加石四层，雁翅加石五层。北河分司工内，原议王岩口建坝，今酌量地势，即于本口之上地名何家口建滚水石坝一座，并增修房家口石堤四丈，筑塞河口一处。南旺分司工内，续议填筑水口十一处，坎河坝两头接筑土堤，共长二百九十五丈，迎水处所俱用灰石垒护。分守东兖道工内，原议修复斗门十三座，今议照旧修复八座，其余五座改于五里铺添建滚水大石坝一座，长五丈，开挑顺水沟渠，长一千一百七十四丈六尺，各缘由前来。

万历十七年三月二十三日，又准工部咨为修复湖堤，以便蓄水济运事。该臣具题，本部覆议，南旺、蜀山、马场三湖目今水势弥漫，直及旧堤根址，去年所议筑子堤长堤处所，见今俱在湖心，难以施工，欲行免筑。要将旧堤培筑高厚，纳水处所不便筑堤，仍密栽柳树，以为封界。虽与科臣原题稍殊，而其为蓄水济运则一。且围湖更广，蓄水更多，相应如议，备咨总理河道，转行司道、府、州、县官一体遵照施行等因。覆奉圣旨："是。钦此。"咨臣通行遵依缘由，俱各在卷。

及查原委司道南旺主事萧雍、夏镇主事杨信、徐州兵备佥事陈文燧、分巡兖州佥事刘弘道，工俱有绪，各以限满，升官离任。随行接管主事王元命、余继善，按察使陈瑛，佥事和震督理。臣等向在严催，节据各工报完，随即躬亲阅视。惟恐头绪多端，中间倘有隐瞒丈尺，工少报多，又经覆委南直隶扬州府推官李春开、凤阳府推官盖国士、山东按察司按察使叶梦熊，各查核去后。今据前因，该臣议照，我国家定鼎幽燕，岁漕四百余万，以实京师。自瓜、仪至淮安，则资湖；自淮安至徐州镇口闸，则资河；自镇口闸至临清板闸地方，则资汶。湖河洚洞之水，其患在涝；汶、泗涓涓之流，其患在涸。固其堤，使之可捍，深其渠，使之可容，此治涝之法也。湖以蓄之，使其不匮；闸以节之，使其可续，此治涸之法也。所据部科诸臣先后具题筑浚诸工种种，皆切河务。盖邵伯堤固，而湖水无泛滥之虞；宝应堤成，而闸口免回沙之积，高堰无倾圮之患，则淮扬免昏垫之灾，淮河绝支岐之流，则清口有专攻之力。茶城镇口之增建，深得重门御暴之策。永通、通济之添闸，自无长渠济运之艰。五湖堤界既明，则汶、泗停涵，而不时之需，可待斗门。闸坝既设，则蓄泄有所，而湖河之利相须。汶水西趋，而泉河易竭，故坎河大坝之关系匪轻。汶水北注，而南旺之东流必少，故何家一坝之利赖不小。至如卷筑桩埽，加帮卑薄，虽非一劳永逸之计，然亦每岁修防之必不可已者。臣谨遵成议，画地分工，各司道并力一心，刻期告竣。

然事连省，直兴作之，头绪颇多，而群力难于毕举。工历三时，官夫之劳苦难任，而人情易于怠弛。仰赖我皇上诚孝上格乎玄穹，祇灵助顺，威德殚孚于苍赤，[①] 黎献[②]倾心。奉职者咸效靖躬之义，趋事者俱竭子来之诚，俾臣等得竭犬马之劳，以效涓埃之报。厥功告成，丝粟皆我皇上神圣之所致也，臣愚不胜庆幸。除用过钱粮，候委官查明，另行造册奏缴，及将效劳官员遵旨另疏叙录外，今将各工通完数目、日期，拟合从实奏报，为此具本开坐，谨具题知。

计开：

南直隶工程

总管官海防兵备道副使周梦旸与同原任南河郎中罗用敬，督同扬州府通判刘汝大等，砌完邵伯湖石堤，长一千八百九十八丈八尺，内创新砌石，长一千二百八十五丈五尺，拆砌旧石六百一十三丈三尺，各高九尺至一丈一二尺，计石十层十一十二层不等。其余修补旧堤，不敢算工。筑完宝应西土堤，长三千六百三十五丈。内桩笆工长二千八百三十七丈，土工长七百九十八丈，俱底阔一丈三四五尺，顶阔八九尺一丈，高五六七尺不等。宝应县知县耿随龙管砌完界首三里湖石堤，长八百四十丈。高邮州知州杨汝溁管砌完该州南北小湖口石堤，共长三百九十丈，砖石相兼，各高九尺至一丈一二尺不等。淮安府同知姜桂芳、扬州府同知张文运、通判刘汝大、江都县知县刘道隆、仪真县知县赵廷杞、清河县县丞关大伦等，筑过里河东西束水桩笆土堤，共长三百二十丈，底阔六七尺，顶阔四五尺不等，俱高五尺。帮筑过盐坝迤南堤岸，长六十一丈，阔二三丈，高五六尺不等。挑浚河身淤浅，自清河口起至瓜、仪江口止，共长四千四百一十三丈九尺，面阔三四丈至十五六丈，深三四尺不等。

总管官南河郎中罗用敬、徐州兵河佥事今升漕储道参议陈文燧，督同淮安府同知姜桂芳，修补完高堰石堤，长三千一百一十丈。帮完土堤，长七千七百九十二丈。桩笆工长一千五百四十四丈。挑浚完堰内泄水支河，长二千一百五十五丈。筑完天妃坝里口，长一十八丈，外口长三十二丈。清江浦外

---

①苍赤：百姓。②黎献：黎民中的贤者。

堤草埽、排桩长四百八丈，草坝四座。砌完惠济祠外河石堤，长五十四丈五尺，高十六层。草坝一座，里河石堤长四十四丈，高十三层。祠西包石，长四十二丈。礼字坝土堤长三百四十九丈，石堤取直，止一百六十四丈，高一十五层。范家口土堤长四百五十丈。帮完副坝一道，长二百七十丈。排桩一道，共长六百九十三丈。自水底筑高三丈四五尺，底阔十丈四尺，面阔五丈五六尺。砌完石堤，长三百三十丈，高十九二十层不等。筑完顺水草坝九座，石矶嘴一座。浚完涧河，长四千九十丈。引水沟，长一百九十五丈。帮完柳浦湾、潘家坝桩笆堤，长二百二十八丈一尺。张家洼土堤，长二百九十一丈。喻口河坝一道，马家湖桩笆工，长一百八十丈。黑墩工，长十丈。蒯家洼土堤，长一百丈。金家洼土堤，长二百丈。贾家洼土堤，长一百九十丈。俱底阔一丈三尺，顶阔五尺，高八尺。建完柳浦湾料厂一所。

总管官中河郎中沈修，徐州兵河按察使陈瑛，督同淮安府同知姜桂芳，清河县署印、本府通判田有年等，塞完清河县南岸张福决口，长一百二丈。加筑堤长一百二丈，底阔六丈，顶阔二丈五尺，高八尺五寸，两头并中段俱护埽排桩，长阔不等。接筑张福口以东新堤，长四百四十一丈，根阔六丈，顶阔二丈，高一丈。北面创筑斜坡，阔六尺，南面护卷土牛矶嘴，长阔不等。加筑戚书口坡堤，长一十九丈，阔三丈五尺，高四尺五寸。修筑完张福口以南桩笆土堤，长七十七丈五尺。筑完张福口以西新堤，长三百三十丈，根阔三丈五尺，顶阔一丈五尺，高六尺。帮筑完王家口旧堤，长一千一百八十丈，根阔二丈一尺至七八尺不等，顶阔一丈五尺至三五尺不等，高六尺至九尺一丈不等。内用芦笆草埽厢护，共长一千三百五十四丈。

总管官中河郎中沈修、夏镇任满主事杨信、接管主事余继善、徐州兵备升任佥事陈文燧、接管按察使陈瑛，督同淮安府同知徐伸、徐州知州唐民敏等，砌完镇口闸一座，计石三十层，高三丈一尺，四雁翅各砌石三十层，闸窝四角厢护桩埽，各长七丈。挑完本闸新开河道，北首长八十丈，南首长一百三十六丈。筑完塔山缕堤，长九百四十二丈，底阔四丈，顶阔一丈二尺，高一丈。增砌完古洪、内华二闸，各加石四层，并加雁翅石各五层。

总管官颍州道兵备副使杨芳，督同盱眙县知县吴万全、泗州守备丁汝谦等，砌完护陵子堤。除先筑拦河月坝，长二百八十二丈不算外，实砌石工长二百九十二丈五尺，高四尺，根阔三尺。

山东工程

总管官北河郎中吴之龙，督同兖州府同知陈昌言、东昌府通判田野臣、汶上县知县刘汉书、聊城县知县韩子廉等，筑完马踏湖上堤。自弘仁桥起至禹王庙后止，长三千三百一十三丈，根阔二丈五尺，顶阔八尺，高六丈。何家口建滚水石坝一座，砌完坝身连雁翅转角坝头，共长三十一丈四尺。坝身高四尺，两头各高九尺。建完梭堤迤南永通闸一座，高一丈九尺五寸，闸底长七丈，阔四丈，四雁翅每长二丈，阔一丈五尺。续议修补完房家口石堤，长四丈，高一丈，阔二尺。筑完弘仁桥河口一处。

总管官南旺任满主事萧雍、接管主事王元命，督同兖州府同知陈昌言、东平州知州徐铭、汶上县知县刘汉书、济宁卫指挥文栋、济宁州同知程子洛，筑完蜀山湖旧堤。自冯家坝东起至苏鲁桥止，长三千五百一十丈，根阔二丈五尺，顶阔七尺五寸，高七尺五寸。外又填完苏家等十一处水口，各长一丈四五尺，阔二丈三丈二三尺，深七八尺一丈不等。建完坎河口滚水石坝一座，连雁翅长六十二丈八尺，坝面阔一丈五尺，底阔一丈八尺，高三尺，雁翅各阔三丈，高一丈。北头接筑土堤七十丈，南头二百二十五丈，俱根阔四丈二尺，顶阔三丈，迎水处所灰石垒砌。建完冯家滚水石坝一座，长十丈，面阔一丈五尺，底阔二丈，高四尺。自苏家桥起至田家楼止，长一千四百七十一丈八尺，纳水处所每丈栽柳三株，共栽完封界柳四千四百一十五株。

总管官济宁兵河按察使曹子朝，督同兖州府同知罗大奎、巨野县知县殷汝孝、济宁卫指挥文栋，修完马场湖东面旧堤，并筑新堤，共长一千六百二十丈，根阔一丈四尺，顶阔六尺，高六尺。建完火头湾通济闸一座，闸底砌石，长阔各八丈，计石一十三层，高一丈七尺七寸。上两雁翅各长三丈五尺，下两雁翅各长四丈五尺。闸下接砌雁翅两边各长三丈，闸上接砌雁翅两边各长二丈五尺。又开挑河身，南北共长八十四丈，阔十六丈，深一丈五尺。修完安居斗门一座，四雁翅各接砌新石，长一丈，高一丈。十里铺斗门一座，四雁翅各接砌新石，长五尺，高一丈。五里营斗门一座，南二雁翅各接砌新石，长一丈，北二雁翅各接砌新石，长五尺，俱高一丈。栽完护堤卧柳一万六千一百五十株，北面原留入水渠道栽完封界高柳一千六百五十六株。

总管官分守东兖道左参政郝维乔，督同兖州府同知陈昌言、汶上县知县刘汉书，筑完南旺湖东面子堤，长七千一百八十八丈三尺，根阔一丈，顶阔五尺，高六尺。西、南、北三面帮筑完旧堤，长一万二千六百丈，根阔二丈五六七八尺，高六七尺不等。挑完顺水沟渠，长一千一百七十四丈六尺，口阔一丈二尺七八尺，底阔一丈三五尺不等。修补完关家大闸，两金门并两雁翅各长十一丈，阔各八丈，高一丈五尺。常明、孙强、刘家、焦栾、济运闸，共斗门五座，每座两金门，并两雁翅，各长三丈五尺，阔各二丈五尺，各高八九尺不等。又创砌完盛进、张全斗门二座，每座两金门，连两雁翅，各长六丈，阔各二丈五尺，各高八九尺不等。五里铺创筑完，滚水石坝一座，长五丈。两坝头各阔一丈五尺，迎水两雁翅各长一丈二尺，两转角各长一丈，跌水两雁翅各长九尺五寸，两转角各长五尺。

总管官分巡兖州道升任佥事刘弘道、接管佥事和震，督同兖州府通判王心、东平州知州徐铭，筑完安山湖土堤，长四千三百二十丈，根阔一丈一尺，顶阔六尺，高七尺。建完八里湾闸一座，闸身连雁翅共长十丈，金门阔一丈三寸，高一丈一尺。建完似蛇沟闸一座，闸身连雁翅共长十丈，金门阔一丈三寸，高一丈。

奉圣旨："工部知道。"

赠恤司官疏

臣潘季驯谨题为乞恩赠恤病故勤事司官，以慰幽魂，以励人心事。

据中河郎中沈修、清江浦管闸员外郎黄曰谨、徐州兵河按察使陈瑛、海防兵备副使周梦旸、漕储道左参议陈文燧会呈，据高邮州申报，南河工部郎中罗用敬因积劳感患喉疾，于三月初八日身故，乞念本司河工劳绩最多，艰辛备至，照例请恤等因。

据此，职等查得南河分司工部郎中罗用敬，江西南昌县人，由进士初任乌程县知县，行取赴部升刑部主事，漕运理刑。万历十三年八月内督修宝应越河工完，升本部员外郎。十四年七月升工部都水司郎中，管理南河各工。修补过高堰石堤三千一百一十丈，帮筑土堤七千七百九十二丈，桩笆工一千五百四十四丈。挑浚堰内支河二千一百五十五丈。塞筑天妃坝，里外共长五十丈。清江浦草埽排桩四百八丈，草坝四座。惠济祠外河石堤五十四丈五尺，草坝一座。里河石堤四十四丈，祠西包石四十二丈。礼字坝土堤三百四十九丈，石堤一百六十四丈。范家口土堤四百五十丈，副坝长二百七十丈，排桩长六百九十六丈，石堤三百三十丈。草坝九座，石矶嘴一座。挑浚涧河四千九十丈，引水沟一百九十五丈。柳浦湾、张家洼等处土堤、桩笆，共长一千一百九十八丈二尺。并建物料厂一所。筑过盐坝迤南堤岸，长六十一丈。挑浚淮扬运河，北自清河口，南至瓜、仪，共长四千四百一十三丈九尺。筑过里河东西束水桩笆土堤，共长三百二十丈。修砌界首、三里湖石堤，长八百四十丈。高邮州南北小湖口石堤，共长三百九十丈。宝应西土堤二十里。俱经报完。邵伯石堤二十里修砌将完，正在报竣。其各处岁修工程随地帮筑者，不可胜纪。积劳之后，致感喉疾身故。为照本官经济练才，肤敏素抱，始以宝应功成，荐擢水部。因而南河受事，值际河艰，荒度三年，历寒暑而曾无厌怠，拮据万状。虽纤细而必自身亲，淮扬修守若范坝，若高堰，头绪奚啻千端。土石堤防若钦工，若岁工，延袤殆将百里。工已报竣，人即云亡。盖平生精力殚于胼胝，而一念艰贞比之金石。宦囊淡薄，衾敛无以为资，旅榇凄凉，道路为之恸恻。所谓鞠躬尽瘁，死而后已者，于本官真无愧矣。即今旦夕报功，已在首叙之列，岂可勤劳死事寂，无优恤之酬？及查万历九年，中河郎中佘毅中在任病故，该部院题奉明旨，加赠太常寺卿。今郎中罗用敬工程劳绩委与佘毅中事例相同，合无请乞本院俯赐会题，特加赠典。庶幽魂永慰于地下，而人心激励于将来等因到臣。

该臣会同总督漕抚户部右侍郎兼都察院右佥都御史舒应龙，照得原任工部都水司南河郎中罗用敬，秉心忠赤，敷治精明，出宰菰城，遗思尚在，明刑淮甸，平反有声。改任南河之官，正当弛防之日，范家口之堤未固，天妃坝之决复，仍东支西吾，此顾彼失。扬历三年之久，曾无片刻之休。延袤千里之间，宁有不遍之足。旧工未艾，新役复兴。浚浅培卑，种种皆其料理；鸠工集事，纷纷多所取裁。朝于斯，暮于斯，饮食起居于斯，已绝生人之乐。寒不息，暑不息，烈风暴雨不息，常怀殉国之心。以故河湖夹攻之地，并无一隙之虞。筑浚兼举之秋，能获万全之策。形神俱敝，智力两穷，寸心如焚，诸火并发，积成喉病，其及宜矣。又闻本官未死之二日，犹扶疾遍历诸工，口不能言，惟以手指，医人立劝归署，就榻即仆，古人所谓鞠躬尽瘁，死而后已者，非其人哉！身死之后，囊无余资，臣等与地方诸僚曲为捐助，始就棺殓，又可知其生平矣。兴言及此，不觉泪下。身在固当优叙，殁后尤宜厚酬。所据司道查有原任工部郎中佘毅中事例，曲为申恳，似宜允从。伏望敕下该部再加查议。如果臣等所言不谬，具疏覆请从厚优恤，河臣幸甚。

臣等再照，天下之事劳心以治人者，其力或可少憩，劳力以治于人者，其心尚有余闲。维兹河工，必须心力两尽，方克有济，故虽以大禹之智，犹不免于手足胼胝也。十年之内，但经河工大举，必有殉身之臣。两淮运同赠行太仆寺少卿黄清，中河郎中佘毅中、山东参政冯敏功、徐州道副使莫与齐、河南佥事余希周、南河郎中罗用敬，相继客死工所，臣等皆所目击。而其他卑官散秩泯没无闻者，未可悉数。故近来大小诸臣视河官如桎梏，偶得脱免，若释重负。如蒙皇上俯赐矜怜，曲为优处，恤既死者于身后，鼓见任者于生前，亦砺世磨钝之一机也。臣等不胜惶悚，恳祈之至。谨题请旨。

奉圣旨："该部知道。"该吏部议覆，奉圣旨："罗用敬准赠太仆寺少卿。"

卷前导读

本卷包括二十篇潘季驯就河防事务与朝廷交换意见的奏疏往来，其中十五篇为潘季驯上呈朝廷的奏疏，五篇为朝廷对潘季驯奏疏的回复。主要包括以下几方面内容：

第一，河官管理——荐奖、罚黜与职掌。明朝中后期河患频发，黄河水患严重威胁关系国家经济命脉的漕运，而一些河臣并不重视堤防修守，反而一味推诿延误，致使黄运两河隐患重重。潘季驯认为，治河的关键在于“人”，而只有建立起权责清晰、赏罚分明的激励制度，才能充分调动起治河者的主动性和积极性。

在《甄别司道疏》中，潘季驯对各部司河官的工作进行了逐一探访和考核，他中肯地向朝廷举荐了一批勤勉有为、兢兢业业的治河官员，从后面的《工部覆前疏》中我们了解，大部分河臣在潘季驯的举荐下都得到了合理的擢升。

潘季驯认为河官们必须具备高度的责任感和体恤民间疾苦的怜悯之心，才能在治河过程中体察民情、恪尽职守。在《县官轻忽河务疏》中，潘季驯直陈由于县官轻视河务，驱使乡民买运河工物料，使乡民受到官吏的刁难勒索，民众生活苦不堪言，最终造成了河工修守的延误。他指出必须对这些玩忽职守的官员从重处罚，避免不良社会影响的持续发酵。

潘季驯在向朝廷举荐官员的同时，敏锐地发现地方“治水权”既不明晰，又不统一。在《申明职掌疏》中，潘季驯指出河道、水利事宜原归兵备道兼理，后朝廷专设水利道，河道与水利道在地方行政职权上互有交叉、分工不明，他建议朝廷将漕河事务归入水利道，将河道、水利道的行政职权进行细分，这一建议在《工部覆前疏》中得到了朝廷的肯定答复。

第二，堤防修守——积极营建河防工程体系。在“束水攻沙”的理论实践中，潘季驯赋予了河道堤防新的意义和内涵，即把堤防变成治河的积极手段，而不仅仅是单纯的防御洪水。本卷包括潘季驯第四次任河道总督期间修守堤防的若干奏疏。

潘季驯在《恭报三省直堤防告成疏》中阐述了堤防修守的重要性，指出河道堤防经历数年的洪水冲刷和岁月剥蚀，逐年毁损，修守尤为必要，要求每年都要用真正的老土将河堤加高五寸。他在奏疏中指出，应以“束水攻沙”为目的，充分发挥以遥堤为主，缕堤、月堤、格堤为辅的河工建筑群的功用。

除创筑堤防、加固修守外，在《申明修守泗堤工完疏》和《会勘徐城镇口疏》中，潘季驯又提出了更加具体的措施，如长期设专人专事堤防修守和河道疏浚；砌筑石堤，防止黄流内灌；制定法令，定时启闭闸坝，以防淤塞；重要闸口设置专官，统一调度管理；等等。

第三，正视听、平物议，正确引导舆论。四百多年前的明代，“浮言”盛行，浮言就是我们现在所说的“无稽之谈”。潘季驯深知“众口铄金，积毁销骨”，在社会舆论的压力下，他不得不在研究治河方略、领导治河活动的同时，分出很大一部分精力来对抗社会上各种不实言论。

在《河上易惑浮言疏》中，潘季驯指出，许多人不明就里，只看到朝廷每年为治河付出高昂的代价，而河道却常年淤塞的表象，大肆发表“治河无用”的负面言论。为平物议，在奏疏中，潘季驯客观地分析了河道淤塞的主要原因是“黄强清弱，倒灌入漕”，指出历任河官们创筑了内华、古洪、镇口三闸，有力地阻止了黄河水内灌造成的运道淤塞。通过对客观事实的理性分析，潘季驯有力地驳斥了社会上那些“不察水势”之人毫无根据的揣测和质疑。

同样，在《报消泗水疏》《并勘河情疏》中，潘季驯也通过合理、严谨的事实阐述，义正辞严地抨击了那些毫无根据、空穴来风的谣言和议论。

第四，影响河防、漕运的其他事宜。本卷有部分奏疏记述了对河防修守、漕河运输产生不良影响的一些流弊，比较有代表性的有《申敕鲜船疏》《官旗携带私货疏》。

在《申饬鲜船疏》中，潘季驯指出，向朝廷进呈贡品的贡船逾期过淮，常常延误通济闸筑坝，导致黄河水倒灌，内河淤垫。在奏疏中，潘季驯分析了原因：为阻挡黄河水内灌入漕河，通济闸每年在黄河水位上升之前就开始抢筑拦河土坝，而彼时徐州镇口闸下板闭闸，可有效防止泥沙淤积河道，而筑坝闭闸的施行均要等贡船过淮后，方可施行。因此，潘季驯指出，必须依靠行政命令，明确规定贡船过淮入闸的时限，方能保证及时筑坝闭闸。

在《官旗挟带私货疏》中，潘季驯指出了漕粮运输中的另一乱象：押运漕粮的官军常携带大量木材，沿途变卖，获取私利，导致漕船行驶迟缓，漕运效率严重下降，并有愈演愈烈之势。他认为，正是由于盘查不严，惩罚机制缺失，才导致了这种流弊的衍生。因此，潘季驯建议应沿途盘查，所有夹带私货一律充公，并追究前沿河段官员盘查不严、纵容渎职之责。他认为，唯有如此，方能“源清而流弊自绝”。

卷之十二　奏疏

甄别司道疏

臣潘季驯谨题为钦遵明旨，甄别司道官员，以重河漕事。

案照万历十六年十一月内准工部咨该臣题为恭诵纶音，不胜感奋，敬陈治河鄙见，伏候宸断事。覆奉圣旨："是。近年河道官员不行遵守修防事宜，因循废弛，致有疏虞，却又纷纷建议，意见杂出，何裨实事？今后务遵明旨，加谨防御。每年终，总河官将所属河道部司等官甄别具奏，钦此。"除钦遵外，臣窃惟南北运道不啻三千余里，总河之臣以一身弹压于其间，岂能家喻而户晓，日省而月视哉？所赖于承宣者司道诸臣也。司道不得其人，则河情难于上达，法禁苦于下壅，鲜不误矣。我皇上留心国计，轸念民生，特降明纶，谕以得人为要；仍颁严旨，假以甄别之权。此实地方之福，河臣之幸也。敢不仰承德意，悉心咨访，以图报称哉！

臣查得自北直隶以至浙江，专管河道者，部臣五，道臣二。兼管河道者，部臣三，道臣十一。今当万历十七年已终，相应奉旨甄别。内除莅任方新，伏秋修防，未经委任，及浙江水利道系臣原籍，恐违近例，不敢概举外。以部臣言之，如中河分司郎中沈修，虚中雅能，受善广益，出自和衷，不假声色，而推赤心以鼓群工，罔炫新奇而顺水道，以收群策。北河分司郎中吴之龙，直谅固是，本真敷施，尤多谙练，勿喜更张，而因革自有条理，无为苛刻，而章程具见整严。南河分司郎中黄曰谨，勤恪足应纠纷，老成不事粉饰，始任即值横流，而疏浚独苦，施工必勤荒度而防御有方。临清板闸分司员外何应奇，性不徇人，政能剔蠹，司砖、司闸而遇事皆有规条，任怨任劳而一心惟知法纪。南旺分司主事王元命，卓有古雅之风，绝无脂韦之态，言若不出而泉闸庶务聿兴，体若不胜而官夫奉行惟谨。夏镇分司主事余继善，通敏可当一面才谞[①]，克济时艰，浊流四溢而两月悉就安全，诸作并兴而一身不遗余力。以道臣言之，如徐州道山东按察使陈瑛，胼胝已及十年，忠劳真如一

---

①才谞：才能，才华。

日，胸抱全河而区裁有同指掌，志专报主而注厝[①]不异承蜩[②]。分守东兖道管泉参政郝维乔，涵养定而吐茹不形，器识高而张弛自裕，导泉防河之曲当，泽民利国以咸宜。分守济南道管泉参政杨芳，秉长驾远驭之才，有忧勤惕厉[③]之意，厘析河泉之源委，而擘画[④]甚当，稽查额课之逋负，而工费允资。河南管河道副使陈九仞，精勤率属而事在先劳，缜密分猷而言可底绩，御狂澜一身如弃，躬畚锸万苦不辞。济宁管河道副使曹时聘，心事如青天白日，才华若流水行云，昔守凤郡而防淮之誉已彰，兹擢东藩，而治河之功尤茂。苏、松兵备道副使李涞，才可断犀，智能先物，当庶务旁午之日，而疏凿必亲，值天时旱魃之秋，而闾阎允附。大名兵备道副使于文熙，卓荦[⑤]不事诡随，诚确雅能肩仔，疏瀹卫水而王舟无阻滞之患，议建堤防而魏民有保障之功。霸州兵备道副使蒋科，才猷不尚挥霍，趣向自是高明，流沙之通涩不常，运渠之疏筑知谨。以上诸臣职任虽有不同，要之公廉勤恪，皆为一时之选，所当荐扬者也。内如郎中黄曰谨，涖事虽仅九月，修防已毕一年。按察使陈瑛、副使陈九仞，近报升任，尚未交代。参政杨芳、副使曹时聘，见任虽未及期。

前官具兼河务，皆臣所辖之地，似应并荐者也。如蒙敕下该部再加查议，如果臣言不谬，将诸臣次第转擢，而中间相应久任者，查照原题施行。庶几防御得人，而地方永赖矣。谨题请旨。

奉圣旨："该部知道。"

工部覆前疏

题为钦遵明旨，甄别司道官员，以重河漕事。

该总理河道右都御史潘季驯题前事，奉圣旨："该部知道，钦此。"该部看得，总理河道右都御史潘季驯题称自北直隶以至浙江，专管及兼管河道部司诸臣，除浙江系河臣原籍，恐违近例，不敢概举，乞将中河郎中等官沈修等、徐州道按察使等官陈瑛等，次第转擢，中间相应久任者查照原题施行一节。为照漕河事规，分理防守固在郡县，承宣督率尤赖部司，乃往岁荐奖，独及郡县，而部司不与，甚非所以重综核，昭劝惩也。近该河臣题奉明旨，通行甄别，兹当十七年岁终，照例具题前来。相应如议题请，恭候命下。咨行吏部，将部臣沈修、吴之龙、黄曰谨、何应奇、王元命、余继善，道臣陈瑛、郝维乔、杨芳、陈九仞、曹时聘、李涞、于文熙、蒋科，通行纪录，次

---

①厝：安置。②承蜩：捕蝉。③忧勤惕厉：忧愁劳苦，警惕激励。④擘画：筹划，谋划。⑤卓荦：卓越，卓绝。

第转擢。内郎中沈修查照原题久任，候九年考满，另议优擢。及照苏、松兵备系暂管河务，彼江南水利既设有专官，今后年终仍查水利官举劾。其浙江水利据河臣称系原籍，遵例不敢概叙。但查近例，原籍回避，特为南道御史点差而设，若都御史统辖地方广远，原不在此例。如各边及漕运总督有所举刺[1]，虽原籍亦所不遗。总理河道与总督体统相同，则事权不宜独异。况全河形势南自两浙，历江、河、淮、济，以达京师，凡数千里，若一身之脉络然。倘偏而不举，则脉络不得贯通，事权不得归一。合无今后每年终查核各司、道、府、州、县，如南北两直隶、浙江、河南、山东，凡与河道相干涉者，无论原籍与否，一体举劾，并乞圣裁。移咨总理河道，及南北直隶、浙江、河南、山东各巡抚都御史，及咨都察院，转行各巡按御史，遵照施行。

奉圣旨："是。各该司道等官，但与河道相干的，着总理官一体甄别。"

申饬鲜船疏

臣潘季驯谨题为乞恩查复旧规，以利漕渠事。

据管理南河郎中黄曰谨呈前事，卷查旧例，淮安通济闸外每年伏水未发之前，筑拦河土坝，以遏黄流内灌，所有进贡鲥鱼鲜船限在五月初发行，伏前过淮。其杨梅等船听将马快空船预拨坝外，停泊盘剥，节经遵行已久。及照上年，前船俱不预先出口，以致筑坝过期，黄水暴涨倒灌，里河淤垫，挑浚甚为不便。近来黄河涨发多在未入伏二十日之前，势猛难御，则口坝之筑，须为早图。合无移文南京兵部并守备衙门，速将鲜贡船只催攒发行，并拨马快船只，依期于五月中旬，俱令出口。本司预备物料，定于六月初一日筑坝合口，庶坝工早竣，河道无虞等因到臣。

案照万历八年，先该臣总理河漕会同漕抚前任都御史江一麟题，该工部覆议，查得正德、嘉靖年间，五月已有鲥鱼到京。且既称鲜品，尤宜早进，既系荐庙，尤该及时。但近年以来，进鲜每于采鲜既完之后，方行措办。装具附载货物勾当，稽留动逾旬日，沿途淹顿，又致愆期。比至京师，则色味俱变。不惟有碍筑坝，且于荐鲜之义，亦甚无当也。即据守臣回称，鲥鱼例在五月初旬采完，盖四月二十日前后已行采矣。若随船器，用如冰盐之类预备停当，一经采完，即便发行，不过半月即可过淮，正是伏前，自于筑坝无碍。至于杨梅等物，又与鲥鱼不同，即至坝成，不妨盘剥。以后年分，鲥鱼鲜船定限五月初头发行，伏前过淮，杨梅等船从便。听将南京马快空船于未

---

[1] 举刺：提拔与贬斥。

筑坝之先，预拨过淮，停泊坝外，以俟盘剥。则上供既无后时之虞，国计亦得先事之备。所关于筑坝治漕者实非小补等因。题奉圣旨："是，钦此。"备咨通行钦遵外，今据该司所呈，近来黄河水发太早，即如去岁五月二十日水汛陡涨，其流愈浊，马船到迟，致误筑坝，里河受淤，挑浚工巨，乞要预催鲜船早放出口一节，委属吃紧。

臣又查得徐北镇口闸外清黄交接，黄河暴涨，内灌成淤。已经题奉钦依，黄涨之时下板闭闸，以防内淤。若贡艘稍迟，南误出口，北误入闸，两相妨碍。况鲥鱼出在四月，自应及时采取。若船只冰盐预先备办，采完即发，则半月之内准可过淮出口，非惟坝工不误，而恭进品物较常必更鲜美。今据该司拟于六月初一日筑坝，似为长便。

伏望皇上轸念河漕荐新，均属重务，敕下该部。如果臣言不谬，咨行南京兵部及内守备衙门，预将鲥鱼鲜船合用器具冰盐，先时料理完备，一经采完，随即督发，严谕在途不许迁延，期在五月十五左右，两运尽数过淮，趁赶伏水未发，早进镇口闸河。其余贡船预拨马快空船，照限出口，停泊外河，以俟盘剥。仍听臣预行该司办完坝料，将通济闸外软坝准在六月初一日合口。庶几贡期不爽，河防有裨矣。谨题请旨。

奉圣旨："该部知道。"

工部覆前疏

题为乞恩查复旧规，以利漕渠事。

该总理河漕兼提督军务都察院右都御史潘季驯题前事，奉圣旨："该部知道，钦此。"钦遵抄出到部送司，案呈到部。看得淮安通济闸、徐州镇口闸当黄河南北之冲，故每年五月间黄水未发，将鲜贡船只催攒过尽，南则筑软坝，以遏横流，北则闭闸口，以御淤垫。屡经题奉明旨，禁例森严，遵行已久。乃近年鲜船未行之前，则器具冰盐失于先治，既发之后，则附载货物沿途迁延。如上年黄水陡发太早，鲜船出口太迟，遂致筑坝不前，几成大患。是以河臣潘季驯先事预防，申明旧制，要在四月采鲜，五月过淮，六月初一日筑坝，较之往年稍加督速。而贡品愈致鲜美，闸坝俱得蚤图，深为长便，相应如议覆请。但进鲜船与官民船不同，法禁难行，事多阻挠，自非天语丁宁，未免迁延如故。伏望皇上俯念军国大计，将鲜贡限期，特降严旨。容臣等咨行兵部，转咨南京兵部及守备衙门，务要依期采办，作速启行，限在五月十五日前后，两运尽数过淮入口，但有稽迟至六月内者，许河臣参奏重处。仍咨总河都御史转行管理南河郎中、夏镇主事，预办物料，候鲜船过淮，即便筑坝，过徐即便下闸。其软坝定限每年六月初一日合口，如有迟误，一体查参施行。

奉圣旨："是。进鲜船只着该衙门依期采办发行，限五月中过淮，六月初筑坝，不许延缓过期，致碍河防。如有故违，听总河官及该科参治。"

申明职掌疏

臣潘季驯谨题为明职掌，一事权，以便责成，以裨河漕事。

臣于二月十二日准工部咨该臣题为钦遵明旨，甄别司道官员，以重河漕事。本部覆议，内开苏、松兵备系暂管河务，彼江南水利既设有专官，今后年终仍查水利官举劾。其浙江水利河臣称系原籍，不敢概叙。但查各边及漕运总督有所举刺，虽原籍亦所不遗。总理河道与总督体统相同，则事权不宜独异。年终查核司道、府、州、县，如南北两直隶、浙江、河南、山东，凡与河道相干涉者，无论原籍与否，一体举劾等因。题奉圣旨："是。各该司道等官但与河道相干的，着总理官一体甄别，钦此。"

除钦遵外，臣谨以今岁甄别之疏，不及苏、松水利道之故，与兵、水二道事体应否归一之由，敬为皇上陈之。臣于万历十六年六月初二日入境，适值添设苏、松水利一道，副使许应逵随亦赴任。臣以事体度之，漕渠必属之水利道矣。随于本年闰六月初八日为查取官员贤否事，牌行该道，查造文武官员考语册。又为专责成、严修守等事，案行该道，申饬河防。初九日为钦奉敕谕、查勘河道等事，牌行该道，查议浚浅、筑堤、钱粮、人夫作何区处。七月初一日准工部咨为民饥已极、西成尚远等事，案行该道，将南京户部发银十万两，如遇修举水利，呈允支销，年终将支过实存数目报院覆查咨部。初二日为关防诈伪事，票行该道，将发去告示转行所属晓谕。十八日为查浚江南河道，以便早运事，案行该道，查勘运河某处浅阻，作何疏浚，并额征河工脚米银完欠数目。二十九日为查理岁报河道工程事，牌行该道，查取万历十六年修过工程，用过钱粮，年终册送院类造。该道俱无一字回报，而水利道事务亦无一字关白臣者。随该臣咨行应天巡抚周继查询管河该道缘由，准有回咨，内开先据苏、松兵备道呈，称河道事宜先年并水利俱系兵备道兼理，今既设有水利专道，则河道一事应否归于水利道专管，或仍听本道兼摄，呈蒙本院详批。河道、水利原系二事，仰照旧行去后。今准前因，相应咨覆等因。臣遂以河道事务一意责成苏、松兵备道，而水利道之事绝无干涉矣。此非许应逵之有心抗臣，亦以河道原属兵备道，而谓臣职专河道，水利非所司耳。故臣于年终甄别司道之疏，止及李涞，而不及许应逵也。即今奉有明旨，无容别议。但于职掌尚未申明，事权亦未归一。且水利道原无管河之责，而臣乃举刺非所管辖之官，若于事体未妥者。臣查得江南水利、河道委属两端，而副使许应逵才猷敏练，智识通明，先任南河郎中，河事固所素习，河道事宜应否并属本官兼理，其水利事务自有抚按专司，应否亦属河道衙门兼摄，臣不敢擅拟。

再照浙江司道、府、县掌印水利等官，工部覆奉明旨，令臣照各边及漕运总督事例，无论原籍与否，一体举劾。行间，续准吏部咨该本部覆，臣年终举劾有司官员，内开浙江司道有司玩愒不职，失误河防者，许令臣据实开报，彼处抚按参奏等因。两咨事体未一，有碍遵行。

伏望敕下该部通行查议，其苏、松水利惟复转行彼处抚按衙门，再加详酌，覆请明旨，着为成例，以便永永遵行。庶职掌明，而举刺自当，事体定，而责成亦易矣。臣愚。幸甚，河道幸甚。谨题请旨。

奉圣旨："工部知道。"

工部覆前疏

题为明职掌，一事权，以便责成，以裨河漕事。

该总理河道右都御史潘季驯题前事，奉圣旨："工部知道，钦此。"钦遵抄出到部送司。案查本年二月内，该总理河道右都御史潘季驯题为钦遵明旨，甄别司道官员，以重河漕事，内题议北直以至浙江专管及兼管河道部司诸臣，除浙江系河臣原籍，恐违近例，不敢概举，乞将中河郎中等官沈修等、徐州道按察使等官陈瑛，次第转擢等因，具题前来。已该本部查得苏松兵备道副使李涞暂管河务，彼江南水利既设有专官，今后年终仍查水利官举劾。其各司道、府、州、县官，如南北两直隶、河南、山东，凡与河道相干涉者，无论原籍与否，一体举劾缘由。覆奉圣旨："是。各该司道等官但与河道相干的，着总理官一体甄别，钦此。"已经咨行吏部，及备行顺天、保定、凤阳、应天、浙江、河南、山东各抚按衙门，一体钦遵讫。今该前因似应覆请，案呈到部。

看得河道都御史潘季驯所题，大约谓漕河应属水利，屡经移文苏、松水利道查议漕河事宜，不报。续准应天巡抚咨称河道、水利原系两事，河道系兵备李涞兼摄，水利系许应逵管理，故年终叙录，止及兵道，而不及水道。即今漕河水利应否归一，要行彼处抚按详酌覆请，着为定例。其浙江水利等官，该工部覆奉明旨，许总理河臣一体举劾。又准吏部咨开，浙江司道有司失误河防者，河臣开报彼处抚按衙门参奏。两咨事体有碍，乞要通行查议各一节。

为照苏、松添设水利副使，一应江南水利皆其职掌。而况漕河上裨国储，下切农事，尤水利之重且要者乎？十六年水道初设，尚未履任，该抚臣以江南旱荒，亟欲借水利以济饥民，诸凡修浚事宜暂令兵备副使李涞兼摄。一面举行，一面候新官至日交代，诚得救荒权宜之策。及水道既至，业有专责，则漕河事务自应接管。若复归之兵道，恐非朝廷设官分职之意。况水利近兼督粮，每年押运水次，则漕尤其紧关疏浚，岂宜别委？此后河道年终仍当查水利道举刺。至于各省直水利官，凡与河道相干涉者，既奉明旨，许总河一体甄别。则浙江虽系河臣原籍，其司道有司苟误河防，自当论刺，似不必开报彼处抚按参奏。此两事者一关职掌，一关事权。职掌不明，何以尽官守？事权不一，何以昭劝惩？河臣详具本末，特为申明。委应如议覆请，恭候命下，备咨总理河道、应天巡抚、都御史，及咨都察院，转行苏、松巡按御史，督行苏、松水利道，将漕河即便管理。以后兴修水利，做过工程，用过钱粮，凡关系农务者，照旧开呈彼处抚按衙门奏报。关系漕河者，呈报总河衙门，以凭甄别，仍呈彼处抚按知会。至于浙江司道、府、县掌印，水利等官，既奉有明旨，许河臣一体甄别，仍应钦遵施行，无容别议。

奉圣旨："是。水利道有关漕河的，着遵照近旨通行甄别。"

县官轻忽河务疏

臣潘季驯谨题为县官轻忽河务，重累小民，乞恩俯赐究治，仍乞申饬成例，以安地方，以裨河防事。

据管理中河郎中沈修、徐州兵备副使陈文燧会呈，蒙臣宪牌内开，各属领银买办芦、柳、桩、苘等料，除邳州遵行，差官收买将完，与民无干外。该司道即查，睢宁县因何不差职官买运，派令乡民，致生骚扰，究明呈详。其徐、灵、宿三州县见今作何收买，曾否累民，并查议报。依蒙，行据淮安府管河同知唐民敏呈，称本职亲诣睢宁县，查得该县先领银一千五百两，分派各社殷实薛檠等前去产料地方，收买已完。见今运厂交收，续领银一千两，又分派各社殷实刘仲弼等，转派花户。职已出示晓谕，原买人役各将原领银两，查照原派各料已买完者，仍令交厂。其未领银两，俱委佐贰职官买解，不许累民。及查徐州领过银两已发所属四县，差委沛县典史朱大积等，宿迁县已委典史陈一扬等，各前去安东等处买运，惟灵璧县尽派该[1]县小民。该职

[1]该：底本作"概"，据文义，应为"该"。

亲诣查理，行至双沟地方，据各买料人役执称，买到料物俱被收料委官凌锡刁难使费，守候日久。随拘本犯审实，搜得索受人户蒋连等赃银共六两一钱九分，票发县丞杨田收贮，本犯行县监候外参。看得睢宁县原估埽料，派及殷实义民买解，而殷实转派花户，动众滋怨。至于灵璧县违背原行，尽派花户，民已不胜其苦。及买到交纳，又被委官百计刁难，索骗不赀，误工病民，莫有甚于此者，法难轻贷。合无请乞裁夺，缘由到职。

该职等勘得，河工办料责成掌印官，原系节年题准事例。今岁工料已经估计，呈请本院并漕抚部院详允，备行州县，着落掌印官领银，选委廉干职官，查照上紧买办交厂。除邳、徐、宿迁遵照外，惟睢宁县派之里甲殷实，而殷实转派之花户。灵璧县则径派里甲，骚扰小民，且纵容义官索骗，不惟堕工，抑且累民，似应呈请定夺等因到臣。卷查先该臣题为申明修守事宜，以图永赖事，款开预定工料，以便工作。每岁十一月中旬，司道踏勘，沿河险夷分为三等，类报总理衙门批允，分拨应办物料，即行各掌印官领银，如数买办。定限正月半以前报完，随即兴工，四月初旬告竣，着为成规，违误参究。已经工部覆奉钦依，通行钦遵在卷。续于去年十一月二十一日据司道呈为会计预备十八年岁修工料事，议得，徐、邳、灵、睢、宿五州县遥缕二堤迎溜、扫湾，卷埽帮护，合用桩、草、芦、柳、绳、苘等料，该银一万三千六百四十七两二钱一分。动支淮库岁修银，转发各州县掌印官，选委廉干职官，查照原估，趁时置买，交厂验足，听于正月初旬兴工支用。已经批允通行讫。臣又恐缺料误工，派民生事，又于正月初二日牌行各州县，将支过银两，责差的当员役，四散收买，解厂交纳，向未回报。臣随于正月十九日亲诣徐、邳一带查理，止据邳州揭报收买将完，其余州县屡经催促，并无解到。该臣往来河滨，询知小民，始知睢宁县故违原行，并无差官买运，及至兴工方才派及殷实，攀连里递。其徐州、灵璧、宿迁等三处，恐亦类此。即牌行司道查究去后。

今据前因，臣窃惟治河之法莫要于岁修，而岁修之工必资于草料，草料不预，则工作必迟，而伏秋之间，难保无虞矣。臣是以题请十一月中旬勘估买料，正月半以前报完兴工，四月初旬告竣。三令五申，极为详勉。而又恐其派累小民，耽延时日，复与司道叮咛告戒，不曰责差的当员役，四散收买，则曰选委廉干职官，上紧买办，可谓至谆恳矣。而灵、睢二县不恤民隐，惟便已私。揆厥所由，盖因积胥黠吏意在侵扣，差官收买便难染指，以至义官凌锡大肆诛求，即搜出者如此，而其花费者可知矣。即义民官如此，而吏书可知矣。等而上之，又安知掌印官之无所私乎？今时及三月，诸料未备，岁修之工必难早竣，不惟小民负累，而于河防之事堕误多矣。既经司道勘核前来，相应参治。参照睢宁县知县冯绍京、灵璧县署印县丞董本，才既昏庸，志多怠肆，视贫民如秦越，全无已溺已饥之怀，视河务若赘疣，宁有急公趋事之义？听群小之拨置，而上官禁令若罔闻。知任积棍之凭陵，而小民咨怨了无动念。徇私之弊难保不无，而违玩之愆已属难逭。我皇上洞悉民艰，特垂蠲赈，留神国计，宵旰勤惓。而绍京等乃敢玩愒如此，非惟有乖人臣之义，而亦大失民牧之职矣。伏望敕下该部，再加查议，将冯绍京、董本并一干吏书及赃犯凌锡等，行臣提问，依律议拟。官吏如有赃私，从重究治。庶人心知警，而河工自肃矣。

再照岁修之工，每岁必不可已者，若不再加申饬，着为定例，日久官吏未免弛惰。并望特降严旨，每岁十一月中旬各掌印官赴司道官处关支银两，将应办物料责差的当员役，于出产地方分投收买。定限正月以里报完，并不许派及小民，致滋骚扰。如有仍前抗违，许总理衙门指名参究。则地方既得安堵，而修防亦可预办矣。谨题请旨。

奉圣旨：“冯绍京等着河道衙门提了问，工部知道。”

旱久泉微祷雨疏

臣潘季驯谨题为旱久泉微，河道艰涩，乞恩俯允虔祷，以回天变，以济粮运事。据管理北河郎中李民质、管泉兼理南旺济宁闸座主事王元命、济宁管河兵备副使曹时聘会呈，据兖州府管河运司同知陈昌言报，称自去冬至今，天道亢旸[①]，汶、泗泉流微细，以致南旺等处河道日涩，即今重运盛行，恐有阻滞，预呈到职。

该职等看得，南旺、济宁一带，漕河地势高亢，不通江河，所赖以济运者，惟籍诸泉之水。而诸泉之水必得天雨及时，源流充溢，斯可盈漕利涉。讵自去冬至今，雨泽未沾[②]，天道亢旱。时已入夏，地脉益干，泉流愈涸，以涓滴有限之水，充南北二河之用，势必不能。今浚河则河身不浅，导泉则泉穴俱辟。多方疏引，水涸如故。人力至此，无可奈何，所仰望者惟有雨耳。乃云作风随，须臾如扫，日复一日，膏泽竟屯。虽今岁粮艘不多，积有诸湖之水，尽可接济。但目下过济者，止有江北运船，江南重运及进贡船只，尚多未到。兹值狂风卷荡，烈日熏蒸，湖水虽盈，亦渐消耗。倘自今犹然不雨，接济不前，殊为可虑。查得万历十六年久旱河浅，该查勘河工都给事中常居敬、山东巡抚李戴会题请祷，奉有明旨，随即霖雨滂沱，运艘利涉。即今旱

---

①亢旸：旱灾。 ②沾：浸润，浸湿。

魃为虐，不异往岁，河水渐涸，后事可虞。除行管河、泉闸等官加谨启闭，极力疏浚，职等日夜警皇[①]，痛自修省外，合无比照前例，俯赐题请，恭行祈祷于泰山诸神，庶几天意可回，甘霖早澍[②]，国储幸甚，河道幸甚等因到臣。

臣窃惟漕河之深浅系于泉源之盛衰，而泉源之盛衰系于雨泽之多寡。盖天时、地利本自相资，而人力、天工不可偏废者也。矧漕渠自镇口闸以至临清七百余里，皆赖莱芜诸泉南北分济。道里既远，水力自微，其所藉于霖雨者，尤不小也。臣于去年夏秋之间，目击山东地方苦旱良久，已经抚按衙门题请蠲赈。入冬，雨尚愆期，雪不盈寸。臣逆虑漕河浅涩，即严行司道及管河诸臣疏导泉穴，挑浚漕渠，及将汶河诸水挽入湖坡贮蓄，以待不时之需。凡可为漕计者，似无遗力。该司道所云"浚河则河身不浅，导泉则泉穴俱辟"，诚有然者。第因山东久苦干旱，入春雨泽全无，亢旸愈甚，阴云稍合，旋被风散，此皆臣等奉职无状之所致也。泉流日微，漕水日涸，闭闸积水，两日方可盈漕。所幸今岁漕粮不多，徐北业已过济，头帮已出临清板闸矣。独上江运艘共计一百八十七只，尚未过济，而鲜贡之船亦多陆续前进。臣严行管河各官，将南旺、蜀山、马场、马踏等湖，封闭蓄水，取有甘结在卷。候运船至日，放水送舟，量亦无误。但虑狂风簸荡，烈日熏蒸，湖水不免渐消。臣与司道诸臣昼夜徬徨，寝食为废，日望天降时雨，以济燃眉之急，而竟未可得也。

考之《春秋》，三月不雨即以示警。今不雨者，自冬历春，由春入夏矣，宁能保其不涸乎？臣查得，万历十六年四月间，山东巡抚都御史李戴亦以久旱不雨，漕渠浅涩，会同勘工都给事中常居敬题请，躬诣泰山祈祷，奉圣旨："便着该巡抚官虔诚祈祷，礼部知道，钦此。"诸臣遵行，未几而大雨如注，盖圣德隆盛，素格天心，意念所及，百灵效顺，宜其响应如此。

伏望我皇上容臣比照前例，率同司道等官，斋食素衣，躬诣泰峙，建坛祈恳，仰冀旱魃潜消，甘霖速降。则非惟运道可免浅涩，而民生亦可望其有年矣。

奉圣旨："着河道官竭诚祈祷，该部知道。"

添募夫役以裕河工疏

臣潘季驯谨题为添募夫役，以裕河工，以安民生事。

据中河分司工部郎中沈修、徐州道管河副使陈文燧呈，称照得国家定鼎

---

①警皇：警惕惶恐。 ②澍：雨水滋润。

燕都，岁运东南粳粟四百万石，涉江淮，经邳、徐入闸，必资黄淮二河济之。嘉、隆以来，河决崔镇，淮决高堰，高、宝、兴、盐、山、清、桃、宿等处田庐荡溺，正河浅涸，转运艰辛，东修西溃，数十年无宁宇。至万历六年，蒙本院创筑遥堤，重门御暴，尽塞诸决，束水归漕，田地始获耕种，民居亦将安堵，迄今已逾十年。而堤长夫少，修守乏人，以致车马践踏，风雨剥蚀，日见卑簿。近蒙本院调拨山东徭夫三千九百余名，倩派徐、邳、灵、睢、宿乡夫一万二千余名，大加修筑，工已告竣。而各夫犒赏动经数千，岁修银两仅供物料，不免称贷于漕库，民固称劳，官亦告匮，甚非久安长治之策也。为今之计，必须添夫一千二百余名，分拨险要去处，专令廉干官一员管理，修守，庶几不至堕误。但添夫不难，而增饷难。每夫工食八两，该银九千六百两，当此民穷财尽之时，岂宜派及里甲？查得万历十六年，本院会同漕抚衙门奏留二升米银内，相应动支召募等因到臣。

该臣看得，治河之法平时有修筑之工，伏秋有防守之苦，一有不周，祸患立至。夫役减少，固难责以全功，起派乡夫，又不免于骚扰。随查中河所管地方，北自镇口闸，南至清河县，两岸共一千余里，而丰、沛、萧、砀四县堤岸，又约二百余里。原设夫役颇多，只因工食缺乏，日渐减削，仅存五千五百余名。计里分派，每里不及五名，中间又多逃旷，以至岁修之时不免派及乡夫。而犒赏之费动经数千，贫夫所得不多，官司设处甚苦。且与其劳费于既坏之后，孰若预办于未坏之先乎？所据司道之请，诚有不可已者。伏望敕下该部，再加查议，如果臣言不谬，容臣札行司道，转行淮安府。每岁于臣等奏留轻赍二升米银内，动支九千六百两，分发沿河各州县，募有身家之人共一千二百名，责令廉干官员专管，分布要害处所。平时加上帮筑，伏秋昼夜防御。庶几河防有人，闾阎无扰，未必非永赖之策也。

再照前项米银以全漕计之，约有二万七千余两，但每岁俱有折兑，即如万历十七年止有一万九千七百二十五两，十八年止有六百二十六两六钱，以致原借漕库钦修银两尚未补足，以后此等年分难保不无。仍乞特赐允行漕抚衙门，如遇二升米银不足，容臣暂于漕库借支别项银两，给散各夫，候下年解到之日，如数补还，则饷不病于告匮，而堤可恃以长固，民可藉以少安矣。谨题请旨。

奉圣旨：“工部知道，该工部覆奉施行。”

官旗挟带私货疏

臣潘季驯谨题为官旗挟带私货，十倍明例，壅阻漕渠，乞恩申饬成规，以厘夙弊，以裕转输事。

据管理漕务参政吴同春呈，蒙臣宪牌，查得江西南、饶二卫所粮船私带木筏甚多，塞满河路，仰道会同济宁道，速令江西运粮把总公同管河同知，将木起放在岸，要见某卫所某船，见带板木若干，共秤重若干斤，具数呈报。催船星夜前行，木植留人看守等因。又蒙漕抚部院牌，仰本道即查，前船如果因带板木变卖，故行迟延，每船除例带土宜六十石，如系板木，每一百斤准算一石。此外，但有夹带过多者，查明入官，将船催赶前进等因。依蒙，会同济宁道，行委兖州府管河运司同知陈昌言、江西把总贲捷，秤盘过木数，到道。为照今岁粮船为数甚少，运纳宜速。讵意南、饶二卫所多带木筏，挤塞河路，殊属违玩。既经管河同知查勘前来，即应照议没官。但板木就水，秤盘低昂，恐未尽确，合无备行陈同知，将前堆寄济宁板木一百三十六万五千一百九斤内，量除二十八万五千一百二十九斤，入官变价作正支销。仍将一百七万九千九百八十斤照依原盘各船数目，拨给军人收领，任其发卖。

及又揭称漕运议单，内开运军土宜每船许带六十石，沿途遇浅盘剥，责令旗军自备脚价，例外多带者照数入官。乃今法久，人玩违禁携带十有八九。各船每到马头，辄延缓数日，虽曰挨帮，实为脱货。而把总运官亦或因公济私，带货觅利，总分于卫，卫分于所，所又分带于旗军，遂致旗军乘机夹带，有至数万斤者。淹滞运艘，稽误程途，莫甚于此。盖因盘验姑息，参罚之例未定，人情狃于因循，相应议处。以后开兑司道严谕各船，止带别项土宜限定六千斤，其竹木、板片沉重货物不许稍带。违者搜获，勿论多寡，即发水次衙门入官。每年南船抵瓜、仪，则委瓜洲江防同知。抵淮则委淮安验单推官，抵徐入闸，则委管河同知。逐一严搜，果无夹带，回报漕司，案候稽考。如前途验过后，官查有夹带，即系前官容纵，一体参治，永为遵守。庶例严而实效可臻，源清而流弊自绝等因，呈详到臣。案查先据兖州府管河运司同知陈昌言揭称饶州所粮船止三十七只，稍带木筏八十三吊。济宁天井闸河挤塞盈满，每船载木既多，不得不卸为筏。况以重船而尾，复曳以重筏，连绵之势，撑驾又难。闸板既启，待久水泄，又以河浅为名，延挨货卖。及查南昌卫较之该所更甚，缘由前来。

臣即牌行两道，委官盘卸。随据济宁管河副使曹时聘呈，将秤盘过多带板木数目，令人看守各船，催赶前进，呈详到臣。已经详批，各官旗故违明例，稍带私货不啻十倍矣。今既停留在岸，姑候各运船抵湾迟速，再夺间。今据前因，臣看得岁漕四百余万，自瓜、仪至淮安，则资诸湖与二河之水，自镇口闸至临清板闸则资汶、泗之水。每年四五月间，雨少泉微，正当漕渠浅涩之际，适值粮运盛行之时。臣督管河官员开湖闭闸，多方蓄水，以求速济，良亦苦矣。乃今各船私带重货，公行无忌，而南、饶两处运船见卸板木重一百三十六万五千一百余斤。而未盘之先，沿途开厂发卖已多，该道所报仅及其半，船内磁铁等器又不知其几何矣。何怪乎舟行迟滞，抵湾之愆期也。究其来由，运军一贫如洗，乌得有此巨货，尽系运官通同把总贩卖营利，势压旗军分派装载。今岁运艘不多，南、饶仅八十五只稍带木筏，所至充塞。若遇全运之年，万艘鳞集，寸步难前矣，其贻漕河之害甚非眇小。所据把总贲捷及领运指挥朱维祺、千户张士维等，通同派买之弊，难保不无，而容情阿纵之愆，已属难逭。但沿袭日久，向未申明禁例，姑免参治。随批该道，将给军并入官之数通呈漕司稽考。去后，其该道所议，以后开兑各道严谕官旗，止带别项土宜，不许仍携竹木、板片，及要委官盘验一节，似应依拟。除听漕抚及巡漕衙门设法稽查外，窃惟漕米之盈亏系于漕司，而运艘之迟速系于河道，合无许令总河衙门分行各管河分司，各照地方分段盘验。如运船入瓜、仪至淮安通济闸，责之南河郎中。由黄河至镇口闸，责之中河郎中。自镇口至珠梅闸，责之夏镇主事。自南阳至安山闸，责之南旺主事。自张秋至临清板闸，责之北河郎中。但遇粮船入境，把总官投递官旗及部运船只各数到司，就便抽盘。遵照议单，除应带土宜六十石外，如有多余，或违禁仍带竹木、板片及沿途耽延收买货物者，将货物尽数入官领运，把总及指挥、千百户指名参呈，总河衙门具奏提问。盖各分司俱有河道之责，货重难行，愆期误事，各司自难诿咎，痛痒切身，又何敢徇情避怨哉？至于开兑起行之时，则在该省粮储道加意检查，严行戒谕，指顾之间不劳余力，而自可省沿途之扰矣。

如蒙敕下该部，再加查议，覆奉明旨行臣，钦遵施行，仍着为定例，永永遵守。庶积弊可厘，而转输自速矣。谨题请旨。

奉圣旨：“户部知道。”

户部覆前疏

题为官旗挟带私货十倍明例，壅阻漕渠，乞恩申饬成规，以厘夙弊，以裕转输事。

该总理河道右都御史潘季驯题前事，奉圣旨：“户部知道，钦此。”钦遵抄出到部送司。查得议单内一款，凡运军土宜每船许带六十石，沿途遇浅盘剥，责令旗军自备脚价，例外多带者照数入官。监兑粮储等官水次先行搜检，督押司道及府佐官员沿途稽查。经过仪真，听攒运御史盘诘，淮安、天津听理刑主事兵备道盘诘[1]，六十石之外，俱行入官。经盘官员徇情卖法，一并参治，遵行在卷。今该前因案呈到部。看得河道都御史潘季驯题称江西把总贲捷、总下指挥朱维祺、千户张士维等各官旗，挟带竹木私货，沿途发卖，致迟转运。欲要将应带土宜六十石外，其余堆寄板木私货尽行入官，所据把总领运等，官法应参治。缘相沿日久，向未申明，今次姑免行究。以后开兑之时，各要管河分司照依地方如法盘验，有违禁多带者尽数入官，将领运[2]、把总及指挥、千百户指名参呈，仍着为定例一节。

为照漕运每船附带土宜六十石，载在议单，实国家恩恤旗军之典。而不才运官通同挟带数多，以致排挤满河，大阻运艘，则非许令附带初意。若不亟行申饬，将来稽迟粮运，其弊实由于此。既经河道都御史题议前来，相应依拟覆请，恭候命下本部，移咨河道衙门，转行各管河分司。此后凡遇粮船到时，即照依各管地方分段盘验。如运船土宜除六十石外，若有多余，或违禁仍载竹木沉重等物及沿途收买货物者，将货物尽数入官，仍将违犯运官指名参治。如经管地方盘验官员徇情卖法，亦遵照议单事例，听河道衙门一并参处。至于开兑之时，则尤责成该省粮储道加意检查，违者亦同参治。并着为定例，永远遵守。并咨漕运衙门知会，及应天、浙江、江西、湖广、山东、河南各巡抚一体遵照施行。

奉圣旨："是。"

恭报三省直堤防告成疏

臣潘季驯谨题为恭报三省直堤防告成，乞恩申饬修守之法，以图永赖事。

伏念臣犬马余生，甘心草莽，谬蒙我皇上天高地厚之恩，拔之废弃之中，授以总河之任。腼颜受事，忽复三秋，两河工程业已曲为之制，而周为之防矣。才识固有未融，而心力不敢不竭。堤防虽已稍备，而修守不可不严。谨将做过工程开列陈请，除南河邵伯、高、宝、范口、礼坝，中河张福、王家二堤，夏镇塔山、镇口，北河闸、坝、湖堤，各钦修土石等工，该臣于万历十七年五月二十四日将完过缘由具疏奏报，不敢赘渎外。节据中河郎中沈修、徐州兵河按察使陈瑛、见任副使陈文燧呈，称节奉本院札案为申明修守事宜，以图永赖等事。行职等，将先后题准应修堤工，勒限兴筑，上紧报竣。职等遵依督率分委府、州、县等官亲诣工所，如法率作，至万历十八年五六等月，

---

[1]盘诘：盘问，查问。[2]领运：官名，明清时期，漕粮北运，由沿途各卫所官兵任领运官。

各日期不等通完讫。一应料物犒赏等银，俱于岁修银内动支，并无请有别项钱粮。

为照徐、淮一带河道自昔万历八年，本院创筑遥堤，高厚坚实，水循故道，经今十年，运艘利涉，居民安堵，凡司河道者俱享平成之利。近年以来，风雨损坏，夫役停减，修补失时。加以连岁异常洪水，缕堤逼临河身，扫湾冲刷，易于塌陷。若非遥堤保障，难免无虞。今蒙督促，大加帮修，悉如旧式。及议筑格堤，以防决水横流，自夏徂秋，暴涨数次，河南水高一丈五尺，而堤坝无恙，以后岁加修守，即为久安长治之策。并将加帮创筑徐州、灵璧、睢宁、邳州、宿迁、桃源、清河、沛县、丰县、砀山，共十州县遥堤、缕堤、格堤、月堤、太行堤、土坝等项，共长一十万四千三十九丈一尺，各高厚如式数目开呈前来。又据夏镇主事余继善会同徐州道呈，同前因，及备开加帮、创筑完沛县、徐州支庙及缕堤、长堤、纤路①、土坝等项，共长二万一千九百六十六丈八尺，各高阔数目。又据河南管河原任副使陈九仞、见任副使李三才，各先后呈报，帮筑、创筑、接补完荥泽、原武、中牟、郑州、阳武、封丘、祥符、陈留、兰阳、仪封、睢州、考城、商丘、虞城、河内、武陟，共一十六州县遥、月、缕、横等堤，新旧大坝，共长一十四万四百九十四丈七尺九寸。俱觅真淤杵实，并非昔日杂沙虚松可比，委堪捍御缘由，并各工程细数开列前来。及据济宁兵河升任按察使曹子朝、见任副使曹时聘节次呈报，修筑完曹县、单县新旧堤坝，并加帮完太行堤，共长二万六千四百四十七丈七尺七寸。挑改过梁靖口河渠，长一百八十丈，见今武、王二坝逼水南徙，黄河安流等因，各开报到臣。

据此，案照万历十六年十月十四日准工部咨该臣题为申明修守事宜，以图永赖事，款开：一立法增筑遥堤，以固堤防。徐、淮之民十年以来所以得免鱼鳖之患，而运道不致梗阻者，恃有遥堤也，向无稽考，未补分寸，剥蚀过半。合行司道官，将各堤坍损卑薄者，以原堤丈尺为准，先行加帮取平，后自十八年为始，每岁加帮五寸等因。工部覆奉圣旨："河道每岁修防，先年题有定规，乃各该官员不行着实遵守，旷职误事，这所议俱依拟行。如有仍前怠玩的，总河官指名参奏重治，钦此。"备咨前来。又于本年十二月十九日准工部咨该臣题为申明河南修守事宜，以固河防事，款开："一查得黄河北岸逼邻漕河，关系甚重。弘治年间，先臣刘大夏筑有长堤一道，起自曹县，至武陟县詹家店止，南岸逼近省会藩封重地，最为要害，亦有长堤一道，起自

①纤路：又称"纤道"，是指架设在水面上的、由一座座石桥连接而成的水上通道，供纤夫背纤和躲避风浪用。

虞城县，至荥泽县止。两堤延亘千有余里，实为该省屏翰。但地鲜老土，堤皆浮沙，而河流迁改靡常，多有滨河难守者矣。今据该道逐一查核，分为缓、急二工，容臣严行刻期帮筑，加意验探。如有堕误，或夹杂浮沙，或夯杵不实，苟且塞责者，容将管河官参拿究治。”等因。工部覆奉圣旨：“依议行，钦此。”备咨前来。又于万历十七年十月二十四日准工部咨该臣题为三省直修防告竣，河流近已归漕，据实恭报，仰慰圣衷事。本部覆议，赵皮寨至李景高口议筑遥堤，支将军庙至塔山议筑长堤，羊山至土山议筑横堤，皆区画周悉，于河道有裨，相应依拟等因。题奉圣旨：“是。河道事宜着总理等官，照旧用心经理，钦此。”备咨前来，俱经通行司道勒限兴工去后。查得加帮遥堤适值去岁黄水暴涨，修防不暇，止将象山一带二十余里加帮高厚，其余尚未施工，已经严督中河司道大加帮筑。间续据中河司道议得，单家口一带河身独窄，堤临河滨，原题弃缕守遥，惟恐黄水横肆，顺堤东泄，合照原题邳州横堤之制，再于房村、单口、双沟、成铺、辛安等处，各增筑格堤一道。又据河南管河道副使李三才勘得，判官村、荆隆口、陶家店、马坊营、三家庄、陈隆庄、大寨等处，最为险要，将帮旧创新堤坝等工，续议呈详，俱经臣覆勘允当，批行兴举，刻期完报去后。今据前因，覆核相同。

臣窃惟防河如防虏，自古记之矣。防虏则曰边防，防河则曰堤防。边防者防虏之内入也，堤防者防水之外出也。欲水之无出，而不戒于堤，是犹欲虏之无入，而忘备于边者矣。且自古称治水者，莫过于禹。而考之《禹贡》曰：“九泽既陂，四海会同”，先臣蔡沈释之曰：“九州之泽已有陂障，而无决溃，四海之水无不会同，而各有所归，陂障即堤也。”神圣如禹，而犹不免致力于堤，则舍堤之外，别无所以防河者矣。臣于万历六年奉命治河，即请筑遥堤以防其溃，筑缕堤以束其流。八九年间河流顺轨，故道晏然，业有成效矣。而岁久官更弊滋法弛，以河防为末务，视堤工为赘疣，一篑莫加，万夫闲旷，而车马之蹂躏，风雨之剥蚀，河流之汕刷，高者日卑，厚者日薄，又何怪其东溃西决哉！荷蒙我皇上授臣以总理之权，责臣以修复之事。臣袜线[①]微才，固不能别为新奇之策，而管窥小见，尤不敢为侥幸之图，惓惓以堤防陈乞。谬承俞命，毕力仰成，督率南直隶、河南、山东司道等官，将滨河一带地方躬亲荒度，周爰咨诹[②]。旧有而今圮者，则议加帮，旧无而宜有者，则议创筑遥堤，约拦水势，取其易守也。而遥堤之内复筑格堤，盖虑决水顺遥而下，亦可成河，故欲其遇格即止也。缕堤拘束河流，取其冲刷也。而缕堤之内复筑月堤，盖恐缕逼河流，难免冲决，故欲其遇月即止也。防御之法颇

①袜线：形容才艺多而无一专精者，比喻才疏学浅。②周爰咨诹：广询博访。

称周备，较之己卯告成之功，更为详密，而夏镇、河南、山东往岁原未经理者，皆一体增建矣。倘能岁守不失，则河流自无冲决之患，河不冲决，则故道晏然，翕由顺轨，而运艘自无阻滞之虞矣。但畚土成堤，原非铁石，稍不修葺，便至倾颓，岁岁修之，岁岁此河也，世世守之，世世此河也。故岁修钱粮之设徭编，雇募额夫，凡以为河也，而可置之虚糜闲旷之地哉！臣是以谆谆为申明修守之请也。

伏望天语叮咛，严谕地方司道等官，查照臣愚节次题奉钦依事理，每岁务将各堤顶加高五寸，两傍汕刷及卑薄处所一体帮厚五寸，年终管河官呈报各该司道。要见本堤原高阔若干，今加帮共高阔若干，司道官躬亲验核，开报总河衙门覆核，年终造册奏缴，不如式者指名参究。庶河防永固，而国计民生俱有赖矣。

臣又查得连年司道等官肩仔河工，颇竭心力。除府佐、州县掌印、管河官候秋防报竣，另行题请奖戒，原任河南管河道副使陈九仞已经论劾，难以另议外。如中河分司郎中沈修、夏镇分司主事余继善、徐州兵河道升任按察使陈瑛、见任副使陈文燧、河南管河道副使李三才、山东济宁兵河道升任按察使曹子朝、见任副使曹时聘，谋谟已竭其心，思黾勉不辞于夙夜，祁寒溽暑[①]，逐逐于畚锸之内，而寝食靡宁，鸠工聚材，断断于会计之时，而锱铢不爽。大兴千里之筑，如垣如墉，皆其心膂[②]所致。共图久远之计，必诚必慎，不为苟且之谋。况工料取办于岁修，绝无虚糜之弊，而胼胝侵寻于岁月，未闻倦勤之时，固皆分义，当然不敢别有希冀。相应咨部纪录，庶几稍劝群工。

再照三省直之道途颇远，臣一身委有难周，河南两岸堤工皆都御史周世选一身肩承。群策毕举，当饥馑之日，而鼓舞有方，贫民乐为之用。当暴涨之时，而提撕[③]不懈，地方赖以无虞，实多保障之功，全无矜伐之意。本官已蒙简拔，似难渎请。然臣不敢掠其功以为己功，蔽其贤而不以告之君父者也。伏望敕下该部，再加查议，覆奉明旨，容臣遵奉施行，臣愚幸甚，河防幸甚。谨将完过工程数目具本开坐。谨题请旨。

计开：

南直隶工程

总管官中河郎中沈修、徐州兵河道升任按察使陈瑛、见任副使陈文燧，督同淮安府升任同知徐伸、丁忧同知申安、见任同知唐民敏、分委都事胡传、指挥文栋等。

徐州迤南帮筑完南北两岸遥堤，共长六千三百七十四丈二尺。创筑完谷

---

①祁寒溽暑：冬季苦寒，夏季湿热。②心膂：心思与精力。③提撕：警觉，提醒。

山堤头，长六十丈。加筑完谷山子堤，长八十丈。创筑完房村格堤，长四百九十六丈，单家口格堤，长三百一十八丈。本口帮筑完南北两岸缕堤，共长五千八百三十八丈。加帮完该州迤北黄河上源缕堤，长三千六百二十三丈。

灵璧县南岸帮筑完遥堤，长三千七百二十七丈。创筑完双沟格堤，长四百一十五丈。填完河身，底长四丈，口长六丈，深七尺。帮筑完南岸缕堤，共长二千二十七丈五尺。加筑完子堤，长一千六百二十丈。筑塞单家口私开涵洞缺口，长八十丈。

睢宁县南北两岸帮筑完遥堤，长八千九十五丈。创筑完成字铺格堤，长四百三十二丈七尺，河口三道俱有厢边埽土牛。帮护辛安格堤，长三百五十六丈。加帮完两岸缕堤，共长一万五千七百八十一丈。补筑完成字铺堤，长一百四十九丈。

邳州南北两岸帮筑完遥堤，共长一万二千八百三十二丈四尺。创筑完羊山横堤，长四百七十三丈。筑过横堤迤西水口，长四十丈。加帮完缕堤，共长一万三千八百二十五丈。

宿迁县南岸加帮完遥堤，长七百四十三丈四尺。修筑完归仁集堤，长五千七百五十六丈。帮筑完南岸缕堤，共长六千七十六丈。

桃源县南岸加帮完马厂坡堤，长一千五百丈。修砌完马厂闸雁翅，长八丈六尺，高七尺。帮筑完北岸遥堤，长一千三百三十七丈。修补完崔镇、徐升、季太、三义四滚水坝两雁翅，迎水接连土堤，共长四十八丈。

清河县南岸加帮完张福口、王家堤，共长四百一十丈。帮修完县前围堤，长一百零六丈。

沛县加帮完张村店一带缕堤，共长三千零四十丈。填补完缕堤雨淋缺口，共一千八十二处，共计九百二十丈，太行堤雨淋缺口，共三千二百七十处，共计一千一十丈。

砀山县加帮完大坝六段，共长一千四百八十六丈五尺。帮筑完刘金楼、白川店缕堤，共长一千零八十丈。

丰县加帮完清水河大小月堤，并邵家大坝、邀城寺月堤，共长五千八百八十七丈。补筑完田刘口堤四十六丈四尺，塞完涵洞一处，长二丈七尺。填完缕堤缺口、水沟，共一千四百五十七处。补完太行堤缺口、水沟，共一千五百九十七处。

总管官夏镇主事余继善、徐州兵河升任按察使陈瑛、见任副使陈文燧，督同升任同知徐伸、丁忧同知申安、见任同知唐民敏等。

沛县境山起至留城一带，又自大堤头起至地浜沟止，运河纤路两次帮筑完堤，共长一万五千八百丈。加帮完塔山缕堤，长七百五十丈。创筑完支将军庙缕堤，长七百五十丈，内有水口一百二十丈，俱下埽三层，其尤要害处水口四十丈，加埽一层，俱用排桩深钉。帮筑完留城至黄家闸东堤，长二千六百三十九丈。修砌完石坝一座，长阔共一百四十五丈。修补完镇口闸东西雁翅，共长四十六丈三尺。帮筑完镇口闸西堤起至大堤头止，长一千五百四十五丈。

徐州上河筑完牛头湾、梁山等处坝共十五道，计长三百丈零三尺。创筑完伊家林堤，长三十七丈五尺。

河南工程

总管官管河道原任副使陈九仞、见任副使李三才，督同开封府加从四品服色同知吴克勤、同知张士奇、怀庆府同知刘应聘、归德府通判萧汝慎等管理。

荥泽县帮筑完北岸甄家庄旧堤，共长四千三百八十六丈三尺四寸。郭家潭等处长堤，共长一千七百七十二丈八尺。填平潭窝，底阔四五丈至二十二丈，口阔四丈至六丈五尺，深七八尺至二丈二尺。南岸帮筑完小院村旧堤，长二千二十丈，朱家庄等处堤，长五百四十八丈。创筑完曹家屯遥堤，长三百五十六丈。绕筑完梨园村月堤，长二百三十丈。帮筑完苏家庄旧堤，长二百丈。

原武县北岸帮筑完姚村堤，长七百五十八丈，娄家庄堤，长三百四十九丈，胡村铺堤，长七十二丈，娄彩店堤，长三百五十六丈，王村正南旧堤五段，共长二百八十九丈。创筑完张家庄月堤，长一千二百五十五丈。帮完本庄旧堤，长二百二十三丈，旧坝长一百八十丈。帮筑完小陈桥等处堤，长四千二十七丈七尺，师家庄旧堤，共长五百四十四丈，判官村旧堤，长九百三十五丈，旧坝长一千零六丈。

中牟县南岸帮筑完黄炼集堤，共长二千四百丈。创筑完新庄集堤，长七百八十七丈七尺。帮筑完旧堤六百一十七丈四尺。

郑州南岸帮筑完小陈桥旧堤，长二百三十丈三尺。

阳武县北岸帮筑完脾沙冈堤，长一千八百三十四丈六尺三寸。创筑完坝，长三百丈，帮完旧坝，长二百丈。帮完宋家庄旧堤，长二百四十六丈，王佑庄旧堤，共长四千四百丈。南岸訾家庄后至圆墩寺止，原题应帮旧堤，共长三千三百六十四丈，内除一段照旧外，实帮完堤长一千八百九十四丈。接补完本寺迤北旧堤，长一百七十三丈。创筑完买家寨月堤，长九百丈，申家寨遥堤，长四百五十五丈。帮筑完旧堤，共长二千六百三十丈。又接筑完本寨迤东旧堤，长四百八十二丈。

封丘县北岸帮筑完千家店中栾城旧堤，共长八千八百四十七丈二尺，旧坝长七百丈。帮筑完萧家庄、张家庄坝，并潭窝，共长一百七十五丈。创筑完原题荆隆口遥堤，长二千五十六丈。填完根下河身三处，共长二十八丈九尺，潭窝二处，共长一百七十五丈。帮筑完本口坝三段，共长一百四十七丈。接筑完堤三段，共长四十二丈。帮完东姜寨老堤七段，共长八百二十丈。

祥符县南岸帮筑完瓦子坡旧堤，长一千八百七十一丈一尺二寸，柳青口横堤长四十六丈，刘兽医口旧堤，共长五千零五十七丈三尺。创筑完原题刘兽医口遥堤，比原估稍直，省减九百六十八丈，实筑长二千七百三十二丈。帮筑完陶家店、兔伯冈、埽头集旧堤三道，共长七千七百六十六丈。填完水坑六个，共长四十四丈。陶家店帮完旧坝，长一百丈。张家湾筑完新堤，长六十丈。创筑完月坝一段，长三百五十丈，帮完坝岸，共长一千三百二十六丈。创筑完遥堤，长一千零五丈。补完缺口五十七处，共长二百一十二丈。填完坑洼一处，长四十丈。创筑完李仲英寨遥堤，长一千五百五十丈，填平本堤东西两头坑，共长二十丈。帮筑完槐疙疸堤，共长一千三百一十五丈。填完水坑一处，长一十五丈。北岸帮筑完马家口旧堤，共长一千七百七十丈。填完王卢寨起至鱼里止，行车路口三十六处，坑洼五处，共长一百四丈九尺五寸。帮完贯台陈桥集堤，长五千七百一十丈。接筑完省城周围大堤，共长一万三千八十丈。修补完缺口拖脚八十一处，共长一千五百七十二丈。创筑完刘家寨遥堤，长二千九百三十丈。

陈留县南岸帮筑完解家堂旧堤，长三千二百四十丈。北岸帮筑完陈留寨堤岸二段，共长一千一百四十丈。

兰阳县北岸加筑完杨家庄旧堤，长一千六百丈。铜瓦厢旧堤，共长三千三百二十二丈。张村集旧堤，共长一千八百五十五丈。马坊营旧堤，共长二千六十三丈。创筑完本营月堤，长六百五十丈，又遥堤，长五百五十二丈。填完沟渠坑洼一百一十八处，共长二百九十丈一尺。南岸创筑完赵皮寨遥堤，长一千七百五十四丈七尺。帮筑完草庙旧堤，长二千六百七十丈。补筑完草桥等处旧堤，内有车践缺口二十一处，共折长二十一丈。

仪封县北岸创筑完炼城口堤，长一百七十五丈六尺。又筑完遥堤，长一千七百五十丈。帮筑完旧堤，长一千五十丈。内填完行车大埠口二处，共长十丈，旧坝长六百五十六丈，坝后有坑，长二百五十丈，填与地平。帮筑完荣花树旧堤，长一千六百三十三丈。填完行车大埠口二处，共长十丈。加筑完挖泥河旧堤，长六十九丈。补筑完旧坝，长三百七十丈。加筑完三阙家庄旧堤，长三百一十六丈，旧坝长一百九十一丈。填筑完拖脚缺口一十九处，共长一百七十丈。创筑完护坝一道，长三百七十五丈。南岸帮筑完普家营葛田口堤，共长四千六百七十四丈。岔股堤长二千六百三十丈。创筑完李景高口遥堤，长六百丈。大寨月堤，长六百二十丈。补筑完缺口拖脚二十八处，共长二百八十丈。接筑完护城堤三段，共长九百四十丈。

睢州南岸加帮完大城集旧堤二段，共长三百五十丈。

考城县北岸加帮完芝麻庄月堤，长七百三十丈，旧坝共长三百五十七丈八尺。填完坑洼三处，共长五十三丈。接筑完新坝三段，共长一百五十四丈五尺。创筑完本庄背后月堤一道，长一千三十六丈。补筑完陈隆庄护坝，长八十八丈。帮筑完月堤，长六十五丈，内有坑长六丈，深一丈二尺，填平上筑，高一丈二尺。创筑完坝岸，长一百六十丈。补筑完李秀厂、唐家水口、回龙庙、流通集、董家庄五处堤坝，共长五百二十四丈五尺。填完水坑，长二十八丈。南岸帮筑完遥堤五段，共长五百五十丈。

商丘县南岸补筑完杨先口缺口一处，长一十八丈。帮筑完本口堤，长三十二丈。又本口迤东帮完旧堤，长四百三十八丈。口西帮完堤，长十六丈五尺。加帮完楚家湾东堤，长十一丈。

虞城县南岸帮筑完罗家口堤，长二千四百丈。

河内县沁河南岸补筑完古阳东西坝，共九段，长三百四十四丈五尺。帮筑完缕水堤，自闸口起至安家楼止，长二百丈。

武涉县沁河北岸补筑完大原村坝二段，共长四十四丈五尺。沁河东岸补筑完堤，长六丈五尺，坝长二百六十丈，填完水口长一十五丈，庙后覆土长一十一丈，庙前覆土长八丈。又帮完堤，长二百六十丈，莲花口创筑完坝，长一百八十三丈一尺，坝后创筑完戗堤，长一百六十四丈，本口添帮堤长十一丈。接筑完缕堤，长四十丈。帮筑完大樊村堤，长四十五丈。创筑完郭村堤，长四百八十五丈五尺。沁河南岸修筑完护城堤，长四百四十二丈。黄河北岸詹家店、王化营创筑完堤，长一百丈，帮筑完堤，长一千三百五十九丈，内有缺口一十三处，长一百六十四丈，俱帮填完。

山东工程

总管官济宁兵河道升任按察使曹子朝、见任副使曹时聘，督同兖州府管河运司同知罗大奎等管理。

曹县武家坝帮筑完旧老堤，自二十九铺起至三十五铺止，共长二千四百丈五尺。加帮完土坝、冯家厂、王家坝等处共二十九道，共长七百九十九丈。接筑完王家坝后护坝一道，长二百二十丈。加筑完董家口、史家楼坝四段，共长四百八十丈。帮筑完大王庙起至刘满庄止，堤长二百二十五丈。修筑完曹家集、牛市屯、刘满庄月堤，共长二千五百二十三丈五尺。帮筑完旧老堤三铺至七铺，又自三十铺起至重堤北头止，共长二千二百二十九丈九尺五寸。帮筑完王家坝埽台三段，共长二百二十七丈。填平坑洼，长六十三丈二尺二寸。加筑完埽台起至窑南堤，长三百七十八丈。帮筑完里河堤，自八铺起至十六铺止，长四千八百七十六丈。坝南重堤，长一百零三丈。加修完太行堤，自十七铺起至二十五铺止，长四千八百六十丈。挑浚过梁靖口泄水支河，长一百八十丈。

单县帮筑完十八铺堤，长五百四十丈。缕水堤自十铺至十七铺止，长三千二百四十丈，缕水月堤长五百四十一丈五尺二寸。创筑完头铺雁翅上坝，长四十丈。加修完太行堤，自十五铺起至二十铺止，长二千七百六十四丈八尺。

以上通计帮筑过各项堤坝，共长二十六万四千五百六十一丈九尺六寸，创筑过各项堤坝，共长二万八千三百八十六丈五尺，开挑过河渠，长一百八十丈。

河上易惑浮言疏

臣潘季驯谨题为垂亡之人忧思转切，谨摘河上一二易惑浮言，乞恩俯赐勘议，以定久计，以免劳费事。

伏念臣潦倒无知，久甘畎亩，误蒙我皇上拔之既弃之余，授以总理之任。二三年间殚竭心力，一应事体请自圣裁，种种俱有成画，试有小效矣。尚有一二事，宜理本如此，而人言必不如此，工本难为，而人情必欲强为，若不早为勘议，浮言不免猬兴，全河之工未必不由此而决裂也，敢敬陈之。

夫镇口闸内为汶、泗清流，镇口闸外为黄、沁浊流。平时清浊相当，内水外出颇顺，惟黄水一发，则黄强清弱，倒灌入漕，而河渠淤淀，此理势之必然者。上源山陕以西雨少，则黄水易消，而内水之出速。上源雨多，则黄水难消，而内水之出迟。此又理势之必然者。自用河为运以来，灌塞之患无岁无之，其年远无卷，及旋淤旋通者无论矣，臣姑以嘉靖末年尚有卷簿可查者言之。查得嘉靖四十一二年，黄水由大小溜沟会漕于夹沟驿南，黄涨漕淤，粮艘阻滞，该总河都御史王士翘行徐州，领夫挑通。嘉靖四十四年，大小溜沟淤断，该总河都御史陈尧行徐州，一面挑浚，一面起剥前进。隆庆元年，黄河南徙秦沟，会漕于梁山之北，淤塞无异溜沟，该总河尚书朱衡行徐州洪分司，督夫挑浚。隆庆二年，黄河冲塞，浊河改至茶城与漕交会，茶城之称自此始。隆庆三年，茶城淤，阁重运，该总河都御史翁大立具题，要从马家桥经地浜沟至徐州子房山下，另开新河，以避茶城之淤，续因黄落漕通，前议随寝。隆庆四年，茶城填塞八里，内水漫由张孤山东冲出，翁大立具题，就于张孤山开河。本年冬本河复塞，仍将茶城挑通，原议随寝。隆庆五年，茶城淤浅，该臣先任总河，行委经历韩柏部夫常川捞浚，运艘赖以无阻。隆庆六年，茶城淤阻，该总河侍郎万恭行司道疏浚通行。万历元年八月，茶城淤塞，该工部题行总河衙门设法挑浚。万历二年，黄水倒灌，淤漕三十余里，该总河都御史傅希挚集夫挑浚，前给事中吴文佳题将翁都御史原议马家桥出子房山开河一道，行傅都御史。勘得子房山前、虾蟆山西俱有伏石，马家桥一带俱系水占，难以议开，前议遂止。万历三年十一月内，黄水大发，茶城淤塞十里，调夫挑通。万历四年，茶城淤浅，粮运艰阻，复开张孤山东，以冀此塞彼通。至万历五年二河俱淤，复开茶城正河通运。万历六年，茶城淤浅，徐州道参政游季勋筑过顺水丁头坝一十六道，束水冲刷。万历七八九十等年，淤塞尤甚。至十一年间，该中河郎中陈瑛议呈漕抚尚书凌云翼，改漕河于古洪出口，即今之镇口闸河也。创建内华、古洪二闸，递互启闭，淤难深入，而去黄河口仅一里，挑浚甚易，人颇便之。万历十五年秋，黄水大发，河与闸平，而棍徒段守金私受民船重贿，将牛角湾掘开，黄水迸入，淤塞甚远。议者欲复归德府丁家道口故道，使黄水尽出小浮桥，以免浊河内灌。该勘工都给事中常居敬看得，闸河出口无往而不会黄，则无往而不受淤，岂从浊河则淤，而出小浮桥则否邪？具疏题寝。请于古洪闸外添设镇口一闸，去河仅八十丈，纵有沙淤，挑浚犹易。盖深知清黄交接之处，难免淤灌，故不得已而为易浚之计，良有以也。今之议者不察水势，不鉴往昔，偶见淤垫，议论风生，如臣昏庸无足论矣，向来总河诸臣岂无一人高才朗识者乎？而卒无，如之何也？大小溜沟淤矣，改而为梁山北，淤亦如之；梁山北淤矣，改而为茶城，淤亦如之；茶城淤矣，改而为张孤山东，淤亦如之；张孤山东淤矣，复改而为茶城，淤亦如之；茶城复淤矣，改而为古洪，淤亦如之。劳民伤财，毕竟无益。所幸郎中陈瑛、都给事中常居敬先后创筑三闸，递互启闭，而挑浚始易，计无出于此矣。

臣又查得万历十六年闰六月内，该臣题为清黄交接处所，浊流倒灌易淤，恳乞特降纶音，以严闸禁事。要将古洪等闸每遇黄水暴发，即下板以遏浊流之横，黄水消落，则启板以纵泉水之出，比照清江浦三闸启闭之法，刻石金书，竖立各闸，俾知畏忌等因。题奉圣旨："是。各闸启闭严约，俱依拟。有势豪人等阻挠的，照淮安闸坝事例，即便拿问枷号。干碍职官，指名参奏。钦此。"倘如所题，何至淤淀？而王程难稽，客心难挽，闸上官牌力难阻遏。每照常居敬原题三闸递互启闭之法，通放船只，纵有淤浅不过八十丈，旋浚旋放，亦无难者。至于运艘入口大约俱在孟夏以前，水未大发，淤亦不久，或少加捞浚之工，必无阻滞，舍此之外，别无他策。如谓镇口逼近浊河，故易灌塞，要得别寻一道，则邳州之直河离浊河二百里矣，而何其淤也？宿迁县之小河口去浊河三百余里矣，而何其淤也？清河县之清口去浊河五百余里矣，而全淮之力十倍于漕，何以黄发即涩？而每岁初伏，通济闸外卷筑软坝，以防其倒灌也。要之，黄强清弱，随处相接，则随处倒灌，随处淤塞。总之，不出科臣常居敬所云“无往而不会黄，则无往而不受淤”，两言尽之矣，似不必过为纷更也。但人情不见其形，未信其影，必须勘议，以杜后言，此其一矣。

臣又查得滨河州县河高于地者，在南直隶则有徐、邳、泗三州，宿迁、桃源、清河三县；在山东则有曹、单、金乡、城武四县；在河南则有虞城、夏邑、永城三县，而河南省城则河高于地丈余矣。惟宿迁一县已于万历七年改迁山麓，其余州县则全恃护城一堤，以为保障。各处久已相安，并无他说。惟徐州则议论稍多，其故有二：一以山陕久旱之后，连岁雨水颇多，伏秋不免加涨，观者不考其源，而惟归罪于河，固无怪其然矣；一以前岁十一月间，知州张世美初任未谙，为义民官卢泰所愚，开堤放水，遂忘筑塞，消凌水发，黄水灌入内濠，侵及街衢，地方官民不归罪于知州张世美与义官卢泰，而惟归罪于河，至有谓护堤与城平者，有谓泉从地涌者。夫护城石堤自昔有之，非一二年间所筑者，则河之原高于地可知矣。且堤高不过丈余，遂谓与城相平，城何若，是其卑耶？徐州为邳、睢上游，徐州而水平堤，堤平城也，则迤南一带州县皆陆沉矣，有是理哉！且黄河入伏始涨，秋杪渐消，冬春则涸，堤外露有沙滩，非经年淹浸者。近该徐州于去年十一月间揭称河水已消，再过数日，内水可放。臣近又令人视，水将及址矣。今称入冬黄水尚与堤平，则伏秋又将何如耶？至于堤内之水，盖因卢泰灌放颇多，兼之去岁雨雪甚频，徐民不善车戽，一时难于消涸。若谓泉从地涌，则城中之水宜向与外河相平，即护堤无所用之矣，何待卢泰放灌之后方有水耶？非臣所能解也，然臣有治河之责，凡可图维，即宜曲处，不必问其人言之有无也。臣已行徐州道，将城中洼地用土垫高，仍一面拨夫车戽，复查最低之处开泄。自去年九月以来向在料理，不敢弛堕。但为今之计，惟有戽城濠之水，使内水可泄，固护城之堤，使外水不入，正卢泰之罪，以警将来。或加高徐城数尺，以防不虞。此则事理之所当为，而人力之所可为者也。舍此，惟有比照宿迁县事例，迁城而已。盖所患者，惟徐城之积水于运道原无阻碍，若必欲卑黄河伏秋之水，以就徐城之地，则天地气候之自然，恐非人力所能强遏者，劳民伤财之事或从此起矣。人情厌旧喜新，臣言终不尽信。臣在自当力诤，必不依违。第今衰病已剧，死有日矣，独念臣从事此河已历三朝，犬马恋主之情，岂肯以将去，而遂置此河于度外耶？

伏望敕下该部，转行该地方巡抚及各差御史，会同总河衙门，督行徐州道副使陈文燧，或添委海、颍二道，中河、夏镇二分司，逐一勘议。如有别策，使漕黄交接之处可免淤灌之患，徐州城外之水可免暴涨之虞，不妨从长计议。如必不可当，仍旧贯毋徇人情，毋拘成说，务求经久可行之道，不为劳费无益之工，则事体画一，而浮言可息矣。

再照徐城被水灌浸，以贻百姓之忧者，卢泰实始祸之人，死有余辜者也。臣据该州申文，行道提究未报。此而贷之，何以警后？仍容总河衙门严究，以正法纪，庶几将来知护堤之为重，而无轻犯者矣。谨题请旨。

奉圣旨："是[①]。"

司道画地巡守疏

臣潘季驯谨题为入伏行河，将届病痼，步履不前，乞敕司道画地巡守，容臣力疾稽查，以保万全事。

臣窃惟河防吃紧，伏秋为严，而伏秋堤防巡视为急，此臣与司道官之责也。但该道政务颇繁，势固不能专理，司官事权不重，势亦有所难行。故臣受事以来，春初即出，秋深方归，凡所以代该道之所不暇，而助司官之所不及者，一切以身任之，东奔西驰，周咨荒度，曾无息肩驻足之时也。今臣年七十有一，去冬暴病阽危[②]，气血两枯，形神尽槁，腰疾成痼，举足辄仆，三疏乞休，未奉俞旨。即使旦晚褫黜[③]，候代尚未可期，文移催督之事，犹自勉强支吾，而奔走跋涉之劳，实非伛偻[④]蹇涩[⑤]者所能任也。

今岁五月入伏，初夏即当发水，昼夜惶惧，计无所施，反覆思维，惟有司道官画地巡行，臣时加督察，庶可责成除河南、山东各有专道副使一员，心无他技，事有成矩，每岁查照旧规，用工修守，无容分任外。查得中河地方原有郎中一员，与徐州道共理；南河地方原有郎中一员，与徐州海、防二道共理；夏镇地方原有主事一员，与徐州道共理。道里颇远，阅视难周，一人则有所不逮，两官则易于推诿。合将邳州并睢宁、桃源、清河三县坐派郎中沈修专管，修满去任，代者接管。徐州并丰、沛、砀山、灵璧、宿迁五县坐派副使陈文燧专管。山阳县南地界起至清河口止，又有清江浦起至戴百户营止，文华寺起至高家堰越城南止，一带河防坐派郎中黄曰谨专管。高邮、宝应、江都、瓜、仪一带河防，坐派按察使张允济专管。自珠梅闸起至镇口

①是：底本无此字，据《四库全书》本改。②阽危：临近危险。③褫黜：罢官贬黜。④伛偻：腰背弯曲。⑤蹇涩：生活困难，不顺利，迟钝。

止，并支将军庙、塔山一带徐州道所辖，地方颇多，相应专派主事余继善管理。如有疏虞，照地指名参究。肩仔在身，智虑自毕，分委已定，规避自无，合拳独击，胜于十羊九牧[①]者多矣。

矧今诸堤俱完，两河循轨，惟欲于扫湾迎溜之处，督促埽护，以免汕刷。洪水暴涨之日，躬亲阅视，以防懈弛，此司道之力所裕如者。该道一切往来姑暂停止，其部臣所辖州县有不奉该司约束者，容臣提问具奏。臣职任在河，蒙恩以河，一日未死，何敢忘河。病剧计穷，万不得已，而溷[②]干天听如此。倘蒙我皇上以河防重务衰病非宜，将臣即赐罢黜，使臣得以全河付之代者，则死亦瞑目矣。伏望敕下该部，再加查议。如果臣言可采，覆奉明旨，咨臣转行各该司道，查照应管地方，钦遵施行。庶几地有专司，人有专辖，利害切心，经理必慎，而河防允有赖矣。

奉圣旨："这河道画地巡守事宜，俱依拟，着实行。潘季驯着不妨在任调理，用心经理督察。该部知道。"

申明修守泗堤工完疏

臣潘季驯谨题为申明修守事宜，以图永赖事。

据颍州兵备副使王之猷呈，称节奉总理河道并抚按衙门札案行职，将原题准泗州应修护城土石堤工勒限兴举，上紧报竣，遵依转行凤阳府，督率该州知州汪一右分委，同知等官马尚絅等亲诣工所，如法率作。将原估石堤内应换老土，自北门迤西月堤，由西门、香花门、南门至东门迤北新桥庙止，共长一千四百五十六丈。贴近石堤，内挖深七尺，阔三尺，仍于堤里帮阔五尺，高七尺，中心挖去五尺，阔一丈一尺，计土论方，共筑过老土三万一千三百六十九方。自新桥口起，北至西门牌坊止，应加修石堤长九百三十二丈，加高二尺，用石二层，共砌大石一千八百六十四丈，石堤内加老土九千五百三十九方。自虮蜡庙起，由西门至香花门外止，添建子堤长一千六百八十丈，用碎石砌高二尺五寸，阔二尺五寸。自西门牌坊起，迤南至东门迤北新桥口止，堤长一千一百六十五丈，裂缝里外俱用石灰兜抿。又于原议护堤之外应添修新桥，迤南大堤用石长六十一丈，窑西石堤三处，共用石长二十五丈，拦水坝长二十五丈，拦马墙一处。以上工程自万历十七年七月二十五日兴举，至十八年九月二十九日通完讫，已蒙本院委官亲诣各工，覆加阅视，丈量明白，俱各修理坚固。

---

①十羊九牧：形容指令不一，无所适从。②溷：混乱，扰乱。

及查采取土石，遵照禁例，老土在盱眙县西五十里、马过嘴县东二十五里龟山挖取，大石在旧县迤南涧溪青平山，离城一百二十里，碎石在清河县地名老子等山，离城四十五里，俱由水路装运，悉系禁山之外，并无违碍。其原发工料银四千九百三十两零五分七厘二毫九微九纤五沙，内支土石、灰料、桩木并匠作夫船工食，共用过银三千八百九十九两三钱六分五厘，实省剩银一千零三十两六钱九分二厘二毫九微九纤五沙，贮库。除用过钱粮细数已委凤阳府推官盖国士查盘明的，造册送核外，所据完过工程丈尺、日期，并经管官员职名，分别勤惰、奖戒等第，理合呈报等因。又据凤阳府推官盖国士呈，蒙总理河道并漕抚衙门宪牌，仰职前去泗州，将护城堤工逐一核实，依蒙亲历该州，沿堤逐工细加查阅。完过土堤俱系真正老土，夯杵坚实，取验土色相同，并无夹杂浮沙。石堤亦皆如法修砌，坚固可垂久远等因。各呈报到臣。据此，案照万历十六年八月内，该臣具题前事款开，一加帮真土，以保护堤。查得泗州护堤当水一面甃石可恃，但石内土堤霖雨坍损，石将安附等因。该工部覆议，筑土固石，委宜亟举，题奉钦依，备咨前来。已经备行该道估勘，得前堤换土、加石工料等项，通共该银四千九百二十九两三钱六分五厘，通详各院。

随该前任漕抚侍郎舒应龙看得，修筑泗堤，御淮保城，宜在冬春水落之候，先行攒筑。如候催齐工费完足，方行兴工，不无稽延时日。批行该道节次查发凤阳府并颍州库贮无碍银共一千七百三十二两四钱七分零，运司腌切银八百一十五两零，凤阳府纸赎等银六百三十四两二钱二分三毫，庐州府属并滁州全椒、来安二县积剩银共三百四十八两一钱七分一厘五毫，本道自理纸赎银三百两，颍州库贮支剩民壮工食银六百五十三两五分六厘零，以上共银四千四百八十二两九钱一分二厘八毫。委官支领，分投兴工，尚少银四百四十六两四钱四分七厘二毫，呈要查处给发缘由，通详到臣。会同抚按衙门查，有淮安府库贮停浚草湾银六千一百四十四两六钱，相应于内动支银四百四十六两四钱四分七厘二毫，解发泗州，补足原估之数，作速攒工，勒限本年告完，听臣等委官核验，工程的确钱粮明的造册奏缴。其余存停浚草湾银两仍令收贮淮库，听候原议防守清浦河工支用等因，具题。本部覆奉钦依，备咨前来，已行该道督理，动发银两支用间。臣等又于堤工未举之先，严行该道，申饬禁例，泗州诸山密迩祖陵，山前山后不许取土、取石，敢有夤缘[1]纵夫，在于就近山场挖取者，即便拿究，取有该州掌印管工官重甘结状在卷。

---

①夤缘：攀附上升，比喻拉拢关系，向上巴结。

续据该道呈报工完，惟恐丈尺短少，筑砌不坚，又经复委凤阳府推官盖国士查核去后。今据前因，该臣会同总督漕抚右侍郎周寀、巡按直隶监察御史龚云致，看得淮水发自河南之桐柏山，挟七十二溪之水，东会于黄以入于海，其性最暴。而泗州居淮河之下流，卑于祖陵之地二丈三尺一寸，而龟山横截河中，约拦水势，伏秋之时不免加涨，此于祖陵形势最为佳胜，而泗州之民不免有沮洳之患矣。臣等查得宋臣欧阳修《先春亭记》有云景祐三年泗州张守问民之所素病而治其尤暴者，曰："暴莫大于淮，越明年春作城之外堤，高三十三尺。"则泗城之藉于护堤者久矣。堤高三十三尺，则水之高可知矣。而岁久浸废，前功尽毁，万历四五年间巡按御史、见任刑部侍郎邵陛筑堤为护，甃石为坚，泗民恃以为安者十五年矣，至今名其堤为邵公堤。而风雨淋漓，车马蹂躏，内土不免倾圮。臣于受事之初，躬往视之，诚虑其土去而石无所附也，遂以为请。随该工部覆奉钦依，漕抚侍郎舒应龙多方搜括，鸠工庀材，始克有济。

然该地方大小诸臣拮据，鞅掌畚锸间者，岁有二月而后告成，其勤劳亦有不可泯者。然系人臣分内之事，何敢过为干请？除佐幕义民等官劳勋未多，臣等量行奖赏，旧县巡检张谟酣饮废事，径行戒饬，不敢渎陈外，如颍州兵备道副使王之猷，风猷[①]峻洁，功令严明，勘核务极其精详，而工作无虚饰之弊，稽查不遗于丝粟，而钱粮无冒破之奸，已经臣于年终例荐，仍应咨部纪录者也。如凤阳府知府李骥千、推官盖国士、泗州知州汪一右，以上三员志存捍患，念切急公，综理密而缩费大裒原额，调派均而抚循尤所留心，允宜优奖，仍咨吏部纪录者也。泗州同知马尚纲，泗州卫指挥王畿，泗州吏目李元嗣，泗州卫镇抚王有功，千户陶承祖、路由正，盱眙县典史曹自高，以上七员殚力驱驰，劳瘁不辞于寒暑，悉心催督，勤劬[②]无间于始终，所当量奖并行纪录者也。余剩银一千三十两六钱九分二厘零，内将草湾银四百四十六两四钱四分七厘二毫仍归淮库，听候修河支用，其余无碍银五百八十四两二钱四分零，听候漕抚衙门作正支销。

除将支用过工料项款银数造册奏缴外，伏望敕下该部，再加查议。如果臣等所言非谬，覆请明旨，行臣等遵奉施行。应奖官员容行，该道动支该府州无碍银两，分别等第给散。谨题请旨。

奉圣旨："工部知道。"该工部覆奉圣旨："是。这各官纪录奖戒等项俱依拟。"

---

①风猷：人的品德风格。②勤劬：辛勤劳累。

议创石堤疏

臣潘季驯谨题为议创石堤，以垂永赖事。

据夏镇分司工部都水司主事余继善呈，称本职奉本院札付内开，准工部咨该本院题奉钦依，自珠梅闸起至镇口闸止，并支庙、塔山一带，一应修守工程专责本职管理。随查得先蒙本院为酌议漕堤，以图经久事，仰职照牌事理，即便查议，近修漕河一带纤道、桥梁，运艘过日委果可恃，就便一意修整坚固，以垂永久。如悉用土堤为便，要见前被冲损今作何法，能御冲汕之患，取土作何装运，物料钱粮作何出办，逐一虚心酌议，务求确当，呈详施行。如该司别有良策，不妨从长计议，以凭酌议具题，毋得含糊两可，以致后艰。

蒙此，本职俯思，职掌既已分土，从此一有失误，皆职之责也，岂容他诿？即将所辖上下河道与今酌议事宜细加检点，看得本管河渠镇口当清黄交接之处，常有倒灌淤塞之虞。本职请加镇口古洪闸石，以峻堤防，仍建河口木闸一座，以便挑浚。东筑戴家山横堤，使外水不得漫入，西筑支庙堤，令浊河不得越过牛角湾门户。关锁甚密，两翼相抱如环，明效亦可睹已。惟运舟入漕之后，必由堤岸纤挽，少有残缺，便成阻隔。查得溜沟至姜家桥一带皆系一线之堤，外滨微山、吕孟诸湖，内通西湖，风掀浪涌，内外加攻，质非金石，欲保常固，难矣。每岁东修西补，仅可支吾一时。今春风雨更甚，损坏尤多。该职将全缺处所采取木料搭置桥梁，既可纤挽，而水势通融，又可内泄，以增漕水之盛。其余残缺堤岸亦皆修葺完固。但木桥易损，客土难坚，终非一劳永逸之计。查得微、赤诸山多产石块，道里甚近，如多置船只，载取山石，砌成两面石堤，每三里留一水口丈余，上面铺桥通行，下纵水势入运，既成金堤之固，又有济漕之益。盖堤而桥者也，永赖之计无出于此。随又查估得应用物料，自溜沟起至姜家桥止，计七千二百丈，两面俱用石砌，高一丈一二尺不等，每丈用石一十二三层不等，内用底石衬护，大小阔狭不等，难计丈数。俱令本管夫匠于微、赤等山采运，合用石匠二百名，在于本管夫内选用，抹缝石灰，拨夫采柴烧用，堤心用土填筑。议令回空粮船并空载民船上于戚城，下于境山高阜处所，稍带差委职官监发运送本堤交卸，俱未议钱粮外。惟有擎石杉桩，每丈用短桩六十根，共四十三万二千根，每五根折长桩一根，共折八万六千四百根，每根价银一钱，共该银八千六百四十两。运石下桩须用船只，今议买民船八十只，每只价银十两，共该银八百两。二项共该银九千四百四十两，其余零星小费本职另行议处。今值钱粮匮乏之时，不敢别请，乞于原留余剩二升米银并岁修银内支用。虽所费仅将万金，而以数年帮修之费权之，亦略相当。如蒙允行，职当矢竭犬马，力督管河同知赵埛并各州县掌印、管河官，措办兴举。此工告成，则本职所辖河道一百四十余里登之覆盂之固[①]，无复有不举之工，遗后日之虑者矣等因到臣。

卷查，先该臣牌行该司会查，近修内漕一带桥梁、纤道是否可久。又该臣题奉钦依，分任司道，画地巡守，札行本官去后。今据前因，为照主事余继善所辖地方实系漕黄滨邻交会之所，而二三年间本官既竭心力筑堤设闸，防护颇周，似无虑矣。所据溜沟、姜家桥一带纤路较之河防，虽有不同，而揆之利涉，亦当周备。今以一线之堤居诸湖之中，风浪冲刷，势所不免，故随修随圮，旋坏旋筑，盖自设堤以来即有然者。本官议将本堤两边用石镶砌，每三里留一桥门，使内外之水通融萦会，并流出闸，则既免阻遏之虞，又无冲溃之患。且工费不过万金，钱粮取之岁额，计无善于此矣。伏望敕下该部，再加查议，如果臣言可采，覆奉明旨，容臣督行主事余继善，率同各掌印、管河官，将各项料物器具分投措办，设法甃砌。其应动银两、派拨官夫及买船、带土一切事宜，悉照本官所议施行，未尽事宜临期再行斟酌。但道里颇远，工作亦烦，矧非洗锅待爨之工，无妨次第兴举，惟在坚久可恃，不必刻立限程。工完之日，听总理衙门覆核明实。如果工程坚好，足垂永久，优叙奏请，以励群工。若虚应故事，定行参究。用过钱粮造册奏缴。漕渠幸甚，臣愚幸甚。谨题请旨。

奉圣旨："工部知道。"该工部覆奉圣旨："是。"

会勘徐城镇口疏

臣潘季驯谨题为垂亡之人忧思转切，谨摘河上一二易惑浮言，乞恩俯赐勘议，以定久计，以免劳费事。

据管理中河郎中沈修、夏镇主事余继善、淮扬海防兵备按察使张允济、颍州兵备副使王之猷、徐州兵备副使陈文燧会呈，蒙臣并漕运巡抚右侍郎周寀札付，俱准工部咨为前事。并工科都给事中杨其休等题为临河要地，水涨可虞，乞敕勘议，以慰人心事。及蒙巡漕御史贾名儒案验，奉都察院札付，同前事，备行职等会同详勘，要见各疏内所称加堤、加城以后，黄水暴发有无可以捍御，迁城避患士民意见有无翕然相同，开堤分水是否可免冲决，通湖泄水是否可免停涨，此外有何长便之策，足为河防久远之利。务要虚心计

---

①覆盂之固：像倒置的盂一样安稳。比喻十分稳固，不可动摇。

处，毋得漫为两可之言，致误大计。其镇口闸座若果别有善地可以改建，亦不妨从实勘报。如以清黄交会之处无往不淤，见在闸座去口尚近，易于疏浚，仍应照旧，亦要明白声说，以杜后议。各司道务须体勘详确，会议妥当，具由通详，以凭覆勘，会题施行等因。

奉此，该职等关会勘议，并行淮安府管河同知赵垧，督同徐州掌印、管河官逐一勘议去后。近据呈，称查得徐城坐临河滨，岁受黄河之害，其来远矣。隆庆年间黄水暴涨，几溃西门，先任同知冯镮解衣囊土，为士民倡，力堵其门。万历初年议筑护城堤，以为捍御。旧岁黄涨异常，兼以阴雨过多，以致徐城积水无路泄出，城内军民房舍拆卸过半，州堺学宫①尽皆沮洳。近蒙本道遍历各处，相度形势，勘得自护城堤涵洞起，斜向东南，历魁山至苏伯湖西，勘至史家村、陈家林晁、夏二湖，杨二庄阚疃，直抵宿州符离集东小河止，计长一百六十二里，堪以开渠泄水，分布官夫挑成支河一道，随开涵洞放水，势若建瓴，而徐城积水数日之间，日见消落。今验城濠水已泄四尺九寸三分，城水已泄三尺七寸九分。见今滔滔南流，居址街衢尽成亢爽，徐城已危再安，士民既徙复还。但此河新开，善后事宜所当计处者有三：一筑堤防，以固保障；一议闸座，以严启闭；一加常夫，以固防守。又勘得镇口闸内系清水，外系黄流，平时清水外出，闸口自无淤阻。若黄水涨，则清弱黄高，浊流内灌，不免停淤。顾今闸口去河止八十丈，疏浚易于为力，今若别从改迁，求以免淤，则先年溜沟淤，而改梁山，复改茶城，改张孤山，改古洪，又何以屡迁屡塞也？相应仍从镇口为便。但闸座既已照旧，而善后应议之事亦有三：一复常夫，以便挑浚；一严启闭，以防出入；一设专官，以便弹压。

再照魁山支河既通，徐城积水已，不惟目前可救沮洳，即千万禩永恃此河以为奠安之计。较比改河子房山下，省费数万金，迁城丘墟之上，省费又数倍。前者迁城改河之说似可免议等因，呈详司道。该职等会议得，救民者变则必通，而治水者行所无事。盖天下之事无全利，亦无全害，而怠之则为豫蛊，扰之则为拂经。权利害之大小而不怠不扰，则安民利国自无难事，而众见之公，独见之明，均有不必泥者。国家定鼎燕冀，岁漕东南粳粟四百万石，由徐入镇口，达清济，实京师，徐州固称扼控冲襟。而转运漕艘必资黄河之水，黄水奔腾剽悍，排山襄陵，自昔患之。徐城初建，隔远黄河，宋熙宁十年河决澶渊，经绕城下，遂苦水患。元时移城广运仓基，未几水复冲啮，城不能保。我明复还旧地，万历初年创筑护堤，设减水闸，以泄伏水，始得

①学宫：古代政府设立的学校。

安堵迩。因关陕久旱之余，仍之积潦，内水难泄。兼之十七年闸吏放水灌入，十八年雨雪异常，积水增涨，四隅军民房舍几于沈灶产蛙。士民纷纷异议，或谓河水冬春未消，地泉涌出，请从砀山县戎家口建石坝，分黄河上流，为保城计。又欲改黄河子房山下，出徐洪后，远避城根，是谓河病则徐亦病，治河即所以治徐也。而城内积水自昔已然，即改漕河，未必能救，迁城时久费巨，无救眉急。该徐州道陈副使遵奉河抚二院明文勘议，魁山以南历瑶家村、萧县杨二庄、宿州阚疃地方，以达小河，绵亘一百六十二里，可挑支河，以泄城水。鸠集夫匠一万余名，疏凿土石工程，至闰三月初三日各工告竣，初四日开放，势若建瓴，浃旬之间，消泄殆尽。濠水泄出城根，城水泄出旧址，官舍民居尽获安堵，转徙之民复故处，定安集，今昔殊观。不惟迁城改河之说无容别议，而有此支河，则有此州治，将为永赖之利矣。但此河初开，尚觉草创，则善后长策诚有如本官所议者。至于镇口闸为漕艘入闸咽喉，初从溜沟，溜沟淤；改之为梁山，梁山淤；改之为茶城，茶城淤；改之为张孤山，张孤山淤；改之为古洪。万历十五年古洪复淤，回空阻误，蒙皇上特遣工科常都给事中勘议，增设镇口一闸。亦知黄强清弱，理势之常，清黄相会无处不淤。无论溜沟、梁山、茶城、张孤山、古洪，为浊河初会，势不免于淤垫。而邳州之直河、宿迁之小河，乃黄河下流，亦且灌阻，则舍古洪而他徙，犹之古洪也。且镇口去河八十丈，近而易浚，转运数年，诸艘通利。惟十八年伏水发于五月十三，比昔太早，经冬雨雪，遂成冰冻，旅使船只稍觉濡滞，而喙喙争鸣，浮议复起。今欲议长策，择善地，职等谓资黄济漕，而欲黄不为害，即神禹复生，未有完策，只缘官夫不能疏导，启闭不遵法禁，则十五年八九月间阻船数千，几致意外，此则可为隐忧。而漕渠有必致之水势，治河无尽省之人功，酌时宜申旧法。如本官与该州所议诸事断然行之，即行所无事，而漕渠永利，固非敢持独见而自用也。谨用开款列陈，伏乞再加裁酌，题覆遵行。即两地蒙安，劳费且省，国计民生，胥有恃赖矣等因，呈详到臣。

案照先准工部咨该臣题前事，谓镇口清黄交接，无往不淤，另寻别道，随地皆然。徐城积水，止因义民卢泰放水灌入，又兼去岁雨雪甚多，以致难消，乞行勘议，以息浮言，以省劳费。又该工科都给事中杨其休等题为临河要地，水涨可虞，乞敕勘议，以慰人心事，谓徐城河水不落，则地下之浸灌必深，河势日高，则城中之宣泄为难。欲开月河，以分水势，使徐无冲决之患，通苏伯湖，以导积水，使徐无停涨之虞。要行会勘，从长计议等因。俱经该部覆奉圣旨："是。着河漕等衙门勘议停当，具奏，钦此。"移咨臣等，随经备行各司道逐一虚心会勘去后。

今据前因，该臣会同漕抚侍郎周寀、巡漕御史贾名儒等，将徐城新开支河并镇口闸等处，逐一躬亲阅视，委与该司道所呈无异。为照徐城外河原系山东汶、泗诸泉，即今镇口闸所出之水也，涓涓之流，卑于徐城之地多矣。自宋熙宁十年黄河南徙会淮，其势始高，徐城遂有水患。据宋臣苏轼入市卷闾井之说，则彼时河水委入徐城，业再迁矣。延至万历初年，原任徐州道副使见任南京兵部尚书舒应龙创筑护城石堤，而黄河始与徐城隔绝，了无干涉矣。止因万历十七年，义民卢泰启闸放水内灌，而十八年雨雪连绵，无处开泄，遂至盈溢。议论纷然，或主迁城，或主改河。臣是以有请勘之疏，而工科都给事中杨其休等亦具疏催勘。今新开支河即科疏所称苏伯湖地方，而此渠一开，城水尽泄，内渠曾无潜滋暗长，外河亦无停蓄不流，则城水之无预于外河，可想见矣。且故河系祖宗运渠，固难轻改，而河不两行，徙滋劳费。若迁城本以避水，今徐城安堵如故，又似可免议迁矣。至于镇口闸外系清黄交接之处，平时清水外出，其流甚顺，一遇黄水暴涨，不免倒灌成淤。先年溜沟改梁山，又改而为茶城，为张孤山，为古洪，竟不能免。如必欲为快意可喜之事，须得清黄不会之处可也。而运艘全资黄水，岂能以不会哉！勘工都给事中常居敬所云“无往而不会黄，则无往而不淤垫”，诚为不易之论也。然镇口去河止八十丈，淤垫不多，挑浚亦易，随浚随进，人力可施，粮运无阻。部疏所称清黄交会之处，无往不淤，见在闸座去口尚近，易于疏浚，仍应照旧。科疏所称镇口乃清浊交流之会，黄水一发，倒灌入漕，而河遂淤，黄强清弱，随通随塞，无适非是，已为确见，臣等又何敢为无益之纷更哉！伏望敕下该部，再加详议，覆奉明旨，容臣等遵奉施行。其该司道款列事宜，臣等覆加参酌，开坐于后，恭候圣明裁夺，臣等无任激切屏营之至。为此，谨题请旨。

计开：

一、甃石堤，以固保障。照得新开支河去城五里，即为魁山石渠，逼临河滨，约有一百余丈已经创筑土堤防护。但恐客土未坚，暴涨易塌，浊流内灌，上下盈溢，不惟徐城有倒注之虞，而新渠亦难免淤垫之患矣。合将前堤用石包砌，以为一劳永逸之计，工费银两应于城堤银内动支。伏候圣裁。

一、建闸座，以便启闭。照得州城东南护堤原设涵洞一座，见今堤开洞启，城水已泄，基址街道并成亢爽，则城内之水固藉此口南注，而滨河居民要从此河转输仓粮，搬运货物，避黄河之风涛，省舟车之顾赁，不愿填塞，其情亦当俯从。但闸座不设，启闭无时，有如黄水暴涨，溃堤内灌，城中之民未可安枕而卧也。合将东门减水旧闸量添工费，移建本处，请添闸官一员，并乞钦定名目，以垂永久。再拨新募人夫十名，以司启闭，如遇黄涨，键关固守，消落即行开放，费用不多，而利赖无穷矣。伏候圣裁。

一、设长夫，以备修守。照得魁山支河自徐州至小河，延长一百六十二里，原系沙土新开，日夜经流，未免坍淤。且陈家林迤北土堤未坚，苏伯湖一带伏秋黄水可虑。合照邳、睢事例，添设堤夫二百五十名，除见在游夫一百名外，应增一百五十名，即于都事胡传所领二升米银募夫内拨发，专管修守本堤并护城堤。仍每五里建铺一座，以便各夫栖止。应用料价于城堤银内动支，仍责成镇口总管官兼摄其事。庶缓急有济，而近年失守灌城之事当不再蹈覆辙矣。伏候圣裁。

一、改堤夫，以专疏浚。照得镇口闸外即为黄河，黄浊倒灌，则必淤垫，全藉挑浚通行。而粮船体制重厚，往来多挟私货，非并力牵挽，岂能利涉？先该工部题覆勘河都给事中常居敬条议，将徐吕二洪人夫摘拨六百三十三名，专司镇口诸闸。嗣因年歉税少，工食不敷，裁减二百三十三名，止存四百名，分派前闸拽溜，其工银改之夏镇湖租，非不称善，而粮运之时苦不足用。查得徐州上河判官分管该州一带西堤，额夫三百二十九名，原属中河管辖，而西堤专为防护，内漕应属夏镇分司，事体方便。合将前缕堤并夫改属夏镇分司管理，再于都事胡传所领募夫内调拨二百名夏镇分司，再于各闸坝裒拨七十一名，共一千名，并三闸夫六十名，俱责上河官管领，悉听夏镇总管官调度，专令住守本口。但有灌淤，并力疏浚，运艘入口，分投扯拽，运完之日，即行帮筑西堤。庶粮运无阻，而河官亦免推诿矣。伏候圣裁。

一、信法令，以防淤阻。先该总河衙门题，将镇口比照淮安闸规，严禁启闭。该部覆议，凡遇黄河暴涨，即便闭闸，一应官夫船只俱遵闸规放行，敢有阻挠，拿问参奏。至于鲜贡诸船，如遇黄水盛发，亦令暂候。刻石金书，昭如星日。而每岁伏秋闭闸避黄，往来船只公然违背禁例，闸吏理阻，备受荼毒，甚至有斩关而出者矣。频起频淤，日无宁晷。而回空粮船经月守候，有误新运，误事不小。合再申饬，今后除进贡龙袍、鲜品船只严催五月以前入闸外，其余棕藤、架木与使客等船，但遇黄涨闭闸，守候外水消落，启板通行。若王程迫促不能缓待者，听该州拘留闸口，内外泊船互相倒换。敢有势要抗违法禁，及家人、船头揽装违禁私货、夹带民船、抢关射利者，听管河官呈报总河衙门，照例参拿重治。庶法禁森严，而闸口不致常淤矣。伏候圣裁。

一、添设职官，以便弹压。照得镇口首闸清黄交会，灌淤之患必不能免。而督夫挑浚，派拨牵挽，阻遏势要，必得职事稍重官员，方可专责成，而便驾驭也。先该都给事中常居敬题，请淮安府管河同知移住境山，诚于闸务有裨。但灵、睢、邳、宿河防最为险要，一官岂能遥制？故不得已仍归邳州旧署。而判官职微权轻，无可托重，势要经临，则吞声启闸，黄水内灌，则束手无措。合无添设府佐专官一员，驻扎境山地方，将珠梅闸起至镇口闸外一带河道，并徐州护堤及新开支河防浚事宜，悉付本官管理。其自徐州迤南并丰、砀沛河道，仍归原设管河同知。则地分而干办克济，任专而责成自易矣。再照设官不难，而得人为难。要害之区，似非练习有素者，鲜不偾事。查得见今添设徐邳管河带衔山东都事胡传、徐州管粮判官蒋继祖，才力俱堪是任。蒋继祖履任未期，遽难转擢。胡传历官河上先后已逾九年，累经保荐，先该河漕衙门会请加衔管理邳州河务，因注选已定，未经推补，合无即将本官加升职衔，管理前项地方堤闸事务，上河判官听其调度。则付托得人，而河防有赖矣。伏候圣裁。

奉圣旨："工部知道。"

工部覆前疏

题为垂亡之人，忧思转切，谨摘河上一二易惑浮言，乞恩俯赐勘议，以定久计，以免劳费事。

该本部题，都水清吏司案呈，奉本部送工科抄出，总理河道兼理军务右都御史潘季驯、总督漕运提督军务右侍郎周寀、巡漕御史贾名儒题，同前事各等因，俱奉圣旨："工部知道，钦此。"钦遵抄出到部送司。案查本年三月内该总理河道右都御史潘季驯题前事，又该工科都给事中杨其休等题为临河要地，水涨可虞，乞敕勘议，以慰人心事，各题议勘改镇口闸，迁徐州城，避水患缘由等因。该本部覆奉圣旨："是。着河漕等衙门勘议停当，具奏，钦此。"备行河漕等衙门钦遵勘议去后，今该前因案呈到部。

看得治河一如治寇，防口甚于防川。自昨夏黄河非时骤涨，客冬徐城积水未消，或议当改河以全城，或议当迁城以避河，或议当改建镇口一闸，以免黄水倒灌。众论纷纭，靡所决策。臣等亦知事体重大，遽难轻议，特以运道民命所关，苟有裨于御灾捍患，即兴大役，动大众，自不当以劳费为解。故因右都御史潘季驯、都给事中杨其休等先后条陈，覆请会勘，无非欲广集众思，确求至当，以息讹言，以定允计。今该总河、总漕二臣及巡漕御史会题前因，大率谓魁山支河既开，城水尽泄，改河、迁城无容复议；镇口闸去黄河甚近，即有倒灌，易于挑浚，仍应照旧。并将河闸善后事宜开款，上请勘议明的。众论佥同，既可以省目前之劳费，又可以破一时之群疑，相应依拟。内除添设管河府佐一款径咨吏部议覆外，谨将甃石堤等五事酌议覆请，恭候命下，容臣等移咨河漕部院及咨都察院，转行巡漕御史，督率司道等官，将一应善后事宜，查照覆议，着实遵行，仍咨总河大臣。此外如有未尽事体，不妨及时条议上闻，次第修举，务使河防州治可永恃以无虞，道路传言不更兴于异日，庶几国计民生咸有攸赖等因。

奉圣旨："依议行。"

计开：

一、甃石堤，以固保障。前件看得徐州新开支河，惟魁山一带最为紧要。其堤岸虽经用土创筑，但本堤逼临黄河，诚恐客土未坚，暴涨易塌，浊流内灌，不惟徐城有倒注之虞，而新渠亦难免淤垫之患。合依所议，行令用石包砌，一应工费俱于城堤银内动支。工完将用过数目造册，报部查考。伏候圣裁。

一、建闸座，以便启闭。前件看得，徐城东南护堤原设涵洞一座，目今堤开洞启，城水已泄，而滨河居民欲从此口转输搬运，不愿填塞。议要就此开闸一座，时其启闭，以防黄水内灌。其石料即将东门减水旧闸量添工费，移建本口。仍拨新募人夫十名，常川看守，以司启闭。既系民情所愿，相应依拟。其闸官应否添设，并钦定闸名，俱候工完，再加详议，移咨前来，另行题请。伏候圣裁。

一、设长夫，以备修守。前件看得魁山支河延袤一百六十余里，原系沙土，新开易淤。且陈家林迤北土堤未坚，苏伯湖一带伏秋黄水可虑，其本堤及护城堤委应拨夫修守。合依所议，照邳睢事例，添设堤夫二百五十名。除见在游夫一百名外，应增一百五十名，于都事胡传轻赍二升米银内雇募拨发应用。仍每五里建铺一座，以便各夫栖止。一应工料价银俱于城堤银内支用，备行夏镇主事总管，事完将用过银两数目报部查考。伏候圣裁。

一、改堤夫，以专疏浚。前件看得，镇口闸外即系黄河，每遇黄水倒灌，势必垫淤，全资挑浚，兼以粮艘体重货多，必藉牵挽。先该本部题覆，勘河都给事中常居敬疏，将徐、吕二洪人夫责拨六百三十三名，以供本闸各项役使。后因工食不敷，裁减二百三十三名，止存四百名，分派前闸拽溜。遇有修筑、疏浚之事，动致缺人，前项夫役委应增设。合依所议，将徐州上河判官分管该州一带西堤，原属中河郎中统辖者，改属夏镇分司管辖。即将西堤原设额夫三百二十九名，再于都事胡传所领夫内拨二百名，各闸坝裒拨七十一名，共足一千名，并三闸夫六十名，俱责上河判官管理，悉听夏镇分司调度，专令住守本口。遇有灌淤，并力疏浚，运艘入口，分投扯拽。粮运完后，即行帮筑西堤。庶事体不致互相推诿，夫役不必另增工食，一更置之间，费省事集，而运道有赖矣。伏候圣裁。

一、信法令，以防淤阻。前件看得镇口闸系清黄交接之处，启闭尤当以时，闸禁不严，则将有黄水灌入，运道淤塞之患。先于万历十六年闰六月内，该总理河道右都御史潘季驯题称茶城三闸要比照淮安闸禁事例，将题准明旨刻石金书，竖立茶城之上。该本部覆奉钦依，备行钦遵去后。缘时久弊生，人情玩愒，法禁废弛，委当再行申饬。如龙袍、贡鲜船只照例于五月以前入闸外，其余棕藤、架木、官民船只倘遇黄水盛发，通候消落，启板放行。其王程迫促不容缓待者，许令地方官拨船搬剥。如有官豪势要及家人船头揽装私货，夹带民船，违禁射利者，许管河官指名揭报，总河衙门查照原题，从重参提究治。伏候圣裁。

报消泗水疏

臣潘季驯谨题为淮水已消，流言未息，谨将地方官节报水势，据实奏闻，仰慰圣衷事。

臣于本年十月间据泗州知州汪一右禀称，淮水自九月以后日消一二寸不等，见今共消四尺有余。续据该州申称知州汪一右亲督水手侯大林，内外打量水平。淮水除前报外，至十一月二十八日止，又消过一尺五寸，共消过五尺五寸。其城内积水，车退八寸五分。及量外河水面，尚高城内水面二尺余。围堤自窑东至水草庙，又禹王庙至西门二处，堤根露出三四尺不等。其城外濠水，量得香花门至西门，比淮水高六寸。又东、南、北三门，比淮水高尺余。见俱挖堤出放，已泄过四五寸。若濠水泄平，内水易于车戽，拟合申报。

又据颍州兵备副使王之猷揭称，浮言摇乱河计，职不胜惊异。夫淮河伏秋则涨，冬深则涸，其来非一日矣。独是今岁霖雨连绵，虽若较之往岁，苦水颇甚，然亦时候消长使然。三道会勘陵水，独沱沟颇有水痕。若下马桥尚去湖水五十余步，下马桥去陵殿尚二百余步，则全无水迹。御冢高出二十余丈，水何能侵及？无藉之辈乃假此以耸动观听，真无人心等因。臣尤恐未的，又行据该州知州汪一右，申称打量水平。淮水报后，又消过二寸，连前共五尺七寸。又看得祖陵下马牌地面高于水面五尺七寸，逐一丈量明白，拟合回报等因到臣。

案照先该漕抚侍郎周寀等题为州治积水，淫潦益甚，根本重地，居民垫溺，乞赐会勘亟处，以苏灾困事。内称，本年淮水虽甚涨，止及下马桥，去陵尚远，而泗人困于水中，无计自免，动为诪张之语，以耸观听等因。夫周寀之疏正发于辞陵之时，目击水势甚真，而其言如此，则其意专在泗城之积雨，非为祖陵也。今据该道与该州节报申文揭帖，是周寀等发疏之后，淮水日消，业已远去下马牌，而泗城护堤根外已露有干滩者矣。而玄宫巍然在上，去下马牌远甚，苟非洪荒之世，淮水岂能溅及？何者？盖由祖陵原是土冈，较泗州城高卑悬绝，故城中之水未泄，而城外之水已涸矣。今据该州申称堤外河滩已露，而城水尚难开放。则其故在于城地之洼，而不在淮水之高矣。今闻泗州士民流言遍布，谓淮水至今尚浸祖陵，不情甚矣。

又臣于十月二十七日据海防道按察使张允济、徐州道副使陈文燧、颍州道副使王之猷等禀称，职等会勘祖陵之时，泗州士人指沱沟水滨土堆为三祖旧陵，臣答之曰，万历九年该州乡官常三省曾以此语载之揭中。臣躬往阅视之，则见祖陵东南隅沱沟水通流之处，蓁莽中土堆在焉。问之并无封号，视之原无封植。若指此为三祖旧陵，则国初封树。玄宫巍然高峙于寻丈之上，而为万世臣民瞻仰者，岂有误耶？且高皇帝御制碑文，昭如星日，并无有所谓旧陵者，亦岂有误耶？众皆相顾骇叹，危词激语，惟欲动人而不自知，其沦于不臣甚矣！且伏秋之水，无处不涨；冬春之水，无处不消。此气候之必然者。而泗人乃谓淮水至今未消，宁有是理哉！语有之，众口烁金，积毁销骨。臣不足惜，独虑皇上孝思纯笃，上廑圣衷，故敢备将地方官开报水势，据实奏闻。其会勘过缘由，已经具本会题，恭候该部覆奉明旨施行。无容再赘外，为此谨具题。

奉圣旨："工部知道。"

并勘河情疏

臣潘季驯谨题为衰庸归骨有期，犬马恋主尤切，谨以熟试河情，沥血具陈，恭候圣明采择事。

臣自嘉靖四十四年至今，以河事君父者，凡四矣：壮于斯，老于斯，朝于斯，暮于斯。或采之舆情，或得之目击；凡或稽之已往，或验之将来。水有性，拂之不可；河有防，弛之不可；地有定形，强之不可；治有正理，凿之不可。故厌常者，每欲弃旧以更新，而臣则以为祖宗二百余年之故道，必不可失也。泥成说者，每欲支分以杀势，而臣则以为黄河之浊流，必不可分也。

臣执此以治河者，前后一十二年矣，而不意去秋淫霖连月，河水滔天，物议遂腾，牢不可破。夫当伏秋暴涨之时，两河并高，人言无足怪也。而宁知涨之必有消乎？以方涨之河而律之旋消之后，不可也。人见其水盈及堤，辄谓堤可弃也。而宁知防溃则水泛，外泄则中干。不数日而水落岸出，河安如故，固堤所以存河乎。行者止见其涨，而不见其消；谈者不闻其消，而惟闻其涨。一人言之，百人从而和之。若谓水之有涨无消，而冬春之河犹然伏秋之河也，而不知其大有不侔者耳。倘睹其涨，复睹其消，则全河之形势皆在目中，自无臆度之说矣。臣已去矣，墓木拱矣，何敢以笔舌与人争曲直哉？且议者原无怪臣之心，见者言其所见，闻者言其所闻，凡以为国也。

臣器局拘挛，才识短浅，非两河之故道不敢循，非先哲之成规不敢蹈，曾不能别输一筹，以新天下之耳目。臣亦自憎其无当矣，而况于人乎？但虑天下之事，议论多者，成功或毁；兴作侈者，工费自烦；支离胜者，正道必废。有宋竭天下之财力以事河，而国以大敝，卒之横溃决裂，不可收拾者，职此故也。故敢备述人言之最易惑众、最能病河者，逐一详解于后。伏乞敕下工部，覆行勘河工科右给事中张贞观逐一踏勘，广询博访。如以臣言为是，则当安常处顺，毋事更张。如以臣言为非，则当易辙改弦，勿循故态。务求画一之论，以为永赖之规。若筑舍道傍，疑心信耳，今日之案墨未干，明日之新议复起。无论衰病如臣，即壮猷任事，忠勤敏练，如将来者亦何所措手哉？故敢冒昧具陈，伏望我皇上俯垂鉴照，曲赐矜原，臣无任激切屏营之至，谨题请旨。

计开：

一、议者谓水势宜杀，黄水暴涨，何不多浚支渠以杀之乎？臣曰，此分合之说，正所当辩也。分流诚能杀势，然可行于清水之河，非所行于黄河也。黄河斗水，沙居其六，以四升之水载六升之沙，非极迅溜湍急，则必淤阻。分则势缓，势缓则沙停，沙停则河饱，饱则夺河。河不两行，自古记之。藉势行沙，合之者乃所以杀之也。

又谓水涨之时，暂开决口以分其流，水落复塞。此言诚似有见，但塞决如升天之难，费亦不赀。臣于万历八年，筑有崔镇徐升季太三义四减水石坝，于桃源县遥堤中坝与地平，水浮则泄。此与开决之说无异，而水遇石止，难于深刷，可无夺河之虞。水落归漕，坝复如故，可免塞决之费，此外不须另开决矣。伏乞圣裁。

一、议者谓旧河沙垫底高，不若另觅新河之为得也。臣曰，沙固易停，亦易刷。即一河之中，溜处则深，缓处则浅。水合沙刷，必无俱垫之理。此浅彼深，亦无妨运之事。人见伏秋水高，辄归罪于沙垫，殊不知此水高于面，非沙高于底也。如使河底果为沙垫，则冬春水落岸出之时，舟胶不能行矣。且去秋苏、松报称水溢入城七尺，湖广报称公安等处堤为深渊，亦岂以沙垫底高而然乎？藉令因此而欲弃故道，别凿新河，无论其无所也。即得便宜之地而凿之，人力能使阔百丈以至二百丈，深二丈以至三四丈，如故河乎？即使能之，将置黄河于何地乎？如不可置，则行之数年，新者旧矣。河何择于新旧，旧则淤，新则不淤，非臣之所能解也。且禹之治水，九河曰疏，济漯曰瀹，汝汉曰决，淮泗曰排，传者曰疏通也。瀹亦疏通之意，排决皆去其壅塞也。盖天地开辟之初，即有百川四渎，原自朝宗于海，禹但去其壅塞，以复天地之故道耳。凡民知识不逮，神禹远甚，乃欲弃故从新乎。

议者又谓徐、邳非黄河之故道也，然独非泗、沂之故道乎？《禹贡》所谓“导淮自桐柏，东会于泗、沂”，即此河也。《志》称：“宋神宗十年河大决于澶州，合南清河而会于淮。”南清河者，即泗、沂也，行之六七百年，是亦黄河之故道也。伏乞圣裁。

一、议者谓，贾让有云：“土之有川，犹人之有口也。”治土而防其川，犹之儿啼而塞其口，故禹之治水以导，而今之治水以障，何也？臣曰，昔白圭逆水之性，以邻为壑，是谓之障。若顺水之性，以堤防溢，则谓之防。河水盛涨之时无堤，则必傍溢，傍溢则必泛滥，而不循轨，岂能以海为壑耶？故堤之者，欲其不溢，而循轨以入于海，正所以导之也。考之《禹贡》云：“九泽既陂，四海会同。”《传》曰：“九州岛之泽，已有陂障，而无决溃。”四海之水，无不会同，而各有所归，则禹之导水，何尝不以堤哉？

议者又谓，水愈高，则堤愈增，不将隆堤于天乎？臣则曰，若谓河水有长无消耶，亦岂以堤外即水耶？堤外为滩，滩外为河，平时水不及滩，堤若赘疣。伏秋异常之水，亦止丈许，始逾滩而及堤。然或三日，或五日，或七日，或旬日，即复归落于漕。堤之高者，不过逾丈，何能隆之于天也？至如俯阚城廓之说，有目者所共睹，不必辩矣。伏乞圣裁。

一、议者向谓，昔年徐、吕二洪，怪石嶙峋，上浮水面，湍激之声，如雷如霆，舟触之必败，今皆无声，得非沙掩其上而然乎？臣曰，二洪本体甚高，沙能掩之，是无徐州矣。徐州洪为工部主事郭升、戴鳌、陈穆先后铲凿，《志》所谓：“翻舟等石，悉去无余”。又云盘距横突，隐见于波涛之间，激飞湍而鸣雷霆者，划削殆尽是也。吕梁洪为工部主事陈洪范所凿，先臣大学士徐阶记中所称，狞利如剑戟之相向，虎豹狮象之相攫，犬牙交而蛇蚓蟠者，怪石尽去，舟行如出坦途是也。自诸臣凿平之后，往来更无覆溺之患，厥功甚大。盖比时偶因黄河他决，二洪为涸，天假之便，以成诸臣之功，而不知者遂谓洪为沙掩耳。又有病其铲凿之后，水不漱石，故不能刷沙，则误矣。夫水之激石，止在水面，岂能刷及河底之沙？且自河南至云梯关海口几二千里，惟徐、吕五十里内有此二洪，纵能刷沙，岂能刷及二千里耶？不以诸臣为功，而以为罪，冤哉乎其言之矣。伏乞圣裁。

一、议者谓，云梯关海口沙塞，以致两河停蓄不流，有之乎？臣曰，黄河自星宿海经昆仑山，万里而来，俱从云梯关出海，并无他处分泄，海口果塞，两河岂有不停之理？但自春徂冬，自朝及暮，滔滔东下，迅溜湍激，何尝有一息停蓄。如其停也，则水当有长无消矣。乃朝而长，暮而消，或今日长，明日消，消有多寡、有迟速，然必无长至旬日而不消者。而大分则伏秋长多消少，冬春长少消多；上源雨多则长，雨霁则消，此一定而不可易者。

海口既塞，则所消之水何往耶？臣往岁尝亲至云梯关阅视，海口深阔，人言付之一笑。万历十九年十月，臣复行淮安府，同知赵垧率同海州知州路晔、安东县知县杨日采、赣榆县署印判官王守正，亲往海口踏勘。回称："职于十月二十三日督同各州县掌印官及备倭陈指挥、把总李大经等，亲履其地。勘得云梯关以下，自夹套至十一套，面阔三、五、七、八里及十里不等，水深一丈五六尺及二三丈不等。滔滔迅驶，原无隘窄，至云对口有横沙一段，在四十里之外，望之不见潮长，上可行舟，潮退尚深三四尺。人言自来如此，并无淤梗，及又查得各套俱不通海等因在卷。料想之语，未足深听。伏乞圣裁。

一、议者谓，黄高于徐，淮高于泗，可不为之处乎？臣曰，不能也，非不为也。自河南开归以至淮安之安东，其地皆卑于河，不独徐、泗为然也。如黄而可卑，则汤迁于亳，仲丁迁嚣，河亶甲迁相，祖乙迁耿，盘庚迁殷，凡以避河也，而何其不惮烦如此也。淮而可卑，则宋景佑三年，泗州张守不必筑护城堤三丈三尺以捍之矣。此载在《志》《传》中可考也。如有能卑河以就地者，臣当其辜，何敢辞哉？以上数端，言若有理，而听之不觉其深信事，若可从而行之，必至于病河。

臣身虽已去国，臣心犹在此河，故敢不避烦琐，而复为哓哓如此，亦自尽其犬马之心耳，不敢必其见亮于人否也。伏乞圣裁。

奉圣旨："工部知道。"

卷前导读

本卷收录了九篇奏疏。第一篇为南京湖广道陈堂以星象有异为由，推断河患堪忧，恳请皇帝派遣大臣前往治理，以拯救民生，维护国体。疏中，陈堂不仅列数了派遣大臣的必要性，还就如何治理详加论述，有理有据。虽然"星象有异"之说有违科学，不足为信，但陈堂所阐述的具体内容，颇有价值。他总结了目前治理河患的五大难点，条理明晰，直达要害。针对事权不专一、官员相互推诿、无法达成统一意见从而延误治河等种种弊端，他提出："未有黄不治而可以治淮，亦未有治淮而黄可以无事者也。"黄河与淮河的治理，利害相依，往往是你利我害、此消彼长，各大臣又都从自处利益考虑，而不去权衡全河整体利害，从而导致河患无法全面治理。他建议专门派遣全权大臣，从全河治理的整体考量，审视利害，统筹钱粮，公正赏罚。这样，必能行之有效，立竿见影。

第二篇至第五篇为黄、淮两河治理完工时，给事中尹瑾奉旨前去查勘，之后所上的四篇奏疏。第二篇是关于工程查勘具体情况的奏疏。疏中记录了尹瑾奉得上谕，昼夜兼程，赶到徐州，旋即开始竣工勘测，详细记录了查勘数据，同时奏明所查勘工程皆无疏漏，所耗钱粮也无虚冒。最后，奏疏还一一列举了参与工程所有官员的工作，并给予了充分肯定。第三篇和第四篇为给事中尹瑾奉旨查勘两河工程，绘制了黄、淮二河图，呈请御览。奏疏介绍了黄、淮二河的历史渊源，简述了此二河在国计民生中的重要地位。第五篇则上奏了关于河工完成的善后事宜，内容逐条列数，提出了：重久任，以便责成；定法制，以核岁修；甃石堰，以固要冲；浚闸河，以利运艘；专责成，以防冲决；防徐北，以固上流；备积贮，以裕经费等建议。

第六篇为御史陈世宝看到河工即将完成，对后续工作的建议。他列数了移建管河官衙舍，以重责成；添设新堤堰夫役，以便防守；添设管堤官部夫，以保新工；增筑宿迁县遥堤，以顺民情；暂宽归移之钱粮，以安地方；乞广赏劳之天恩，以鼓人心等观点。

第七篇为御史姜壁针对河工即将完成的后续工作提出的奏议，其中也提出了一事权、严责成、议支河、修古堤、蠲堤租等观点。

第八篇为御史王世扬关于中州河防为要，不宜撤去巡抚职衔的奏疏。第九篇为工部就此事的覆疏。卷末还收录了批复此事的圣旨。王世扬（1544—1608 年），字孝甫，号怀棘，河北广平（今河北省广平县）人。万历五年（1577 年）进士。《中州河防为要疏》为王世扬任御史时所上。中州，为今河南一带的古称。黄河在河南境内，上自潼关，下至归德，流经开封。最初，河南巡抚并不兼管河道事务，总理河臣，总管全河事务。后因总理河臣一职撤销，管理黄河的职权便分给了沿河各地巡抚兼管。但是，巡抚只管辖区内的河道，黄河全面管理上的事权不专一，河道治理因而多有疏漏。故而，朝廷复设总理河臣一职。当时，各科道的大臣上奏，建议取消抚臣兼管河道的职衔。而王世扬认为，从中州河防的全局考虑，并不能撤销巡抚兼理之职。随后收录的《工部覆前疏》认为，总理河臣可以总管全河，而巡抚可以兼管河道，同心共济对黄河治理才最为有利。本卷最后还收录了此事批复的圣旨：凡是黄河流经处，河南各巡抚就近兼理，配合总理河臣共同治理。

卷之十三　奏疏

请遣大臣治河疏　南京湖广道御史陈堂

题为星象示异，河患可虞，恳乞圣明特遣大臣董理疏治，以拯民生，以通国计事。

臣闻明天之道者必验于人，应天之变者当以其实，是故古之明王遇灾而惧，随事格天，而卒保治安于无虞者，良有以也。臣顷见彗星见于西南，弥月不灭，考之往牒[①]灾应，谓主大兵，谓主大水，或应之一年之远，或应之数月之近。臣愚以为兵无大于边防，水无大于河患，迩年[②]虏王效顺，边境稍宁，虽有可虞，然犹诿之曰未形，臣愚亦已列名同官御史林应训等疏末，以劝皇上戒备之矣。若黄河之水东横西决，散为洪流。自徐、邳以下以至淮之南北，不啻千里，流离漂没，莫可胜数，居无尺椽，食无半穗，上阻运道，下垫民生，斯不谓之已形者哉？然而当事者一切付之无可奈何，无有持一长策可据以为疏理者。

臣愚以为今日治河之难者有五：曰事权不专也，群策不一也，利害不审也，钱粮沮格[③]也，功罪不核也。何以知其然也？国家以理漕属之漕司，以治河属之河道，俱以都御史重职奉玺书行事，岂非使之各尽其职业，无有推诿，无有阻挠，以共成国计哉？乃迩年来辄因河之不治，遂以漕司而责之天妃闸以南，于河道而责之天妃闸以北，画地既分，遂成彼己，一设官也而或去或留，一决口也而或筑或否，以致有司下吏，彼此观望，迄无成功。无论今日，即自臣有知识以来，漕艘迟缓不曰漕艘而曰河道梗阻，河道梗阻不曰河道而曰漕艘稽迟，彼此相推而卒莫有引咎自反者，大都然也。顷者，朝廷锐情[④]国计，举漕粮四百万石，通限正月以里过淮，悬重法以绳之，然后仅免黄河伏发之候而可保无事，今又以淮之南北分信地矣。近虽部议欲以河道都御史仍照敕书行事，而抚属地方水患又听漕运都御史从宜料理，言非相悖而行不免于牵制者，即有不治如今日之患不止，则当责之谁哉？且黄河之与淮河，其

---

①往牒：往昔的典籍。②迩年：近年。③沮格：阻止，阻挠。④锐情：用心专一。

流虽二，其为运道相维系贯通者则一，未有黄不治而可以治淮，亦未有淮治而黄可以无事者也。

今之议者为黄河计，曰筑崔镇口矣。今闻崔镇而上至于邳州一带，决者不下一二百处，大者百余丈，小者亦三四十丈，何可胜筑也？即筑之又何保其不复决也？曰复老黄河矣，然引黄河东流，将必引淮逆为北向，而后可以与黄会而全运道，窃恐非水之性，势难成功，益退而壅决于宿、邳之间不可为也。曰挑正河矣，然河之决也，由下无所归，故上有所壅，今河无入海之路，虽使河身日浚，奚益哉？为淮河计者，曰筑高家堰，则工费不赀，束手无策；曰筑高、宝、黄、浦等堤，则随筑随决，漫不可支；欲引淮泗而入之江，则江上流也，而海为下，海近而江远，高、宝之间所经兴、盐等县皆为入海之路，岂能尽堤防之而使必逆而南哉？兼之草湾海口淤淀如故，遂使河身日高，黄水日涨，不图为疏导之计而惟筑堤以防之，将见堤之高也有穷而水之高也无限，其势必内灌而并泗水以趋于淮，黄之一日不治，则淮之人一日不安枕，此定势也。以是数者积时累日，坐观其大败决裂而不可救，此何以哉？

臣愚以为天下之事，有利必有害，未有有其利而无其害者，择其利多而害少者为之，则可矣。漕渠古无有也，自汉唐以来，宜莫如刘晏，然史称晏尽得运之利与害各有四，当时即尽以漕事委晏，使晏得尽其才，固未尝以利而讳害，亦未尝以害病利也。今之司河漕者，能如晏自按行浮淮泗，达于汴，入于河，循底柱、硖石，观三门遗迹而至河阴、巩、洛，视前人宇文恺等之所为者乎？每借口必曰神河，而皆付之曰不可治，又曰神禹而不能治，不知今之人有能八年于外者乎？三过其门而不入乎？胼手胝足而不胜劳瘁者乎？大抵治河者委于治河之官，故事，行勘一听之于郡县佐贰，彼以河为职，遂见黄之害而不见淮之害，见黄之利而不见淮之利，不知淮利而黄亦未尝不利，淮害而黄亦未尝不受其害者。其治淮者，辄委之郡县之守令，彼以守土为职，其所见又复然，如之何而不互相持衡莫决也。然犹可诿者曰下之人异议耳，自古师行粮从，虽有巧妇未有无米而可以议炊者，今淮扬之间，自隆庆三年以至今日之巨浸，真尧之所谓九年之水矣①，土地所产既无一毛之入，而河漕工费动称巨万，当事者复靡内帑而不之请，岂所谓通国体者哉？

夫有非常之事者，必有非常之工。非常之工，非非常之财不可济也。国家二百年余，河神亦可谓效职矣，以至今日始有此变，非如曩②时之犹可以安

---

①真尧之所谓九年之水矣：此处为典故，讲的是尧当政的时候，洪水一发九年，但尧帝却没让百姓流离失所。②曩：以往，从前。

常袭故者。近者淮扬抚按诸臣疏请赈济，仅借留一二万金为灾民计，而犹格于部议，安望其能请内帑百万以济大工哉？臣知其不能也。夫人臣为国家守财，非徒能守其财之难，而善用其财之难。今之户部钱粮曰济边急矣，不知边犹人之肩背，而淮扬之地则腹心也，运道则咽喉也。今之工部钱粮曰上用急矣，不知百姓足，君孰与不足，百姓不足，君孰与足？有若之言，固似孔子者。二部大臣岂以百姓为可缓，而视身之咽喉腹心不若肩背哉？彼河漕二臣目击河工之急也，欲裁其费，则用小而不可为，欲大其施，则力限而不能为，即如崔镇口与高、宝堤之筑塞，皆傅希挚与吴桂芳之所自以为必不可已者，而亦苦于措处之无及，东搜西括莫可支持，他可知已。

臣愚以为今日司国计者，皆过也。钱粮既已不敷，而国家之待河漕二臣，辄复以次叙迁，无所责成，其殚心竭力、鞠躬尽瘁者，秩不加升，坐视如故者，罪不加罚，率皆三年之内侥幸无事，相继弃去，何怪乎河患之日甚一日哉？即如傅希挚彼自以为实心任事者，三年考满，不闻查核功罪。其在于今，经理渐熟，河患方殷，而又以陕西巡抚行矣，使继此而驭李世达者又复然，臣虑河之患无已时也。夫是数者辗转相寻，因循苟安，以致今日辄于星象上廑圣衷，臣待罪言官，何敢一日安哉？臣闻惜小费者不足与成大功，守拘挛者不足与观昭旷，汉武帝称雄才大略矣，瓠子河决，至投璧亲祀，公卿负薪；宋仁宗称令主矣，汴河数决，灾民栖御廊、聚国社，忧形于色，至辍儒臣司马光讲筵，三往勘之。即如先朝徐有贞之筑张秋，朱衡之筑夏镇，皆以大臣而成功者，假令二三君者与国朝列圣皆苟安故常，是使河之患在汉宋者不知何如？而张秋徐沛今尚无底止也。

臣愚反覆思惟以为国家今日河漕计，莫如特遣大臣，集廷臣推议有才望者，或见任户工二部侍郎，或常有事于河道，熟知水势地利不卤莽者，会同新任河道都御史李世达、见任漕运都御史吴桂芳协力共理，重之玺书，定之限期，河平之日照旧分职管理，则庶几乎目前可以一事权，可以定群策，可以审利害，可以酌钱粮，可以据功罪，而俟命于朝廷以行赏罚。夫自古成大功干大业者，岂因循掣肘者之所能办哉？今河漕二臣敕书曰便宜，部议亦曰便宜，而卒不能破格一努力而为之者，终为文法所拘而不敢自越也。

语曰：“役不大兴，害不能已。”又曰：“不一劳者不久逸。”臣愚以为诚遣大臣，则视河与漕无分彼此，视黄与淮无分胡越，势可便漕而不便于河不为也，势可便黄而不便于淮不为也。河道之臣龃龉，则以漕运之所宜迁就者通之，而使不涉于忌嫌；漕运之臣牴牾，则以河道之所宜委曲者导之，而使相忘乎彼己。腹心臂指，脉理贯通，无相滞碍，无相阻扼，其有徇私害公，病人利己者，辄得以其理直之而请命于陛下，然后可以惟其事之所欲为而能有济。臣故曰可以一事权。

诚遣大臣，则崔镇口之应否筑塞，老黄河之应否开复，宿、邳一带正河之应否挑浚，高家堰之有无关系，淮泗扃钥[①]、高、宝等堤之能否阻遏横流，淮泗入江果否顺水之性而无所碍，草湾海口何以成功而无补于目前，或疏浚或筑塞能否可以并举，而后取效折衷议论，举众说而量其长短，如不出是数者而可以黄、淮兼济，则力主其说，而在于必行，如是数者，而皆无益于黄、淮久远之计，则博采舆论，而务为究竟，必得夫事机之肯綮[②]，可以措手然后已。臣故曰可以一群策。

诚遣大臣，则必循行河道，考察地形，往复江淮、河南、山东、直隶之间，备详要害。何者为支流，何者为正道，何以遏其狂澜，何以适其本性，是非利害皆属之于一人，淮南淮北皆视之如一体，郡邑长吏与夫佐贰治河之属，皆如四肢手足之率相为用而不相背。利在于河者多而漕者少，则从其计多者而不以为私图，害在于淮者少而黄者多，则从其害少者而不以为嫁祸。利一害百，毋以害掩利；害一利百，毋以利冒害。不拂于人情，不挠于众口。臣故曰可以审利害。

诚遣大臣，则奉命而往，以陛下之心为心，如陛下之亲行，耳闻目击确有可据，一手一足、一木一石之力所不能办者，皆得以请命于朝而无所窒碍。内而视户工之臣相为一体，外而视河漕之臣相为一家。陛下既择人而用之，亦能以大臣之心为心，听其便宜行事，大破故常。利必期于大兴而不惜小费，害必期于尽去而无惑人言。其有事在两可，势不两全，利害相关，劳费难度者亦可以诣阙借箸，禀授方略，而期于共济永赖。臣故曰可以酌钱粮。

诚遣大臣，则请命而行，事竣而返，功有底绩之期，事有责成之日。河、漕二都御史而下以至于百司庶府、卑官小吏，苟有一毫之竖立效劳国事者，皆得以其功而叙录，奏议升赏。其或因循搪塞，苟安目前及浪费不赀，阘茸[③]罔效者，亦得以其罪而奏闻处治，一如沿边重镇。或年终奏报，或三年类报，使人心鼓舞，于奖劝激励之中而唯吾所听命，然后群力可协而百工可成。臣故曰可以据功罪而俟命于朝廷以行赏罚。

夫由前观之，而今日河之为患如此；由后观之，而异日河之庶几如此。陛下何靳[④]于一官之命，而使运道民生日复一日，无平成之期哉？且陛下御极[⑤]以来，轸念国计，每虞运道艰阻，尝议开泇河矣，议开胶河矣，议复海运矣，计亦不下百万，而犹限于势力之不可能，民命之不可保，今皆报罢，而

①扃钥：此处指出入必经的要地。②肯綮：筋骨结合的地方，比喻要害或关键。③阘茸：地位卑微或品格卑鄙的人。④靳：吝惜，不肯给予。⑤御极：登极，即位。

使河渠复涨塞如故。陛下何不以泇河、胶河之费而借赀于河淮故道，犹不失其常策哉？说者以择人为难，臣又以为不然，夫尧之知人，犹必失鲧而后得禹，若虑诸臣之有负任使而置之不问，是因噎废食之说也。借使所遣大臣名位与河漕二臣不相上下，才识与河漕二臣不相优劣，而朝廷鼲使一鼓舞自新之下，则河漕诸臣之耳目心志皆为之丕振[1]而思以自奋，宁复寻常之苟安已哉？昔唐之淮西久不能下，李愬诸将非不可以计日成功者，乃裴度在廷，独曰："臣出而诸将争功，则元济就擒矣！"自古成功建业，其所鼓舞之机类如此。臣诚愿上之治淮南北，如唐之克复淮西，而特遣大臣如裴度之效职也。如蒙敕下户、工二部拟议上请，则庶几河患可息，运道无虞，民生国计皆非小补，虽有星象之异，亦不能为之灾矣。谨题请旨。

奉圣旨："户、工二部知道。"该户、工二部议覆，奉圣旨："近来河淮为患，民不安居，朕何尝一日不以为念！先年以运道梗塞，不惜重费，欲别求一道以利转漕，乃议者谓治河即所以通漕，遂降旨专责当事诸臣，着一意治河，其管河司道等官，都着久任，不许升转。乃今河患连年如故，各官悉已转迁，言者不归咎旷职怠玩之臣，反说朝廷不行拯恤人臣之义，谓何且都不追究。这所奏姑依拟，着吏部便会推有才望实心任事大臣一员，前去经理，一应事宜，着次第奏请施行。"

科道会勘河工疏　给事中尹瑾

题为恭报两河工成，仰慰圣衷事。

臣于万历七年十月初十日钦奉敕："工科给事中尹瑾，近该督理河漕右都御史潘季驯、侍郎江一麟奏称，南北河工俱完，河淮安流，复其故道，朕心甚慰。前有旨，候工完差官勘实行赏，今特命尔前去会同巡按御史查照，节次题奉钦依事理，亲到各该地方，将疏内所开工程逐一查勘，要见筑完堤堰若干，塞过决口若干，果否坚固足堪捍御，建完坝闸若干，挑浚淤浅若干，果否通利有裨转运，于原题事理有无疏漏及用过钱粮有无虚冒，备细踏勘明白，造册奏报。尔为朝廷耳目之臣，受兹委任，务秉公持慎，作速勘明，以副朕赏不逾时之意。毋得苟且具文，含糊塞责，致负任使。钦哉故敕。钦此。"钦遵。

又准工部手本，亦为前事，该本部题都水清吏司案呈，奉本部送工科抄出工科都给事中王道成等题称，该总理河漕右都御史潘季驯等题前事，奉圣

---

[1] 丕振：大振。

旨："工部知道。钦此。"随该工部尚书李幼滋等覆题，奉圣旨："着工科给事中一员，前去会同巡按御史，即便勘来。钦此。"臣等惟黄河为患，自昔治之，鲜有臻成效者，顷又甚而夺淮，以致淮扬之间，民遭胥溺，其仰廑宸衷亦孔殷[①]矣。河臣潘季驯等，乃能殚智毕力，卒使两河顺轨，上有济于运道，下有裨于民生，诚旷世一殊勋也。工已报竣，委应差官查勘明白具本回奏等因。奉圣旨："是。着尹瑾上紧去关防，有旧的便查与他工部知道。钦此。"续该本部覆题前因，会同彼处巡按御史查照原题事理，将后开工程逐一查勘，果否做完及有无坚实，钱粮有无虚冒，勘明径自具奏等因。奉圣旨："是。钦此。"钦遵。备行到臣。

臣即昼夜兼程，于本月二十一日至徐州地方，行据各司道府郎中等官佘毅中等，各将筑过遥堤，塞过决口，建过闸坝，砌过石堤，开过河渠，浚过淤浅各工程，及用过钱粮开报到臣，会同巡按直隶监察御史李时成，夙夜兢惕[②]，殚心竭力，以图免瘝[③]旷。凡所勘堤坝，虑其长短之异数也，为长绳以计其丈尺；虑其厚薄之异制也，为横竿垂线以计其底面；虑其泥沙之异土也，试之锄镢以验其纯杂；虑其坚松之异工也，试之铲锥以验其虚实。堤堰以土真杵实为上，坝闸以石块坚厚为工。

即自淮北地方勘得，管理中河工部郎中佘毅中督率府卫州县同知等官王琰等，原分工程自古城起至关王庙止遥堤一道，丈量长八千六百八十九丈二尺，俱根阔六丈，顶阔二丈，高一丈至九尺不等。筑塞崔镇大决口一处及刘真君庙等决口共三十六处，丈量长四百六十一丈五寸。古城堰口堤一道，丈量长三百六十丈。崔镇减水石坝一座，坝身连雁翅共长三十丈。三山头遥堤一道，丈量长二千四百二十八丈三尺五寸，俱根阔四丈，顶阔一丈六尺，高八九尺不等。马厂坡遥堤一道，丈量长七百四十六丈，根阔七丈至五丈不等，顶阔二丈，高一丈至八尺不等。各堤栽过低柳数计一十六万一千六百株。共用过银四万八千七百五十九两九钱七分七厘三毫，米一万四千一百七十六石九斗七升二合。

又勘得海防兵备兼管河道参政龚大器督率府州县通判等官宋守中等，原分工程自吕梁山麓谷山头起至直河止遥堤一道，丈量长九千四百六十四丈一尺，俱根阔六丈至五丈不等，顶阔二丈至一丈五六尺不等，高九尺至七八尺不等。谷山并匙头湾涵洞各一座，三山遥堤一道，丈量长一千三百九十一丈八尺，俱根阔四丈，顶阔一丈四五尺不等，高八尺。各堤栽过低柳数计五万二千株。共用过银五万一千一百七十七两五钱五分六厘六毫八丝，米四千三

①孔殷：众多，繁多。②兢惕：戒惧。③瘝：旷废。

十三石三升。

又勘得徐州兵备兼管河道参政游季勋督率府卫州县同知等官蔡玠等，原分工程自窦老谷堆起至象山止遥堤一道，丈量长一万一千七百五十七丈二尺，俱根阔六丈，顶阔二丈，高九尺。徐升镇减水石坝一座，坝身连雁翅共长三十丈。三山遥堤一道，丈量长二千六百四十七丈一尺六寸，俱根阔四丈，顶阔一丈六尺，高九尺，并顺水坝一道。各堤栽过低柳数计一十五万一千六百株。共用过银五万九千三百四十五两八钱一分四毫一丝，米二万一千九百六石一斗二升八合。

又勘得水利道副使张纯督率府州县同知等官樊克宅等，原分工程自桃源县关王庙起至清河县护城堤止遥堤一道，丈量长九千七百二十一丈，俱根阔六丈，顶阔二丈，高一丈至八九尺不等。塞完张泗冲等决口一十八处，丈量共长二百一十一丈。季太、三义二镇减水石坝二座，各坝身连雁翅俱长三十丈。三山遥堤一道，丈量长二千五百四十九丈，俱根阔四丈，顶阔一丈五尺，高八尺。各堤栽过低柳数计五万三千株。共用过银五万三千三百一十三两九钱四分九厘八毫，米一万四千三百一十八石一斗五升。

又勘得颍州兵备兼管河道佥事朱东光督率府卫州县通判等官李光前等，原分工程自象山起至果字铺止遥堤一道，丈量长六千九百三十六丈七尺，俱根阔九丈至六丈六尺不等，顶阔二丈一尺，高一丈至八尺不等。果字铺起至李字铺止遥堤一道，丈量长八百四十八丈六尺，俱根阔六丈六尺，顶阔二丈一尺，高八九尺不等。归仁集遥堤一道，丈量长七千六百八十二丈八尺，根阔六丈至四丈五尺不等，顶阔三丈至一丈不等，高一丈二尺至八九尺不等。内填塞决口四十七处，丈量长三百四十九丈。各堤栽过低柳数计二十万株。共用过银七万四百一十三两一钱五分六厘七毫，米二万五千四百一十八石九斗二升。

复至淮南地方，又勘得管理南河工部郎中张誉督率府卫州县同知等官郑国彦等，原分工程高家堰筑堤一道，丈量长一万八百七十八丈，俱根阔一十五丈至八丈六丈不等，顶阔六丈至二丈，高一丈二三尺不等，内三千四百丈俱系桩板厢护。筑塞大涧、渌洋、汤恩等决口三十三处，丈量长一千一百一十八丈。筑塞朱家决口一处及筑月坝一道，丈量长八十丈。本口直堤一道，丈量长一十四丈。闭塞天妃闸一座，帮筑赵家口迤西两岸堤二道，丈量长六百七十四丈，俱根阔二丈至一丈，顶阔二丈至一丈，高一丈至八尺不等。修建礼字坝、智字坝各一座，天妃坝一座。开过出闸河口自甘罗城起至淮河止，丈量长二百一十三丈，底阔四丈，面阔六丈，深一丈，两岸筑堤二道，丈量长四百二十六丈，根阔十丈，顶阔二丈，高一丈。筑塞黄浦大决口一处，南北拦河坝二道，丈量长四十五丈，根阔一十三丈，顶阔十丈，高二丈。填筑正口连土堤一道，丈量长九十四丈，自水底至顶高三丈八尺，根阔一十三丈，顶阔四丈三尺。改建通济闸一座，并拦河坝一道。各堤共栽过低柳数计六万株。共享过银八万八千九百七十七两一钱五分一厘四毫七丝一忽，米六千五百一十石一升五合。内高家堰涧北武家墩、涧南越城集二处土堤，根底丈量共长五千七百七十四丈三尺，查系去任水利道佥事杨化先行填筑，计用过银一万四千九百一两一钱一分六厘六毫五丝。

又勘得清江厂工部主事陈瑛督率都司等官俞尚志等，原分工程自清江浦起修筑南北两岸河堤，丈量长三千三百九丈八尺，俱根阔一丈二尺，顶阔八尺五寸，高三尺五寸。筑塞郑家决口一处，丈量长六十七丈，并加堤一道，自水底至顶高一丈三四尺不等，底阔二丈五尺，顶阔九尺。共用过银三千二百四十九两六钱二分九厘，米五十石。

又勘得水利道副使张纯督率府州县同知等官刘顺之等，原分工程自淮安新城北修筑旧堤起及清江浦至柳浦湾止，丈量长九千八百五十一丈，帮阔二丈一丈五尺至一丈不等，高四尺至二三尺不等。又自柳浦湾起至高岭止新堤一道，丈量长六千六百四十丈，俱根阔四丈五尺，顶阔一丈五尺，高六尺。西桥坝一座，丈量长一十二丈，自水底至顶高二丈。筑塞八浅决口一处，丈量长八十五丈六尺，上加土堤，根阔七八丈不等，顶阔二丈，自水底至顶高二丈至一丈四五尺不等，用石包砌，高一丈五六尺不等，石堤两头接筑土堤二道，丈量长一百五十丈，俱根阔三丈，顶阔二丈，高一丈三四尺不等。南北拦河坝二道，丈量长五十九丈，西堤一道，丈量长二百四十一丈，俱根阔五六丈不等，顶阔一丈三四尺不等，自水底至顶高一丈六七尺不等。各堤栽过低柳数计五万四千株。共用过银三万九千八百五十八两七钱五分二厘九毫，米一万六千二百五十石三斗一升二合。

又勘得柳浦湾旧堤头起接连新堤一道，丈量长九百七丈，底阔四丈五尺至三丈四尺，顶阔一丈二尺至一丈一尺五寸不等，查系原任副使今致仕①章时鸾所筑。用过银四千二百三十七两六钱三分五厘，米二千八百九十三石五斗七升。

又勘得营田道佥事史邦直督率府卫州县通判等官王开等，原分工程修筑宝应湖土堤一道，丈量长四千四百九十二丈，俱根阔五丈，顶阔三丈，高一丈六七尺不等，内用石块包砌三千三百七十四丈九尺，除修补石块旧堤一千八百八十三丈一尺外，新砌石堤实计一千四百九十一丈八尺，俱根阔五尺，

①致仕：旧时指交还官职，一般指退休。

顶阔三尺，高一丈四五尺不等，上加土西面三尺，东面四五尺不等，用桩笆厢护一千一百一十七丈一尺。修建减水闸四座。共用过银三万七千四百九两七钱三分二厘六毫三丝，米一万九千五百七十三石三斗一升六合。

又勘得扬州府知府虞德烨督率府州县通判等官郭绍等，原分工程自扬州高庙起至仪真县东关止，挑浚过淤浅河道丈量长一万一千五百六十三丈五尺，挑浚五尺至二三尺不等，阔一十四丈至八丈不等。共用过银一万三千九百二两二钱五分二厘五毫五忽。

又勘得淮安府知府宋伯华督率府卫县同知等官刘顺之等，原分工程改建福兴闸一座，修建清江闸一座，各砌石块丈量共计二千二百九十二丈三尺，傍开月河一道，丈量长九十三丈，南北拦河坝二道，丈量长三十五丈，闸下两岸并月河堤，丈量长一百二十四丈，俱有桩笆厢护。共用过银一万一千七百二十八两九钱八分九厘六毫六丝三忽，米一千五百九十三石一斗四升九合。

总计两河之工，筑过土堤共长一十万二千二百六十八丈三尺一寸，石堤长一千五百七十七丈四尺，塞过大小决口共一百三十九处，建过减水石坝四座，共长一百二十丈，修建过新旧闸三座，车坝三座，筑过拦河、顺水等坝十道，建过涵洞二座，减水闸四座，浚过运河淤浅长一万一千五百六十三丈五尺，开过河渠二道，栽过低柳八十三万二千二百株，及原任副使章时鸾先筑过土堤九百七丈。各工共用银四十九万七千二百七十五两七钱一分七厘九忽，米一十二万六千七百二十三石五斗六升二合，每石原议折银五钱，折该银六万三千三百六十一两七钱八分一厘，通共银五十六万六百三十七两四钱九分一厘七毫九忽。

该臣等逐一亲历，躬自查勘，堤堰决口皆系真土筑塞，加以夯杵舂实，石堤闸坝俱系平广厚石缝以铁锭厢钤，堤堰之设亘若长城，坝闸之坚屹如盘石，委为坚固，足堪扞御，河渠淤浅，挑挖深阔，船只通行，实裨转运。及查先后题议工程，并无疏漏，通将所用钱粮，行委庐州府同知孙化龙、淮安府推官王国祚对卷稽核。查得先该原任总理河漕工部尚书吴桂芳揭议，该工部覆请准发南京户兵二部粮剩马价银二十万两，截留漕米八万石，加耗米二万四千七百四十九石一斗七升三合二勺，每石折银五钱，共折该银五万二千三百七十四两五钱八分六厘六毫。后该总理河漕都察院右都御史潘季驯，会同总督漕运户部右侍郎江一麟议题，该户、工二部覆议，题请准发改折粮料银五十九万八千三百二十三两二钱二分六厘，除庐、凤、苏、松等府被灾题准停征，并减派银一万八千二十八两八钱二分九厘三毫七丝，实该银五十八万二百九十四两三钱九分六厘六毫三丝。南京事例银五万两因例已停，止解银二万九千一百九十两。续该户部题准掣回银三千六百三十两解还太仓，讫实该银三万五千五百六十两。巡盐衙门议开支河银三万五千八百七十六两，内除支河停开未支银二万五千八百七十六两，实该银一万两。巡漕御史陈世宝奏借漕米，该户部覆题准留五万五千石，加耗米一万八千七十四石六斗，每石折银五钱，共折该银三万六千五百三十七两三钱。议将河工银两补还淮安府积出法马羡余银二千三百一十三两四分五厘。以上七项银米，通共该银九十万七千七十九两三钱二分八厘二毫三丝，内除解还太仓漕米价银三万六千五百三十七两三钱，并万历六年、七年各工岁修用过银六万二千五百三十七两八钱三分一厘一毫四丝，米六千九十八石二斗六升，折该银三千四十九两一钱三分，及仪真开挑便河先用过银二千一百九两七钱四分九厘三毫二丝，俱听河漕衙门年终奏报外，实该银米共银八十万二千八百四十五两三钱一分七厘七毫七丝。除大工用过前项银米外，实该剩银二十一万九千七百六两八钱五分四毫六丝一忽，米四万五千一石九斗五升一合二勺，折该银二万二千五百两九钱七分五厘六毫，通共剩银二十四万二千二百七两八钱二分六厘六丝一忽，见在淮安府并各州县仓库收贮。臣等仍吊取卷簿，亲自核实，俱无虚冒。

及查管工官员，如管理中河工部郎中佘毅中，管理南河工部郎中张誉，清江厂工部主事陈瑛，海防兵备兼管河道参政龚大器，徐州兵备兼管河道参政游季勋，水利道副使张纯，颍州兵备兼管河道佥事朱东光，营田道佥事史邦直，扬州府知府虞德烨，淮安府知府宋伯华，或集群策以效谋猷①，或率群力以躬胼胝，则皆殚心综理，卓有成绩者也。

淮安府管河同知王琰，兖州府管河同知樊克宅、唐文华，扬州府同知韩相，淮安府同知郑国彦、蔡玠，带衔同知刘顺之，两淮运副曹鉷，庐州府通判今升无为州知州查志文，凤阳府通判李光前，东昌府通判王一凤，归德府通判祝可立，扬州府通判王开、郭维，庐州府通判宋守中，淮安府通判况于梧，徐州知州孙养魁，邳州知州张延熙，清河县知县石子璞，桃源县知县郭显忠，江都县知县秦应骢，山阳县知县鲁锦、先任知县胡希舜，宝应县知县李贽，灵璧县知县张允浮，安东县知县史选，徐州参将黄孝敢，中军以都指挥体统行事指挥佥事俞尚志，泗州守备张大德、升任卫镐，济宁卫指挥文栋，或以谙习河务，或以匡助②河工，则皆分理勤渠，效有劳勚③者也。

庐州府同知孙化龙，淮安府推官王国祚，扬州府推官范世美，庐州府推

①谋猷：计谋，谋划。②匡助：辅助。③勚：劳苦。

官胡载道，或以经理度支于先，或以清查钱粮于后，则皆稽核出纳，明允足称者也。

六安州同知浦朝柱，泰州同知王法祖，泗州同知易宗，宿州同知李茂元，邳州同知王诚，亳州同知潘良旦，滨州同知辛自实，海州同知李逢，邳州判官胡传，徐州判官胡三德，通州判官李应魁，沛县县丞吕学申，仪真县县丞吴子恕，鱼台县县丞黄穆，兴化县县丞张相，合肥县县丞高幼元，山阳县县丞陈国光，阳谷县主簿张祖范，萧县主簿赵永福，聊城县主簿陈嘉兆，武城县主簿乔遇，山阳县主簿吴一道，汶上县主簿李廷佐，江都县主簿邹东周，灵璧县主簿喻鹏，沛县主簿陈存之，留守司经历屠钥，扬州府经历叶逢旸，庐州府经历李简，淮安府照磨雷雨、检校周藻，宿州卫经历崔文学，庐州卫经历黄自性，济宁卫经历林大原，邳州卫经历周学孔，徐州左卫经历林英，扬州卫经历任重，海州吏目甘梆，亳州吏目吕尧焕，通州吏目周敏政，滁州吏目吴梦麒，寿州吏目沈淮，泗州吏目刘一龙，单县典史岑登，巢县典史王公祚，宿迁县典史陈良璧，来安县典史林公松，定远县典史何养浩，颍上县典史朱良臣，海门县典史李廷瑞，灵璧县典史李时先，峄县典史辛元禄，扬州府税课司大使吴炤，淮营名色把总诸葛尧宾、立功名色把总宋大斌，徐州左卫镇抚蒋助，徐州卫镇抚薛守田，大河卫千户许圜，定远县省祭伊儒，寿州省祭曹仁，泗州省祭于子贵，天长县省祭董梅，来安县省祭于显，东阿县省祭战伯前，山阳县省祭张济，仪真县省祭郭忠，徐州义民张奎，邳州义民胡巡、杨去甚、陈潜，曹县义民回守节，济宁州义民田辂，山阳县义民胡应华，江都县义民许国忠，或以董率工匠，或以催趱①人夫，则皆冲风冒雨，亦与有劳者也。

至于调度官兵，协助谋议，则又漕运总兵灵璧侯汤世隆宣力分猷者也。然诸臣各尽其职，而督抚实总其成，如总理河漕都察院右都御史潘季驯，硕画②弘猷而算无遗策，神谋独断而胸有全河，荒度备历，艰辛程督③，不辞劳瘁④，两河之功皆其悉心经略者也。总督漕运户部右侍郎江一麟，同寅协恭而商榷周悉，集思广益而咨询精详，推诚鼓舞群僚，锐志担当重寄，两河之功，皆其同心共济者也。

臣等窃念往昔黄河北决，淮流东溃，民生胥溺，运道艰难，今都御史潘季驯等乃能审谋定议，束水浚河，黄、淮安流，克底成绩，昔日阸塞⑤之区悉皆通济之利，昔日鱼鳖之地尽成耕稼之场，两渎循故道以朝宗，复千百载清

---

①催趱：催赶，督促。②硕画：远大的谋划。③程督：对于法定赋税、工程劳役、学科等的监督。④劳瘁：因辛劳过度而致身体衰弱。⑤阸塞：阻塞。

宁之旧，群黎得平土以复业，除数十年昏垫之忧，真地平天成之景象也已！此岂人力所能为哉？实由我皇上纯德格天，任贤图治，念河工之艰巨，纳宰辅之嘉谟[①]，命大臣而事权不分，惩怠玩而群工警惕，天心助顺，河伯效灵[②]之所致也。元辅[③]精忠体国，伟略匡时，秉国是而决群疑，摅庙谟而定大计，首弘以水治水之策，丕阐[④]知人用人之公，同事辅臣，和衷辅治，精白[⑤]一心，赞襄[⑥]鸿猷而筹划有成算，扶持谠[⑦]议而簧鼓[⑧]不能摇，故内外重臣得以展布夫谋猷，大小群工皆能殚竭夫心力，两河顺轨，二渎安流，皆由然矣！自此管河诸臣仰体圣衷，修守有常，勤慎不怠，即万世所永赖也。伏乞敕下工部再加查核，如果河工坚固，漕运通利，钱粮无虚冒之弊，工程无疏漏之虞，合无将各效劳官员破格恩赉[⑨]，仍责成加意修守，务俾久远，则国计民生利赖不穷矣！谨题请旨。

奉圣旨："工部知道。"

勘工科道　进图说

查得黄、淮二河古称二渎。黄河变迁无常，宋元以前不敢琐叙，即自我国家以来形势言之。黄河发源于星宿海，经昆仑山，历陕西、山西、河南，出南直隶之徐州，合山东汶、泗诸水以资运道，自徐经邳州、宿迁、桃源，至清河县东与淮水会。淮河发源于河南之桐柏山，经凤阳、泗州，至清河县东与黄河会，二渎合流，俱经安东县由云梯关入海。云梯关以下海口，深广原足容泄。但因隆庆年间，黄河从崔镇等口北决，淮水从高家堰东决，而海口遂湮，盖水不行则河自塞也。今诸决即筑，两河复合，水行沙刷，海口仍旧深广。海口既辟，河流自驶，河身日深，水落岸高，并无淤浅。且坚筑堤堰以防伏秋之涨，连建减水四坝以泄盈溢之水，筑归仁集而泗州陵寝无冲射之虞，固黄浦八浅、宝应诸堤而兴、盐诸邑无昏垫之苦。自兹闾阎有可耕之业，而运道无夺河之患矣。至于塞天妃闸以拒黄流，修复通济、清江、福兴等闸以严启闭，复礼、智二坝，创建天妃坝以便车盘，此皆查复先臣陈瑄之故业遗意。若能岁加修守，即久安长治之策也。臣躬亲遍阅，睹记详确，谨绘图贴说于后。

---

①嘉谟：高明的经国谋略。②效灵：显灵。③元辅：重臣。④丕阐：大显。⑤精白：纯白，洁白。⑥赞襄：辅助，协助。⑦谠：正直的（言论）。⑧簧鼓：用动听的语言迷惑人。⑨恩赉：恩赐。

科臣进图疏　给事中尹瑾

奏为恭进河图，恳乞圣明俯赐睿览，以重国计，以裨圣治事。

窃惟黄、淮二河古称二渎，黄河发源于星宿海，经昆仑山，历陕西、山西、河南，出南直隶之徐州，合山东汶、泗诸水以资运道，自徐经邳，至清河县东与淮水会。淮河发源于河南之桐柏山，经凤阳、泗州，亦至清河县东与黄河会，二渎合流，俱经安东县由云梯关入海。其淮河以南则由淮安历扬州以通江南，黄河以北则由会通河历天津以达京师，两河合抱于凤、泗，光岳钟祥于祖陵，为我国家亿万年根本之地，实在于此，且岁输江南四百万之粮，以给官军数十万之用，上有关于国计，下有系于民生。自隆庆年间，黄河从崔镇等口北决，淮水从高家堰等处东决，二渎之水散漫而无归。故入海之路停滞而不达，此非河之浅也，水不行而沙自塞耳。今惟诸决尽塞，两河复合，水行沙刷，海口复通。且坚筑堤堰以防伏秋之涨，连建减水坝以泄盈溢之水，筑归仁集而泗州陵寝无冲射之虞，固黄浦八浅、宝应诸堤而兴、盐诸邑无昏垫之苦，塞天妃闸以拒黄流，修复通济、清江、福兴诸闸以严启闭，复礼、智二坝，创建天妃坝以便车盘，则二渎不至于横流，两河悉循夫故道，闾阎有可耕之业，漕运无转挽之难，真平成之伟观，旷世之希觏①也。

该臣奉命会同巡按御史李时成查勘河工，遍历各地方，睹记详确。窃念两河之形势实为国家之命脉，谨绘图贴说以进。夫知其为祖陵之密迩，则思培护之当严；知其为京师之通津②则思疏浚之当豫；知漕运关乎国用，则思河务之当修；知壤地切乎民生，则思保障之当急；知堤堰之绵亘，则思上流之当防；知坝闸之布列③，则思下流之当泄。观今日之顺轨，当思昔日之横流；观工成之巨艰，当思保守之不易。择人以重其寄，久任以责其成，岁修以葺其工，综核以稽其实。又今日之不容缓者，此则臣愚涓埃之微忠，进图之诚悃也。伏乞皇上留神览阅，俯察两河形势，则不出九重之上，而坐照数千里之外，国计民生胥赖之矣。

奉圣旨："河图留览，工部知道。"

条陈善后事宜疏　给事中尹瑾

题为河工告成，敷陈善后事宜，以图永利事。

---

①希觏：罕见。②通津：四通八达的渡口或渡河。③布列：遍布。

该臣奉命查勘两河工程，北由徐沛，南抵淮扬，溯观萧砀上流，历涉云梯海口，详审地势，熟察河流。乃知黄河之性宜合而不宜分，宜急而不宜缓。合则流急，急则荡涤而河深；分则流缓，缓则停滞而沙淤。今堤堰已固，黄、淮合流，淮得黄而力益专，黄得淮而流益迅。两河协力，同趋中流，水不横决于两傍，则必直刷于河底。故河身深浚，海口通达，真平成之景运，无容他议。但成功固难。而保其成功为尤难。臣尝躬亲遍阅，广询舆情，参以众见之同，断以己见之独，谨条列七款以为善后之图，敬陈一得之愚，少效涓埃之报。伏乞敕下工部覆议，如果臣言不谬，令河臣参酌举行，亦庶几河漕之一助也。谨题请旨。

计开：

一、重久任，以便责成。照得事理必阅历而后熟，施为必谙练而后精，凡一职一事之寄皆然也。况河道之职关系最重，议论最多，中间地形之险夷，水势之缓急，工程之难易，经费之盈缩，或黎民惧而晏然，或薪积安而厝火，或在载籍为美谈而实乖于至理[①]，或在往代为良画而不宜于今时，使非久于其任者当之，则作聪明者涉穿凿，暗大较者昧设施，盖涉历有未谙，故临事多眩瞀[②]耳。先年屡经题准久任，然非定立章程，甄别淑慝[③]，则贤且劳者反淹滞，而不才者得苟安，非所以劝勤劳而惩惰逸也。合无今后自司道以至府州县管河诸臣，俱令久任，俾得熟知河务，谙练机宜，修守有方，堤防无失。如累岁贤劳，着有成效者，遇三六年考满，准与加升职衔，令其照旧管事，待其资俸最久，绩效最著，然后破格超迁，其有迁转离任者，则必就近遴补，如管河郎中有缺，即以管理泉闸等主事中选补，管河守巡有缺，即于附近守巡各道中选补，一则濡染久而端委相谙，一则交承速而职事无旷。又必令其新旧交代，新者未至旧者不行，不惟人存政举，缓急有资，且使旧政告新，传受有法，其为河道裨益非浅鲜也。至于才志庸劣，不堪负荷者，则听总理宪臣不时奏请更易，不必拘年终考核因循姑息，致误地方，庶几人思任事而规避不生，事有责成而巨工可保矣。伏乞圣裁。

一、定法制，以核岁修。照得筑堤以御水，犹筑城以御虏也。虏之性避实而击虚，故治兵者必岁严城守；水之性避坚而就脆，故治河者必岁严堤防，其理一也。往岁黄河惟恃缕堤束水，堤迫而不能容，堤松而不能固，致水决啮。今两岸遥堤既成，俱系真土坚筑，则范围宽广而水不迫堤根，水薄而势不冲，纵伏秋泛涨，水上崖以铺淤而崖益高，水落河以刷沙而河益深，诚以水治水之策也。然两堤虽固而修守当严，每岁雨水之淋漓，人畜之蹂践，能

---

①至理：最正确或最根本的道理。②瞀：昏乱，眩惑。③淑慝：善恶。

无坍且损哉？使不岁加修守，则高者将日卑而厚者将日薄，是可不预为之防也。查得《大明会典》内一款，令各处河堤每岁加高一尺，加厚一尺，年终管河官具数奏闻，法至深远也。今宜申明此法，稽核举行。但黄河堤夫每里止十名，则每名该帮堤一十八丈，除下护埽筑顺坝量帮扫湾缕堤，或风雨妨工等项，大约一年之中，止有半年帮筑。以方土计方，仅能加高厚各五寸，使岁加此数，则将来高厚亦莫知底止矣。合无行令管河司道等官，每岁严督各该管河官，率领守堤官夫，务将各遥堤觅取真淤老土，定限加高五寸、加厚五寸。柳苇岁加栽植，勿令稀疏；闸坝岁加修葺，勿令圮坏，年终管河郎中会同该道躬亲核验，将某处遥堤原高若干，今加若干，原厚若干，今加若干，补栽过柳苇若干，伏秋之时遥堤有无冲溃，闸坝有无圮坏，从实开报，呈河漕衙门造册奏闻。如各管河官加帮数少，及伏秋失事者，明白参劾，轻则罚治，重则黜降。仍照阅边事例，每三年遣官一员前去阅视，三年之内遥堤加帮果否足数，伏秋水发有无失事，运道果否通利，淮、黄果否安流，通将各经管司道等官有功者分别叙录，失事者悉听参究，则法度森严，人心警惕，而堤防可永保矣。伏乞圣裁。

一、甃石堰，以固要冲。照得高家堰居阜陵、洪泽诸湖之滨，淮水伏涨，湖河相连。西当淮泗冲流，东护淮扬沃土。自汉陈登建筑之后，累世因焉，我朝平江伯陈瑄复加修筑，使淮水不得东注。则淮扬之田庐一望膏沃①，高、宝之运道万艘安流，二百年间淮扬借以耕刈，厥功懋矣。向因莅兹土者足迹不履其地，终岁不葺其工，盐徒利其直达，盗决侵寻，决口渐以成渊，狂澜莫挽。淮水不出清河而黄河倒灌，全淮尽注高、宝而洪水横流，又何怪淮扬之民久为鱼鳖也。今已筑塞成堤，体制高厚，既有桩板以护其外，复设官夫以严其防，堰成之后，淮水悉从清口故道会黄入海，河深水退，堤外皆干。水及堰址者惟大涧口一处，仅百余丈，询之土著，皆云必可永恃。第恐岁久月深，官更吏易，不见其溃而不思其防，每遇伏秋泛涨，西风激浪，又乌知不日渐侵削，如昔年之决溃者乎？终不若包砌石堤，可一劳而永逸也。今熟察地形，南北各二十里稍亢，而中二十里为洼，稍亢者可保无虞，低洼者尚宜砌石。盖石砌坚固则伏秋不必护埽，省费不赀，一利也；盐徒不能盗决，金城永固，二利也；编氓乐居，人自为守，三利也。但聚鸠采伐，用力巨艰，未可以岁月计；大工才竣，民力方苏，未可以旦夕举；工程浩大，夫匠最多，未可以一郡办。合无先行采石，以万历九年为始，派行徐、颍、海防三道，均分道里，各派所属为之。每道该砌六里六分有奇，俱从大涧口最洼处砌起，

①膏沃：肥沃之地。

假之以岁月，责之以必成，其经费钱粮见有大工用剩银两，听其估计应用。工完之日，河漕衙门奏行该部核实，毋至虚冒，仍分别勤惰以昭劝惩，则力分而事易举，法立而功可成，即万世可永赖矣。伏乞圣裁。

一、浚闸河，以利运艘。照得黄河浊水，随挑而随淤，惟当束水以浚河；闸河清水，愈挑而愈深，必当疏浚以通运。今黄河一带，自决塞堤成之后，河身深广，本无所庸其浚，而亦不必言浚矣。惟是淮河一带，原系先臣平江伯陈瑄开凿成河，蓄水漕运，犹恐浅阻，创立里河规制，每岁挑浚一次，迩年以来，清江闸河黄流久注，淤沙久填，水溢沙上，舟因水浮，不无浅涩。查得南旺运河三年二挑，合行该管河郎中亦照南旺事例，将兴工完工月日及用过钱粮特疏奏闻。查考至于扬仪河道，虽近经浚深，舟行顺利，然日久不挑，泥沙渐积，日积月累，必复淤垫。且揆之地形，扬、仪稍亢而高、宝最洼，每遇伏秋水涨，湖堤最称危险，使下流常深则上流无壅，是浚渠之中兼得平水之利。亦应时常严督官夫捞浅，或酌定数岁一挑，勿致浅滞。庶浚筑相成而工无偏废，河堤胥利而漕有常通矣。伏乞圣裁。

一、专责成，以防冲决。照得黄河之性，合则力专而流急，故沙随水刷而河日深；分则力散而流缓，故水滞沙停而河日浅。淮河虽系清水，而分合缓急之机要，与黄河无异。近日大工兴举，诸决尽塞，河水顿深，则塞决之功诚不可缓，盖河决久则傍流深，傍流深则正河夺，故塞之速则费省而工易，塞之迟则费浩而工难。方其始决，以数十人塞之而有余，及其既久，以千百人塞之而不足，涓涓不塞，遂成江湖，盖自古记之矣。其间经理区画，固司道职掌，而夫役物料，则有司存焉。有司职掌守土，比闾[①]之民皆其抚驭，一号召即夫役也，帑藏之财皆其典守，一措置即物料也，呼吸之间，事可立办。惟地方有司视河堤之坍啮，漫不经心，及水势之涨决略不动念。间有循职任事者，又执拘挛之见，持不敢自用之心，即有水势危迫，必待白之司道、白之河漕而后行之。彼司道所辖广袤，在在皆应经理，岂能百十其身而一一坐督之哉？文移往返，动经旬月，江河一决，澎湃难支，始而蚁穴，继而滥觞，终必至于滔天而莫可收拾。崔镇、黄浦之覆辙可鉴也，崔镇、黄浦当初决之时，特数十人捧土之力耳，乃崔镇士民赴愬而县令付之罔闻，黄浦铺老呈报而县佐加之笞责，且倡为不可塞不必塞之说，以乱观听。迄今地方官民言之，无不痛恨。近该巡盐御史姜璧条议，凡河道失事，掌印及管河官一体参治。该工部题覆奉钦依遵行，诚宜永为令甲，第恐积习难挽，立法贵严，若或假之以姑息，则人无畏志。然下无专制，事辄关白，若非假之以便益则彼有他

---

①比闾：比、闾为古代户籍编制基本单位，后泛称乡里。

辞。合无今后除平时区画修守之法，俱责成于司道管河官。万一水涨暴发，事机危迫，非司道驻扎地方，该掌印官径自派募人夫，动支物料，多方防守。如夫料不足，听其借支贮库别项银两措办，务保无虞。抑或水势异常，委难支持，致被冲决，一面通详司道，一面便宜处办夫料筑塞，不必拘泥关白而后行事。大决限十日或半月，小决限五日或十日完报，之后借用过银两，司道核实，将岁修钱粮照数抵还。其失事之罪即岁终奏缴亦姑免开列，如过限不完，司道官即时据实呈河漕衙门参奏，轻则罚治，重则降黜。如司道容隐罪在司道，河漕姑息罪在河漕。庶法严而人知守，防密而堤自固，河渠可永利矣。伏乞圣裁。

一、防徐北，以固上流。照得运河自徐州而下，防黄河之溃而出也，故筑两岸遥堤以捍之，毋令傍溢以夺河流；徐州而上，防黄河之溃而入也，故筑太行、缕水二堤以障之，毋令北徙以伤运道，其为保运计则一耳。河决徐州之下，则运道犹有可通之路，河决徐州之上，则运道不免有中断之虞。先年张秋之役，可谓寒心，故论目前转输之计，则徐、邳、桃、清为急；论全河变徙之患，则丰、沛、砀、单为尤急，徐南黄河工程坚固，防守谨严，可保无事，惟徐北黄河旧由萧县出小浮桥入运，小浮桥河深近洪，能刷洪以深河，运道之利也，且河势趋南，而北徙非所患也。嘉靖四十五年，河决邵家口，出秦沟入运，秦沟河浅近闸，每积淤以塞河，运道之害也。且河势趋北，而北徙有可虞也，今幸复趋小浮桥矣。而小浮桥上流原非故道，尚当预防，详观地势，南岸萧县一带淤垫已高，无虑南徙，北岸丰、沛一带地势颇低，恐防北迁，所恃者行、缕二堤为之捍御也。已经河漕衙门会同各省抚按题准大举修筑，见今估计兴工，画地修守。但查沛河淤塞，原系华山、戚山诸处冲决，而缕水堤根近有水埽成河，俱当加意修筑。其邵家坝为秦沟旧口，趁今兴工之时，亦宜倍加修理坚固，以绝秦沟上流。夫邵家坝筑矣，行、缕二堤修矣，而守之存乎人也，有堤不守与无堤同，守堤不密与无守同。河南、山东自太行遥堤已成之后，无复冲决者，亦以夫力多而防守密也。今徐北至单县界止，见修堤坝长一百五十余里，而夫役止七百余名，是每里仅四五名耳，其何能济？仍应量照徐南事例，每里补足十名，方能修守。但徐、淮州县灾疲岁久，难复加派，合行河漕衙门通融酌处，或将山东、河南停役夫银每岁量解召募。盖保丰、沛所以保全河，非止为直隶河道也，或量摊派于庐、凤、扬三府，盖当以江北全力治河，不当止以濒河州县治河也。或于洪夫徭役银两仍旧征给，而以徐州税银召募夫役，盖止于复旧额而非以额外派民也，务俾夫役有余，每岁亦如徐南加帮之法一体稽核。伏秋水涨，并力堵筑，北徙既无可患，而秦沟又无可虞，则河既不傍决于两岸，必能深刷于中流，小浮桥之利可永保也。再照新筑各堤，俱应比照缕堤，画地建铺，安插各夫，庶栖息有定所而修守有专功。至于近堤居民，有愿结庐堤上者，悉听久长居住，不必起派基税，使人皆乐居。庶蜿蜒长堤宛如市井，昼则牖户相联，夜间烛火相照，久之将视为己业，各自修守，是万年不拔之基也。伏乞圣裁。

一、备积贮，以裕经费。照得未雨而彻桑土，既济而谨衣袽，古人思患预防非过计也。今大工底绩，二渎安流，非既济之后而未雨之时乎？然必积贮钱粮，岁加修守，则桑土衣袽之备也。河道钱粮，山东、河南额派原多，颇足应用。若南直河道，起自丰、沛至于淮扬，地方延袤千有余里。淮以北则黄河汹涌，淮以南则湖水弥漫，非止切乎民生，悉皆关乎运道。以葺修而工料浩费，以防守而用度巨艰，及查岁额桩草银两仅二千有奇，加以连年灾沴，每岁征收在库者不满数百，以数百之金而支持千里之河，安能有济？故一遇修筑，束手无措，或堤防已圮而不能修，或冲决已深而不能塞，隐忍坐视，浸淫滋蔓，遂至于大坏极敝，而后请发内帑以图经理。设使才决才塞，愈修愈固，又何有至于大坏，亦何至于大费哉？夫与其大费于河防既溃之后，孰若省费于河患未然之先？此其利害得失，固较然明著也。今查大工钱粮，见剩二十四万两有奇，已取回一十二万，即今估修徐北堤工，又不下数万，使高堰石堤兴举，亦非小费可成，则所剩之银已不足用，藉令无此二役，亦仅足供数年修守之费耳，数年之后又将何以处之？故积贮之策，诚今日急务也，似宜从长计议。或河南、山东河道银两，或运司挑河盐银，或徐、淮各处钞税，或抚按赃罚，或多方措处，大约每岁共凑银三万两，岁为定额，解贮淮安府库，专备两河修守之费。仍行滨河州县，各于要害处所建设物料厂一座。每遇冬春之交，支银买办桩草及修河器具积贮厂内，以备紧急，宁备而不用，毋宁用而不备也。司道官仍置立循环，时常查核，总理宪臣岁终将用过钱粮若干，剩余钱粮若干，照例奏报。臣非不知盐银钞税关系边储，但河漕关系京储，较之边储似尤紧要。况河道通而后盐船通，有河漕而后有钞税也。日后河道无虞，钱粮积至数十万，则以所积之银解供内帑，亦朝三暮四之法，若一通融议处，俾积贮素预，庶钱粮随取而随足，河工有备而无患矣。伏乞圣裁。

奉圣旨："工部知道。"该工部覆议：内重久任款开移咨吏部，凡管河部属司道及府州县佐贰等官，果有熟谙机宜，懋著绩效者，考满即与升级，照旧管事。资深即与超迁，用劝异劳，有缺就近遴补，取其濡染习熟，临行新旧交代，令其传告精详。至于待异等者一如待边臣，由道而抚，由[①]抚而督，

①由：底本作"而"，据四库本改。

由督而本兵不吝焉，及咨行河漕衙门，年终荐举预储可代之才，遇缺揭咨，必求因才而代。径咨吏部，仍咨本部，以凭会同遵行等因，其余款覆相同。题奉圣旨："堤工岁修，当视其低薄处随宜加筑，岂得定以五寸为限？河漕当事诸臣，能严督地方官着实经理，视国如家，何事不成？亦不必数数差官阅视，反滋多事。其余依议行。"

条陈河工补益疏　御史陈世宝

题为恭睹河工垂成，尚有可言，恳乞圣慈俯赐亟行，以少图补益事。

恭惟皇上自临御以来，纯心任贤，励精图治，国家重务靡不振起。去岁又悯淮扬之水患，运渠之敝坏，特命大臣以往治之。维时中外臣工忧切杞人，皆恐艰巨难成，徒劳财力，惟我皇上独奋乾刚[①]，锐意举行，然犹宽之以岁月，而未遽责之以速成也。今自去年九月十五日兴工以计之，除中间冻阻，其修理实期才三四月耳。乃该臣瓜、仪催攒，以历乎高、宝、淮安、清河、桃源、宿迁、下邳之间，已见所[②]修诸工十完七八，黄河顺轨，深阔倍常，及登岸四顾，凡前日之洪涛巨浸、沮洳淹没之处，遂多为野而称可耕可获之田。此皆我皇上拯溺亨屯之仁，有以上孚于天，故其平治水土[③]之速；有以下应于地，太平有象，兹非其一哉！但垂成之会，而曰堤曰堰，尤宜为事制曲防之策；曰官曰民，尚当用招徕激劝之恩。臣缘是不自揣量，列为六款，敬为我皇上陈之，虽刍荛愚陋，殊无远识，而目击参酌，亦不敢为无稽之言也。伏乞敕下该部逐款详议，如果可用即见之施行，则于河工未必无小补也。缘系恭睹河工垂成，尚有可言，恳乞圣慈俯赐亟行，以少图补益事理。谨题请旨。

计开：

一、移建管河官衙舍，以重责成。照得河之为害无异于虏，而防河之计亦准于防虏可也。臣尝闻沿边要害必设立将营，使之咫尺陇荒有警即知，或战或守，为计甚便，此固旁通事理，何独于治河而疑之？今查徐州至清河县一带，两岸各筑遥堤一道，以障泛溢之水；中间设减水坝三座，以杀冲突之势。自是以往，亦可保其无夺河之患矣。但是工也成之固难，而守之尤难。夫固当增，而官尤为要，况伏秋之时河流暴涨，扫湾迎溜，素称要害之处，呼吸变态，又有顷刻不可缺官，而当率夫以防守之者。虽府有管河同知二员，州有管河判官，县有管河主簿各一员，官可谓备矣。然其郡邑之去河，纵远

---

①乾刚：用以称帝王的刚健决断。②所：底本作"听"，据四库本改。③土：底本作"上"，据四库本改。

近不一，皆不与要害而相值。即先该总理河道兵部侍郎万恭，曾以专驻地方，题奉钦依而建成衙舍，止有一二，然亦非要害之区。信如此，倘其地河决堤破而始往报于官，则一线之裂，将有瞬息汹涌而缓不及事者矣。且高邮石堤向已筑成，宝应石堤今亦就绪，黄浦八浅近因高家堰之断流而亦计日可塞，似宜无所事守也。尤恐高、宝之二湖，一遇西风，波浪滔天，石亦难恃，而八浅、黄浦俱系未坚之土，又焉敢谓必无他虞？是移管河官之衙舍，以责成其昼夜防守，诚今日之不可少者也。如蒙乞敕该部再加覆议，转行总理河漕并漕抚衙门、巡按、巡盐御史督同该道，查勘淮南、淮北各管河官原分地方要害处所，建立衙舍，使之常川驻扎，自河防之外上司不许别项差委，躬率各夫行二守四防之法，比遇粮船盛行，仍责之以催攒防护。如虽移建衙舍而晏安偷惰，以致少有疏失，即住俸[①]以责其成功，或尽力修守而三年无虞，则破格优处以酬其刻苦之心，夫如此则附近要害而修筑决不后时，督责严切而职守自不怠玩矣。再照地方灾伤而又兴作，是增一厉阶矣，合无将建立钱粮俱在河工银内动支，其衙舍规制亦不许过求弘厂。臣又往来河道，见两岸寺庙多被水淤，而吕梁洪有书院三座，据两座已倾如拆毁，而充此衙舍之资，当又不假于河工之银也。伏乞圣裁。

一、添设新堤堰夫役，以便防守。照得古今举事，功甫告成而旋致废坠[②]者何哉？亦以狃于目前，而不复为长虑却顾之谋耳。夫今全河之工幸睹垂成，固当思患预防而为守之之计矣。但遥、缕二堤已逾千里，高家堰之堤凡六十里，柳浦湾补旧增新将百余里，而八浅黄浦地虽咫尺反称要害。若非多集夫役，则以盗而决者，巡逻有所不逮；以水而决者，修筑有所不能。夫既集矣而不分截，庐栖于其上，恐彼此推诿，无以收责成之效，住居穹远，亦不胜招呼之烦，则查增夫额而画地筑居，所当亟亟以为之处者也。然既用其身，当饱其食，访得以前河夫工食年年拖欠，今若以新增者而派之于本地州县，亦必以相沿之故征解不完，而逃窜之弊在所不免矣。切思大举河工，虽为地方，而漕运尤重，合无以新增夫饷分派于漕粮之内，每亩加增不过毫厘，众轻易举，莫此为便者。如蒙乞敕该部再加覆议，转行总理河漕并漕抚衙门，督同司道将遥缕二堤、高家堰、柳浦湾、黄浦八浅逐一查勘。或旧有夫若干今该加添若干，或一向无夫今该创设若干，某处至某处共几里，应分布若干，即令于其地筑室爰居[③]。其在遥缕二堤、黄浦八浅者，悉听州县管河官调度；在高家堰、柳浦湾者，悉听新设大使官部领，而总摄于管河之同知。昼夜巡缉，以防盗决之奸，日操锸畚，用加高厚之工，以至应给工食，每夫一年约

①住俸：停支俸禄。②废坠：衰亡、灭绝，也指因懈怠而中止。③爰居：迁居。

用若干，共夫若干，该用银若干，洒派漕粮每石应加若干，逐一算明，注之派单，分发各处，及粮运北来，令与轻赍银一并解淮，按月关支。夫如此，则堤不缺夫，夫不缺食，而今日不赀之费，幸成之功，亦可以永恃矣。伏乞圣裁。

一、添设管堤官部夫，以保新工。照得置吏张官，固有定额之常数，而因事添设，实乃济时之权宜。窃念臣往来淮上已三年于兹矣，见得高家堰实淮安之前门，柳浦湾乃淮安之后闼[①]，故数十年来，使淮安城外楼台烟火之地半为川源，桑麻禾稻之区尽成沮荡，皆此二堤倾圮之所贻也。今该河臣于高家堰，则多集官夫，加厚加高，密布栅桩，中护以板，遂使弥漫泗水，尽由清口而出，以至柳浦湾，则亦因其旧基而修补充拓，绵亘百里，旦夕告竣，夫如此则淮郡亦可保其无冲啮之患矣。但此二堤俱在荒僻，人不及见，而盐徒私贩奸商漏税，又利高堰之直达扬州，每行盗决，夫以不坚之堤而加之以盗决之众，亦可惑于已往之不治也。以臣愚见，合无除多集夫役，以分布栖住于二堤矣，尤当各设精厉大使官一员，使之同居堤上，专部而防御焉。如蒙乞敕该部再加详议，移咨吏部，即将高家堰、柳浦湾各铨选年力精锐大使官一员，使之筑居堤上，督率各夫，遇有盗决则擒拿以重治，而修筑之功尤责其日增而月盛，至官职之修否，亦照管河官之例以为赏罚。夫如此，则官有所专，夫有所统，而新堤诚可以永保矣。再照臣伏睹见行事例内一款，凡故决盗决山东南旺湖、沛县昭阳湖、蜀山湖、安山积水湖各堤岸，并阻绝山东泰山等处泉源。有干漕河禁例，为首之人发附近卫所系军，调发边卫各充军，其闸官人等用草卷阁闸板，盗泄水利，串同取财，犯该徒罪以上，亦照前问发。臣敢以为此例，不但可施之湖水泉源管闸官役而已矣，合无仰廑圣断并下部议，如有盗决高家堰尺寸之口及大使官知而不举，受贿纵容，比照前例一体问发。着为定例，榜示淮安，庶人心警惕，自不敢犯矣。伏乞圣裁。

一、增筑宿迁县遥堤，以顺民情。照得淮、黄泛溢，梗运残民，臣盖耳濡目染而怵惕[②]于心者三年矣。迩幸朝廷之上明良合德，轸念时艰，不惮费劳，惟求平治，此其精神感召，诚有格天心而协民志者，故修筑之工曾未旬月，而各处堤防俱完强半。该臣自淮而北，见近河之民懽若更生，皆谓数十年昏垫之苦鱼鳖之忧，一旦而尽释之，非我皇上体天勤民，何以有此？凡所以效华封之祝[③]，竭嵩呼[④]之诚者，盖万口而一词矣。顾行抵宿迁县，据乡民

①闼：小门。 ②怵惕：恐惧警惕。 ③效华封之祝：即“华封三祝”，华州人对上古贤者唐尧的三个美好祝愿，即祝寿、祝富、祝多男子，合称三祝。今以“华封三祝”为祝颂之辞。 ④嵩呼：汉元封元年（公元前110年）春，武帝登嵩山，从祀吏卒皆闻三次高呼万岁之声。后臣下祝颂帝王，高呼万岁，亦谓之“嵩呼”。

王卓等百有余人持状告诉，大约谓濒河州县有遥缕二堤者，自此修完，皆可以避水灾而兴农业。独念宿迁县缕河虽有堤岸，而侍丘诸湖尚未修筑遥堤，使伏秋河涨，各处必无他虞，此地应遭水患，乞要一视同仁，接筑遥堤等情，具告到臣。该臣再三寻思，中必有说，及询诸各道，则云当时踏勘而于此处未议遥堤者，以侍丘诸湖背马陵山而为壑，即黄河溢流以注于其中，则必为此山阻回而仍归于河，盖湖不外泄，斯河不为夺，是以未为遥堤之议耳。况当踏勘之时，河水与湖山相连，若不能为堤者，所以官不为议而民亦弗之告也。今河深岸出，湖水日缩，中段隔绝，遂成平陆，此灾民动耕种之念而生筑堤之请也。近总河衙门亦以民告者众，欲行补建，独以原议之时无此钱粮斯从而已之矣。切照原议固无此端，而以支剩河银为之亦可也，今春纵不能举，而以秋后为之亦可也，且全河之工所费不赀，此堤之工所费无几，是又可果于大而特靳于小乎？各处之民靡不遂愿，此地之民独不蒙惠，是不犹之满堂燕笑而有向隅之泣乎？田有一丘一亩，尚欲设计开垦，矧云此堤一筑，而可复数万亩之利乎，是增筑此堤亦非迂缓而空糜者也。如蒙乞敕该部再加覆议，转行总理河漕并漕抚衙门委官踏勘，无拘原议，如地可为堤而堤可益田，即以支剩河银觅夫修筑，如无支剩，另行派处，其修筑之举，俟各工完后刻日亟图。如今春不暇，期在秋间，务使千里长河在在享平成之利，一方永赖人人无不获之忧，则我皇上治河之鸿勋①，允可以参天地而轶古今矣。伏乞圣裁。

一、暂宽归移之钱粮，以安地方。照得钱粮出于田土，耕种本乎民力，故欲钱粮之不负，惟安集百姓而已。慨自黄河决于崔镇，而桃源、清河之民强半流移；淮河决于高堰，而泗州、山阳之民强半流移；又决于黄浦，而宝应、兴化、盐城之民强半流移。散之四方，转于沟壑，盖已数年于兹矣。今幸崔镇、高堰决口已塞，淮、黄合流，并入于海，而高堰乃黄浦之上流，相须以为开闭者。兹高堰既塞，黄浦必可计日以断流矣。是以流移之民见水去田出，日渐归复，但惊疑徬徨，而未敢为必住之计，诚恐居处未遑而旧逋即追，开垦未熟而新租复征耳。故凡臣所过之地，因其催征见年与以前之折饷也，拥众遮诉，哭声震天，俱称寻复故业，求免新旧之税，其投递词状，不能尽述。切思臣受催征之寄，岂不欲公税之尽完也？顾拖欠之数，多系流移之民，使因其归复而拘系以追并之，恐残喘可毙而钱粮决无所处。此风一闻，逃移益远，况捐百万之膏血以治此水患，本为民也，今水患渐平，而独以些须逋负阻绝归复之民，不识水退之田将付之谁以耕种乎？新旧之税又将责之

①鸿勋：宏大的功勋。

谁以输纳乎？及查臣去年奉都察院札付准户部咨行，令带征淮扬等处万历四年五月拖欠改折之数，随经遵依亲历催比，据各处册报亦稍稍补纳。而见年者亦较之往年分数为多，此皆茕茕遗孑因漕饷半征，岁事可望，而勉力以供之者。诚再于归复之众而推浩荡之恩，不但改折，凡一应起存钱粮，新者旧者暂行停征，仍比照垦田事例给之以牛种，则流移之民归来日众，新旧之税将取诸开种而渐完矣。如蒙乞敕该部再加覆议，转行总理河漕并抚按等衙门，将淮、扬二府委官踏勘，素有水患，今渐平治，流移归复之州县，不拘起存新旧，一应钱粮暂行停征，待田地成熟陆续追补，仍比照垦田事例给以牛种，则已归者安心耕耨，未归者闻风而来。我皇上治河之举益有实惠，逋负公租非无民而终不可完者也。再照此时正开耕布种之会，民心去留之际，嗷嗷待命，不啻解悬，更乞亟赐举行，不然虽蒙俞允，而民亦不能速霑其恩也。伏乞圣裁。

一、乞广赏劳之天恩，以鼓人心。照得治河臣民，服役效劳乃其常分，固不可以言赏，亦不可以求知①也。顾维其时众役之困敝②已极，尚有待于鼓舞，诸臣之辛劬过苦，尤当加以慰劳，是又可缄默自惜而不披沥③以陈恭？惟我皇上爱民之心，素洽于闾阎之内，而子来之愿遂形于佚使之间。故该臣沿河催攒，随地查阅，见得各夫日夜力作，劳苦万端。如遇浮沙则必挖沙取土，深既数尺而水且上涌，值淤陷则必涂手霑足，行方跬步而身半泥中；或取土于五六里及七八里间至十余里，日不数回，而足热如火，红肿未消，而晨起且赴工矣；或筑堤于水际，及半在水中以至全在水中，地无多余而身危苦坠垫塞未几而溃折者相寻矣。单袷被身，已不胜冬雪之苦；蓬穴为室，更不任风雨之侵。秽湿熏渍，疟痢半生，凄楚无穷，黧羸日甚，其颠连可悯，诚有工食不足以尽之者。况此时服劳既久，精力将疲，而未完工程犹有赖于修筑，于此不曲为鼓舞，恐解体之念或不能已，而一篑之功反觉其难矣。以臣愚见，合无推浩荡之恩，念元元之苦，动支河工羡银量行犒赏，第见民心易动而感激思奋，将有忘已往之劳，踊跃以终其事者矣。及查羡银乃河臣题奉钦依而用之，以为阅工之费者，今皇上如用之以为赏，是真不费之惠，亦何靳而不为乎？且此银已在正数之外，赏功之列，即皇上不用河臣，亦以阅工而用之矣。顾用于河臣则各夫犹视以为常，而感之为有限，用自皇上则各夫必仰戴如天，而懽悦以无疆，是赏费虽同而所感迥别，又何惜此一令之颁乎？此固臣目击其苦而知鼓舞克终之术，必有待于一赏也。至于诸臣之在工者，臣亦以干预河道，而每诣其驻扎之所，窃事访问。见得总理河漕都察院右都御史

---

①求知：希求被人了解之意。②困敝：困顿疲惫。③披沥：开诚相见，尽所欲言。

潘季驯，委身高堰，缉草为居，自编于版筑之间，罔辞乎风日之苦；总督漕抚户部右侍郎江一麟，同心调度，协力经营，会计督视，昕夕[①]不倦。盖二臣主持全河纲纪，众官忧勤惕厉之念，自为之百倍，倡率综核之令，不敢少有所懈耳。故自司道以及于总委、小委等官，靡不拱听约束，殚竭心力，随其所委，期于速成。盖虽官阶有崇卑，而其拮据奔走，备极艰苦，则固一而已矣。夫诸臣之效忠若是，臣非不欲恳乞皇上而推恤民之恩以为之并赏也，顾朝廷之于民，每随时以用爱，赏官之定例，必事竣而后颁。今查河堤虽已垂成，而加厚加高犹有未完，是可录可赏者，诸臣之劳而不敢遽请者，则固拘于例耳。合无再祈天心悯诸臣之劳，而又嘉其绩之能速底也，特赐纶音，用施宣慰，待其报完，重加赏赉，则一字之褒将重于金玉，而督夫以完未完之工者，殆有孜孜而不敢以或后者矣。如蒙乞敕该部再加覆议，每夫应量赏银若干，着为定数，转行河漕并漕抚衙门动支河工羡银，查照夫额逐一犒赏。如羡银不足，准以河工正银补之，仍于总理河漕都察院右都御史潘季驯、总督漕抚户部右侍郎江一麟，以及于司道等官颁之，以宣慰之纶音。许之以功成之重赏，则臣民霑恩而大工可完于不日矣。或仰廑天仁，念此河工乃非常之举，而于潘季驯、江一麟亦用羡银预加一赏，此又在我皇上破常格以优体大臣，昭宠异以隆重河务，竦动[②]群工之意，臣又何胜惓惓颙望之至。伏乞圣裁。

奉圣旨："该部看议来说。"工部覆议，除暂宽归移之钱粮以安地方一事，移咨户部议复无异，其余五款本部覆俱相同。题奉圣旨："这河工垂成，各官殚忠经理，劳绩可嘉，着候工完之日，你部里奏请差官勘实，朝廷自不惜爵赏以劝有功。潘季驯、江一麟各先赏银三十两，纻丝二表里，潘季驯还加赐大红獬豸纻丝衣一袭，以示优劳，其余俱依议行。其管河官衙舍着用附近毁坏寺庙，及遵近旨拆毁书院改建，不许增派扰民。"

条陈治安疏　御史姜璧

题为河工将竣，敷陈末议，恳乞圣明，俯赐采择，以保治安事。

臣窃闻之古志曰，防河如防虏，防虏者当以不治治之，来则御去则止而已矣；防河者当以无事行之，逆则治顺则止而已矣。而今之防河者有二弊焉：好事者谓故辙之必不可循，辄为穿凿之图以乱其性，是挑衅也；怠事者谓河流之必不可治，每为因循之说以滋其患，是玩寇也。十余年间，二弊相寻，

①昕夕：朝暮。②竦动：惊动，震动。

河患极矣。上廑宸衷，宵旰为虑，俯从言官之请，遂为破格之谋，独断圣心，群疑屏息，使当事大臣得以殚竭心力，故半载之间，两河顺轨。该臣巡历于淮安等处，亲诣各工，见得各官之催督，其严谨也即如家事，万夫之趋事，其欢呼也犹若子来。水孽潜消，河工就绪，闾里有可耕之地，运艘无壅阻之虞。据工程虽云繁巨，计钱粮尚有赢余，是皆仰赖我皇上纯德格天而淮海效灵，至诚动物而群工用命之所致也，以此时观之，可谓一治矣。然虔其始者不可不虑其终，图其大者不可不矜其细。兼理河道亦臣之责也，尚有一二可言者，臣既得于闻见之真，敬为我皇上陈之，如蒙不以为谬，敕下该部覆议施行，臣愚幸甚，地方幸甚。缘系河工将竣，敷陈末议，恳乞圣明俯赐采择，以保治安事理。谨题请旨。

计开：

一曰一事权。天下之事，多绪则乱，多岐则诿。查得治河之官，自永乐以至弘治百五十余年，原无河道都御史之设，故有以漕运兼理河渠，如景泰之王竑者，有以总兵兼河道，如天顺之徐恭者。成化七年，因漕河浅甚，粮运稽阻，特令刑部侍郎王恕出总其事，八年事竣改升，自后不复建设，凡遇河患事连各省，重大者辄命大臣督同各省巡抚官治之，事竣还京，此祖宗成法也。至正德十一年，始专设总理河道，驻扎济宁，而南北直隶、河南、山东皆为统辖之地。地非不广，势非不尊，然延袤五六千里之间，足不及遍，目不及睹，形势要害，东西南北俱若梦寐，岂能遥制？至于伏秋瀑涨之时，呼吸变态，猝遇冲激，势若燃眉，州县管河官白[①]之于府，府白之道，道白之总理，总理下之道，道下之府，府下之州县，往返已一月矣。谓必待禀白而后行之，事已无及，如其不待白也，总理焉用为也？且既有总理，巡抚必难独断，凡遇申呈，辄批仰照总河批详施行，此在避难者固然，而在任事者亦不得不然，何也？畏侵权也。及至借支钱粮，调派官夫，便相龃龉[②]，此在私而刻者固然，而在无我者亦不得不然，何也？总河之事不免劳民伤财，而巡抚之责则在安百姓、节财用也。至于意见不同，秦越相视者，又不待言也。臣昔任山东，当两河泛滥之时，总河都御史傅希挚力言草湾不可开，崔镇之当塞，高堰之当筑，章疏案牍，班班可考，而漕抚衙门拒之甚力，后至草湾复淤，横流莫遏，业已悔之无及矣。故今之议者谓傅希挚之说得行，或吴桂芳早兼河道之任，则平成之绩不在今日矣，此事权分委之弊彰彰也。查得先该吴桂芳节奉圣旨："近来当事诸臣意见不同，动多掣肘，以致日久无功，今以此专属吴桂芳经理，河道都御史暂行裁革，河道事务着各该巡抚官照地方

---

①白：陈述。 ②龃龉：比喻意见不合。

分管，俱属吴桂芳提督，事宁回京请旨再设。钦此。”即今潘季驯接管，亦照旨行事。夫巡抚照地理河者，即王鋐、徐恭兼理之制也，吴桂芳提督者，即特遣侍郎王恕出总其事，事竣改升之制也，故事权归一，事功易就，今日河功之成实原于此。盖天启我皇上以法祖致治之盛，故其明效大验如此。且事权之隆重，体统之尊严，属僚之承听[①]，人民之信服，孰有逾于巡抚者哉？天下之事欲其速办，孰有易于巡抚者哉？而乃欲益一赘员以滋推诿也。但原奉旨内，有暂革再设之语，而各该巡抚又未见特加敕谕，窃以为复设河道则推诿之弊复生，未蒙特敕则责成之意未笃[②]，终非可久之道。合无将前明旨着为令甲，而于抚臣特加敕谕一道，其各衔内添增“兼管河道”四字，万一日后河道有事，亦照祖制临时特遣大臣一员，督同各该巡抚管理。如此则可永杜推诿掣肘之弊，而河渠利赖世世无穷矣。伏乞圣裁。

二曰严责成。夫郡县之有守令，即家之有长也，一家之事必取办于长，其子姓之分猷倅[③]理者，不过受成算效奔走而已。而于河道则独不然，府有管河道同知或通判矣，则郡守若罔闻之；州县有管河判官或主簿矣，则州守县令若罔闻之，甚至有牴牾其事，变乱其是非，颠倒其贤否者，此何以故？盖因管河为最苦之官，而治河为最难之事，避难厌苦为人情之常，而况奔走河滨，悉听司道官差委，不得以时亲就，以事售知于僚长？其势固宜然也。至于上官稍稍责成，守令亦不过增一牒文[④]，移付管河官而已，甚至有束之高阁者。窃以为朝廷张官置吏，莫要于守令，盖以总括庶务，综核群僚也，而何独于河道遗之哉？今后河工之事，似应专责掌印官督同管河官管理，各照该地方堤岸，冬春踏勘，随地修补，伏秋水涨，督率防护，如有疏虞，掌印官与管河官一体参治，庶责任有归而事功易就矣。伏乞圣裁。

三曰议支河。查得先因高堰、黄浦之决未塞，全淮之水倾注高、宝、兴、盐之间，田庐坟墓一望淼渺。当事者不探其原，惟寻其委，请开兴化县之丁溪、白驹二场海口，盐城县之周禄港至新河庙三十余里。又动支盐运司银二万五千余两，分贮于兴、盐二县，大加疏浚，为泄水计。该臣巡历于淮、泰各盐场，躬亲踏勘，看得地势外高内洼，无从宣泄，而潮水灌入，填塞甚易，及至盐城。据知县杨瑞云并士民谢与成等禀称，本县自黄浦等口决后，民田沉于水底者数年，今幸筑塞，民有耕获之望，若又开挑支河引入潮水，一为淹没永不堪种。又据两淮运司判官孙仲科并灶户管席等禀称，自盐城支河一开，将各场运盐河水尽随潮泄去，运河断流，商不来支，盐日消折[⑤]，灶益困

①承听：听从，接受。②笃：忠实，一心一意。③倅：副。④牒文：公文，文书。⑤消折：因使用或受损失、受挫折而逐渐减少下来。

敝等因。为照高堰居黄浦之上游，而黄浦为兴、盐水患之门户，今高堰堤成，黄浦决塞，是上流已断，则地上干涸，已无可泄之水。若复开浚海口，则地形外高，徒引倒灌之潮，且海口既多，防御实难，是开私贩之门，咸水灌入民田，为害不小，宜乎官灶士民之告禀者纷纷也。臣至淮安，即与总河都御史潘季驯会议，亦云曾委官踏勘，诚不可开。臣思盐场、民地皆国课[①]攸关，河道、盐务臣职掌所系，今堤堰既成，此工可已。如蒙乞敕该部再加覆议，或将疏浚海口诸工径行停止，或转行总河都御史逐一再委官勘明，将前工程题覆停寝，不惟可省重费，抑亦可免大患也。伏乞圣裁。

四曰修古堤。查得宋臣范仲淹修筑长堤一道，肇自吕泗，终于徐渎，接连数百里，环绕三十场，堤以外俱系盐场草荡，灶丁居住，煎办盐课，离海远者百里，近者数十里不等，堤以内则有运盐官河一道，南抵泰州，北抵庙湾，西通高、宝、兴、盐等处。各湖港商民船只往来，及田户车戽甚为通便，是此堤外以捍海潮，内以护盐河并各民田，其计至深而利至溥也，至今称之曰“范公堤”。中间原留泄水大海之路，如今之白驹闸口及牛湾河、瓦龙诸港，皆随地形潮势宣泄，亦不为害。况当时范堤之初筑也，即有蓄涝之虑，及其既筑也，复有雨雪之变，事几中罢，幸而范公之持[②]议甚坚，张、胡二臣之赞襄更力，卒能不惑群言，功成保障，贻海滨数百年之安，供我国家百万金之课，故三贤有祠[③]，民到于今祀之不忘。奈何前当事者见高堰、黄浦口决，兴、盐、高、宝受害，倡为凿范堤开海口以泄水，徒为一时权宜之术，更不思昔人创置之意。堤外系灶户煎盐之地，淡水一出则盐课消薄矣，堤内系民灶耕种之田，潮水一入则田租减损矣。该臣巡历各盐场，皆由范堤往来，见得历年既久，堤渐坍塌，有旧址见在半为民灶所居者，有海潮淤沙渐成高阜与堤相平者，有被水冲漫卑薄不堪者，要皆堤址尚存，若肯时加修复，永可为捍御之计，是修复古堤诚盐场之切务[④]也。如蒙乞敕该部覆议，果属不谬，行令臣转行运司并通、泰、淮三分司官，照各该管地方，将范公堤岸逐一踏勘估计明白，量派灶夫督率修理。其旧堤高厚可恃者不必再修，惟于坍塌者筑之，卑薄者补之，要害者先之，各夫工食，就将前项兴、盐二县收贮运司疏浚海口银两动支给领，每年于春正二月此非旺煎之时量修三分，计三年工可全完矣，其原泄水口港仍旧存留，间修两岸，使不为患。如此先臣之泽永垂于不休，而国课灶额利赖于无疆矣。伏乞圣裁。

五曰蠲堤[⑤]租。查得自徐至淮新筑遥堤五百余里，若以夹岸计之将千里

---

①国课：国家税收。 ②持：底本作“特”，据四库本改。 ③祠：底本作“词”，据四库本改。 ④切务：急务，当务之急。 ⑤堤：底本作“祖”，据四库本改，余同。

矣，南北两堤蟺蜿若城，高坚足恃，诚为治河之一策矣。但其所筑之堤皆系民间已业，而中间挖沙寻土，伤损地段尤多。夫以不可耕之地而欲小民偿计亩之税，除概邑昏垫之苦而使一户陪无产之粮，征之者似为无名，而输之者实为无辜也。合无行令巡抚衙门择委廉能官员，逐一踏勘丈量明白，要见某户某人堤址若干。挖伤地土若干，乞敕户部议蠲租额若干。如以国课必不可损，或以该堤应纳之税均摊一邑，或以水退无主地土给照开垦，加倍抵补，如此则地方无不均之叹，而小民无向隅之泣矣。伏乞圣裁。

奉圣旨："该部知道。"工部覆议相同，题奉圣旨："依议行。"

中州河防为要疏　御史王世扬

题为中州河防为要，巡抚去衔未宜，恳乞圣明俯赐查复，以便责成事。

臣惟天下之事不能无利害，亦不能无因革，然有所革也必其有所害也，若无所于害即无贵于革矣。况不惟无害而且大有利于地方，如河南巡抚管河之衔者，恐即因之不暇，尚可云革乎？臣请为皇上悉陈之。盖黄河自潼关而东，迤逦二千余里始入于海，中所经行地方，则河南、山东两省，南北两直隶也。故事各该抚臣虽皆领有管河职衔，然疆域既分，统辖各异，非情有壅阏[①]而不达，则事多掣肘而难行，故向来阳侯为患，固云天数使然，而要之人谋不臧，亦未必尽无也。

顷者幸蒙皇上慨允科道诸臣之奏，除去抚臣兼管字样，仍设总督大臣经理，以数省之地总之一人，凡属河防，惟其擘画，若身之使臂，臂之使指，盖无复有所为壅阏不达，掣肘难行者，此诚至计也。顾总督大臣可设也，抚臣兼衔不可去也，保定、山东抚臣兼衔可去也，河南抚臣兼衔不可去也，何者？盖事权不可不专，而利害尤不可不审，语云，千人舆瓢，不如一人负而趋也，是专责之说也。然不曰一手不能举鸿鼎，一臂不能挽大车乎？以是知事固贵专，而有时乎不专者，则求以共济，而非好为多事也，故使督臣在上流而抚臣在下流，抑或督臣切近而抚臣窎远，则万一河流不靖[②]，督臣先已身任其事矣，抚臣即有石画[③]妙算，何济燃眉？徒多牵制之虞，无益成败之数，如是而去其兼衔，何不可者？顾河流虽经数省，乃所经于中州者，实则居半，且抚臣驻扎开封府，督臣驻扎济宁州，是抚臣在上流，督臣反在下流，抚臣去河近，而督臣去河反远矣。有如每年水涨之时，或有溃决之患，则必数日

---

①壅阏：阻塞。②不靖：不安宁，骚乱。③石画：大计。

始可报知督臣，督臣亦必数日始可走檄[1]筑塞，况波涛汹涌，济渡为难，即驰报亦有未便达者，夫以患起于须臾而计图于持久，即有神禹之智，将安所施？其不举濒河之民而胥溺之者几希矣。争如抚臣驻扎河干，未决先防，随决即塞，且与管河各官群聚一城，面相可否，无烦文檄，不费日时之为得哉？

说者曰，督臣之设，正以权之不专，奈何又令抚臣兼之？噫！是未尝引边事观之也。今国家九边军务，固尝以总理责之督臣，然亦何尝不以赞理责之巡抚？彼固以为相济，而此可以为相励哉？即今年濒河州县，凡无管河之官者为增官，凡无管河之衔者为增衔，岂非以河务为急而官职当备乎？夫诚以河务为急而官职当备也，臣意抚臣即素无此衔亦宜增入，乃素有之而反去之，岂以抚臣之要系顾出佐领下哉？名除抚臣之衔以重督臣之任，而实弛抚臣之担以贻督臣之忧，揆之事理人情，臣诚未见其可也。

说者又曰，今年抚臣去衔未见偾事，后之视今一也，即过计何为？臣又以为不然，盖今河患初平，人心正惕，抚臣既自劳于经度，安得不自爱其成功？故夫夙夜拮据，不敢怠遑[2]者，固忠所事也，亦爱厥功也。倘后安澜日久，玩愒渐生，由前观之，事非己作则痛痒不关，由后观之，事有专官则功罪不与，或安燕雀之愚，致罹鱼鳖之患。于时举而罪之督臣，督臣则诿之远不及知，举而罪之抚臣，抚臣则又诿之曰事难越俎[3]，虽云干系地方，终难逭责[4]，然皇上业去其权矣，可复重其罚哉？是必有督臣以总数省之纲维[5]，亦必有抚臣以专一方之督责，然后策有万全而事无后患也。矧原议称令同心共济，则既与以管河之事矣，何必又吝一管河之衔，而使他日旷职者借口乎？

此臣所以谓抚臣兼衔不可去，而河南抚臣兼衔尤不可去者，盖取其去者比之，而知其利害有如此也。如蒙乞敕该部再加查议，如果臣言不谬，除保定、山东抚臣去河原远，无容别议外，将河南巡抚兼管河道职衔，照依各边巡抚赞理军务事例，于新任抚臣敕内仍旧增入。凡平日一切堤防之术，务令与督臣议定而行，惟有事则一面相机筑浚，一面驰报督臣会议，毋得推诿，致误事机。庶人有切身之虑，事无卒至之虞，督臣得抚臣而猷念有资，抚臣得督臣而隔越无患，则河防庶几永固，而祖陵运道及中土民生亦自可无劳圣主之宵旰矣。臣待罪兹土，闻见颇真，即督臣前题远地修守疏中，亦甚以遥制为不便。窃妄以为将来事势必有出于此者，用是辄敢忘其固陋，少效款款

---

①走檄：紧急发送文书。②怠遑：懈怠而闲暇。③越俎：又作“越俎代庖”，比喻超出自己业务范围去处理别人所管的事。④逭责：逃避责任。⑤纲维：总纲和四维，比喻法度。

之愚，伏惟圣明留意，幸甚等因。

奉圣旨：“该部知道。”

工部覆前疏

题为中州河防为要，巡抚去衔未宜，恳乞圣明俯赐查复以便责成事。

该巡按河南监察御史王世扬题前事，奉圣旨：“该部知道。钦此。”钦遵，抄出到部，送司案呈到部，看得河南巡按御史王世扬题称河南巡抚仍复兼管河道职衔以便治河一节。为照黄河之在河南，上自潼关，下至归德，中经开封，奔流二千余里，俱系河南巡抚境内，而河南巡抚敕书内原无兼管字样，则以总理河臣专治之也。近缘总河罢设，遂将兼管分属各巡抚，以致事权不专，堤防陵夷，驯至上年刘兽医等口之变。上廑宵旰之忧，故俯采言官之议，复设总理河道衙门，除去各巡抚兼管字样，惩前虑后，为计甚详。夫总理衙门既设而复分其务，将无以专事权，兼管敕书甫易而遽增入，将无以示法守，是殆未可以轻议者。但总理固有河道之寄，而巡抚实有地方之责，今河南巡抚委居黄河上流而最近，总理衙门委居黄河下流而最远，若释其近而切者漫无干涉，责之远而难者旦夕取办，窃恐黄河湍悍无常，呼吸便有利害，比至疏虞而后图，则在总理已噬脐[①]无及，而在巡抚亦得有辞矣。

所据御史王世扬题议凡黄河之在河南境内者，总理总持其纲，巡抚兼管其事，未决先防，随决即塞，不以彼此越俎为嫌，惟以同心共济为务，诚为忠谋远算，相应酌议题请。合无自万历十七年为始，除河道照常堤防修筑俱听总河衙门裁处外，其遇伏秋水发将有横决，如上年刘兽医等口之变，当责河南管河副使一面申报总河，一面申报巡抚。其总河未能卒至料理，巡抚即便动支河道钱粮，起夫督率修筑，务期未决先防，随决即塞，尽如御史所言，斯为同心共济，但于事宁之日，备将用过钱粮、修过工程移咨总河知会，以便年终奏缴，每年着为定规，不许推诿稽迟。其有应行未尽事宜，容令会议具奏，伏乞圣明裁定，本部备咨总理河道、河南巡抚及咨都察院转行河南巡按御史备行道府州县掌印管河官员，一体遵奉施行等因。

奉圣旨：“境内河道关系水利民生，抚臣岂得推诿坐视？你部里既议明白，着河南巡抚官，凡黄河经行去处就近兼理，会同总河官行事，还添入敕内，不必加衔。钦此。”

---

①噬脐：因遭受极大损失而追悔莫及。

卷前导读

常居敬，字惟一，生于嘉靖二十五年（1546年），卒年不详，湖北江夏（今湖北省武汉市）人，万历二年（1574年）进士。曾为刑科给事中、浙江考试官，后以工科都给事中、太仆寺少卿、太仆寺卿督理漕河有功升右副都御史巡抚浙江。常居敬由治河大员潘季驯推荐参与黄河、淮河等河道的治理工作。本卷收录了他向朝廷上奏的《查理沁、卫二河疏》《河工大举疏》《钦奉敕谕查理河漕疏》《钦奉敕谕查理漕河疏》《酌议河道善后事宜疏》《祖陵当护疏》《清复湖地疏》共七篇有关治河的奏疏。

在治理沁、卫二河的问题上，当时有官员提出，为了方便漕运，同时控制黄河的水势，应该引沁河水入卫河。常居敬在《查理沁、卫二河疏》中则认为，引沁入卫，虽然有利于漕运，但经过勘察，沁水原没有支流可以通卫河，若想要借冲决的水道将沁水引入卫河，眼前虽可以助卫济漕，但将来水缓沙停，必然会导致淤塞，切不可只顾眼前之利，而不顾长久之害。

常居敬在《河工大举疏》中也系统阐述了治河的相关事宜，例如：储备物资以防水患；增加报酬以保证足够的民夫来修筑堤坝；每二里建堡房一间，加强河堤巡逻；及时发放民夫薪酬，以杜绝克扣；专设河官，以免因相互推诿而影响治河效率；对修堤所占各户土地，给予一定补偿，以解民困。

关于漕运，常居敬在第一篇《钦奉敕谕查理河漕疏》中，提出了“理漕必先于理河，治黄即所以治漕”的理念。本着这个原则，他提出：添造闸座，以便防守；接筑缕堤，以防中溃；议修埽坝，以防危急；开创月河，以避冲决；筑宝应西堤，以束漕流；砌邵伯湖堤，以免岁修；浚里河河身，以利运艘；酌议分地，以便责成；移调官夫，以资策应；设山阳长夫，以便河工；寝开支河，以防善淤；查议故道，以省繁费；停折三坝，以保成功；停浚草湾，以节财用等建议。在第二篇《钦奉敕谕查理河漕疏》中，常居敬针对山东漕河的治理提出：浚泉源，以资灌注；复湖地，以预潴蓄；筑坎河，以防渗漏；建闸座，以便节宣；设闸官，以肃漕规；给关防，以重事权；严筑坝，以便挑浚；复夫役，以备修防等建议。

在《酌议河道善后事宜疏》中，常居敬本着“以裨运务，以图永利”的原则提出：复河臣，以一事权；严启闭，以杜淤浅；催粮运，以谨河防；定贤否，以便责成；议近转，以励人心；议钱粮，以济河工；稽工料，以资实用；重修守，以谨河防等建议。

在《祖陵当护疏》中，常居敬阐述了复开黄河故道的四害与四利，权衡利弊，否决了复开故道的提议。在《清复湖地疏》中，他提出了山东安山湖的治理方法。

通过以上这些奏疏，我们可以窥见常居敬的治河思想，对今人的治河思路也会有所启发。

卷之十四　奏疏

查理沁、卫二河疏　都给事中常居敬

题为查理沁、卫二河，以济运道，以安民生事。

据河南按察司管河道佥事余希周呈，蒙臣并抚按两院宪牌前事牌，行该道，会同分守河北道即便转行各该掌印管河官。要见卫河上源有无淤阻，果否引以灌田，作何禁止，沁河经行有无冲决，当从何处导引，作何堤防，引沁通卫是否可减黄河，有裨运道，即今莲花池口应否免塞，逐一勘报，务求经久长策，以凭会议施行。蒙此，依蒙会同守巡河北道及牌行怀卫二府掌印官会同勘议去后。随据卫辉府呈称，依蒙行委辉县主簿周时礼，带领熟知地里人役郭周等，查得卫河上源并无淤阻，无事挑浚，其旁河居民引水灌田在四五月之后，兑运漕粮在二三月之间，前后相隔日期颇远，自国朝二百年来，临清漕舟直达天津，并无阻碍。再查前此雨旸时若①，卫河之水运道通行，今因连岁天旱，源泉枯竭，不独下流浅涩，上流源头几至不流，以此阻塞，其理显然。及查沁河经行怀庆府河内县出武陟，下合黄河，与卫河相离甚远，亦无支流相通等情。又据怀庆府呈蒙依蒙会同卫辉府知府周思宸，看得沁河经行武陟如莲花口等处，屡决而屡议兴修旧堤，宁不惜工力艰难，必不肯姑顺水势使入卫河者，诚以卫辉一府属县在河下流，而横流一发，被灾最远，且临清运道不能赖其清流之利，而每遭其淤阻之害，节经历年详议，卷案可查。今谈者以谓足以杀黄河之势，而有赖于运道，此不过据旧说及臆度②之耳。况潞府新封卫城利害所关，不敢轻议。切详果从会卫济漕之说，则怀庆一府既免频年修筑之烦，而武陟一带地土永无水患，即本府首当主其议者，但以国家大计通论，断断乎有难于行。合候详示转行各委官，照旧将莲花口堤工催督修筑，使沁水仍归黄河故道各缘由，具呈到道。

据此，该本道看得此番行查，系奉钦依，事体重大，又经驳行二府掌印官，行令刘、薛二同知，亲诣细勘另报。今据怀、卫二府会呈，关行刘、薛

①雨旸时若：晴雨适时，气候调和。②臆度：凭主观猜测。

二同知及会委临河汲、新、河、武等七县各掌印官勘议，随该汲县知县李赋秀会同新乡县知县张赤心、辉县知县龚世仰、获嘉县知县张谕、淇县知县崔璵、河内县知县黄中色、武陟县知县李日茂，俱亲诣卫、沁二河踏勘。间当据汲、新、辉、获等县社里老刘应逵、高进表、宋廷珏、师以正、杨涛德等各连名告称，卫河发源在于辉县苏门山下，其水陡峻通流，灌田不过些须，并无淤阻，其沁水河身宽一里有余，卫水河身宽不过三四丈，先年曾遭沁水冲开木栾店莲花池堤口，附近地方俱受淹没。且流入获、新二县，城门用土屯塞，漂流民舍淹没民田一百二十余里，卫辉府关厢巷口行舟，冲倒民房八千余间，压死男妇陈可立等百十余口等情，各具告到官。会看得引沁入卫，固杀黄河之流，且济运道之便，但恐沁水本大，若一入卫河，二水合流，势必滔害。不惟各县民居民田深有可虞，况潞府新建，方将高其堤，预其防，惟恐不固，而敢引沁以贻不测之患等因，会申到府。又准本府同知刘应聘，会同卫辉府同知薛应麟关称，各亲诣卫河源头踏勘得卫水流清土坚，原无淤阻，虽有军民水田，盖为水由地行，故乘势以资其灌溉，非敢阻塞以专其利也。前此雨旸时若，源泉不枯，河水盈溢，漕舟无滞，年来亢旱，泉源不流，而漳河以下诸水亦俱浅涩，因此卫流愈觉微细，此议者不得不归咎于居民灌田。至于引沁入卫，谓于漕河有济也，但查沁水原无支流可以通卫，今欲因冲决之道而遂挽之以入卫，则目前似足以助卫济漕，而将来水缓沙停，其终必致淤塞，则既见其利而又思其害，是不可不为深长虑也等因，会关到府。尤恐不的，随该本府知府赵以康，会同卫辉府知府周思宸亲诣前项河口，逐一踏勘，会看得卫水枯涩，并沁于卫则卫水大而漕舟可行，岂不曰运道有所裨益哉？但卫小沁大，则其势难容，卫清沁浊，则末流必淤，如先年沁河一决而临清、东昌等处遂至淤塞，征之往事，窃恐不减黄河之害而又增运道之梗，斯时归咎，谁其任之？且沁卫地势高下殊悬，必须创开河身，沿河筑堤，此其费地费工，固为不赀，而伏秋水涨，横流滔天，则生灵城池不可不为之计也。此皆前人已有成说，利害较然，如曰姑舍是而轻试，以建非常之功，非职等之所敢擅议也。至若引水灌田，诚当禁止，但末流之微细，实起于源头之枯竭，即今三年亢旱，泉源几至不流，有如昨岁运道阻涩，漕院差官守视卫源，尽导上流，而管河道亦驻扎辉县，亲至泉所，禁之非不严也。斯时田禾日槁而卫水不增，则其故诚不系于淤阻也。惟是漕运重务，关系匪细，合无以后水源有余则从民之便，而不妨与民同利亦可也，如水源不足则禁其引灌而专以济漕等情，具呈到道。

卷查先年升任曹副使奉总理河道万都御史查勘沁、丹等水，案行开封府管河同知张崇谦，会同各州县掌印官，亲诣沁河上源。会看得沁河北岸大樊口先年原有决开堤坝故道一处，询问居民，执称先年秋水涨大，溢过堤岸，致将修武、获嘉、新乡等处一带城郭田舍尽被淹冲，官民受害，彼时即令官夫并力筑堵，见今遗有河形。及修武县西北有清水河一道，经流获嘉县北六里，直至新乡县西北侯家桥入卫河，随据本地居民齐口称苦，皆曰此处原有山河数处，每年秋水泛涨，淹没民田，以致小民逃窜，若再开沁河，则滔天水势入于卫河，本县城郭乡村尽皆漂流。及相度地形，西南太高，东北卑下，以修武县较之大樊口地下约十五余丈，《卫辉府志》开称地形，卫城浮图最高，才与沁水平，势不可开。在新乡则河流城下，两岸居民千余家，在卫辉府西北一面离城仅有半里，两岸系商贾之薮[1]，居民稠密，公署俱建于此，若欲开浚两岸各数十丈，则新乡、卫辉城郭居民公署，俱当改移数里方可动工，况沁水猛涨，势比黄河，稍有一线之决，溢入卫河，则临河居民城池受害不支。查得嘉靖三十五等年，管河工部汪郎中题称，河南沁河冲开木栾店相邻大樊口三百余丈，决水横流，突入卫河，水半泥沙，弥漫异常。至临清逆流上拥运河板闸至砖闸七十余里，泥沙沉积二闸，淤塞二千余丈，阻防运道，应行河南管河道作速修筑，以保粮运，议允遵行。今若复引沁入卫，则昔年壅塞运道势所不免，其患不专在卫辉，而贻患于漕矣等因到道。又该曹副使复议三难：一河身之难辟，二堤岸之难筑，三下流之难浚，逐一条议具呈总理河道，详允停止。

讫今奉文覆勘，该本道会同分守河北带管分巡道徐参议，会看得沁河自武陟县迤入于黄，其来已久。木栾店至卫河相去百余里，自西而东，地势极下，其流甚易，但先年引沁入卫，屡议屡止，盖言利害相关，莫敢承议。继今又奉钦依勘议，会委多官悉心相度，及查先年勘议牍中条析详明，利害较然，且所为引沁入卫者，盖一以为稍杀黄流，一以为有资卫河运道，故纷纷建议，欲举行此策。今无论前项工力之难，与卫辉一带淹没之害，即于黄流虽能稍杀，而卫河运道仍有留塞，则北河之阨犹之在南河也。况今潞府建设，利害所关，尤非往年之比。相应呈请，合无将莲花口堤工并淤塞河身照旧疏筑，大加工力疏河身，必令宽大通流，筑堤坝务要坚固，一劳永逸，不得苟且塞责，若卫河泉源之水，所称五六月间正系漕船过闸入卫之时，难谓与民间灌田不相妨害，相应严行卫辉府，查其如遇天旱漕河干涸，则严禁居民不许分引灌溉，庶不致阻塞河渠矣等因，会呈到臣。据此，先该工部题称，去岁春夏间天久不雨，卫河之流几竭，以致漕舟浅阁。攒漕御史吴龙征奏报本部，亦行北河郎中吴之龙查勘，据称漳、卫两河上源多有引以灌田，以致末

[1]薮：人或物聚集的地方。

流日细，行臣查勘应否许令引灌等因，覆奉圣旨："是。钦此。"又准总督漕运都御史杨一魁手本内称引沁水以济运河款开，要将武陟木栾店决口免其筑塞，因而通卫助运一节，已经臣等会行该道查议去后。

今据前因，该臣会同巡抚右副都御史衷贞吉、巡按御史王世扬会议得，古今论治水者，孰不曰顺水之性，行所无事哉？然而地当中土，势有重轻，利害所关，又非可以尝试而漫为者。沁河发源西晋，经带河内，沛然东下，势若建瓴，惟至武陟城东复折而南，与黄河会流，以故昨秋暴涨，束隘难行，遂致溃溢，直冲木栾店，决莲花口，滔滔东注，则引沁通卫，其势良便也。但细查卫辉府治地既卑下，河复狭隘，狂流灌注，容受为难，即今获嘉已成巨浸，新乡亦若浮盂，该府城垣去河不远，冲决之患殊为可虞。况今藩封新建，关系尤重，昔人所谓不与水争利者，诚有不得而概论者矣。且沁水沙多善淤，一入漕渠，淤垫闸座，昔有左验，恐利未得而害且随之也。既经道府勘议明悉，又该臣等亲阅相同，仍应坚筑堤坝，宽辟河身，务使南行无滞，庶为长策。至于漳、卫上源，据称天旱泉微，诚有之矣。但民间灌溉，壅遏泉流，致妨[①]运道，合行该道将一应私坝悉行拆毁，如遇雨少泉微，尽令导入漕渠以济粮艘，河北分巡道仍不时周行巡察禁治，如有阻挠，许巡漕御史拿究。如是则沁不得以病卫，卫又得以济漕，其于国计民生均有裨益矣。伏望敕下该部再加查议，如果臣等所言不谬，俯赐允行，庶便刻日兴工。除工程钱粮另行类报外，谨题请旨。

奉圣旨："工部知道。"该工部覆议相同。题奉圣旨："是。"

河工大举疏　都给事中常居敬

题为河工大举，酌议善后事宜，以图永利事。

据河南按察司管河道兼管水利佥事余希周呈，奉臣并抚按宪牌前事，照得两河工程已有次第，一应善后事宜行道悉心详议，以凭会题等因。先该工科常都给事中批，据带管河道辛佥事条议事件，蒙批管河道查照款开事宜，会同该道再议明悉详夺，并蒙巡抚衷都御史批，仰管河道查照，先今河工事宜备细类成条款，作速申报，以凭酌议施行。又蒙巡按王御史批新管河道会同该道确商详报，蒙此，依奉照款会议登荅明白，呈乞题请遵行等因到臣。该臣会同巡抚河南兼管河道右副都御史袁贞吉、巡按河南监察御史王世扬议照中州惟河患为最巨，故其治河也为独详。迩年人心玩于积习，法制废于因

[①]妨：底本作"防"，据四库本改。

循，致廑圣怀，特旨修筑，即今两河工程，臣等不敢不竭心力矣。然必料理精详，庶可垂示永久，若非奉有明旨，无以警惕人心，既经该道会议前来，又该臣等覆议相同，合照款列具陈，伏乞敕下该部再加酌议上请行臣等遵奉施行。谨题请旨。

计开：

一、预积埽料，以防未然。臣等查得河南水平岸高而土疏，其湍急扫湾之处患常在下，虽有高厚之堤，卒然坍塌，无所措手，故防河之患无愈于卷埽，而卷埽之料全资于稍、草、桩、麻与土也。往年所用桩木、苘麻，俱分派于出产州县买运，而柳梢、谷草俱于临河地方召商收买，已有定议。近因沿河各县连年苦旱，复遭大水，百谷无收，欲暂将谷草派之别府州县买纳[①]解送[②]，亦通融之策，但道途隔远，不惟脚价浩费，抑恐反滋骚扰。及查往年谷草定价，每束连耗草二十二斤给银二分，今年谷草缺乏价贵，合无每束增银一分，共给价银三分，仍旧召商收买，此后丰年酌量估裁，庶草价既增而商贩自至矣。至于卷埽胚胎[③]，纯用好土始得坚完，必须预积平日，庶可取办仓卒。近因久无水患，管河员役不复议积，每遇急迫，取土窎远，缓不济事，竟日般运，不成一埽，遂致决口渐阔，为害滋大矣。合无令各守堤守坝堡夫，于闲旷之时查照成法，令各管河官督令预运埽土，堆垛于埽坝及紧要堤岸之上。每年会计之时，查算某处该积土若干，责令各夫如数运积，着实查验，无容虚报，其河流冲射之处，仍当预置旱埽，如伏秋水发，微有冲刷，即时添补，管河官一面督行，一面申报，则有备无患而埽不虚费，堤防愈有赖矣。伏乞圣裁。

一、议处工食，以恤穷民。臣等查得估计修筑堤坝工程，每筑方广一丈高五寸为一工，每夫一名，日完一工方给工食银三分三厘三毫。夫以一人而日筑一工已为难完，况取土有远近之不一，填筑有险夷之不同，概以一例计工，即不能依期报完，复又计工给银，安能尽满所望？且今岁米价腾贵，数倍往昔，一工给银三分三厘三毫亦不足其食用，若一日不完一工，则所得工食益不足以糊口，无惑乎每遇募夫，召之不至也。合无将今岁做工夫役，每一工给工食银四分，如取土在百步之内及在平地修筑者，俱仍以方一丈高五寸为一工；若在坑坎水内填筑及在百步之外取土者，酌量减其寸数，俱每工给银四分。如此则工食既加而养赡足，工程有等而劳逸均，人心亦知乐从矣，其已后成熟年分，仍照旧查给。伏乞圣裁。

一、议设堡房，以慎守御。臣等查得黄河两岸长月等堤并埽坝之处，先

---

①买纳：征购。②解送：押送财物或犯人。③胚胎：泛指事物的萌芽。

年每二里建堡房一间，佥堡老地方各一名，统领火夫十名，巡守以防河患。原无工食，数年以来天时亢旱，河患稍息，人心懈弛，堡房倾倒，而孑遗灾民星散求食，各堤防守遂无人矣。惟各埽坝处堡房尚存数名，然为数亦少，不足应用，昨岁河患虽出异常之灾，未必不由疏虞所致也。合无于黄河两岸各新旧长月等堤，每二里仍建堡房一间，每堡佥邻近堡夫二名，每五堡佥勤能堡老一名，统率各堡夫昼夜往来巡守，栽培柳树。但有盗决堤防及砍伐堤柳者，即便擒拿送官究治。遇有河水泛滥，冲刷损伤，即行填补。每堡老一名月给工食银五钱，各役每名月给工食银三钱，俱于河道官银内支给。至于临河埽坝尤系要害，修守之工倍当加谨，仍每二里建大堡房一重三间盛放埽料以备急用。每堡设堡夫五名，每二堡设堡老一名，管河官不时查点。遇有紧急冲刷，不拘昼夜，本堡鸣锣，各堡老督率各夫前来接济，并力堵塞，其堡老必于邻近乡民中选精勤守法者充役。如此庶防守俱各得人，而河患可保无虞矣。伏乞圣裁。

一、议处厂夫，以杜偏累。臣等查得临河祥符等县设有官厂八处，收贮稍、草、桩、麻以备卷埽，每厂原有厂夫二名或三名，令其看守物料。先年俱于各州县堡夫内选殷实大户充之，凡管厂官合用心红[1]纸札[2]并雇觅书手造写，循环倒换盘缠及雇人晒晾物料，并修理厂房墙垣，冗费百出，每名每年费银五六十两，如遇不才官员需索常例，费至百金者有之。后因称累，以堡夫二名，朋应厂夫一名，每年工食银四十八两。至万历十三年，该前任巡抚臧惟一允河道议每名裁定工食银三十六两，以其数非不多也，不知工食有限而额外之费无穷，夫厂夫原以看厂为名，惟晒晾物料是其职守，乃至责以不赀之费，磨累无休，身家荡败，无惑乎合口称苦，不敢承役也。相应痛革，以后每厂夫一名，以二人当之，给条鞭工食银二十四两，扣除银十二两存贮官库，不许复佥正头，惟召募邻近土民充当，一切杂费如管河官心红纸札等项，量于编派，其登报文册，修理墙垣，即于前扣银内申请动支，不许滥派厂夫出办，惟稍草等料有浥烂[3]数多，各役失于苫盖晒晾者，姑免问罪，令其量赔。如此庶需索之弊既革，而厂夫之害可免矣。伏乞圣裁。

一、及时给散，以杜侵克。臣等查得河工全赖人夫，夫役全资工食，河道钱粮俱贮府库，管河官不得自由，必至河岸冲决，方议调人夫请支钱粮，已无及矣。合无每遇春时，该道行管河同知、通判等官赴府领银，分发沿河州县，专听不时之需，遇有河患，一面募夫，一面申请，事完稽查，庶不耽误。至于给散工食，往时独责之各县管河佐贰官，各官多不亲理，又委之部

①心红：纯红的朱砂，印泥。②纸札：纸张。③浥烂：潮湿霉烂。

夫阴医等官，秤凿给散，其中不免扣克，以致各夫鲜受实惠。合无以后给散河夫工食，俱听该府管河官督同各县掌印官，眼同[①]包封[②]，唱名给散，再不许令各县部夫官总领，致滋奸弊，如府管河官偶在别县督工，一时不暇者，听各县掌印管河官径自给散。如此庶扣减之弊既除，而夫役之逃可免矣。伏乞圣裁。

一、责成正官，以便查核。臣等窃惟设官定制，在府州县虽有清军、管粮、捕盗、理刑、管河等官分任佐理，而兼总条贯则掌印官事，非谓各官之外掌印官全无相干也，故一州县之中，河渠要害孰非正官之所当料理防守者？况中州生灵命脉系于黄河，可以正官而漫不关心乎？乃向来河务该道止行文府管河官，府管河官止行文州县管河官，而该府州县全不经由，故问河水冲决，非不曰某州某县之某口决也，问应用人夫应动钱粮所以治其决者，则曰有管河官在，非本州本县事也。不知河患系民瘼最切，不此之究而徒诿之于一二佐贰，彼其威令不行，召集人夫既多，阻挠操持不定，动用钱粮又难清楚。况修理工程必动钱粮，管河官身任其事，则钱粮自有粘带，每年会计，既令其查议矣，乃年终核实，亦令其自为而自核之，无论工程虚薄、钱粮冒破，无由而觉，即工程坚固、钱粮明白，谁则信之？是尤不可解也。合无自后申饬各府州县掌印官，凡遇河务，虽有管河官专管，至于催攒人夫，给发钱粮，各掌印官务破积习，协心共济。其会计工程，亦与管河官会同估议，每年河防毕日，该道将各掌印管河官分别勤惰，开呈两院，量行奖戒。如此则精神流贯而法亦昭明[③]，责任各专而功可永赖矣。伏乞圣裁。

一、议豁堤粮，以苏民困。臣等看得黄河两岸皆系民间纳粮田地，而新旧所筑长月、缕水、减水等堤坝，南北两岸上下绵亘六七百里，其根阔有七八丈者，有十余丈者，所压占民地不下千百余顷，自来地内夏秋税粮并各项差银尚系地主赔纳。臣等窃谓筑堤乃为一县小民捍患，非一人一家私事，其占用各户之地，既不偿以原价，复令包纳虚粮[④]，诚于人情有所不堪。合无候部议行，臣等转行临河各县，逐查各该地方，除年远旧堤外，其有五年以内新创及帮筑堤坝若干道，某道根阔若干长若干，共计压占民地若干，每年共计税粮差银若干，即与除豁[⑤]均派概县地内征收抵数，及查见今种麦挑挖者，量给仓谷以补子种之费，庶包赔之粮不致偏累，而沿河之民可免向隅矣。伏乞圣裁。

---

①眼同：会同，跟同。②包封：用纸等将物件包裹并封口。③昭明：显著。④虚粮：在实物赋税时代，政府征收额度中虽有其数却无法找到征收对象的税粮。⑤除豁：免除，豁免。

奉圣旨："工部知道。"该工部覆议相同，题奉圣旨："依议着实行。"

钦奉敕谕查理河漕疏　都给事中常居敬

题为钦奉敕谕，查理河漕，以保运道事。

据淮扬海防兵备兼管河道副使胥遇、徐州兵备兼管河道佥事陈文燧会呈，蒙臣并先任总督漕运侍郎杨一魁、巡按御史刘怀恕会牌前事行职等躬历各该河道地方，逐一查阅，要见古洪淤塞作何疏通；浊河内灌作何防御；徐、邳一带堤岸有无圮坏，作何修治；清江浦一带河防有无冲决，作何保守；崔镇等坝应否改拆；塔山支河应否开通；小浮桥故道果否可复；草湾河口果否当浚。并调度夫役，议处钱粮，逐一查勘，虚心详议，务求长策，永裨运道，十日内具由详报，以凭会议等因。

该各道会同南河郎中罗用敬、夏镇主事杨信悉心踏勘，议照得国家定鼎燕京，岁输漕粮四百万石，运艘涉江淮，经徐、邳，入运河，抵京师，济宁以北必资汶、洸、沂、泗诸水，而徐邳以南必资淮、黄二水济之，俱会淮安外河，掠草湾，历云梯关入海。北高南下，势若建瓴，淮弱黄强，时有冲阻。弘、正以前姑不必论，嘉靖末年河道日益多故，归德而下丁家等口忽然冲塞，黄水不从小浮桥故道达徐，初徙于溜沟，再徙于秦沟，三徙于浊河口，于茶城相近全河逆行。至嘉靖四十四年，徐、邳一望弥漫，不辨州里，该先任尚书朱衡改建南阳新河，运道复通，自老黄河故道既失，云梯海口未疏。隆庆年间河决于崔镇，淮决于高堰，宝应、兴、盐等州县遂成巨浸，水泛沙停，转运甚艰。至万历六年，先任右都御史潘季驯创筑遥堤，尽塞诸决，束水归海，使由故道，民获安堵，漕得顺利，已逾八年，其功昭昭，在人耳目。惟是支河既塞，海沙尚高，一带河身日渐淤垫，决塞之患比岁稍多。在淮安上流，不分全河直冲范家、天妃等口，通济、福兴诸闸岁苦冲淤，王公堤屏蔽清浦，岁遭二渎啮射，随修随圮，劳费不赀。在徐州下流，不分黄水倒灌古洪、内华诸闸，淤塞日久，今未极力挑通，万一黄河暴涨，不免复淤，阻滞运道，关系不小，高、宝一带，由淮引黄，河渠日高，虽有湖堤，越河足避风涛。然邵伯、宝应二堤尚未包砌，土堤单薄，巨浪乘风，倾溃可虑，善后之计不可不图。谨将淮扬应议应举工程款列开呈等因到臣。

先该工部题，为钦奉圣谕事，照得黄河东经梁靖口、田刘口，至茶城河逆而上，而茶城淤，又东则淮、黄河[1]流，其势益盛，于是天妃坝决而淮安河

[1]河：据文义，疑为"合"。

流几没堤岸。行臣要见徐邳之堤岸、淮安之堰坝作何修防，草湾河见今议浚可否分流以杀水势，崔镇坝见今议拆可否泄水以沃民田。合用钱粮若干，作何措处；合用人夫若干，作何起派。司道等官听其便宜委用，未尽事理听其陆续会题，仍严督地方官上紧兴工，事完之日核实造册，奏缴回京。有功官员查照阅边事例分别举荐，如有阻挠误事，推诿抗拒，应提问者径自提问，应奏请旨奏请定夺等因。奉圣旨："是。钦此。"

又该总督漕运侍郎杨一魁题为议处两河水患，以固运道，以奠民生事。内称覆勘草湾口等七事，该部覆奉圣旨："崔镇坝应否改拆，还候差去科臣到彼再议定夺。其余俱依议着实行。钦此。"又该侍郎杨一魁题为恭报运河疏通，空船过尽，并陈善后事宜，以图永济事。条议改闸座等十事，该部覆称开支河、移官夫、复故道等事，行臣会同查议等因。奉圣旨："依议行。钦此。"该臣先同巡按御史刘怀恕，并南河郎中罗用敬、徐州道兵备佥事陈文燧，自上而下，由丰、沛经徐、邳以至桃、清。复同总督漕运侍郎舒应龙等，自上而下，由清浦以至古洪梁境一带，或舣舟[①]阅视，或登陆荒度。看得丰县田刘口河势扫湾，原有缕堤坍入河中，新筑月堤一道堪以防御；郭家湾、匙头湾、梼栳湾等处虽系迎溜，见今修筑埽坝亦无大害；徐、邳自桃源五百余里河身就下，河岸甚高，遥、缕二堤俱无冲决；归仁集、高家堰、范家口续修石工俱各坚厚；宝应越河运艘甚便；惟古洪河口去秋浊河倒灌，今虽挑通，尚属可虞；清江浦一带运河与黄河仅隔丈余，王公堤二百九十丈，二渎南徙，冲刷日甚，堤悬一线，势甚危急。至于高宝西堤、邵伯石堤，俱属要害，委不容已，一一查阅明白，又经催行司道会议去后。

今据前因，该臣会同总督漕运侍郎舒应龙、巡按御史刘怀恕、巡盐御史陈禹谟、巡漕御史乔璧星，议照我国家挽漕东南，全赖河渠，古洪以北必资汶、泗诸水，徐、邳以南悉藉淮、黄二渎，河虽不同，利害相因，故理漕必先于理河，治黄即所以治漕，诚不可一日不讲也。然徐州以上之河恐其溃而入，有冲决之患；徐州以下之河恐其溃而出，有漫散之虞。审水性之顺逆，酌时势之缓急，要非可以执一而论者。往无论矣，嘉靖初年河渐北徙，济宁鲁桥以下河道淤填。至嘉靖十三年，该副都御史刘天和挑浚河身，复修闸座。四十四年河决沛县，旧河淤塞，该工部尚书朱衡开通南阳至留城新河，徐、邳以上河道赖之。隆庆以来黄河决崔镇等口，淮河决高堰等处，二渎漫流，水缓沙淤，运道艰阻。该右都御史潘季驯创筑遥堤，尽塞诸决，两河复合，沙刷水深，运道民生均有裨益，徐、邳以下河道赖之，虽先后河臣经略良画，

---

①舣舟：船只停靠岸边。

尚不止此，此其功之最著者也。惟自万历十四年以来，清河以下一决范家口而全河几夺，一决天妃坝而福兴渐淤，徐州以上浊河灌注古洪，阻塞要害之地，委属可虞。然则有思患预防之心者，安得不为补偏救弊之谋哉？但据称上源小浮桥之路久塞，故道当复也，支河当开也；下流之老黄河难复，三坝当拆也，草湾当浚也，此其计虑甚周而用心良勤矣。臣等随处查勘，虚心商度，故不敢曲徇以苟同，亦岂敢有心以求异。然而势当酌其所急，功必期其可成，苟或心思虽竭而经理实乖，议论虽多而治效则鲜，于河道终无补也。

今据司道会详，臣等复加酌议，除升闸座等项已蒙俞允，见今责令兴工外，谨将应举应停工程事宜款列，分别上请，其当行者虽无新奇之见而实切于事机，其当止者虽嫌意见之殊而实采之舆论，河漕重务，彼此何心，要皆求以便国计耳。伏乞敕下该部再加查议，俯赐俞允，行总督侍郎舒应龙查照遵行，庶于运道民生裨益非浅鲜矣。谨题请旨。

计开：

一、添造闸座，以便防守。查得古洪、内华为入运首闸，先因规制未坚，启闭不时，一遇暴涨遂多淤塞。今古洪等闸已奉旨改造，加石数层，似已得策。但自古洪以至河口尚有一百八十余丈，每遇闭闸，外成滩浅，两岸土堤又易奔溃，奔岸之土与黄水之沙并填，其中无惑乎阻塞之易也，且鲜贡船只势难久待，古洪失守，直至梁境数里淤填，诚难为力。合仍于古洪以外酌中之所，相择坚地添建镇口闸一座，长砌雁翅，宽凿闸窝，以便停泊，南北两岸俱用桩埽厢护，共银二千三百两。如船入镇口则急闭上闸，候外闸既闭，渐次而启，庶彼此联贯，既可以蓄内漕之水，关防严密，又可以御外河之涨，重门御暴，防守自便。此外纵有淤浅，所余无几，俟黄水少落，而以盈漕之水冲之，势自易易矣。伏乞圣裁。

一、接筑缕堤，以防中溃。查得黄河自西而东，漕河自北而南，至河南开、归以下相去伊迩。南高北下，其势易趋，先年溃荥阳、灌临清、决荆隆、冲张秋，竭天下财力而始塞。该都御史刘大夏等自胙城经曹、单至丰、沛创筑大堤，即所谓大黄堤也。嘉、隆以来，治河诸臣又自丰、沛市里寨接筑，直至茶城漕渠之内，遂免浊流之患。然彼时河会茶城而出，以故堤亦止此，近该郎中陈瑛另开内华、古洪二闸，远避戚港，运艘利之，则茶城东下又十余里矣，两河相望，堤防未筑，每至伏秋几成横溃，万一失守，是短垣可逾，而扃钥虽严，竟亦何益？合无自茶城以下塔山支河西岸起，接至河口止，督率堤浅洪闸等夫接筑缕堤一道，计长五百丈，底阔四丈，顶收一丈二尺，高一丈。又补筑旧河缺口一道，长六丈，帮修旧堤一百丈，共计土一万三千八百七十六方，上用犒夫银四百一十六两二钱，俱用坚实老土，勿杂浮沙，则束水归河，下流益速，黄河不致漫溃，而诸闸亦可恃以无虞矣。伏乞圣裁。

一、议修埽坝，以防危急。淮安自西门皇华亭，抵清江浦，约三十余里，内外二河仅间一堤，至于王公堤一段最为吃紧。先年两河之滨，相去里许，居民比密，后因黄、淮逼流，偏向南徙，冲刷日甚，民居荡析，仅隔丈余，虽有石堤，止在浮面，浊流扫根，利如矛戟，以如线之堤而当排山之势，必无幸也。万一蚁穴溃防，泥丸难塞，则清江一带荡为巨浸，不但无淮城，且无运道矣。查得每年桩埽费亦不赀，但因新于旧，续卑为高，基址不实，工力未坚，随填随陷，实由于此。合于本堤海神祠起至孙赡门首止，计长二百九十丈，出水三丈，卷丁头埽五层，计埽二千五百个，雁翅之内实以土石，卷埽之外密钉桩木，每堤二十丈，作顺水坝一座，共计一十四座，逼水北流以刷对岸之沙，以数年之费为一劳之计，庶危堤可保而运道有赖矣。伏乞圣裁。

一、开创月河，以避冲决。王公堤一带地当要害，单薄可虞。今番所议埽坝可保数年无恙矣，但欲为万全之计，不可无永赖之图。议者欲于河北王家营开河一道，引河北徙，意非不善，但工力浩大，开创甚艰，而地势高亢，淤塞亦易，河成矣而水不趋，水趋矣而后不继，是委财于壑也。然与其挽黄以避漕，孰若引漕以避黄，相应于运河南岸另开月河一道，共计九百丈，内上自刘相屋基起至红庙止五百丈，地形稍高，应挑深二丈，自红庙起至清江闸上首止，地形稍洼，挑深一丈八尺，俱面阔十二丈，底阔七丈，共计土一十六万三千四百方，共该银九千八百零四两。仍将旧河筑拦河坝二道，或即以挑河之土填实于中，务令坚厚，如是则两河相隔几二三里许，河虽善决，亦必不能夺漕而入矣。伏乞圣裁。

一、筑宝应西堤，以束漕流。照得固堤即所以导河，导河即所以利运，从来治河，试有明验彰彰矣。何也？水之为性，专则急，分则缓，而河之为势，急则通，缓则淤，理固然也。其在宝应湖口三官殿、米市、竹巷口一带，岁每淤每捞，邑恒患之。究其故，该县未筑西堤，则水多肆溢，河流不束，赴下力微，以故湖口三官殿等处淤浅殊甚，前者一岁一挑，今则一岁二挑，犹以浅涩为虑，重运所经不无迟滞。合无比照山阳县培筑西堤一道，自黄浦南坝口起至弘济河北闸向南二三丈止，计二十里许，加筑土堤高五六尺，底阔一丈二尺，顶阔五六尺，共该银四千一百三十一两。则因河势以筑堤，固堤防以束水，而该县淤浅之患渐可去矣。伏乞圣裁。

一、砌邵伯湖堤，以免岁修。照得司河务者，无日不以缮堤为事，亦无日不以决堤为患，不知功非永图，则堤虽缮犹弗缮也，溃决之患其何能免？高、宝邵伯诸湖，西受盱、泗、天长石梁汊涧甘泉五塘诸山之水，联贯汪洋，一望无际，其在高、宝湖堤，凡系险要，各经甃石，中有未石若宝应之三里湖口、高邮之南小湖口俱称险地。万历十五年曾经动支岁修银两分委砌石，一包八百余丈，一包三百余丈，工俱将竣。惟邵伯湖堤正当湖面宽广之所，一遇西风则掀天震撼，势若排空，中有包石者原无地钉衬石，年久塌卸甚多，其未包石者则止排桩厢板，不时汕削尤易，节经岁修，随即圮坏，徒耗工费，真为无策。今合于一浅、二浅堤向湖心险要一带，除已包石外，俱应接续包砌，该银二万二千九十七两，庶一劳永逸而岁修可省矣。伏乞圣裁。

一、浚里河河身，以利运艘。从来议治河者，不过曰筑曰浚而已，然而治黄河与闸河异。盖黄河浊流，随挑随合，人力难施；闸河则愈挑愈深，功效立见。先臣平江伯陈瑄创立里河规制，每岁挑淤，法至善也，因循至今，惟知筑堤，不知浚河，即岁时调度，夫役无多，竟成故事。自万历十四年以来，天妃坝等处冲漫，黄流灌淤，河腹日饱，两堤夹水，形若圜堵，一遇冲击，下无实土，将溃裂肆[①]出而不可支矣。合无由淮安至仪真内河一带，俟其重运过毕，至六月间清口大坝筑完，乘此水涸，即当查复浅船，密布浅夫，多备器具，浚浅已深，河则水由地中，而堤根皆系实土，斯可以杜决而防溃矣。伏乞圣裁。

一、酌议分地，以便责成。自通会河至瓜、仪俱设有工部司属等官分理河道，其责为甚专也。然河有远近，则画地不可不均，势有缓急，则立法不容不变。先年新河初成，设立夏镇主事一员，专管闸务，上自硃梅闸以至黄家闸仅百余里耳，至于梁境茶城一带，则原属徐州洪主事，谓其驻扎相近，防守自便也。后将徐州主事裁革，尽属中河郎中，不知中河所辖自梁境至天妃六百余里，道里辽远则耳目有所难周，闸河兼司则事体有所未便。当伏秋河涨，徐、邳沿河堤坝俱当时时料理，乃复欲溯流而上，浚漕渠而防淤阻，其将能乎？似应将梁境至首闸尽属夏镇主事管理，中河郎中专管黄河，则湖水之蓄泄有度，各闸之启闭以时，诚便计也。第管闸主事原未奉有钦依关防，以致人有玩心，事多掣肘，今既加分古洪等闸，正运道咽喉，事权安可不重？况动支钱粮，调度夫役，持空牍而理要地，非所以重委任也。合无比照三河事例，请给敕谕关防，以便行事，庶责成专而事权重，闸河亦永有赖矣。伏乞圣裁。

一、移调官夫，以资策应。查得吕梁洪设有洪夫一千二百一十名，徐州洪夫三百七十八名，又协济夫四十五名，原为滩高水险，以资牵挽，今河势渐平，挽舟甚易，各夫闲旷，私役为多。古洪以上三闸为运道咽喉，而堤浅

---

①裂肆：破裂。

等夫仅仅五百，委属不足。该督臣杨一魁议调吕梁夫七百名，未为无见。该部覆称移徙未便，诚体恤贫民之意，但夫役流寓，原无身家，衣食于奔走，随地皆可居也，况相去未甚远乎？合酌议二洪共拨六百三十三名，以六百名均散古洪等四闸各一百五十名，以三十三名即充新闸闸夫，专司启闭。吕梁洪仍存七百名，徐州洪仍存三百名，以供拽运，亦足应用。管河同知移住境山，常川防守，庶夫役适均而策应自便，调度有人而防守无虞矣。伏乞圣裁。

一、设山阳长夫，以便河工。照得先年总河部院题设民船由闸税银，以济河工，殊亦称便，嗣因先任淮安府知府邵元哲呈请民船仍旧车盘，俾小民藉有生计，乃于牙行埠头每年顾夫一千八百名，此山阳行夫之所由设也。每名雇觅一日给工食银三分，每年做工六个月，计银五两四钱，相因旧矣。但售雇者非老弱不堪即游食无赖，朝点暮逃，全无实用，及至勾摄[①]，辄以往返数日，废时误工，莫此为甚。合议将行夫二名共合一名，做工一年每名日给工食银二分，一年计该银七两二钱，责令牙行纳银，在县比照高堰堤夫规则，务选年力精壮者籍名在官，即注曰某处堤夫，该实在人夫计九百名，如王公堤险要处所即注夫五百名，西桥礼坝各一百名，范家口二百名，常川修守，俱属分委官管理，如本工无虞则临时酌量通融，调拨别工应用，仍刊刻木榜，注为定规，责令各夫专听河上应役，其各衙门别项工作，不得私役一名，违者听总督部院参究。庶夫役有定额而牙行无赔累之扰，分派有常所而河工获实济之益矣。伏乞圣裁。

一、寝开支河，以防善淤。照得先年黄河从秦沟入徐济运，正与茶城对冲，而戚家港一带水势湍溜，挽舟而上，为力颇艰，覆溺漕舟不知其几。该见任侍郎舒应龙为副使时，另开塔山支河一道，行舟数年，颇称利便，后因淤阻，后开内华等闸，即支河遗意也。今督臣欲将支河挑浚，建设闸坝，与内华、古洪两处行舟亦有备无患之意，但泉源无多，难容两行，诚有如该部之议矣。臣等以为不患内水之难分，而患外水之易入，黄河暴涨，一隙可乘，势如奔马，岂独灌闸漕而不灌支河乎？方欲严扃镝[②]以御寇，而复开径窦[③]以导贼，非长策也。查得昨岁古洪之淤，从闸口入者尚无几，从支河引透直至梁境为害颇大。今方塞之惟恐不固也，尚可自多其门户乎？人有恶噎者而穿咽于胁，恐非摄生之道也，况支河之外沙渚[④]横截，挑浚亦难，寝之为便。伏乞圣裁。

---

①勾摄：拘捕，传拿。②镝：箱子上安锁的环形钮，比喻枢纽要塞。③径窦：门径。④沙渚：小沙洲。

一、查议故道，以省繁费。徐州以北之黄河，即运道上流也，自小浮桥之路塞而河出浊河口，易于灌淤。议者欲自归德丁家道口开浚故道，或从砀山县韩家口，或从石城，逼水南行，俱从小浮桥经流，庶为顺利，此其议甚正而虑甚远矣。臣已行河南守、巡、管河三道会勘明悉，大都自丁家道口至石将军庙二百五十余里，地势高亢，已成平陆，内有稍洼者挑成样河，一尺以下尽为沙泥，无论工费之难，即挑成亦易淤塞。臣又勘得韩家口一带亦未见河形，水势滔滔东下，欲挽之使南，势必不能。惟石城浊河之南小有河形，一遇伏秋水泛，亦分十一，冬春之间遂多淤填，欲筑坝分流，则地尽浮沙，无可竖基，诚难为力矣。此故道之大较也。然人皆知故道不能复，臣以为不必复可也，何也？闸河出口无往而不会，黄则无往而不受淤，岂从浊河则淤而出小浮桥则否耶？先年河臣潘季驯欲复新集故道，盖恐来流散漫，非为出口受淤也。即今虞城、砀、丰之间水皆通流，原无决裂，尽可济漕，万一尽从小浮桥出，则古洪至此尚三十余里，弱汶之流曾不足以润河身之沙，不知漕舟何所借以上行耶，故道之复亦难轻议。伏乞圣裁。

一、停拆三坝，以保成功。查得万历七年，该总督潘季驯经略两河，塞决固堤，虑缕堤束水太急，恐有奔溃也，远创遥堤以广容纳，又虑遥堤涓滴不泄，恐有汕刷也，创建滚水坝以便宣泄，崔镇、徐升、季太等坝，皆因地势卑下，使水易趋，原以防异常之涨，非以减平漕之水也，数年以来束水归漕，河身渐深，水不盈坝，堤不被冲，此正河道之利矣。议者欲将三坝拆落，用心良苦。臣量得崔镇坝石顶去地仅二尺八寸，视遥堤低七尺；徐升坝石顶去地仅二尺五寸，视遥堤低七尺三寸；季太坝石顶去地仅二尺，视遥堤低八尺。三坝临水，河岸离水面各八九尺一丈不等，较之三坝各高三四尺不等，是河岸甚高，石坝原低，每遇伏秋水高于岸，即从各坝滚出，其不得出坝者乃不得出岸者也，欲分水势坝可拆矣，一带河岸可尽削耶？据乡民毕九皋、冯吉、赵伦等诉称，坝外水乡渐成膏腴，逃徙之民近方归业，若欲将坝改拆二层，是为无坝，先年河从此决，又可虞矣，酌之事势，仍旧为便。伏乞圣裁。

一、停浚草湾，以节财用。查得黄、淮二渎，自清河口会流入海，其势最盛，由清浦操西桥绕淮城从赤晏庙而下，此正河也。每遇伏秋淮城告急，西桥而上北岸原有草湾河一道，河口虽系新冲，河身即先年侍郎吴桂芳所开也，北流之势分则淮城之势减，议者欲开浚草湾，未为无见。臣曾虑其复淤，亦未得之目击也，今阅草湾一支，黄河分流几十之四，自颜家河一从赤晏庙，一从安东头铺复会流入海，原无阻滞，且东西两岸阔几二百丈，颇足容纳，若复以为不足而浚之，不知屈曲湾环本河之性，沙淤如饴，人力莫施，纵使挑开，一遇暴涨，冲塞靡定，竟无益也。查得先年曾费十数万金塞之不得，忽然自塞，费四十万金开之未能，倏尔自通，已有明验矣。今乃欲以数千金挑之，又何济于万一耶？即去岁督臣具题时尚有沙嘴，今已冲刷殆尽，难以再浚，故虽奉有俞旨而至今尚未兴工，亦不敢为无益之举也。合无免其开浚，将原议银六千一百四十四两为王公堤月河之用，庶钱粮不致虚费而漕渠得有实济矣。伏乞圣裁。

奉圣旨："工部知道。钦此。"钦遵，该工部覆议条列一十四款，除相同外，其稍有异议者四款，开列于后。

计开：

一、开创月河，以避冲决。前件臣等看得，漕黄相隔仅一王公堤，诸臣既欲修本堤，设顺水坝，又欲于运河之南开月河，引漕水南流，则两河相隔几二三里，若时加培筑，即数年可保无虞，可谓计深而虑远矣。但工程浩大，钱粮措处或难，合候王公堤筑完，次第举行，未为晚也。伏候圣裁。

一、浚里河河身，以利运艘。前件臣等看得，淮安至仪真内河一带，旧系三年一浚，自万历六年以后更定岁修之法，而今则堤形已高，淤者未必浚矣，诸臣欲俟重运过毕，清坝筑完之际，乘时挑浚，甚为有见。但所称查复浅船一节，不知船料船工作何计处，及今修复犹能不误挑浚否，也合候总理河道至日，会同漕抚衙门再议举行。伏候圣裁。

一、酌议分地，以便责成。前件臣等看得，治河之臣信地分则责任有归，事权重则法纪不紊，此事理之易见者。所据诸臣欲将梁境至首闸属之夏镇主事，茶城至清口黄河属之中河郎中，则道里既均，循行亦便，诚为计之得者。至称地方一分，关系颇重，欲比河道郎中事例，将夏镇管闸主事给以关防敕书，尤为确论。但查南旺管泉主事亦有钱粮夫役，与夏镇事体相同，科臣相度徐、沛尚未至于汶、济，以故未议及此，相应一并题请。容臣等移咨礼部铸给关防二颗，颁给南旺、夏镇二主事钦遵行事，惟是二主事奉差，以往已有精微批文，所议敕书似应免给。伏候圣裁。

一、停浚草湾，以节财用。前件臣等看得，草湾一河乃先任督臣开之以保淮城者，第此河见阔二百余丈，则淮、黄之水未尝不借以分流，且开塞靡常，历有明验，是又所谓不必开者。既经诸臣勘议详明，相应停浚，其原拟应用银两合听别项支用。但河流无常，海口易淤，倘夏秋淮、黄盛发，草湾旧口难泄，则淮安城池生灵不无意外之虞，合候临时酌量缓急，不妨另议题请，是又未可执论也。伏候圣裁。

奉圣旨："依议行。"

酌议河道善后事宜疏　都给事中常居敬

题为酌议河道善后事宜，以裨运务，以图永利事。

窃惟国家定鼎燕冀，转漕东南，九重之供亿，六军之储需，咸取急焉，所赖以灌输者河道也，岂不称重巨哉？故治河者既欲祛其害，复欲资其利，诚难之难者矣。考之国家之功令，诸臣之经略，犁然[1]具备，若可持循，然而时势少殊则法制不可不讲，人心易怠则申饬不可不严，桑土之谋当于未雨，况河道多艰，补偏救弊之方，其容以或已乎？臣疏庸无似，误蒙皇上任使，日夕兢兢，罔知报称，日来奔走河漕，酌之事机，询之舆论，稍得其概，除各项工程会同抚按诸臣另疏具题外，敬抒一得，列为八事，用备采择，少效涓埃。伏乞敕下该部再加酌议，上请施行，其于河漕未必无裨益万一矣。谨题请旨。

计开：

一、复河臣，以一事权。窃惟今所称漕河者，南尽瓜、仪，北通燕、冀，天下所由飞刍挽粟[2]，而通塞之机所关，于国计甚重也。第河道源流既远，名称亦殊，分合异形，决塞靡定[3]，即使精神专而料理密，尚恐不足以济事也。先年设尚书侍郎或都御史一员总理河道，以故事体画一，兴作甚便，议定而行，无敢格者，诸臣经略之迹，至今班班可考。乃迩年罢不设，归诸总督漕运，而各省则令巡抚兼之，不思河道变迁常在指顾呼吸之间，非专一则牵制而难行，非身亲则怠缓而误事，稍顾忌则龃龉而败绩，或犹豫则后时而罔功，此其所系何如者？至于各巡抚专制一方，辩官邪，审刑名，稽钱谷，理盐盗，日不暇给，乃欲出其什一辨河务，其将能乎？非独此也，河南之令不能行于山东，山东之令不能行于淮扬，即一举而可以垂永利，此最忠国便计而各省牵连，甲可乙否，卒亦愤惋[4]而止，至于气脉不贯，事体牴牾，此其害未可一二言也。嗟夫！禹平水土，稷教稼穑[5]，未闻兼理奈何令并漕运河道而兼之也？即今督臣初任，经理方新，才品卓然，足以胜此，但以河道事理论之，仍当专设总督重臣，庶权不分而事易集矣。伏乞圣裁。

一、严启闭，以杜淤浅。查得先臣平江伯陈瑄疏浚清江浦里河，虑黄河灌入，泥沙易淤，设建三闸以慎启闭，锁钥掌于督臣，启闭属之分司，运毕即行封锁，一应官民并回空船只悉令车坝，法至善也。时久人玩，禁令遂弛，

---

①犁然：释然。②飞刍挽粟：迅速运送粮草。③靡定：无定。④愤惋：愤恨，怨恨。⑤稼穑：农事的总称。

万历七年，都御史潘季驯题为乞恩查复旧规以利漕渠事，该部覆奉圣旨："这筑坝盘坝事宜俱依拟，有势豪人等阻挠的，即便拿了问罪，完日于该地方枷号三个月发落，干碍职官参奏处治。钦此。"一时人心肃然，启闭以时，漕渠便之，及数年以来，闸规复废，黄流内灌，河道垫淤，大有可虞矣。合无查照旧规，严行申饬，如山阳、通济等闸，三月初运毕即行封锁，惟遇鲜贡船只启一闭二，官民船只照旧车盘，其在瓜洲二闸，俟苏浙运毕即行封锁，庶不失先年建闸肃规之意，而于运道大有裨矣。伏乞圣裁。

一、催粮运，以谨河防。查得通济等闸止许漕艘鲜贡经行，启一闭二，至六月初旬始行筑坝，此旧例也。夫筑坝者正恐黄水内灌，运道淤阻耳，然节气之早晚不齐，黄河之骤发靡定，或发于四月，或发于五月至六月，则浊浪排空，势如奔马，千夫辟易矣。今时各省漕粮俱二月终尽数过淮，及鲜贡等物各以时至，犹可言也。独白粮船听其自便，迟速不齐，遂使沿途规什一之利，至有六月中旬尚逶迤不前者。管河官谓此内府钱粮自当由闸，必使尽出而后筑坝，是时滚滚浊流业已内灌，每岁挑浅所费不赀，十一年之覆辙可鉴也。夫漕粮白粮征兑之时亦不甚远，自当接踵而至，无论河道，即运艘亦甚便也。合无请敕漕运总督衙门比照漕粮事例，填注限单，临时查照迟速，严加赏罚，其掌印及运粮官亦以先后为奖戒，务使四月中旬尽数出闸，听管河官先期办料，探量水势，随发随筑，毋拘六月初旬旧例，庶免冲淤之患而省挑浚之费矣。伏乞圣裁。

一、定贤否，以便责成。照得东南之所急者，无大于河漕，而所以重河防而责成效者，无过于贤否。今时河道督臣总理于上，部司分理于下，乃各府佐官则专率州县管河判官、主簿听候部司分委办料兴工，且吏部给与文凭填注，专管河道，不许营求别委，法甚善也。乃贤否则各衙门主之，而部司不与焉，夫河道艰虞，脱有缓急，若救火追亡犹恐弗及，乃部司曾不得操赏功酬劳之权，是求前于却，欲责其功力难矣。以故别衙门，执贤否，以便差委，而各官亦或冀差委以图亲信，反视河道若骈拇枝指①然，及溃决而图之已无及也。合无查照清江造船厂官事例，凡系管河官专属河道部司，年终考核，分别贤否，径呈督抚咨部施行，不许别谋差委。及查滨河处所俱有各官公署，仍量行修理，常川驻扎，毋使混居府城，以妨职业，庶贤否定而人心趋，责成专而分理便矣。伏乞圣裁。

一、议近转，以励人心。语云，耕当问奴，织当问婢，语专一也。夫耕织细事犹不可泛任，况河道重务，苟非得其人专其任，徒使素不经事者尝试

①骈拇枝指：比喻多余的、无用的东西。

而漫为之，犹未能操刀而使割也。骤而语地利，孰知险夷，骤而语板筑，孰辨工苦，及举事不当，始议更置，钱粮实已耗费，亦无及矣。故任河务者非得忠勤任事之人，久任而责成之不可也。第州县佐贰官卑禄薄，欲使之数年不调，其志易隳，故欲励人心莫若近转，如巡司之守堤堰也，州县佐贰之司岁修也，通候部道年终核实，分别类呈督抚咨部纪录，倘主簿缺则推大使，判官缺则推主簿，县令缺则推判官，否则加衔以俟遇缺推补，其同知、通判等官亦照此行。但宜慎重考核，果有显迹方得推举，则虽升迁不出淮扬四府，异日举大役兴大工，令此素习者为之，轻车熟路，蔑不济矣。矧其人尚留地方，即不称吾得而议处之，夫既叨显庸而又知苟且之无所逃罪也，有不视河事如家事者乎？伏乞圣裁。

一、议钱粮，以济河工。窃以勇士不能为徒手之搏，巧妇不能为无米之炊，治河全赖工料，必需钱粮，淮扬河渠固运道咽喉，非止为二府之河也，查得岁额银不过三万两，而岁修银至有六七万者，如淮城之石工，高、宝之支河，以钱粮不继，工遂难完。至于各该州县库有额设，河道桩草砖灰、湖塘地租、船税、香银等项，专备河道支用者也。近因人心玩愒，辄行借支别用，因而积猾[1]人等通同侵分，及至查核，遂以灾伤告蠲矣。合无行督臣逐一清查每年额银若干，岁用实该若干，有无足用，作何设处，即今未完工程速行措办。其各州县掌印官凡额设河道钱粮，某年某项原系若干，征完若干，收头某人拖欠若干，曾否蠲免，明立文簿，每季终着落经手吏书赴管河分司查比，勒限征完贮库，专听河道支用，不许别项借支，庶钱粮有归着，而河工有实济矣。伏乞圣裁。

一、稽工料，以资实用。淮、扬、徐、邳运河延袤千有余里，岁用桩草、绳苘、灰石等料，所费不赀，乃积猾商贩通同官老书识人等，贱开贵价，虚出实收，弊孔百端，及工完查盘则料已入水，无从究诘[2]。若夫夫役逃旷，工食虚冒，糜费甚多，盖缘任不得人，委肉于虎，良足惜也。合无于柳浦湾镇另建设料厂一所，每年春初动支岁修银两买办桩草等物，务选委廉干职官管理经收，凡遇岁修、敕修工程，仍委府佐官亲赴工所，查验明白方许支给，如有工料不实未久溃坏者，查追料价，职官一体参处。至于夫役工食，每小委官一员给票三十张，每日填一张。如某小委官管夫若干，本日在某处用工，某夫病某夫逃，病者半月一算，逃者三日一扣，管河丞幕按月类送府佐，府佐按季类送司道，然后司道以所核夫旷扣银入官，汇报总院，则稽核严而物料足，支销明而虚冒革矣。伏乞圣裁。

---

①积猾：一贯奸猾不逞之人。②究诘：深究追问，追问原委。

一、重修守，以谨河防。天下之事，作之者固不易，而守之者尤难，况于河道关漕运重计乎？何也？水势之缓急，夫役之调度，钱粮之盈缩，工料之磨算，是无一事可忽也。正月办料，二月兴工，三月终工，未就而桃花水发，五六月而伏水发，七八月而秋水发，是无一时可忽也。若遥缕各堤，若归仁集，若高家堰，若王公堤，若西桥范口等处，是无一地可忽也。此其责甚重而其劳为独至[①]，然实不外于岁修之中，但在人见其无奇功，在己见其守旧彻，于是苟安者多玩愒，好事者喜纷更，其于河漕何所裨益？不知治河如治边，防水如防虏，今各边之臣谨斥堠、修城堡、练士卒、饬器械，岂必犁虏庭、计首功，而后可以言劳哉？然而秋防有叙，互市有荐，阅边有录，以故人心有所激励而兴起。今河臣出入风涛，奔走拮据，劳瘁之状不减边臣，乃岁修之功莫由自见，非情也。臣以为有怠事之罚，亦当有勤事之赏，合无除兴举大工外，每年岁终总河大臣将部司以下各官，查其修守勤惰，分别注考，移咨吏、工二部纪录，案候三年，该部类题请旨赏罚以昭劝惩，果有成劳，虽破格超迁或加服俸亦不为过，如或持禄养高，偷安废事，致妨河务者，即行议处。如是则人知职业修而事功自见，防守严而河道永赖矣。伏乞圣裁。

奉圣旨："该部知道。钦此。"该工部摘将严启闭等五款覆议相同，题奉圣旨："依议行。钦此。"又该吏部摘将定贤否、议近转二款覆议相同，题奉圣旨："近年管河佐贰等官多有营求，差委妨废，职务不行，用心防守的总理衙门，务遵敕谕拿问重治，不许姑息。其余依拟行。钦此。"又该吏、工二部会议复河臣一款，题奉圣旨："这总理河道官准复设，着推练达老成有才望的去漕运河道衙门，各职掌还查拟停当来说。"

祖陵当护疏　都给事中常居敬

题为祖陵当护，运道可虞，淮民百万危在旦夕，恭进《开复黄河故道图说》，恳乞圣明采择，以垂百年永利事。

据颍州兵备副使杨芳、徐州兵备佥事陈文燧会呈，蒙臣案验行道，移会分司，率领各该府州县掌印管河等官，唤集知音父老人等并平水匠役，亲诣老黄河故道一带，自桃源三义镇起至瓦子滩止九十里，逐段探量地势高下，要见某处见其河形计长若干，某处淤为平陆计长若干，总计若干里，如果堪泄泗州水患，于祖陵运道民生有裨，应该挑复，就将合用人夫钱粮若干估计的确，应于何项措处，务要从长计议，画图贴说，具由通详，以凭覆核议题。

①独至：独到，谓达到某种境界，与众不同。

中间若有窒碍难行，此外有何良策可以疏泄淮水，永护祖陵，保固运道，救民昏垫，亦要明白声说，毋得含糊两可，致贻后艰未便。蒙此，又该各道并奉总督漕运户部右侍郎舒应龙札付同前事等因。奉此，随该司道会同督行淮安府并山阳等县掌印管河各官，亲诣老黄河故道查勘去后，续蒙本科批据淮安府经历司呈，勘议老黄河难开，止于三义镇下开沟建坝，引入线河达海，以泄黄流，祖陵宜护，当于高堰减坝放入草子湖以泄堰水缘由，蒙批据议亦悉。第老黄河应否可开，当有一定之说，昨会阅止有毛家沟至渔沟二十余里间有河形，从此以下六十余里尽平陆也，至谓河不可开于三义镇下，建坝引水以达铁线沟至安东入海，似与原题驰背，且坝内所减几何，孰若见今草湾通流也，事关题覆该道即会分司酌议，另详俱候总漕部院会题行缴。

蒙此，又经会同行据淮安府呈，据山阳县知县张光绪、清河县知县邹守约、桃源县知县华存礼呈称，查勘得老黄河故道在桃源县三义镇入口，经毛家沟清河县界由渔沟至大河口，见行黄河止计长一万二千四百六十七丈。其中间有河形，宽窄深浅丈尺不等，议者欲自老黄河口经渔沟改由叶家冲至周伏三庄瓦子滩入颜家河，出赤宴庙入大黄河下海，上护祖陵，下卫民生，诚为得策。但查见行黄河此时水尚未发，水面量阔二百四五十丈，深二三丈，若开故道，深阔必宜准此一半，计长八十余里，工程浩大，费用不赀，万一全河俱入故道，自三义镇至淮河口三十五里未免淤塞，阻误运道。欲自淮城南角楼转出东坝外河，下行四十五里入赤宴庙，溯流而上出老河口又百余里，较之见行河路止三十五里者程途太远，恐违过淮过洪之限，且彼处旷野，去府县辽远，漕粮并进贡船只俱未称便。职等复行拘集[①]父老，详细计议，讲求疏泄淮水以免泗州淹没之策。有谓三义镇坝下旧有线河一道，近因河岸淤平水不能入，如开挑引水河一道，筑坝分水，由线河至毛景方庄，按老黄河地界至渔沟、铁线沟达涧桥东北，顺流而下入琏湖而注之海者。有谓高家堰南周家桥原有泄水支河一道，下接草子湖，尚有二十五里未曾挑完，可接挑由白马湖达宝应漕河，经高邮、邵伯分流瓜、仪，出通江闸而注之江者，俱为用力简易，劳费无多。但恐分泄势微，仅可少疏淮口一分之水，未能大有所济，且恐伏秋暴涨，或全河决入线河，致阻运道，或高堰横被冲决，为患高、宝，亦未可知。又覆勘得清河东北数里名为訾家营，西北正迎淮口，如于此处开一支河，由卢思方庄从夏虎门首经罗家河、周乔礼等庄入草湾河，出赤宴庙复归大河下云梯关入海，量长八千六十三丈五尺，比之开老黄河以入颜家河者，道里仅止一半，工费亦可半省，系在淮、黄已合运艘出口之下，可

---

①拘集：征集，召集。

免全夺正河，阻塞运道之虞，或可以为分泄水患一路等因到府。

该本府知府张允济会行管河同知姜桂芳，查得古有大清口、小清口。大清口在清河县后，即今之老黄河也，小清口在清河县前，即今淮水所出之清口也。淮出清口东数里大河口与黄会，黄河入三义镇以下老河口，亦出大河口与淮会，同流至云梯关九十里入海，此弘治、正德以前运道。漕船到淮，俱由伍坝车盘以达外河，溯流[①]至大河口，由清河县后经渔沟等处出三义老河口而北达桃、宿、邳、徐以上，淮不入里河，黄不至清口。自塞三义口而黄流横绝清口矣，自开天妃坝而外河引入内灌矣，黄、淮转折，直射清浦，淮南之患始殷，淮口之沙日积，泗北之水日聚，故议者每每欲开复老黄河，意盖有见于此耳。近年以来泗水之潴愈厚，而王公堤之势愈危，通济闸外常淤而天妃坝亦决，故首虑祖陵，次虑运道，次虑民生，而复开老黄河之说若不容已者。

今本府与同知姜桂芳、知县张光绪、邹守约、华存礼公同勘得，欲开老黄河应自三义镇临河迎流入口，下至颜家河张仁家北首，地势直顺，出口自沈相庄、谢家庄、毛家庄至叶家冲共长七千八百四十丈，略有河形。自叶家冲至瓦子滩、刘家河共长三千七百五十丈，自刘家河至出口处共长三千六百三十丈，中有七千三百七十丈尽系芦苇，为力颇难，总计挑河共长一万五千二百一十丈，计八十四里五分。内以地形稍卑，间露河形，沙土可挖者为易工，计七千八百四十丈，该四十三里五分五厘，共计土五百八十四万三千四百方，每方给银八分，余有地形渐高，杂生芦苇，或有水洼者为难工，计七千三百七十丈，该四十里九分四厘，共计土四百三十八万九千方，每方给银一钱，通共该银九十万六千三百七十二两，应用钱粮夫役尚未敢拟。诚开此河，接入赤宴庙大河下海，使淮不受敌，顺势东注，无复退缩洄洑[②]之状，泗北积水自消，祖陵可无他虞，黄流既与通济闸隔远，清江浦运道自下受冲而王公堤岸可保，是老黄河有可开之利矣。但河流既分，万一全夺正河，自三义镇至清河三十余里水少而浅，漕艘胶阻，国家大计可虑也。河性靡常，迁徙不一，傥开后淤垫，或别有改移，致虚劳费可虑也，连岁灾伤，民穷财尽，一旦动大众营大费，时诎举赢[③]可虑也，是开老黄河亦非全利而无害者矣。

及思别求疏泄淮水之策，行据三县会查，有欲引黄水入线河，顺行至五港灌口入海者，计其筑坝开沟，泄之小不足以消暴水之盛涨，泄之大亦不免有全夺正河之虞。有欲开高家堰、周家桥以赴高、宝诸湖泄淮水入江者，计

---

①溯流：逆着水流方向。②洄洑：湍急回旋的流水。③时诎举赢：在困难的时候而做奢侈的事情。

其分注南流，开之狭不足以疏泗水之弥漫，开之阔亦不免为高、宝月河之害。此外有绿杨沟、武家墩开渠建闸分泄之说。总之俱宜穿高堰而南，一则逼临大涧旧口，一则直迎淮口回溜，往年曾有冲决泛溢之患，筑塞堵救，工力甚难，此其利与周家桥相同而其害则倍之矣。于是反覆勘度，惟有清河县东訾家营支河顺入草湾一路，似为可分黄流之涨，以纵淮水之出，既无运道之虑，亦纾祖陵之忧。但查估工费，量长八千六十三丈，该四十四里七分，计土论方共土六百二十二万一千九百四十方，每方通融算银九分，共该银五十五万九千九百七十四两六钱，工若可必永利，费亦颇为不赀，适今年荒时诎，应否并候丰收举事等因。

据此，该职等会同勘得救民者先除其害，治水者必因其性，性之所趋不能遏而使止，性之所背不能挽而使通。自昔治水必称神禹，而行所无事，乃其大智，贾让谓黄河尺寸之地不可与争，而欧阳修谓故道已弃难以复回，皆确论也。然禹之治水，主于除害，害苟可除，江可注也，海可注也，惟其所便，尚勤三过、历八年而成功。今以国家定鼎燕都，岁漕东南粳粟四百万石实京师，必资黄、淮二水济之，淮不敌黄，垫必内壅，藉黄济漕，则漕以黄病，乃筑遥堤以防河决，筑高堰以防淮决，为善后深计。而海口难浚，河身日高，伏秋暴涨，非上灌古洪则下冲淮城，亦势所必至者，欲资二水以济运，而又欲免二水之冲垫，恐神禹复生未必有完策也。

今谈老黄河故道者，其利四。故道一复，黄缩淮伸，分流入海，不忧涨漫，三城巩固，淮民奠安，利之一也；黄不遏淮，清口顺达，洪泽诸湖滔滔东注，高堰之水朝满夕除，祖陵山麓涓不得相干，利之二也；清口而下单注淮水，王公堤不受冲啮，清江浦不必迁移，利之三也；通济闸口黄不浸灌，高、宝湖堤足恃，而三官庙运道岁省捞浚浅涩，利之四也。昔人谓苟利社稷，无爱发肤，而利至于此，安得不为修复之议？然而谈老黄河之害者亦有四。故道淤塞七十余年，且八十里远，河性遄速[①]，不能必回，欲挽全河，挑挖深阔须与正河等，费当百万金，动众旷时，恐生他故，害之一也；黄河口二十里至毛家沟，平陆高亢，二十里至渔沟，仅有河形，一望民田，二麦已秀，清河被淹，淮水种植最少，熟地可耕仅仅有此，复尽弃之，害之二也；渔沟、浪石地势低洼，芦根胶结，难以删削，堤岸不高，水且散溢，水泛沙停，未免淤垫，而清、桃田地卒为污莱[②]，沼支邑以救郡城，害之三也；清河十室之邑，面潴淮水，背绕黄河，巨浪乘风，卷而去之，势若拉朽[③]，害之四也。

夫以四利较四害，则利害相当，尤可以权轻重为之，而通淮藉黄专为运

---

①遄速：疾速。②污莱：荒地。③拉朽：比喻不费力气。

道，先年崔镇一决，运艘艰阻，见今欲议于坝下开沟分泄，尤多缩手而不敢任，而必复老黄河，藉令正河被夺，自三义镇至清河口延亘三十余里，水利浅涸，浮沙难挑，岁漕驾八千艘急于星火，而水道不通，谁则任之？如由淮安阜城河绕出东坝顺流四十五里入赤晏，又百余里逆上出桃源，即顺风必数日始达，傥羁逆飑，过淮过洪必逾期限，回空遭遇伏秋，又不免古洪淤滞矣。永济新河去淮安五里，清浦十里，皆为地方辽寂，粮艘贡舰恐有他虞，今离淮浦六十里历草莽闲旷之滨，安能保其万全？且东堤如遇伏秋，回空必用车盘，单堤难守，易致溃灌，淮城剥肤[1]之势，其视今日又当何如哉？司道窃谓言官触目激衷[2]，发愤言事，为国计民生深长之虑，必欲贻万禩不朽之利，而职等窃禄[3]淮、徐，职守所关，傥故道可复，时势可为，即请百万金，历数十年，殚力浚治亦可效犬马报主一念。而郡邑多官勘议若此，恐费用无处，事功难成，成且虑有运道之阻，则安敢靡国家之财而置之无益之地也？然以淮城较运道则运道重，以运道较祖陵则祖陵尤重，彼老黄河失已七十年，遥堤、高堰筑且八九载，淮安三城犹然无恙，而包王公之堤岸、护清浦之运河，惠济祠范家口西桥礼坝修筑且竣，随其要害再加护持，未必遽然[4]沉灶产蛙[5]，凛凛乎不可一朝居者。

随经行据泗州查报，祖陵山麓所被水患，淮河自泗州城下北岸起至下马牌止，共计长一千五百四十七丈，下马牌起过外桥至宝城门共长一百一十五丈，宝城门起至寝殿午门长四十一丈五尺，寝殿北墙至御冢长二十六丈。今淮水被阻，河沙逆流，倒灌浸及宝城以东堤岸，而寝殿午门之前旧有金水小河，东越宝城与沙湖相连，如水发灌入，或有淹及御路仪卫底座三四寸深者。若御冢周围地形颇高，向无水至，盖祖陵背枕山冈，龙腾凤跃，淮、黄二水并会天心，真天造形胜，为圣子神孙亿万年钟祥孕秀之地，虽淮流之壅阻停蓄，未有遽及御冢之势。然以宝城寝殿严重邃密[6]之区，即水发游波，尺寸浸荡，亦于臣子保护之谊所宜亟图而不敢玩视之者。今岁河南诸决尽塞，全黄直冲清口，未易消涸，未然之防不可不讲。细询疏泄泗水护陵长策，诸如三义坝下开渠由线河达涧桥、琏湖、灌口而注之海，自高堰周家桥、缘杨沟、武家墩南北分入草子湖、永济河，由高、宝出瓜、仪闸河而注之江。又有谓从龟山下凿涧河，经天长、六合二百四十里可直泻入江者，乃各官见谓坝下渠狭分泄无多，如大为开辟又全夺可忧，堰水一减势不能支，淮力不厚清口反滞，而龟山之水南泄于江，入怀返跳，堪舆所忌，安敢轻议于祖陵之前？

---

①剥肤：比喻灾祸已迫其身。②激衷：激愤的情怀。③窃禄：无功受禄。④遽然：突然，猛然。⑤沉灶产蛙：沉灶水底，时间久了蛙生其中，形容水患之甚。⑥邃密：深远。

支东失西，终无全利，惟议自清口对岸大河口以西清河县以东，另开支河一道，长四十四里七分零，计八千六十三丈五尺，口阔四十丈至八十丈，底深二三丈不等，经黑墩湖，掠罗家口，仍归颜家河入海。其道里半于老黄河，所省工费数亦如之，约计五十余万金可以底绩，即开通之后稍有淤垫，亦可随时浚瀹①，非若干系运道，重大迫切，难以措手。此河既通，即清口顺利，堰水不停，子堤可以无筑，而陵麓益见亢爽，郁葱佳气，万年无穷，且上流既杀，王公堤、清江浦与淮安三城并免冲啮，而运道民生胥足恃赖。尺短寸长，虽非完策，较之老黄河则事半功倍，亦所谓彼善于此者也。既经各官勘报前来，相应呈请，合无请乞再加酌议，如果足护祖陵，有裨运道，早为会请施行等因。具呈到臣。并准中河郎中沈修、南河郎中罗用敬手本俱同前事。

据此，案照先准工部都水清吏司手本，该礼科给事中王士性题前事，大率谓淮泗水患日甚，黄强淮缩，退溢泗州，祖陵运道可虞，民生危急，乞要勘复老黄河故道等因。奉圣旨："着工部便行与漕运衙门及勘河科官，从长计议来说。钦此。钦遵，备行到臣。随经会行各该司道及府县掌印、管河等官，公同前诣黄河故道，经行一带地方，先行查勘丈量，绘图贴说回报。臣复同督抚诸臣，躬自桃源三义镇老黄河口，循行至渔沟、浪石、瓦子滩、颜家河，复自赤晏庙从草湾新河而上，越大河口至清河县，逐一周览，相度探勘，丈估俱与各官所报相同，又经催行司道广集舆论，毕举群策，从长计处去后。"

今据前因，该臣会同总督漕运提督军务巡抚凤阳等处地方户部右侍郎兼都察院右佥都御史舒应龙，议照谋国而图就利避害者，当先其所重，决策而思捍灾御患者，当虑其所终。我国家肇基②淮甸，钟祥二陵，淮水发源桐柏，自西北以指东南，至凤、泗复绕东北与黄河会而入海，二陵三面临流，淮水环绕如带，所以绵国祚③亿万年无疆之庆者，端在于兹，顾不为至重至重者与？其次则定鼎燕冀，转漕东南，岁输四百万石于京庾，自淮至徐五百余里，必资黄河以为利涉之途，运道所经，国脉系焉，称并重矣。其次则畿辅根本之地，南北咽喉之区，淮泗赤子较之四方安危，要害迥不相侔，诚重地也。自嘉靖中年，黄河以全流经徐、吕二洪，由邳、宿、桃、清横绝淮口而下，暴水时至，则积沙内壅，淮弱黄强，不得以纵其东注之性，势必泛滥于盱眙、泗州之墟，洪泽诸湖汪洋数百余里，室庐田亩尽属污池，民生困瘁④已非朝夕。凤阳皇陵相去淮口尚二百余里，势不相及，惟祖陵宝城系在泗州城北十里，虽御冢地据冈峦，游波似无可及之势，而宝城旧有金水小河以消积水者，

---

①浚瀹：深挖疏导。②肇基：始创基业。③国祚：国运。④困瘁：困顿劳苦。

东与湖连，时被灌入，溢于廷阶，以故诸臣展谒之时，偶值水发，不能不为悚然[①]动念者。往嘉、隆之际，运道之在徐、沛、邳、宿间称多故矣，自有遥、缕二堤以束河归漕，复筑高堰石堤以遏淮南注，至今七八年间，淮、徐以上河流渐深，未闻旁决，淮安以南高、宝二湖不至冲溢，此亦运道小康之日也。独自天妃坝以至清江浦，系当黄、淮会合，全流惟上游之堤防既固，则下注之势力倍增，决啮冲陨势有不免，况清浦运渠相去外河，远者不及数里，近者仅余十丈，伏秋危险之状几若累卵，此祖陵之受侵，运道之可虑，民生之昏垫，三患昭然在人耳目，凡生于其乡，吏于其土，所宜日夕焦思而亟为之谋者。故欲疏淮水之盛涨，莫不欲分黄流以东注，欲分黄流以东注，莫不以复老黄河为良策，所谓“善为川者，决之使导”是矣！检之往牍，万历三年曾具题于巡按御史舒鳌，万历五年曾再题于巡漕御史陈世宝，然皆旋议旋罢，竟未能有建必然之画者，岂果任事之难？其人第为国家惜巨费，为徒众惜烦苦，而遽前却耶？夫事无全利，亦无全害，如使三患可祛，一成无毁，即利少害多，尤宜以祖陵运道为急，毅然为之。今据开复之利有四，如泗水可泄、陵麓无虞、清浦不迁、通济无阻。开复之害有四，河性靡常，疏凿之役绵亘百里，功不可必，劳费为虚；灾地民田近甫耕获，少救疲癃，旋即捐弃；渔沟卑洼，河流既东，沙土难堤，淹没无际；清河腹背受水，稍一泛溢，蕞尔县治不尽为沼不已也。似此害与利均，已非万全之算矣。至于运道之计，本欲为清浦一路安全之谋，而黄流一分，自三义镇至清口三十余里即有梗涩[②]之患，如欲绕出东坝，转由赤晏以出三义，较之见行河路，更增一百余里险阻之途。夫运道之藉力黄流，数逢其害，少用寻丈可冀寻丈之安，顾欲迂回百里，隔远城邑以出浊河草莽之区，异时不测之害，有非今日之可悉指数者。

臣等自奉勘河之役，夙闻老黄河故道之议，业已博访多方，筹画讲求，缘以有妨运道，退而中辍。乃今肃将明命，周览荒度，利之所在，固不敢不较其所重而谩为同声之和，害之所在，亦不敢不虑其所终而恐贻日后之艰。惟是三患所关，国计民生，至重且巨，仰承明旨，从长计议，何敢藐然玩视，付之未可谁何？第逐一体查，淮水之于陵麓有倒坏而无冲射，寝殿廷阶之水系金水小河内灌所致，御冢之去水痕尚在百步之外，盖以乾坤灵淑之气攸萃于兹，而山陵背负层冈，蜿蜒隆起，百神呵护，万水朝宗，虽形若浮盂，而其巍然镇奠之势，当自有历千古同悠久于天地者矣。顾惟国家万年拱护之谊，臣子一念严恪之忱，即宝城午门尺寸之水，苟可以为祛除之策，竭力尽瘁，

①悚然：形容害怕的样子。②梗涩：阻塞。

其何敢辞？况以清浦运道之阽危，泗民昏垫之可悯，悉轸宸衷宵旰之虑。臣等随经督行司道郡邑多官，重覆博访，于是议疏黄水者，有三义坝下开渠以达涧桥、琏湖入海之说，议疏淮水者，有穿高堰，通草子湖、永济河以下高、宝，与凿龟山，通天长、六合直达长江之说。夫淮之不敌于黄也，正以强弱为胜负，如欲穿高堰以泄淮，无论高、宝、运河之害将不可支，淮退一尺则黄进一尺，恐清口之淤日益甚耳，此前门驱盗后门纳贼之喻也。若龟山开凿，由天长、六合达之长江，患实同此，况为堪舆所忌，而绵亘二三百里，欲尽以人力疏凿通之，又难之难者也。然淮之受病在河，而治病者当探其本，则疏河为拔本之论，无俟言矣。琏河、灌口诸处，皆云梯关海口之外，别为入海之途，以故谈疏河者莫不曰河流可疏，得由他道入海，不与淮合，自无交涨之虞，今欲于三义坝下开渠，经线河以达琏湖，皆是说也。不知河以泥沙善淤，自昔两行必不能久，琏河、灌口之去河崖，迂曲周回二百余里，势难直达海口，测其深阔不及云梯十分之一，朝泄而夕淤，可逆睹者。惟分之于淮水既合之后，合之于下流近海之口，则以淮水之清涤河沙之浊，初分而可，必不至骤淤，既合而自能保其可久。

所据各该司道续有开訾家营支河以接草湾，经赤晏合流下海之说，盖庶几近之者矣。淮之与黄虽势不相敌，然彼此泛溢，亦先后不齐，今訾家营正与淮口相迎，当黄之涨而半分东注，则浸淮之分数自减，当淮之涨而河适消落，则淮口之沙可冲，或谓淮口以清浊交会，既岁有停沙，则支河之黄、淮并流，亦宜有淤垫，不知河水之遇淮流，两相迎则沙自停聚，两合流则沙可通行，固自然之势至较著者。且天下之事凡有开创于前者，贵能继续于后，如两河堤岸之筑闸渠，汶、泗之流莫不有岁帮岁挑之制，臣等周视草湾新渠，深阔将半于旧河，通顺直达于海口，当万历四年初开之时，何尝不以浅涩为患哉？惟其下出赤晏与大河相会入海，势足容受，不如灌口诸港浅狭迂绕之甚，以故上有所纳者下有所泄，日冲月刷，自臻深广。所据新议淮口支河下有草湾一段通利如此，即上段四十余里新开之工，如能比照汶河岁挑之例，稍有积沙，间岁一挑，自能冲刷，缘在淮流已合之下，非若独分黄流之沉浊易淤者可同日论也，万一河势东注，全流尽夺，而运艘之出通济闸口，乱淮入河，尚在支河未分之上，本无运道中断之虞，似于三患可望救补。即开河所经山阳、清河、安东三县之地，或有旁溢之害，若与渔沟相同，第三县河北旧无堤岸，即无开河，每岁水发，亦所不免。又所急在泗州陵园，则三县旧灾之地自不能与之较轻重矣。俟河成之后，即以挑河之土修筑北堤，亦可以资屏障，未必如泗郡数百余里之尽为湖泊也。但内经黑墩湖、罗家河，恐有散漫之虞，亦未敢为必然之画，傥以祖陵山麓之水未及玄宫，运道之危在清浦王公堤者，先年已有石堤，目前加筑埽堤，尚可保无决裂。淮、黄交汇之地昏垫之害，祛之于西者不免移之于东，则今议支河，重役巨费，非有全利若未可以轻举而试为之，如必为淮水疏泄之谋，求人事之可尽者固不能舍此有他图耳。

臣等窃又闻之，举大事者必顺天时，动大众者必资人和，支河虽若可开，而延长四十四里，论土计方六百余万，计必鸠夫数万始可匝岁报完。适今连岁阻饥，米价腾踊，足民先于足食，虽工费五十余万，国家念切祖陵，捐之内帑，不吝出纳，而珠米桂薪，工食所给不满一饱，何以责其尽力胼胝之余？各官议欲稍俟丰稔之岁，诚亦悦以使民之道，兹者恭睹逢皇上轸念河漕大计，允采舆议，复设总理河臣，具用人求旧，从善转圜，特起都御史潘季驯之历试有功，精熟河防者而专任之，寰海人士莫不翕然颂服圣明之豁达大度，知人善任，平成之效可立睹已。前项疏泄泗水、议开支河之谋，臣等遵奉德意，博采群议，折衷鄙见，井蛙之识，仅仅如此。合无请乞并行新任总理河道都御史潘季驯覆勘详确，以为行止，当必能晰利害之大致，贻久远之宏谟，非臣等疏浅庸昧之所能及也。伏乞皇上敕下该部再加议拟，覆请施行，谨题请旨。

奉圣旨：“工部知道。钦此。”钦遵，抄出到部。

该工部看得，国家决大议、兴大役，必权利害之轻重而要其成，度时势之难易而定其画，斯工不虚举，事克有济。方今淮水波浸于祖陵，黄河流迫于淮安，故礼科给事中王士性议复黄河故道者，其为祖陵、淮民虑也甚远。然民疲不可胜役，时诎不可举盈，故查勘河防科臣常居敬、总督漕运抚臣舒应龙议故道难复者，其为运道财力计也甚详。臣等连日反覆科、抚诸臣之疏，熟筹祖陵、淮民、运道之利，则黄河故道之议，勘者固已忧其不可复，而当此财匮力乏之际，是诚不能以遽复者，似宜已之，以省覆勘存之，以俟续议。至议开訾家营支河以接草湾，较诸故道之复，固事半而功倍，要其入海之路又散漫而难收，事既未见全利，议亦未敢遽决。今新任总理河臣潘季驯，前后治河将几十稔，阅历既久，闻见必真，所据支河之议，宜令覆行勘阅。既经科抚诸臣会勘前来，相应如议，题请恭候命下本部，备咨总理河道右都御史潘季驯作速到任，将科、抚诸臣所议于訾家营开支河以接草湾一事覆行勘阅。果为利多害少在所当行，或为徒费无益，在所当止；傥众议未妥，别有长策，可以护祖陵、保淮安、固运道者，但求事可功成，不拘人己同异，即令从实具奏，以便覆请定夺。目今河水渐次将发，本部一面仍咨总督漕运衙门遵奉先后钦依事理，查照累年修守成规，多方措处，务保无虞，庶足纾九重南顾之虑，固万年转输之防矣。谨题请旨。

奉圣旨："是这黄河故道既勘议明白，难以开复，罢。訾家营应否添开支河，还着河道衙门从长计议具奏。"

钦奉敕谕查理漕河疏　都给事中常居敬

题为钦奉敕谕查理漕河，以重国计事。

据济宁兵备兼管河工山东按察使曹子朝、曹濮兵备带管东兖道佥事刘弘道、武德兵备带管临清道佥事李三才会呈，蒙臣并巡抚山东兼管河道右副都御史李戴、巡按山东监察御史吴龙征，会牌前事备行臣等躬历山东漕河一带，逐一查勘。要见泉源有无湮塞，作何疏浚；河道有无淤浅，作何挑通；坎河口先年石滩有无渗漏，作何捍御；南旺等湖多被侵占，不堪潴蓄，作何查复；某处堤坝应修，某处闸座应建，一应长策，勘议明悉，具由呈报以凭会阅施行等因。蒙此，该各道移会北河郎中吴之龙、南旺管泉主事萧雍，督同管河同知陈昌言等，查勘得山东河道全赖泉源，汶河自南旺南北分流以济运道。惟上源冲带浮沙，淤浅殊甚，业已挑浚。其余闸座之圮坏，堤岸之倾颓者，已经呈详本、科两院次第兴举外，惟坎河口渗水不便防御，火头湾无闸不便节宣，与夫修复水柜工程浩繁，并定期遏流，请给关防，增官添夫等项，事体重大，合无俯赐题请以便遵行等因，具由到臣。卷查先该工部题为钦奉圣谕事看得国家运道悉藉会通河而转输咽喉则黄河其尤要也，故旱则会通患涸或至胶舟，涨则黄河患淤或多旁决。题奉钦依，行臣会同抚按诸臣讲求利害之原，博采治平之术，未尽事理听臣陆续会题等因。

奉圣旨："是。钦此。"又准工部都水司手本，据北河郎中吴之龙等呈，该本部看得南旺分流，全济汶水，而坎河口则汶水入海之路，宜有经久之图，浚泉官宜有责成之道，并未尽事宜，该巡抚官俟查勘科臣至日，会集管河司道从长计议，作速另行题请等因。

奉圣旨："这河道事宜依拟便行，与各该巡抚等官从长计议，着实修举。钦此。"

该臣会同巡抚右副都御史李戴、巡按御史吴龙征看得，新运已临，天时亢旱，泉脉细微，躬诣各县督率官夫逐一料理外，复据前因，议照得国计莫重于漕河，漕河必资乎水利，我成祖文皇帝定鼎燕蓟，挽漕东南，自徐、邳以北、临清以南千有余里，全赖汶、泗、沂、洸诸泉之水以济运道。虽祖元人会通遗意，然坝戴村、遏汶流、分济南北，则尚书宋礼用老人白英之议也。其间设官立法，建闸筑坝，至精至备，二百年来运道其永赖矣。第泉源杂于沙砾，则湮塞甚易，湖地侵于豪右，则清复为难，至于事权间多牵制，法制废于因循，兼之天时久旱，地脉渐微，运艘经行不无迟滞，乘时经理，委不容缓。兹者上廑圣怀，特申圣旨，臣等周行河上逐一查勘，博采群策，列为八事，虽卒循不外于旧章，而经画似关乎要务。伏乞敕下该部再加酌议，速赐施行，庶于漕河少有裨益矣。谨题请旨。

计开：

一、浚泉源，以资灌注。查得会通河南北千里，尽赖十八州县百八十余泉之流，分为五派。至于新泰、莱芜、平阴、汶上、蒙阴、宁阳等九州县入南旺者为分水派，泗水、曲阜等四县入济宁者为天井派，其功最大，其所需尤甚切也。夫藉泉以资运，则涓滴当惜，必使源流充溢，庶于漕渠有济，若养身者气血周流无滞，始无壅阏之患也。乃平昔之疏浚既疏，天时之亢旱又久，是以泉政多弛，通流无几。近据管济宁道按察使曹子朝、分守济南道参政吕坤新浚出泰安州谢过城等六泉，新泰县刘官庄等五泉，莱芜县韩家庄等五泉，东平州源头泉一处，曲阜县新跑泉一处，发源颇盛，导入汶河，堪以接济，则自此之外，安知无湮没于沙砾而散漫于草莽者乎？但浚泉虽易，治汶实难，盖河广沙深，屈曲之流不足以润久渴之吻。臣等亲见龙湾等泉源源而来，至汶则一吸而尽，犹无泉也。又必督令捞浅等夫，择其积沙淤漫者浚为河泓，俾深五尺，阔一丈，则水得所归而趋壑亦易矣。然各泉坐落各府州县，近者四五十里，远者三四百里，管泉分司岂能遍历？近奉圣旨，各分守道兼管，已为得策矣。臣以为仍当责成各州县掌印官，督率夫老不时疏浚，每年终分守道会同管泉分司，将各官新泉搜出若干，旧泉废弃若干，类报总河衙门分别奖戒，庶人心有所警惕而泉流足济运道矣。伏乞圣裁。

一、复湖地，以预潴蓄。查得山东泉源有时微细，故设诸湖积水以济飞挽，盗决有禁，占种有禁，诚重之也。乃今则不然，南旺、安山、蜀山、马场等湖始因岁旱水涸，地属闲旷，当事者召人佃种，征租取息，以补鱼、滕两县之赋。于是诸河之地平为禾黍之场，甚至奸民壅水自利，私塞斗门，复倡为湖低河高之说，申禁非不严而占吝若故矣。除安山湖批查未报外，今勘得南旺湖周围九十三里，计地二千七百顷，原有斗门一十四座，止存关家大闸、常明口二处，其余邢通口、孙强口等十二处俱已湮塞，合行修复。本湖东边高阜地，量留护岸一里，共计一百六十二顷；南北留护岸地半里，共计一百一十六顷一十亩，令原主佃种纳课；其余专备蓄水，仍筑子堤一道以为封界。湖内北高南低，应于中亘筑长堤一道，自吴家巷天字号起至黄家寺止，长一十四里，根阔一丈五尺，顶阔八尺，高八尺，界为二区，寺前铺张住口建斗门一座，以便上下接济。马踏湖周围三十四里零二百八十步，计地四百一十余顷，俱应退出还官，其东北空缺处长十里零二百四十步，应筑土堤一道，约束湖水不使泄漏，西岸原有王岩口滚水石坝，年久湮没，合行修复。蜀山湖周围六十五里零一百二十步，计地一千八百九十余顷，除宋尚书香火地六顷，并高亢地八顷五十三亩，照旧令民佃种纳租外，其余地一千八百七十五顷四十六亩二分，俱筑堤蓄水，东岸季泰口闸以下十五里，原有冯家滚水大坝，相应修复。马场湖周围四十里零三分，内高阜地九十三顷二亩，先年召种纳课，抵补鱼、滕县粮，今查前项补足，责令退业还官，并低洼地六百四十顷四十二亩九分，俱筑堤蓄水，内有安居斗门三座，合行修复。其各湖占种麦田，法应追夺，但念年荒民贫，且成业已久，收成将近，候麦熟之日令其芟刈，照地退还。以上各湖应修复斗门闸坝堤岸工料人夫等项，细数册报外，通共该银四千七百一十七两七钱，于兖州府库河道银内动支，修完于湖口竖立大石，明注界址斗门，以杜侵占，如是庶法纪明而漕河永有赖矣。伏乞圣裁。

一、筑坎河，以防渗漏。查得汶合诸泉之水，西流抵南旺，分注南北，以成漕而济运，故汶蓄则漕盈，汶泄则漕涸，夏秋之间水固有余，冬春之后不可使有涓滴他适明矣。乃戴村以上有坎河口，西趋盐河，为入海故道，沛然就下，势若建瓴，先年总河侍郎万恭堆集石滩，盖谓溢则纵之，平则留之，意甚善也。但时久滩废，非不岁有修筑，而沙堤一线，乱石数堆，其走泄甚易矣，万一泉河尽趋，则运道之涸可立而待，岂得为完计哉？臣等督同管河同知陈昌言、东平州判官张汝荣等，会估得本口应修滚水石坝一座，计长六十丈，面阔一丈，底阔一丈五尺，深入土四尺，出土三尺。并雁翅细石及桩木、铁灰、工食等项，除细数册报外，通共计银八千一百六十七两四钱。一面办料兴工，水溢则由顶以上任其宣泄，水落则由坝以内尽资实用，且以免盐徒盗决之弊也，汶其有全利乎！或者以地多沙碛，恐筑之不坚，不知石滩之外原有老土，石坝不高，入土已深，其势自固，且汶河随涨随消，终非黄河比也，又何[①]冲决之患耶？如是则一劳永逸，而岁岁补石之费亦可免矣。伏乞圣裁。

一、建闸座，以便节宣。夫漕河之水名曰无源，盖谓其出有限而其流无穷，所以撙节积蓄，俾盈科而进，全有赖于诸闸也。故地有高下则闸有疏密，要之势相联络，庶几便于启闭。惟济宁寺前铺闸至天井闸则延长七十里，东昌通济桥闸至梁家乡闸则延长五十里，闸启水泄，积蓄为难。司河者每当粮运盛行之时排木堵水，名为活闸，苟且一时，终非久计，甚至各帮运军船一经过，捧土筑坝，流入河中，愈成滩浅，运艘正行，不便挑浚，无惑乎舟行

---

①何：底本作“河”，据四库本改。

之艰也。合于二处适中之所，南则巨野县火头湾地方，建闸一座名曰通济；北则博平县梭堤集地方，建闸一座名曰永通。俱照各闸事规启闭济运，除各匠役工食候工完扣算外，每闸估计粗细石料并木桩、铁麻、船只等项，各该银三千九十五两八钱九分五厘，于东、兖二府河道银内动支，每闸闸夫三十名，溜夫五十名，即于各县停役夫内拨用。如是则关束有具，节宣得宜，水利有所停蓄，而运艘不致浅阁矣。伏乞圣裁。

一、设闸官，以肃漕规。国家之设官也，有似大而实冗者，裁之为宜，有似小而实切者，增之为便。查得运河一带闸座，每闸设官一员统领夫役，盖启闭有人，责成良便，顷缘新河告成，枣林上下水平闸面不行启闭，遂将枣林闸官裁而不设，间付之南阳闸官兼理之。迩来天时久旱，河流细微，本闸水浅，启闭为急，尚可以南阳之官摄之乎？夫一启南阳，一闭枣林，互相阖辟，势如呼吸，一不得人，直泻而尽矣。近且无官，付之一二闸夫之手，在官船则莫敢谁何，在民船则大为簸弄，既以病商，复以弊运，以故漕舟至此，殊费牵挽，而往来者亦称不便也。不知闸官虽卑，职掌犹在，且廪俸无多，国家亦何惜此五斗，而令河道要害之地为无人之境哉？合于枣林并新添二闸各该官一员，俾司闸务，庶职守得人而漕规不废矣。伏乞圣裁。

一、给关防，以重事权。国家之事莫重于河漕，故于泉闸特设部臣经理之，所以重委任而专责成也，各管河郎中俱奉有敕印，是以文移称便，惟南旺管泉主事其设已久，关防未给，因循至今。夫管泉、管闸先年曾以二人理之，今并责之一官，其任亦重矣，督理乎十六州县之泉，而相隔数百里之远，止以空白文移临之，即旁午载道，鲜不以弁髦视河臣，欲其昭法守而一众志也难矣。且粮船过闸，例应十日一报，漕抚衙门相隔十里，无关防则驿递不行，事多掣肘，殊非一端。夫以一闸官之微，尚有条记关防，何独于部臣而反靳之也？至于漕河、黄河二同知，职守既专，责任亦重，凡工程之勤惰，钱粮之出入，咸赖稽察，事绪孔棘，弊窦易生，使少失于防闲，未免稽违河务。近见邸报，杨村管河通判已奉明旨给与关防，则兖州府管河同知事体相同，合无将管河主事并两河同知均赐铸给，庶文移便而事权重矣。伏乞圣裁。

一、严筑坝，以便挑浚。照得汶水入湖，接济运道，每岁寒沍之时，遂将河口筑坝，遏流分泄蜀山、马踏等湖，候来春冰泮之日开坝受水，是冬则以河之水汇于湖，春则以湖之水济于河，故南旺、临清一带因得乘时挑浚，不致淤浅，法至善也。除隔岁大挑已奉有钦定期限外，其余每年当天气渐寒，正宜筑坝绝流也，而往来船只力以缓筑为请，多方阻挠。甚至十一月中尚不得筑者，不知天寒冰合，乃驱荷锸之夫裸体跣足，凿冰施工，其将能乎？及寒冰初解，正宜固封蓄水也，则又以速启为请，百计催促，至有正月初旬放水行舟者，不知隔岁之水所蓄无几，三春无雨则运艘方至，又将何以济之乎？法制未明，事体掣肘，管河官徒茹苦而不敢言也。合无请赐明旨，除大挑年分外，每年定以十月十五日筑坝绝流，至次年二月初一日开坝行舟，势豪船只不得横扰，该管官员不许阿徇，违者听督抚衙门参究，大书刊石于南旺板闸二处，以便观览。如是则明旨森严，人心惕怵，不但便于挑河，亦且足以蓄水，一举而两得之矣。伏乞圣裁。

一、复夫役，以备修防。山东河道浅深不一，而汶河冲发，淤塞为多，各项夫役俱不可缺。查得兖州府属如汶上、巨野、嘉祥、济宁、鱼台、南阳、利建等处，原额设捞浅、浅铺堤夫各数不等，共计二千四百五十二名，后因河流稍顺，遂裁减一千一百三十三名，扣银入官，以备支用，止存见役夫一千三百一十九名，不知扣存有节省之名，而雇募起无穷之弊，一时河道淤浅，调度征发为难，工之弛废久矣。今议于汶上县量复捞浅夫七十四名、浅铺夫三十名，巨野、嘉祥二县量复捞浅夫三十八名、浅铺夫五名，济宁卫量复捞浅夫一十一名，济宁州量复捞浅夫三十二名、浅铺夫十二名，鱼台县量复捞浅夫十名、浅铺夫二十名，南阳、利建量复堤夫八名，东平州量复泉夫二十名，东昌府通济桥闸量添闸夫十名，庶挑河浚泉，不致乏人矣。然猾民之包揽肆意安闲，管工之代替任情隐射，甚至逃故不报，占吝私意，种种情弊，虽增犹弗增也。合行管河同知陈昌言、通判王心逐一汰选，严加稽核，庶工役得有实济，而河防不致稽违矣。伏乞圣裁。

奉圣旨："工部知道。钦此。"该工部看得查勘督理河工工科都给事中常居敬，会同巡抚山东都御史李戴、巡按山东监察御史吴龙征，条列八款具题，俱思深虑远，大于河防有裨，相应开立前件议拟上请，恭候命下本部备咨漕运衙门，并山东巡抚督率管河司道及咨都察院转行山东巡按御史，行令府州县各官一体钦遵施行。奉圣旨："依拟行。"

清复湖地疏　都给事中常居敬

题为清复湖地，以济运道事。

据济宁兵备兼管河工山东按察使曹子朝、分守东兖道参政郝维乔会呈，蒙臣并抚按宪牌前事，照得南旺以北仅有安山一湖，所系甚重，先因行查未报，未经具题。今曾阅得满湖成田，禾黍弥望，曾无涓滴之水，殊失设湖之意，当此亢旱，何裨接济？牌行该道督同管河官，亲诣该湖逐一勘议，要见某处卑洼堪以蓄水，某处高亢仅可通沟，承佃若干，作速清理，侵盗若干，作何禁治，查议明悉，作速通详以凭酌议等因。蒙此，随该司道行据兖州府管河通判王心，查得安山一湖周围共一百里，其间东北自通湖闸起至西北焦天禄庄止计长十三里，自焦天禄庄起至西南王禹庄止计长七里零，自王禹庄起至东南青孤堆止计长九里零，自青孤堆起至通湖闸止计长七里零，周围共计三十八里，此系水柜，堪以积水者也。但湖形如盆碟，高下不甚相悬，水积于中，原无堤岸，东南风急则流入西北燥地，西北风急则流入东南燥地，未及济运，消耗过半。且自许民佃种以来，百里湖地尽成麦田，先年总理河道传都御史履亩分析，除征租银二千六百五十三两，岁抵鱼、滕二县秋粮外，其低洼处所封为水柜，法非不善，但统陇无界，禁例不严，民情无厌，渐至今日，殆无旷土矣。为今之计，应将水柜三十八里筑一高堤，堤以外照旧佃种征银，堤以内挑深蓄水，管河通判等官不时巡历，庶堤界既明，人无盗种之弊矣。至于安山闸边原无通济、积水二闸，不便出水，访得万历九年有金把总曾于八里湾掘沟放水，人甚称便，至今形迹犹存，应于此处建闸一座。又西北地名似蛇沟，其地更低，水势散漫，应于此处亦建闸一座，庶于旧闸入者于新闸出，蓄泄得宜，漕河有赖矣等因到道。

先该北河郎中吴之龙议得漕河之利，有二泉与湖而已，每春末夏初正粮运盛行之际，泉源往往微耗，惟藉资湖水可济不虞，故自济宁至东平筑设南旺、安山等湖，涝则引水入湖以预潴蓄，旱则决湖入运以通漕艘，虑至深也。物盛致蛊，日渐废湮，嘉靖二十年都御史王以旂奉命清复疆界，顿还旧制，数十年来大为运道利。自隆庆四年都御史翁大立开召耕种，奸民始得借口，而滥觞极矣。万历三年都御史傅希挚清丈诸湖，安山湖高而田者计地七百七十一顷九十八亩，卑而宜柜者四百一十六顷二十六亩三分，具疏题请，斯亦通变之微权，公私两利之道矣。奈何管河各官利于混淆而不利于清别，竟未及立尺寸之疆界，是以豪强者大肆兼并之谋，奸顽者曲为欺隐之计，狼吞蚕食，不至于尽湖而有之，其心未餍也。今虽湖底洼处已不遗寸土，再数年不将占官地为世业乎？为今之计，相应查照前项顷亩，于高下交承之处筑一束湖小堤，底阔九尺，顶阔四尺，高八尺，堤以内永为水柜，堤以外作为湖田。如是则界限分明，内外各别，登堤一望，具在目前，小民既难于侵越，官司亦易于稽查矣。具呈巡抚山东李副都御史，蒙批湖以济运，关系匪轻，缘无界限，故水得漫流而人易侵占，东湖小堤委当急筑，如议速会管河道踏勘基址，定出夫事宜报夺等因在卷。今奉会牌前因，该司道会行兖州府管河通判王心，会同本府同知陈昌言，督同东平州知州徐铭、管河判官张汝荣，复勘得安山湖水柜周围长三十八里，内除东北一带自通湖闸至焦天禄庄止长十四里，系运河堤岸，不必修筑外，其余共长二十四里折四千三百二十丈，共计用夫一千名。每名计工五十日，每名日给工食银三分三厘，共银一千六百五十两。又八里湾似蛇沟创建出水小闸二座，每座合用石块、桩木、地平板、龙骨木、油灰、糯米、石灰、铁、麻等项，该银三百六两九钱二分，二座共银六百一十三两八钱四分。通共银二千二百六十三两八钱二分，合于兖州府库贮河道银内动支，虽无救于目前，实漕河将来之永利也等因到道。

该管河道按察使曹子朝、分守东兖道参政郝维乔、北河郎中吴之龙会议得，南旺至临清绵亘四百余里，惟安山一湖上下赖以接济，诚宜急为修复，但沧桑更变，原隰异壤，自非筑堤要束，禁治虽严，罔利蓄潴，其修筑工料屡经估勘，似为妥当，相应申请以便兴工等因到臣。先该臣等题为钦奉敕谕，查理漕河以重国计事，内复湖地以预潴蓄一节，该部覆称安山一湖，科臣见在行查，俟勘明日一并修复等因。

奉圣旨："依议行。钦此。"

卷查巡按山东监察御史毛在"题为巡历事竣，敬陈补偏救敝之略以备采择事"，该工部覆奉圣旨："各地方湖泉接济运河去处，着各该巡抚司道等官及差去部属官用心整理，如有占种阻塞的，即便拿问枷号重治，应参奏的指名参奏。钦此。"

该臣等催行查议去后，今据前因，臣会同巡抚山东右副都御史李戴、巡按山东御史吴龙征，议得设湖蓄水，本漕政之良规，清湖济漕，实治河之要务，自南旺而下四百余里始达卫河，其间全赖安山一湖积水济运，所系之重何如也！惟自召佃之弊政一行，而豪民之侵占无已，变沮洳为膏腴，视官湖为己业，日侵月削，久假不归，寸土无遗，殊可痛恨。即今久旱河浅，百计疏浚，如抱漏卮沃焦釜，徬徨无策，皆缘水柜未复之故也。及今则清湖蓄水，真若蓄艾，岂非第一议哉？侵盗奸民本应尽法重究，概夺还官，亦不为过，但私相授受其来已久，展转耕佃已非一人，且四外高亢之地不便潴蓄，终成旷废。据勘将少洼之地三十八里，周围筑堤封为水柜，既可以免渗漏易竭之患，又可以杜强梁无厌之谋，似亦计之得也，外八里湾、似蛇沟二处，便于放水，委应建立闸座。其筑堤建闸之费，初据各官议，将盗种湖麦刈半入官，以为工料之需，但恐饥民乘机起衅，且非大公之体，仍听本主收割，前项经费相应动支河道银两应用。清理之后大竖石碑，明立文册，又必严盗决之禁，定巡视之法，如是则一劳永逸，而国朝水柜之良规庶几可复矣。伏乞敕下该部再加酌议，行总河大臣督令各官作速兴工，事完奏报，则所以济运通漕者，岂曰小补之哉？谨题请旨。

奉圣旨："工部知道。钦此。"

该工部看得南旺至济宁一带，河漕绵亘四百余里，全赖安山一湖蓄水济运，其关系诚重矣。近缘侵种成田，复以累年亢旱，遂致湖水蓄泄无所，漕河安能有济？今查勘河防科臣常居敬会同山东抚按李戴、吴龙征，看议安山湖周围一百里，除四外高阜之地不便潴蓄，照旧佃种外，其低洼处三十八里，合行筑堤封为水柜，深于漕运有裨。其动支河银，建立闸座等项，区画周详，悉应如议，题请恭候命下本部，备咨总理河道并山东巡抚衙门，及咨都察院转行山东巡按御史，行令司道府州县管河各官。仍札行本部管河郎中，查照原议动支河道银两，作速兴工，务期完固，仍大竖石碑，分别界限，差官不时巡察，敢有势豪奸顽人等侵占盗决者，轻则径自拿问，重则参奏处治，工完之日，将役过人夫、用过钱粮造册奏缴清册送部查考。谨题请旨。

奉圣旨："这湖地依拟筑堤，仍画定界限，永远遵守，如有侵占盗决等弊，照前旨着实参治。其各处泉湖蓄水济运的，都着一体清查整理。"